UTA RUGE

BAUERN, LAND

Die Geschichte
meines Dorfes im
Weltzusammenhang

Verlag Antje Kunstmann

für Arnd, Irene und Jens

INHALT

1. Anfänge

1. HEUTE   *Die Stimmung auf dem Hof meines Bruders.* **15**
2. DAMALS   *Warum ein Bauer aus der Stadt einen Hof suchte. Ankunft am Ende der Welt. Das Gesetz der Moorbauern.* **24**
3. MITTE 18. JAHRHUNDERT   *Was die Schulchronik sagt und was sie verschweigt. Wem gehört das Moor? Als Torfstecher nach Holland.* **32**
4. DAMALS   *Aus einem Stall wird eine Kirche, dann ein Tanzsaal. Wie man im Winter auf Schlittschuhen überallhin kommt.* **36**
5. 18. JAHRHUNDERT   *Was Goethe über Bauern denkt und warum über die englische Landwirtschaft ein Buch geschrieben werden musste. Ein Arzt aus Celle wird Musterlandwirt.* **44**
6. ENDE DES 18. JAHRHUNDERTS   *Protokolle der Moorkonferenzen reisen per Pferdekutsche nach London. Die ersten Anbauer, Aschedüngung und Buchweizensaat.* **51**
7. DAMALS   *Als meine Mutter versuchte, ein Beet anzulegen.* **59**
8. HEUTE   *Anna und ich singen ein Lied von 1783. Schön und falsch ist das Bild vom Land. Warum Wolfsexperten sich wundern.* **61**
9. 18.–19. JAHRHUNDERT   *Wie man mit Torf Fundamente baute und Häuser zum Schwimmen brachte.* **69**
10. ENDE DES 18. JAHRHUNDERTS   *Goethes Eckermann als Kind. Die Dorfschule und Streit um Kirchenplätze für Moorbauern.* **74**
11. DAMALS   *Kinderarbeit und Kinderträume. Was wir mit dem Körper lernten und dass Arbeit getan werden musste.* **81**
12. DAMALS   *Wie unsere Eltern Moornachbarschaft kennenlernen.* **87**

ERSTES ZWISCHENSPIEL *Warum Vergil das Landleben über den grünen Klee lobte und Johann Heinrich Voß ihm glaubte. Wie die Antike den Boden unter den Füßen verlor.* **92**

2. Tiefer ins Moor und in die Geschichte

13. HEUTE   *Wenn Milch- und Bodenpreise die Stimmung verderben.* **103**
14. 1783   *Was die Amtmänner an den neuen Anbauern im Bachenbrucher Mohr stört – ein Schriftwechsel über manche Inconvenzien und unziemliche Bedrohungen.* **108**
15. 18. JAHRHUNDERT   *Familie Lafrenz im Kirchenbuch. Johann Heinrich Voß drängt auf die erste Pockenimpfung im Hadelner Land.* **114**
16. HEUTE   *Mein Bruder erzählt mir beim Maislegen etwas über Biotope und Bodenverbrauch. Ich fahre wieder Trecker, aber durch ein leeres Dorf.* **118**
17. 1803   *Vom Kriegführen. Die Hadelner sind schlechte Soldaten, weil Kost und Lebensart bei dem Militär sie in wenigen Tagen krank macht.* **127**
18. ANFANG 19. JAHRHUNDERT   *Als der Code Civil ins Moor kam und Bauer Lafrenz mit Napoleon nach Russland ziehen musste.* **132**
19. HEUTE   *Silofahren im Regen und nächtliche Stallarbeit. Waldemar fährt mit mir durchs abgetorfte Moor.* **135**
20. DAMALS   *Was wir in der Schule lernten und was auf dem Weg dorthin.* **150**

ZWEITES ZWISCHENSPIEL *Warum Karl der Große die freien Bauern abschaffte. Über den Körper der Bauern und über ihre Feinde.* **159**

3. Entwässerung – Verbesserung

21. DAMALS   *Äpfel und Pflaumen am Jauchegraben*   **171**
22. ANFANG 19. JAHRHUNDERT   *Napoleons Kontinentalsperre, ein indonesischer Vulkanausbruch und eine Sturmflut bremsen die Moorkolonie aus.*   **175**
23. DAMALS   *Gehen, holen, bringen – Wege mit Kühen.*   **185**
24. 19. JAHRHUNDERT   *Produktivkräfte drängen auf Modernisierung: Die preußische Landreform, neuer Dünger und neue Maschinen.*   **189**
25. HEUTE   *Was ist heute ein Großbetrieb? Milch, Bohnen und fünfundzwanzig Schwalbennester.*   **198**
26. HEUTE   *Der Mais hat die Fahnen geschoben – und produziert mehr Sauerstoff als ein Laubwald.*   **205**
27. HEUTE UND DAMALS   *Ein Kind fliegt durch die Luft. Wie sich Gerda an den Anfang und an die Visiten erinnert.*   **213**
28. 19. JAHRHUNDERT   *Amerika: Wo Brot ist, ist Heimat. Bismarck und die Bauernbefreiung. Neubachenbrucher ohne Pferde? Cowboys, Schlachthöfe und Türen auf Rädern.*   **220**
29. HEUTE   *Maisernte. Treckerballett im Oktober.*   **234**
30. HEUTE UND DAMALS   *Erinnerungen an Knechte, Deerns und Amerikaner. Ein Chapeau claque im Moor.*   **244**
31. ENDE 19. JAHRHUNDERT UND HEUTE   *Eine Zeitung »Für Wahrheit, Licht und Recht«. Der historische Kanalbau und was der Schleusenmeister erzählt.*   **249**

DRITTES ZWISCHENSPIEL *Von Brueghel bis Worpswede, Romantik statt Düngung. Was Bauer Allmers in der Stadt suchte.* **257**

4. Weltmärkte und Weltkriege

32. DAMALS   *Mit dem Bus zur Schule.* **267**
33. BEGINN 20. JAHRHUNDERT   *Grot-Emma und die Weltmarktpreise, Großagrarier in den USA und Russland.* **270**
34. 1914–1918   *Von Krieg, Revolution und Weizenboom. Inflation in Deutschland.* **286**
35. HEUTE   *Erinnerung an Beschädigungen. Klauenpflege heute.* **295**
36. 1918   *Grot-Emma, Berta und Hilda erleben die Weimarer Republik.* **301**
37. 1920–1930   *Kolchosen und Kulaken, der amerikanische Weizenkönig und das Bauernbild der Nazis.* **311**
38. HEUTE UND DAMALS   *Grot-Emmas Enkel erzählt mir was über die Wölfe, und ein Cadillac begegnet mir im Moor gleich zweimal.* **320**
39. 1933–1939   *Das Führerprinzip auf dem Land, aus Moorbauern werden Erbhofbauern.* **332**
40. 1939–1945   *Landwirtschaft wird Kriegswirtschaft. Zwangsarbeiter und Denunzianten.* **345**
41. HEUTE   *Besuch bei Luci und meine Erinnerung an alte Frauen.* **352**
42. DAMALS   *Vom Torfstechen und Autofahren. Oder: Elvis auf dem Dorfe.* **357**
43. 1940ER- UND 1950ER-JAHRE   *Sicco Mansholt und seine Lohnerhöhung für Bauern. Bodenrecht und -unrecht.* **365**
44. DAMALS   *Dorfhandel und Dorfschule, Coca-Cola, Trecker und Melkmaschinen.* **372**
45. 1950ER-JAHRE   *Eine Straße wird gebaut – und in Brüssel der gemeinsame Agrarmarkt organisiert.* **379**
46. DAMALS   *Beregnen im Moor.* **384**
47. DAMALS   *Zwangsversteigerungen und Arbeitsheldin für einen Tag.* **387**

48. 1970ER-JAHRE *Mansholt ist gegen seinen eigenen Plan. Die Bauern werden weniger, die Kühe mehr.* **392**
49. HEUTE *Weltmarktpreise oder wie teuer kommt billig. Wasserfragen der einen und der anderen Art.* **397**
50. DAMALS UND HEUTE *Was ich beim Reisen sah. Unsere ersten Gräber im Moor.* **404**

VIERTES ZWISCHENSPIEL *Die Bauern von Malewitsch – keine Gesichter mehr, keine Hände. Bauernhof mit U-Bahnanschluss und die Milchpreise. Warum Krischan Flüchtling werden wollte.* **411**

5. Lob des Aufhörens und des Weitermachens

51. *Drei Bauern auf dem Weg in die Zukunft.* **423**
52. *Der Dürresommer 2018. Magere Felder, Reparatur eines Staus und Kühe im Luftzug.* **434**
53. *Biogas und Urlaubernächte im Stroh. Dreißig Sommer zur Rettung einer Bauernhausruine, Indianerspiele und Husumer Protestschweine.* **440**
54. *Nicht abgehängt, aber unter Druck. Ein bisschen Dorfstatistik und Ausgleichsflächen auf dem Land.* **449**

SCHLUSS *Über Ferkel, Menschen und wohin der Fortschritt führt.* **454**

ANMERKUNGEN **463**
GLOSSAR **471**
AUSGEWÄHLTE LITERATUR **475**

PROLOG

ICH RANNTE HINTER DEN KÜHEN HER, um sie zum Melken zu holen, ich fütterte die Schweine und rupfte die Enten. Ich stapfte über den Hof und ahnte nicht, dass ich mich auf historischem Boden befand.

Denn jeder Boden ist historisch.

Auch ein Acker hat seine Geschichte.

Wo ich ging und stand, war einmal Moor urbar gemacht und Torf gestochen worden. Die Gräben, über die ich sprang, und die Kanäle, über deren Brücken ich mit dem Fahrrad fuhr, waren vor hundert oder zweihundert Jahren gegraben worden. Und die Felder, auf denen wir im Frühjahr Kartoffeln pflanzten, in der Hitze des Sommers die Rüben verzogen und im Herbst den Roggen mähten, gab es erst seit der Moorkolonisierung – seit der Zeit von Kant, Hegel und Goethe.

Erst als Kanäle und Schöpfwerke gebaut waren, Mitte des 19. und noch einmal im frühen 20. Jahrhundert, versanken die Äcker nicht mehr im Wasser der Überschwemmungen, von denen unsere Gegend – das Sietland, das ist das niedrige, ›siete‹ Land zwischen Elbe und Weser – zu fast jeder Jahreszeit heimgesucht wurde. Die Alten erzählten, wie sie dann das Heu zum Trocknen auf den Deich getragen und mit dem Kahn in die Scheunen gefahren haben.

Manchmal versuche ich mir vorzustellen, ich hätte das Dorf nie verlassen.

Ich bin 1957 als Kind von Flüchtlingen dort angekommen. Was wäre, wenn ich wie mein Bruder dort geblieben wäre. Er ist nur ein paar Jahre jünger als ich, als Sohn erbte er den Hof. Ganz selbstverständlich war es damals nicht mehr. Aber traditionell war es eben doch so. Ich erinnere mich, was mein Vater sagte, als ich empört rief, es sei nicht gerecht, wenn mir als Mädchen der Hof nicht einmal angeboten würde.

»Willst du ihn denn haben?«, fragte er.

Damit hat er mich zum Schweigen gebracht.

Ich wollte ihn nicht.

Und wollte ihn insgeheim doch.

Aber ein halbes Ja und ein halbes Nein, das wäre nicht gegangen. Ganz oder gar nicht. So übernahm mein Bruder zusammen mit seiner Frau den Hof.

1. ANFÄNGE

1. KAPITEL
HEUTE
Die Stimmung auf dem Hof meines Bruders.

»ENTWEDER, ODER«, sagt mein Bruder Waldemar. Wir stehen am Melkroboter*. Vor einigen Wochen ist der installiert worden und bedient, wie es im Fachjargon heißt, vierzig Kühe. Insgesamt kann so ein Roboter sechzig bis siebzig Kühe pro Tag melken. Im Moment läuft die Einarbeitungsphase. Noch muss man die Kühe etwas antreiben, später werden sie alleine zum Melken gehen – den ganzen Tag über und sogar nachts. Denn während ihnen der Roboter die Milch abpumpt, fressen sie das Kraftfutter, das je nach Chipkartenlesung ausgeschüttet wird. Der Transponder, ein Erkennungssender, hängt ihnen um den Hals. Jeweils vor und hinter dem Tier hält ein Gatter es auf der Stelle fest und öffnet sich erst wieder, wenn keine Milch mehr fließt und kein Futter mehr ausgeschüttet wird.

Ich staune.

»Wachsen oder weichen«, sagt Waldemar, während er mir die Neuerwerbung zeigt. »Und der Große frisst den Kleinen«, sagt er noch. »Das ist immer so gewesen. Und glaub' man nicht, dass das bei den Biobetrieben anders ist. Dieselbe Technik, dieselben Größen.«

»Und? Gehörst du selbst inzwischen zu den Großen?«

»Nein.« Mein Bruder lacht grimmig. »Aber nicht zu den ganz Kleinen. Noch nicht.« Er betrachtet die digitale Anzeige auf der uns zugewandten Rückseite des Melkroboters. »Von den zwanzig

---

* Worte, die mit einem Sternchen* gekennzeichnet sind, werden im Glossar ab S. 471 erklärt.

Höfen im Dorf sind vier übrig geblieben. Alle anderen haben aufgegeben.«

Waldemar ist aus dieser Generation der Bauern im Dorf der Jüngste, das Rentenalter hat er noch nicht erreicht und er hat – anders als die meisten hier – einen Nachfolger. Sein Sohn will Bauer werden, ist es schon. Die moderne Technik, wie der Melkroboter, wird über Kredite finanziert, die man kriegt, wenn man Land besitzt.

Jetzt fallen die Zitzenbecher vom Euter ab und der Roboterarm schwenkt beiseite, um die Kuh freizulassen und das Melkgeschirr sofort zu spülen. Das vordere Gatter öffnet sich, die Kuh bewegt sich ohne Eile aus dem Melkstand hinaus, dann schließt es sich wieder. Erst wenn Zitzenbecher und Milchschläuche mit Wasserdampf gereinigt sind – es dauert nur Sekunden –, öffnet sich das hintere Gatter und lässt die nächste Kuh ein.

»Nebenan«, Waldemar zeigt zum Nachbarhof, »wird inzwischen Strom produziert, also Gas aus Biomasse. Das wird in Strom umgewandelt und ins Netz eingespeichert. Die Sauen, die sie halten, sind fast nur noch ein Anhängsel. Zwar sind sie einerseits die Grundlage des Geschäfts mit dem Strom, ebenso wie der Mais, der angebaut wird. Aber der Verkauf der Ferkel bringt weniger Geld ein als die – Entschuldigung – Scheiße, die den Strom erzeugt.«

Wir hören eine Weile schweigend dem Pumpen und Zischen, dem Brummen und Schnaufen der Maschine zu. Der Roboterarm schwenkt unter den Bauch der neuen Kuh, hebt eine Düse direkt unter das Euter, eine desinfizierende Flüssigkeit wird aufgesprüht. Erst dann kommen die frisch gespülten Zitzenbecher angefahren und saugen sich einer nach dem anderen an den Zitzen der Kuh fest. Die hat inzwischen angefangen zu fressen.

»Wie viele Melkroboter für wie viele Kühe brauchst du, um in ein paar Jahren abgeben zu können?«, frage ich. Die Hofübergabe an die nächste Generation schließt ja ein, dass der Nachfolger seinem Vorgänger ein Altenteil zahlen kann, also lebenslang Wohnung, Nahrung und ein bisschen Bargeld, so wie es mein Bruder und seine Frau Anna mit unseren Eltern gemacht haben.

Mein Bruder winkt ab. »Die Frage ist im Moment, wie viel Land wir uns leisten können, um genug Futter für das Vieh anzubauen und seine Gülle* loszuwerden. Immer mehr große Stromerzeuger kaufen und pachten Land. Und obwohl weiß Gott genug Bauern aufgeben und viel Land auf dem Markt ist, wird der Boden immer teurer.«

Mir kommt der Gedanke, dass die Übergabe an die nächste Generation womöglich nicht mehr stattfinden wird. Ich atme tief ein.

Aber Waldemar hat genug von meinen Fragen. Er steht an der Tür des Melkstands, öffnet sie und ist schon halb draußen, als er noch sagt: »So ist das nämlich. Ihr wollt ja alle Biostrom. Aber ihr habt keine Ahnung.«

Mit ›ihr‹ sind immer alle Städter gemeint – oder doch alle, die keine Landwirtschaft betreiben. Zu diesem ›ihr‹ zähle auch ich seit vielen Jahren.

Auf dem Weg ins Haus gehe ich vorbei an den neugierig ihre Köpfe durchs Futtergatter steckenden Jungrindern. Ein paar Katzen begleiten mich zur Haustür.

Die Hündin ist mit meinem Bruder gegangen.

Seit ein paar Tagen stehe ich morgens um sechs zusammen mit allen anderen auf, um zu sehen, zu hören, zu riechen, wie sich Landwirtschaft heute anfühlt auf dem Hof, auf dem ich aufgewachsen bin. Ich ziehe die Stallklamotten an und gehe nach draußen. Erst nach ein paar Tagen fällt mir auf, dass ich hier den Blick nicht heben muss, um den Himmel zu sehen. Kein Haus ist im Weg. Und ob es regnet oder bald regnen wird, wie der Wind geht, ist sofort gewusst, in Auge und Ohr und Nase eingeströmt.

Ich gehe mit ihnen in den Stall, aber ich laufe nur so mit – mal mit meiner Schwägerin Anna, die für die Kälber verantwortlich ist, mal mit meinem Bruder, der im alten Melkstand steht, mal mit ihrem Sohn Hannes, der für die Fütterung sorgt und den Roboter kontrolliert. Helfen kann ich nicht, denn kein Handgriff ist noch so, wie ich ihn kannte. Die Gebäude, die Maschinen, alles ist anders. Aber der

Sonnenaufgang über den Bäumen und Weiden vor dem Hof ist derselbe. Immer schon lag das stärkste Licht am Morgen auf der Hofeinfahrt vor dem Stall. Immer schon wuselten ein paar Katzen, junge und alte, vor der Milchkammer umher, und immer schon lag in ihrer Nähe der Hund, der aufpasste, dass ihm nichts entging, vor allem kein Futter im nebenbei gefüllten Napf. Und der Stall ist immer noch ein einziger großer Organismus, Ort der Tiere, ihres Atmens, Fressens und Verdauens, ihres Wiederkäuens, ihrer Ausscheidungen und ihres Schlafs, ihrer Ruhe und manchmal ihrer Unruhe. Und der Ort von ineinandergreifenden Arbeitsabläufen.

Ich gehe da hindurch, über die Futtergänge und an den Barrieren entlang, die Tiere, fast hundert Kühe und vielleicht vierzig Jungrinder, sehen mich mit gesenkten Köpfen neugierig an.

Alles ist unter einem Dach angeordnet. Es gibt den Bereich, in dem lahmende Kühe oder diejenigen, die aus anderen Gründen nicht ganz fit sind, auf Stroh laufen und liegen dürfen, sozusagen die Krankenstube; sie können durch das den ganzen Stall durchziehende System sich öffnender und schließender Gatter zum Melkstand geführt werden und aus ihm zurück in ihren Bereich gehen. Neben ihnen stehen ebenfalls auf Stroh die Kühe, die demnächst kalben und – im Unterschied zu den ›melkenden Kühlen‹ – ›trocken stehen‹. Eine oder zwei haben vielleicht schon gekalbt, und dann liegt zwischen ihnen ein frisch geborenes Kalb, das sich auf zittrige Beine erhebt und nach dem Euter der Mutter sucht. Heute sind es sogar zwei, die sich manchmal zur falschen Kuh verirren, aber immer wieder von der Mutter gefunden werden. Mit Rührung sehe ich, dass die anderen Kühe die Kleinen freundlich beriechen und neugierig zusehen, wie das eine schon ein paar Probesprünge macht und das andere kläglich blökt. Aus dem Weg gehen sie ihnen nur, wenn sie bei ihnen zu saugen versuchen.

Der größte Bereich im Stall ist der, in dem die ›melkenden Kühe‹ sind, wiederum aufgeteilt in den Bereich, in dem die ›Roboterherde‹ ist, und in den größeren, in dem noch konventionell gemolken wird. Denn ein Roboter schafft, wie gesagt, nur sechzig bis siebzig

Kühe – einen zweiten Melkroboter wird man sich erst in ein paar Jahren leisten können. Die konventionell gemolkenen Kühe werden morgens und abends in einen abtrennbaren Bereich direkt vor dem Melkstand getrieben. Hinter ihnen schließt sich wiederum ein Gatter, sodass die noch ungemolkenen getrennt bleiben von denen, die nach dem Melken zurückkehren in den Stall.

Ich gehe an Hund und Katzen vorbei zum Melkstand, klettere in die Melkergrube zu Waldemar und Anna. Rechts und links von ihnen stehen je vier Kühe auf Schulterhöhe, von Gestängen an ihrem Platz gehalten. Sie legen ihnen die Melkgeschirre an, tragen dabei Handschuhe, schützen sich und die Tiere vor Keimen. Mich nehmen sie sozusagen nur aus den Augenwinkeln wahr und ich muss sehen, dass ich ihnen nicht im Weg stehe.

Aus der Gruppe der noch ungemolkenen Kühe kommen durch Schiebetüren die nächsten herein, wenn eine Kuh fertig ist. Türen und Gestänggatter werden vom Melkstand aus von Seilen bedient, teils gehen sie automatisch. Die nächste Kuh wird durch das hier herrschende System sich öffnender und schließender Gatter auf ihren Platz geleitet, kommt an, und gleich wird ihr Euter, wie gesagt, auf Schulterhöhe der Melkenden, besprüht, gewischt, mit ein paar Handgriffen angemolken und die Zitzenbecher angelegt.

Wenn einmal nicht gleich die nächste Kuh nach dem Öffnen der Melkstandtür den Melkstand betritt, steigt mein Bruder oder seine Frau eine Metalltreppe hoch, gehen durch eine schmale Tür zu den ungemolkenen Kühen und treiben nach. Da sind die Neuen oder die Scheuen oder diejenigen, die zu oft von hierarchiehöheren Kühen abgedrängt worden sind. Schnell und dabei doch ruhig gehen sie dann zurück in die Grube und prüfen, welche der acht gleichzeitig gemolkenen Kühe jetzt so weit ist, dass ihr das Geschirr abgenommen werden kann – sehen währenddessen darauf, ob die vier zwischen Becher und Schlauch gesetzten Gläschen anzeigen, dass auch wirklich jedes Euterviertel ausgemolken ist, und prüfen aus dem Augenwinkel die digitale Anzeige der Milchmenge. Es gibt Kühe, die ihre Milch ›verhalten‹, vielleicht weil sie krank sind oder brünstig oder aus irgendeinem anderen Grund. Kühe sind empfindliche Tiere und man muss so einiges im Auge behalten, besonders bei einer großen Herde, in der es dann beim Melken ein paar Minuten Zeit gibt, um jede einzeln in Augenschein zu nehmen.

Ich registriere das Sich-nicht-mehr-bücken-Müssen, die-Milch-nicht-mehr-tragen-Müssen. Früher haben wir auf einem Melkschemel dicht an der Kuh gesessen, den Kopf in ihre Flanke gestützt, Hände am Euter oder am Milchgeschirr der Kuh, die angekettet im Stall stand – im Winter standen sie fünf oder sechs Monate am selben Fleck. Wenn die Kuh ausgemolken war und wir den Deckel mit dem Pulsator, der den rhythmisch pulsierenden Sog für das Melken produzierte, auf einen zweiten Eimer gesetzt, die nächste Kuh per Hand angemolken und ihr das Sauggeschirr angelegt hatten, griffen wir den vollen Eimer und eilten mit der Milch durch den Mistgang zur Milchkammer, hoben den Eimer hoch, schütteten die Milch durch ein Sieb in die Kanne, eilten zurück, passten auf, im Gang nicht in der Jauche auszurutschen. Und immer so weiter, bis die zehn, später zwanzig und dreißig Kühe ausgemolken waren.

Jetzt wird die Milch direkt vom Euter durch ein Rohrsystem zum Tank geführt. Es herrscht große Sorgfalt im Schutz gegen Bakterien. Am Ende des Melkvorgangs wird das Euter wieder mit einer desinfizierenden Lösung besprüht. Dann öffnet Waldemar per Seilzug das vordere Gatter des Stands, während sich schon das hintere Gatter öffnet, um die nächste einzulassen. Wie mein Bruder und seine Frau hin- und hergehen in der Grube – und ich sie möglichst nicht störe –, ihr Alles-im-Blick-Haben, ihre Handbewegungen, das ist schnell, effizient, tänzerisch elegant trotz der Störungen. Eine Kuh schlägt das Geschirr mehrmals ab, bei einer anderen Kuh hängt das Geschirr zu tief und muss abgestützt werden, genau in diesem Moment aber rutscht das stützende Holz- oder Plastikstück heraus und das Geschirr fällt zu Boden, die nervöse Kuh tritt darauf. Da bewährt sich, was alle, die mit Tieren arbeiten, gelernt haben: Abstand halten, langsame Bewegungen, eine ruhige Stimme, klare Gesten des Beruhigens oder Leitens. Es ist, als ob sich das gemächliche Tempo dieser großen Tiere auf die Menschen, die mit ihnen arbeiten, übertragen hat. Ich erkenne wieder, was ich als Kind selbst gelernt habe. Das ist geblieben.

Nach einer Weile sehe ich dann vom Futtergang aus zu, was die Tiere tun, wenn sie vom Melken kommen. Viele gehen erst einmal zur Tränke und trinken in großen Schlucken. Manch eine geht auch gleich zum Futtertisch und guckt, ob da inzwischen frisches Futter liegt, oder sie spaziert mit ihrem Transponder um den Hals zur Ausgabestelle für das Kraftfutter und probiert, ob ihr der Apparat nach sekundenschnellem Einlesen ihrer Kennziffer vielleicht Nahrung zuteilt; in diesem, dem sogenannten konventionellen Melkstand wird kein Futter beim Melken ausgegeben. Eine andere tritt vielleicht unter eine der großen Bürsten, die von der Stalldecke herabhängen, und lässt sich durch ihr Darunterhergehen den Rücken und die Flanken bürsten; die Nächste zieht es zum Mineralsalz eines Lecksteins, den sie mit kräftiger Zunge bearbeitet. Und manche sucht sich eine Freundin – alle ranggleichen Kühe sind Freundinnen –, deren Hals oder Kopf sie beleckt oder sich von ihr belecken lässt.

Ich finde es schwierig, dabei zuzusehen, ohne selbst die Hände zu rühren, während Waldemar, Anna und Sohn Hannes auf ihren Arbeitsgängen vorbeieilen – Kälber tränken, Kühe melken, Jungrinder füttern.

Waldemar hat schlechte Laune. Nach dem Melken sitzen wir am Frühstückstisch, er liest in der Zeitung. Wütend macht ihn nicht, dass sie vor dem Kaffee schon zwei Stunden gearbeitet und das Vieh besorgt haben und dass dies trotz Melkroboter schon wieder gut zwei Stunden dauert, weil viele Stärken* aus der eigenen Nachzucht, also Erstkalbende hinzugekommen sind, die Herde gewachsen ist und damit auch die Menge der zu fütternden Kälber. Das ist ja, was er gewollt hat: Wachstum. Die höhere Arbeitslast ist nur die logische Folge.

Mein Bruder nimmt das Brot aus dem Toaster, legt sich eine

Scheibe auf sein Brett, wirft die andere mit zu viel Schwung auf den Brotteller in der Mitte des Tischs. Sie fällt daneben. Meine Schwägerin und ich sehen uns schweigend an. Ich nehme die Scheibe, Anna schenkt ihm Kaffee in den hingehaltenen Becher.

Wir kauen, trinken Kaffee, reichen uns dies und das. Ich lobe die Kürbismarmelade.

Anna erzählt, dass eine ihrer Töchter ihr einen großen Topf mit schon geschnittenem Kürbis gebracht hat. Den musste sie sofort verarbeiten, und da hat sie eben Marmelade gekocht. Ich bewundere, wie sie sich immer wieder etwas Neues einfallen lässt. Auch das weiche, gelbliche Kürbisbrot war ein Erfolg.

»Na«, sage ich nach einer Weile, »wo drückt der Schuh?«

Waldemar schnaubt nur: »Frag lieber, wo er nicht drückt.« Dann liest er weiter die Zeitung. Schließlich schiebt er sie mir hin. »Lies selbst«, sagt er.

Es sollen in Niedersachsen neue Feuchtgebiete geschaffen werden, Moore renaturiert. Das Wasser soll wieder die Weideflächen erobern dürfen – zum Nutzen der Artenvielfalt von Flora und Fauna.

Die Zeitung berichtet von heftigen Diskussionen. Es werden die Argumente von Befürwortern und Gegnern wiedergegeben. Aber sie nimmt nicht Partei für die Bauern. In einer Gegend wie dieser, die derartig von der Landwirtschaft geprägt ist, wundert mich das.

Aber als ich das sage, blickt mein Bruder mich nur verärgert an.

»Was denkst du denn? Wo lebst du? Wir sind doch in den Dörfern längst eine Minderheit. Auch auf dem Land fühlen sich die meisten durch uns nur gestört – durch unsere schweren Maschinen auf den Dorfstraßen, die man nicht überholen kann, durch den Gestank der Tiere, die nun mal Mist machen, durch unsere Silagehaufen*, auf denen so hässliche alte Gummireifen liegen, durch den Mais, der hier steht statt des hübschen Roggens und der Rüben von früher ...«

Er winkt ab und steht auf. Im Weggehen sagt er: »Hauptsache, eure Kühlschränke sind voll.«

Dann ist er draußen.

Am nächsten Morgen, es war mein letzter, versuchte ich noch einmal, meinen Bruder Waldemar zum Helden für meine Geschichte zu machen. Ich fragte ihn, aber er hat nur gesagt: »Das interessiert doch sowieso keinen Menschen.« Dann hat er den Kopf geschüttelt, ist aufgestanden, hat seiner Frau gesagt, auf welchem Feld er jetzt arbeiten und wann er zum Mittagessen zurück sein wird, hat im Gehen sein Handy auf Nachrichten überprüft, im Flur seine Stiefel angezogen und weg war er. Mit ihm ist auch mein Neffe Hannes aufgestanden und hinausgegangen.

Als ich noch ein Kind war, endeten Gespräche bei uns auch schon so. Dass unser Vater aufstand und zurück an die Arbeit ging, in den Stall oder aufs Feld.

Reden nützt sowieso nichts, war Teil der Botschaft. Der andere Teil war, dass die Arbeit nicht von allein fertig wird, und dass man, je eher man anfing, desto eher mit ihr fertig sein würde. Obwohl die Arbeit eigentlich nie fertig wurde. Aber darüber konnte und wollte keiner nachdenken. Das hätte ja auch nichts genützt.

Mit meiner Schwägerin räumte ich den Frühstückstisch ab. Sie fuhr mich zum Bahnhof und ich kehrte zurück in die Stadt.

2. KAPITEL

DAMALS

Warum ein Bauer aus der Stadt einen Hof suchte.
Ankunft am Ende der Welt. Das Gesetz der
Moorbauern.

MEIN VATER HAT EINE ERKUNDUNGSFAHRT GEMACHT, fuhr mit dem Zug vom Niederrhein nach Norden, in den 1950er-Jahren. Es ist eine Fahrt, bei der man lange vor der Ankunft denkt, man müsste gleich schon die Küste erreicht haben. Denn die Flachheit des Landes scheint immer dringlicher in etwas anderes überzugehen, das Grün der Felder sich in die Bläue des Meeres verwandeln zu wollen, der weite Himmel sich schon über ein großes Wasser zu erstrecken.

Ob er schon vorbeigefahren ist an der kleinen Bahnstation, hat er sich vielleicht gefragt. Und wenn er ein echter Reisender gewesen wäre, hätte er sich dann in dem Hafenstädtchen am Ende der Strecke einen Imbiss gesucht, frischen Fisch gegessen, aufs Meer geblickt, zu den Möwen hochgesehen und die Seeluft geatmet und dabei vielleicht ein Stück Zuhause empfunden? Denn er war einmal an der Ostsee zu Hause gewesen. Hier wäre es ohnehin nur die Nordsee gewesen und er war kein Reisender. Er war ein Bauer ohne Hof, der wieder ein Bauer mit Hof sein wollte und möglichst nahe am Meer. Er hatte die Bahnstation noch nicht verpasst. An den Zugfenstern zogen die Roggen-, Hafer- und Gerstenfelder vorüber, wurden immer mehr zu Wiesen und Weiden, auf denen Kühe, Pferde und Schafe grasten. Um die tief geduckten strohgedeckten Bauernhäuser mit ihren Ställen und Scheunen standen Erlen und Eichen, nebenan auf einer Wiese Apfel-, Birn- und Pflaumenbäume, vielleicht war auch einmal ein Kirschbaum dabei. Dazu passend große Scharen weißer Gänse, die mit ruckenden Bewegungen Gras rupften, Pferdeweiden in Sichtweite des Hauses, Schweine, die um die Ställe herum im Boden wühlten. Männer und Frauen und Kinder fuhren mit Treckern oder Pferden von den Höfen auf die Felder.

Inmitten der Felder einsame Baumgruppen, deren Kronen zu einem Schopf zusammengewachsen schienen, durch stetigen Wind ostwärts gekämmt. Vielleicht konnte mein Vater sogar vom Zug aus sehen, dass die Baumstämme auf der Wetterseite von dem dort anhaftenden Schleier aus Moosen und Flechten grün waren. Die Kopfweiden entlang der Gräben stehen seltsam still – als wären sie Menschen, die sich plötzlich in Bewegung setzen könnten.

Immer wieder tief liegende Gräben, viele schmal, einige sehr breit, grenzen sie die Höfe und Felder voneinander ab. Manchmal kann man die Höfe nur ahnen durch die an ihren Rändern wachsenden dichten Erlen oder Eichen. Die Felder liegen hier weit unterhalb des Straßenniveaus und erst recht unter dem der Bahntrasse. Sodass man als Betrachter über alles hinwegsehen, hinwegsegeln oder -schweben könnte.

Aber genau das konnte mein Vater nicht. Er musste sich, im Gegenteil, alles sehr genau ansehen und zu Hause berichten. Und eine Entscheidung treffen.

Dann war er endlich doch im Dorf angekommen, dem Dorf mit der schnurgeraden Straße, an der fast zwanzig gleich große Hofstellen lagen, in dem keine Kirche, aber eine Schule, ein Gasthaus und ein eigener Friedhof existierten. Der Makler hatte ihn vom Bahnhof abgeholt. Einer der Höfe steht zum Verkauf, der Hoferbe war im Krieg gefallen. Er ist heruntergekommen und billig zu haben, aber auch das Billige ging für meine Eltern nur mit einem staatlichen Kredit.

Immerhin gibt es eine Straße. Der Schotterweg, den sie ersetzt und der bei Regenwetter für Mensch und Vieh kaum zu begehen war, ist seit einem halben Jahr Vergangenheit. In den Gräben und Kanälen liegt manchmal noch ein flacher, breiter Kahn. Mein Vater lässt sich erklären, dass damit die Milch zur Molkerei und, wenn es schlimm kam, selbst die Bullen zum Verkauf und die Särge zum Friedhof gebracht werden mussten. Die neue Straße ist auf eine hochgeschüttete Sandschneise gesetzt, große Betonplatten sind aneinandergelegt und mit schmalen Teerstreifen verbunden worden. Schnurgerade zieht sie sich zur Wettern hin, dem breiten Hauptgraben aus der Anfangszeit der Moorkolonisation. Dass ein Graben so heißt, bedeutet etwas. ›Wetter‹, das ist, wenn Regen die Felder und Weiden und Wege durchnässt und tagelang nicht aufhört, wenn starke Winde die Wolken von der Nordsee her in die Elbmündung und weiter ins flache Land treiben. Die Wettern sind Auffangbecken für das ständige Zuviel an Wasser.

Es ist Mai, als wir ankommen. Mein Vater ist wieder vorgefahren und empfängt uns, seine drei kleinen Kinder, Frau und Schwiegermutter. Eine lange Bahnfahrt, vorher das Packen und Einladen der wenigen Möbel aus einem dreijährigen Leben in der Stadt, einem Leben in der kleinen Mietwohnung eines Chemiehilfsarbeiters, als der mein Vater damals im Einwohnermeldeamt der niederrheinischen Stadt geführt wurde. Seinem eigenen Verständnis nach war er Bauer, einer von jenen, die den ›Arbeiter- und Bauernstaat‹ verließen und über die innerdeutsche Grenze gegangen sind, weil ein Leben als Landwirt nach der Kollektivierung, wie er fand, dort nicht mehr möglich sein würde. Rügens Schönheit würde er sein Leben lang vermissen, mehr noch den schweren Ackerboden, den er von zu Hause gewöhnt war. Auf dem hatte man Weizen und Zuckerrüben anbauen können und Kühe fast nur wie nebenbei gehalten. Es war ein großer Hof, von dem er stammte, aber noch bevor er sein Erbe antreten konnte, war die Familie 1945 enteignet worden. In der Stadt am Niederrhein wollte man ihm dann nicht einmal mehr ein Fahrrad auf Kredit verkaufen. Das verblüffte ihn mehr, als dass es ihn ärgerte. Jetzt, in diesem Dorf an der Niederelbe, kommt es für ihn und seine Frau wieder auf etwas an. Sich als Bauern zu beweisen - im Moor, ohne gutes Ackerland, auf Grünland, in der Milchwirtschaft.

Die Familienerzählung berichtet vom Einzug. Meine eigene Erinnerung bringt nur eine Schubkarre voller kleiner Katzen hervor, ein unglaublicher Anblick für das vierjährige Stadtkind, dieses Kribbelkrabbel von getigerten, schwarz-weißen Fellchen mit niedlichen Mäulchen, aus denen es allerdings erschreckend spuckt, als ich sie anfassen möchte, und aus deren Pfötchen sehr spitze Krallen fahren.

Überliefert ist, dass der erste Schritt meiner Mutter in die Wohnstube des Hauses begleitet wird von einem gefährlichen Knacken des Holzfußbodens, der dann beim zweiten oder dritten Schritt tatsächlich durchgebrochen ist - und meine Mutter hat natürlich das Gleichgewicht verloren, als der eine Fuß durch den morschen Boden im Nichts verschwand.

Feuchtigkeit, marode Mauern, Moder und Schimmel beherrschten das Haus - an dem von Anfang an bis heute immer wieder herumgebaut und -gebessert worden ist.

Der Anfang war im Mai 1957.

Wenn die Sonne schien, war es schön hier im Moor. Im Frühling wurden die Tage länger. Vor allem aber hatten wir Kinder, die wir an eine Zweizimmer-Neubauwohnung in der Stadt und einen Vater im Schichtdienst gewöhnt waren, plötzlich sehr viel Platz. Nicht mehr die Wohnung zählte, das Drinnen, sondern das Draußen, der Hof, die Scheune, der Stall.

Allerdings löste sich in dem winzigen Kinderzimmer, das keinen Ofen hatte und in dem ich mit meinen beiden Geschwistern schlief, vor Feuchtigkeit bald die Tapete von den Wänden. Es machte uns ein gewisses Vergnügen, in die von der Wand abstehenden Blasen zu stechen und an den dadurch entstehenden Fetzen noch ein wenig zu ziehen. Unter den sich verengenden oder verbreiternden Spuren der reißenden Tapete kamen viele Lagen Farbe und manchmal Muster zum Vorschein, die noch mit Rollen direkt auf die Wände gemalt worden sind.

Unsere Verwandtschaft fand, dass wir hier am Ende der Welt

gelandet waren. Unser Vater sagte gerne lachend zu seinen Geschwistern, wenn sie uns besuchten: »Bei uns ist die Welt nicht mit Brettern vernagelt. Wir liegen schon auf der anderen Seite der Bretterwand, auf der die Nägel umgehämmert sind.«

Einmal besuchten uns Vater und Onkel meines Vaters, beides ehemals Bauern auf Rügen. Mein Vater nahm sie an einem regnerischen Vormittag mit zu einer Feldbegehung, wollte ihnen Dorf und Hof und Felder zeigen. Die schwarzen Gummistiefel, die sie dafür brauchten, standen bei uns im Flur. Für unsere Verwandten hatten wir sie in allen möglichen Größen griffbereit, denn ohne sie waren die verloren, versanken meist schon beim ersten Schritt aus dem Auto bis zu den Knöcheln im Matsch.

Nach Stunden kamen die Männer erschöpft und nass zurück. Während mein Vater noch die Milchkannen von der Straße holte, kamen die beiden Alten gleich ins Haus. Langsam zogen sie ihre Stiefel, die großen Mäntel und Jacken aus. Schweigend gingen sie in der Küche an meiner Mutter vorbei, die das Mittagessen warm hielt. Im Esszimmer stellten sie sich mit den Rücken an den mannshohen Kachelofen und wärmten sich. Dann sagte einer von ihnen kopfschüttelnd zum anderen: »Wi möten em ihrst noch dröchleggen.« Wir müssen ihn erst noch trockenlegen – die alten Männer den jungen Mann, wie ein Wickelkind. Nur dass es hier um die Entwässerung aller Ländereien ging. Durch ihren Pfeifen- und Zigarrenrauch hindurch lachten sie leise über ihren grimmigen Scherz.

Onkel Edu ist unser Nachbar zur Linken. Ich sehe ihn an einem frühen Sommerabend mit der hölzernen Trage – de Dracht – über der Schulter, rechts und links ist je eine Milchkanne eingehängt. Er geht zum Melken, seine vier oder fünf Kühe stehen auf der Weide vor dem Hof. Er trägt eine helle, sehr ausgebeulte Manchesterhose, eine ausgebleichte, hellgraue Drillichjacke und einen Hut. Ich laufe rüber zu ihm.

Darf ich zugucken?

Vielleicht habe ich auch gar nichts gesagt und bin nur stumm und ein paar Schritte Abstand haltend mit ihm zur Weide gegangen, wie Kinder auf dem Land das damals taten. Die Kannen sind noch leer und baumeln ein bisschen, und sie würden ihm gegen die Hüften schlagen, wenn er sie nicht mit seinen großen Händen an den Haken, mit denen sie an den Ketten hängen, ein wenig festhalten würde.

Na, min Deern.

Er trägt helle Holzschuhe. Es sind die normalen, nicht die schwarz lackierten mit dem üppigen weißen Schaffell, das sich von innen nach außen über den Span zieht. Die sind für gut. Diese hier, die er alltags anhat, sind reichlich ausgetreten, die Holzsohlen dünn geworden, sie klingen hell, vor allem auf der Betonstraße, die wir überqueren, um zu seinen Kühen zu gehen. Da weiß ich noch nicht, dass er selbst als Bürgermeister viele Jahre um den Bau dieser Straße gekämpft hat.

Am Rande der Weide hängt er die Kannen aus und legt die Trage ab, leise klirren dabei die dünnen Ketten. Dann legt er ein frisches, weißes Tuch zwischen zwei feine, runde Siebe und drückt sie zusammen in den Ausfluss des bauchigen, schüsselartigen Behälters, durch das die frische Milch in die Kannen gegossen wird. Ich muss mir alles genau angucken, denn bei uns ist es anders, wir melken mit der Melkmaschine und unsere Kühe werden zum Melken in den Stall geholt. Inzwischen habe ich keine Angst mehr vor ihnen, aber als die ersten beiden eigenen Kühe im Stall gestanden hatten und nach ihrer alten Herde brüllten, hatten meine Schwester und ich laut geschrien und waren rausgerannt.

Onkel Edu setzt das Sieb auf eine Kanne, nimmt einen umgestülpten Eimer, der zusammen mit dem Sieb unter einem weißen Tuch im Gras gelegen hat, er packt sich den Melkschemel, der nur ein Bein hat – unsere haben drei Beine –, und geht mit einem freundlichen Brummen auf eine der vier oder fünf Kühe zu. Dann setzt er sich mit seinem großen Erwachsenenhintern auf den kleinen Schemel sehr nahe an die erste Kuh, legt seinen Kopf in ihre Flanke, der Hut rutscht ihm dabei ein wenig in den Nacken, und beginnt zu melken. Zuerst klingt der Milchstrahl in dem noch leeren Eimer hell auf, aber bald ist genug Milch unten im Eimer und der Klang wird immer voller und dunkler, die Milch schäumt im Eimer auf.

Ich habe mich ein paar Schritte entfernt ins Gras gesetzt und einen Halm in den Mund genommen. Das habe ich mir bei Onkel Edu abgeguckt.

Er spricht anders mit den Kühen als unsere Eltern, wie sie hier sowieso ein anderes Platt sprechen, und ich lausche, um das Wort zu hören, das er sagt. Aber nur selten murmelt er beruhigend sein »Kischi, kischi, kischi«, wenn die Kuh ein Bein hebt oder sogar einfach weggeht. Dann erhebt er sich von seinem Schemel, den er im Aufstehen geschickt greift und aufnimmt, geht der Kuh nach, setzt sich wieder zu ihr, sagt ein bisschen vorwurfsvoll: »Wi sünd noch nich fardich«, und melkt weiter.

Aber meistens ist es dann nicht mehr viel Milch, die noch kommt, die Kuh hat schon gemerkt, dass er jetzt gleich fertig ist. Am Ende erhebt er sich, nimmt Melkeimer und Schemel in der Bewegung auf und gibt ihr einen leichten Klaps.

So, nu sünd wi fardich.

Ich stehe auch auf, vielleicht weil es sich so gehört, wenn ein Erwachsener aufsteht, vielleicht will ich auch nur genauer sehen, was als Nächstes passiert. Er gießt die Milch durch das Sieb in die Kanne und sieht mich belustigt an.

Na, kannst du auch schon melken?

Ich schüttele verlegen den Kopf.

Na, denn komm mal her.

Und er zeigt es mir bei der nächsten Kuh.

Das ist eine Ruhige, sagt er, die schlägt nicht – und er hält ihr leichthin den Schwanz fest, damit sie mir den nicht um die Ohren haut.

Drücken und ziehen gleichzeitig, sagt er. Mach man. Keine Angst, es tut ihr nicht weh. Nach einer Weile, in der ich mich erfolglos abmühe, sagt er: Mehr drücken als ziehen.

Endlich kommen ein paar Tropfen – aber den breiten Milchstrahl, den er gemolken hat, kriege ich mit meiner kleinen Hand nicht hin.

Na, lot mi man weller.

Er streicht der Kuh beruhigend über den Rücken, die jetzt doch ein paar Schritte weitergegangen ist und sich irritiert nach mir umgesehen hat.

Dann melkt er weiter.

Langsam drifte ich weg, gehe zurück zu unserem Hof.

Am Ende sehe ich ihn, inzwischen wieder von unserem Haus aus, wie er langsam mit der Last der beiden vollen Milchkannen an der Trage zurück zu seinem Hof geht.

Das Wichtigste hier sind die Nachbarn. Im Moor kam es darauf an, einander beizustehen. Kein Siedler erhob sich über den anderen, fast alle waren gleich arm.

»Was für ein Glück, dass wir hier gelandet sind«, sagte unser Vater immer.

Onkel Edu hatte beim Verkauf des Hofs an unsere Eltern mitgeholfen, er war hier der Bürgermeister. Zusammen mit dem Makler war er mit unserem Vater über den Hof und die Felder gegangen und hatte ihm alles gezeigt, die Gräben und Zäune, Kanäle, Wege und Deiche. Gesagt hat er dabei sicher nicht viel, das war nicht seine Art.

»Du müsst hölpen«, hat er vielleicht gesagt. Hier duzte man sich umstandslos. Und einander zu helfen, das war nicht ein irgendwie und manchmal und vielleicht Zur-Hand-Gehen. Vielmehr war es die Verpflichtung zur gegenseitigen Nachbarschaftshilfe. Das Gesetz der Moorbauern.

3. KAPITEL

MITTE 18. JAHRHUNDERT
*Was die Schulchronik sagt und was sie verschweigt.
Wem gehört das Moor? Als Torfstecher nach Holland.*

WIR BEFINDEN UNS UNGEFÄHR IM JAHR 1750. »Zigeuner« lebten in einer Erdhütte am nördlichen Rande unseres späteren Dorfs, so heißt es in der »Geschichte des Dorfs«, wie sie 1899 der Dorfschullehrer Offermann in seiner Schulchronik aufschrieb. Was seine Quelle war, verrät er uns nicht. Ich nehme an, es war das Hörensagen. Wie groß diese Gruppe angeblicher Zigeuner war, aus wie vielen Familien sie bestand, wie lange sie hier lebten – so nahe der Nordsee im Nirgendwo – und woher sie kamen, solche Fragen fallen nicht in die Zuständigkeit des Dorfchronisten. Vielleicht hatten sie beschlossen, sesshaft zu werden. Oder die Erdhütte inmitten eines weitläufigen, unbesiedelten Moores war nur ein Art Rückzugsort für sie, eine halbwegs feste Bleibe, von der aus sie ihren Geschäften nachgehen konnten, dem Pferdehandel, Messerschleifen, Kesselflicken, Korbflechten, vielleicht auch dem Warzenbesprechen und Wahrsagen.

Der Dorfchronist von damals hat sich zufriedengegeben mit dem, was amtliche Quellen über sie verzeichnet haben, und vermerkt, dass sie »wegen der Räubereien und Umtriebe« schließlich »zur Anzeige gebracht und amtsseitig vertrieben« wurden.

Jedenfalls begannen Besiedelung und Urbarmachung des Moores erst nach dieser Vertreibung. Der erste dokumentierte Bewohner war ein Däne namens Peter Wolderich – und ein Däne war er vielleicht nur, weil er von jenseits der Elbe kam, aus Holstein; alles nördlich von Pinneberg und gen Osten rüber zur Insel Fehmarn war dänisch. Peter Wolderich hatte die Fischereirechte des nahe gelegenen Stinstedter Sees gepachtet. Seine Moorhütte, Stall und Scheune sind auf der ersten Generalkarte der Gegend, nämlich die »Kurhannoversche Landesaufnahme von 1768«, eingezeichnet – als erste Feuerstelle und Anfang unseres Dorfs. Erst seit 1754 war überhaupt gerichtlich festgestellt worden, dass »die wilden Moore, soweit sie noch in heiler Haut liegen, der Landesherrschaft gebühren«. Zuvor hatten Bauern aus umliegenden Dörfern die Moore im Sommer, wenn es trocken genug war, als Viehweide genutzt.

Die Landesherrschaft, die sich jetzt hier im Norden die Moore sicherte, war das Kurfürstentum Hannover. In den Jahren der Moorkolonisation standen Fürsten an der Spitze, die gleichzeitig in Personalunion als Könige das britische Königreich regierten. Als noch absolutistische, aber doch schon aufgeklärte Monarchen dehnten sie ihre Macht aus und kolonisierten neues Land – draußen in der Welt waren es Nordamerika, Afrika und Asien, im Inneren des angestammten Fürstentums die Moore, Sümpfe und Heiden.

Als man Peter Wolderich den Kauf der gesamten Moorfläche anbot, konnte der den Kaufpreis nicht aufbringen, heißt es in den Dokumenten. Daraufhin habe die Obrigkeit die Urbarmachung durch eine Dorfgründung verfügt. Zwanzig Anbauern* sollten auf ebenso vielen, auf zwölf Hektar bemessenen Hofstellen angesetzt werden.

So wurde das Dorf ab 1783 zu einem Teil der seit zwanzig Jahren betriebenen Kolonisation der Moore nordöstlich von Bremen. Wolderich war im hiesigen Bachenbrucher[1]* Moor der Vorläufer aller Anbauer und schließlich selbst der erste von ihnen.

Auf seiner ursprünglichen Hofstelle werden durchgängig und bis in meine Kindheit hinein seine Nachfahren wirtschaften, sein Hof wird viele Jahre die größte, weil doppelte Siedlerstelle und reichste Landwirtschaft sein. Bis es am Ende das am stärksten herunter-

* Anmerkungen ab S. 463

gekommene Anwesen ist, mit einem geizigen und streitsüchtigen alten Mann und seiner Schwester als letzten Bewohnern. Für uns Kinder war es nur noch ein unheimlicher Ort, ein einsames und unbelebtes Geisterhaus am Ende des Dorfs.

Warum aber sind die Heiden und Moore des Landes im 18. Jahrhundert mit so großem staatlichem Aufwand und über viele Jahrzehnte hin überhaupt besiedelt worden?

Warum sollte die ›heile Haut‹ der Moore angetastet werden, die Soden entfernt, das Land entwässert werden, warum der Torf gestochen und genügsame Getreidesorten angebaut, Vieh und Bienen gehalten, Bäume gepflanzt und, wo es möglich war, das Land sogar zu Ackerland gemacht werden?

Schon 1745 hatte Friedrich II. in seinem »Antimachiavell« geschrieben: »Die Stärke eines Staates beruht also nicht auf der Ausdehnung seiner Landesgrenzen, nicht auf dem Besitz einer weiten Einöde oder einer ungeheuren Wüste, sondern im Reichtum seiner Einwohner und ihrer Anzahl; darum liegt es im Interesse eines Herrschers, die Bevölkerungszahl zu heben und das Land zur Blüte zu bringen.« In seinem »Politischen Testament« fügte er zwanzig Jahre später hinzu: »Der erste Grundsatz, der allgemeinste und der wahrste ist der, dass die wahre Kraft des Staates in einer hohen Volkszahl liegt.«

Der Staat wollte mehr Menschen – als Steuerzahler und Soldaten. Und tatsächlich wuchs die Bevölkerung ständig. Aber ernähren konnte sie sich häufig nicht.

Besonders traf das auf die Landbevölkerung zu, denn weder das Land noch die Ernte gehörte den Bauern. Die grundbesitzenden Herrschaften forderten Abgaben, die teils noch in Naturalien, meist aber in barem Geld zu zahlen waren. Deshalb gingen im 18. Jahrhundert, sobald es Sommer wurde, immer mehr Männer aus Nordhannover als Wanderarbeiter nach Holland. Die Hollandgänger, wie man sie nannte, arbeiteten als Torfstecher[2] und Deichbauern und als Mäher in der Heu- und Getreideernte. Die Arbeiten aber, die man Fremden überlässt, sind immer und überall die schwersten und schmutzigsten. Zu Hunderten und Tausenden zogen nordhannoversche Untertanen im späten Frühjahr los und kehrten erst im September, Oktober zurück. Sie machten das jahre- und jahrzehntelang. Und sie wurden nicht alt dabei. Denn nicht nur die schwersten Arbeiten hob man für sie auf, sondern auch die primitivsten Unterkünfte und das kärglichste Essen. Am Ende aber gab es Bargeld, und davon lebten sie, die Brinksitzer, Häuslinge und Heuerlinge, die nicht-erbenden Bauernsöhne, die sich als Knechte verdingen mussten. So ernährten sie ihre Frauen und Kinder, die, während die Männer fort waren, Hand- und Spanndienste auf den Höfen der Grundherren verrichteten und bei Erntearbeiten der größeren Bauern halfen. Andere Männer arbeiteten in den Häfen, fuhren zur See, gingen in der Saison auf Walfang nach Grönland – viele kamen nicht wieder. Bald wanderten viele nach Amerika aus.

Es war jedenfalls aus diesem Reservoir einer immer kurz vor dem Verhungern stehenden Bevölkerung, aus der sich die »Anbauer im Moor« rekrutierten. In den Akten dieser Zeit votierten die Räte und Amtsmänner für immer mehr Dorfgründungen. Sie schrieben, man wolle doch die Menschen lieber im eigenen Lande halten und ihre Arbeitskraft nutzen, auf dass der heimischen Wirtschaft aufgeholfen und die neuen Dörfer ihre Abgaben an die nordhannoversche Obrigkeit zahlen würden.

Das Projekt der Binnenkolonisation nannte man zu jener Zeit gut französisch die Peuplierung, was mit Ansiedlung ganz gut übersetzt ist. Das Wort Melioration stand für die Kultivierung des Bodens. Aber warum konnte sich die wachsende Bevölkerung nicht ernähren?

Was war der Stand des landwirtschaftlichen Wissens, der Theorie und der Praxis?

4. KAPITEL

DAMALS

Aus einem Stall wird eine Kirche, dann ein Tanzsaal. Wie man im Winter auf Schlittschuhen überallhin kommt.

GLEICH IN EINEM UNSERER ERSTEN JAHRE IM DORF gab es eine Hochzeit in der Nachbarschaft zu feiern. Wi möt na hochtied – hieß es. Wir müssen zur Hochzeit. Fast das ganze Dorf ›musste‹, und zwar nicht nur feiern, sondern auch bei den Vorbereitungen helfen. Und nach der Trauung einen Umschlag mit Geld überreichen, einen festgelegten Betrag, der den Brautleuten ein großes Fest ermöglichte. Hundert oder sogar zweihundert Gäste waren üblich.

Meine Eltern lernten schnell. Mein Vater fuhr jetzt mit anderen Nachbarn gemeinsam ›Grünes holen‹, das heißt mit Pferd und Wagen in die noch übrig gebliebene Wildnis eines nahe gelegenen Moores, in dem immer noch Torf gegraben wurde. Dort schlugen sie junge Bäume und Gesträuch, luden alles auf den Wagen und tranken viel Schnaps dabei. Wenn die Männer heimkamen, hatten die Frauen des Dorfs meist das Melken schon besorgt, die Kälber getränkt und vielleicht mit dem alten Bauern, wenn es auf dem Hof einen gab, das Vieh gefüttert. Dann mussten sie ihre schwer angetrunkenen Männer ins Bett bringen. Auch das war für meine Mutter neu.

Am nächsten Tag banden die Frauen die Kränze. Meine Mutter ließ sich von den freundlichen Nachbarinnen in alles einführen. Sie trafen sich in der Diele des nächsten Nachbarn, einige brachten Butterkuchen mit, einen auf großen Blechen ausgerollten Hefeteig, der mit Mandeln und Zucker bestreut oder mit einem Zuckerguss und geschroteten Mandeln glasiert war. Der war schnell ›abgebackt‹

worden, so nannten sie kurze Backzeiten. Zum Kuchen tranken sie reichlich Kaffee, beredeten alle Neuigkeiten, natürlich auf Plattdeutsch, und später wurde Likör ausgeschenkt.

Währenddessen errichteten die Männer am Eingang des Hofs ein Tor aus Balken und Latten, das bekränzt werden musste. Alleine für diese Einfahrt hatten die Frauen schon mehrere Meter Kranz aus Tannenzweigen und Papierrosen gebunden, die Eingangstür des Hauses wurde mit einem frischen Laubkranz geschmückt. Dazu kam die fast zwei Meter lange Buchsbaumumkränzung für das Brautsofa – und ein heimlicher Kranz aus Disteln und Brennnesseln für das Brautbett, den irgendwer irgendwann am nächsten Abend unter die Bettdecke schmuggeln würde.

Wir Kinder liefen zwischen allem umher, den Blumen aus Krepppapier, Schleifen und Bändern, aßen zu viel Kuchen, von dem uns abends schlecht war, und freuten uns am Gelächter der Erwachsenen, auch wenn einige, wie meine Mutter, streng blieben mit uns.

Trauung, Hochzeitsessen und Tanz fanden am nächsten Tag allesamt auf der Diele im Haus des Bräutigams statt, unseres Nachbarn zur Rechten. Es war, wie damals noch alle Häuser hier, ein niedersächsisches Hallenhaus, der Giebel im typischen Fachwerkstil gehalten, weiß gestrichene Balken teilten das Mauerwerk in Fächer auf, und das große Dielentor, de Grotdör, war im selben Grün gestrichen wie die beiden kleineren Türen rechts und links, die auf die Viehgänge führten, links standen die Pferde und rechts die Kühe. Hoch bepackte Erntewagen mit Heu oder Stroh konnten von Pferden oder auch dann den ersten Traktoren direkt auf die Diele gezogen werden oder rückwärts hineinbugsiert. In der hohen Balkendecke gab es eine Luke, durch die Heu und Stroh nach oben auf den Boden zur Winterlagerung gepackt wurden. Von der Diele aus, die auch bei uns noch aus Lehm gestampft war, fütterte man das Vieh. Rechts und links verliefen die dafür auf einen gemauerten Sockel gesetzten Krippen, hinter denen die mit Ketten befestigten Kühe und Rinder und ein bisschen abgesondert davon die Pferde standen. Aber man hatte auch Holzwände über den Krippen angebracht. Und so konnten nach dem Melken und Füttern, und wenn alle Arbeit im Stall getan war, die schweren Klappen, die an den Krippen nach unten hingen wie offene Türen in ihren Angeln, angehoben und am oberen Rand mit Holzknebeln befestigt werden. Damit war dann die Diele ein Raum für sich geworden und das Vieh aus dem Blickfeld verschwunden, auch wenn man es dahinter während des Tanzes noch rumoren hörte.

Die Diele unseres Nachbarn ist für die Hochzeitsfeier jetzt zusätzlich mit einem Holzboden ausgelegt, und am Ende des so entstandenen Saals ist der Altar aufgebaut. Davor steht der Pastor.

Zum ersten Mal sehe ich einen Mann in einem langen schwarzen Kleid. Er hat einen weißen Kragen um und macht ein ernstes Gesicht. Während alle singen, muss ich vor dem Brautpaar Blumen streuend auf ihn zugehen. Kurz vor ihm soll ich nach rechts abbiegen. Aber das habe ich vergessen, ich bleibe stehen und blicke zu ihm hoch. Meine Mutter, die seitlich in den Kulissen steht, zieht mich zu sich.

Dann kniet das Brautpaar schon vor dem Pastor nieder. Man hat dicke Kissen auf den Holzboden gelegt, damit die gute Kleidung nicht beschmutzt wird. Und damit die Braut sich leichter wieder erheben kann, ohne ihr Kleid zu verziehen oder den langen Schleier einzureißen.

Auch das Paar ist ernst – und sehr jung, beide sind keine zwanzig Jahre alt. Die älteren Frauen weinen. Das ganze Dorf ist gekommen, ungefähr achtzig oder hundert Menschen stehen in der Diele, nur die engsten Verwandten sitzen. Es gibt kaum jemanden, der mit der Braut und dem Bräutigam nicht irgendwie verwandt oder verschwägert ist, außer uns und noch ein paar anderen Flüchtlingsfamilien.

Nach der Trauung wird noch einmal gesungen. Die Bläsergruppe des Schützenvereins spielt. Die Gemeinde singt: »So nimm denn meine Hände und führe mich bis an mein selig Ende und ewiglich. Ich kann allein nicht gehen, nicht einen Schritt. Wo du wirst geh'n und stehen, da nimm mich mit.« Es ist mein erstes Kirchenlied. Ich singe und weine mit, vom Ernst der Worte und der Feierlichkeit der Gesichter überwältigt.

Endlich lächelt der Pastor nun doch und die Gäste rascheln und husten und schnauben kräftig in die Taschentücher. Dann stellen sie sich paarweise zum Gratulieren an und übergeben das Kuvert mit dem Geldgeschenk. Wer mit dem Brautpaar angestoßen hat – Schnaps für die Männer, Likör für die Frauen –, hilft beim Hereinschaffen der Stühle und Bänke. Die Frauen decken die Tische mit weißen Tüchern, tragen das Geschirr auf und legen das Besteck aus. Wir Kinder laufen zwischen ihnen herum und stören und werden irgendwann auf den Hof gescheucht. Da stehen einige Männer vor dem Dielentor, ein wenig steif in den ungewohnten Anzügen, redend und rauchend. Onkel Edu ist auch dabei und legt mir, als ich schüchtern an ihnen vorbeigehe, kurz seine harte Hand auf den Kopf. Na, min Deern.

Da bin ich verlegen und auch ein bisschen stolz, denn so gehöre ich jetzt etwas mehr dazu. Auch die anderen Männer gucken zu mir runter. Es kommt mir vor, dass ich keinen von ihnen kenne. Aber vielleicht liegt das auch nur an den Sonntagsanzügen. Während ich mich langsam entferne, höre ich, wie Onkel Edu den anderen erklärt, wer ich bin. De Lütte von denn Niegen. Die Kleine vom Neuen. Die Große ist meine Schwester.

Die Alten haben sich inzwischen auf die Bänke im Saal gesetzt und viele Kinder schliddern über den glatten Boden, hüpfen, rufen, rennen wild durch den Saal. Junge Männer fahren sich mit dem Zeigefinger in die Hemdkragen und lockern ein wenig die zu stramm gebundenen dünnen Schlipse. Eine der jungen Frauen, deren hoch toupiertes Haar ich schon von Weitem bewundert habe, hält sich mit einer Hand am Oberarm eines Mannes fest und hebt erst den einen und dann den anderen Fuß, um mit dem Gesicht über die rechte und dann die linke Schulter blickend zu prüfen, ob sie mit den Pfennigabsätzen ihrer Schuhe womöglich Dreck mit in den Saal gebracht hat. Die vor der Dielentür Stehenden reden und rauchen weiter, und wenn eine der Ehefrauen vorbeikommt, zieht sie ihrem Mann die

Hand aus der Hosentasche, weil dies ein Festtag ist und sich nicht gehört - jedenfalls solange der Pastor noch da ist.

Wenn alle Tische und Bänke aufgebaut und die Tische gedeckt sind, nimmt das Brautpaar, wo eben noch der Altar gestanden hat, auf dem bekränzten Sofa Platz, die Brauteltern und der Pastor sitzen bei ihnen. Dann tragen die jungen Leute des Dorfs mit musikalischer Untermalung in schnellem Schritt und Gleichmarsch die Hadelner Hochzeitssuppe auf - große Schüsseln mit Rindsbrühe und Reis, kleinere mit Rosinen, dazu große Platten mit Rindfleisch. Meine Eltern werden aus dem Augenwinkel die Nachbarn beobachtet haben. Zuerst nahm man sich also ein großes Stück Fleisch und schnitt es im Suppenteller in Stücke, dann häufte man Reis drauf, streute Rosinen drüber, und als Letztes kam aus großen Kellen die mit kleinen, würzigen Fleischbällchen reichlich bestückte Brühe hinzu. Jeder mischte sich die Anteile nach seinem Geschmack, dazu gereicht wird Bier und Schnaps.

Wenn alle gesättigt sind, räumen die jungen Leute wieder ab- und der erste Tanz, zu dem die drei oder vier angeheuerten Musikanten aufspielen, gehört ihnen, noch vor dem Ehrentanz des Brautpaars.

Alles das mussten unsere Eltern kennenlernen und sich darin einfügen. Denn alles war neu für sie: die Menschen, ihre Haltungen und Gebräuche, von der Architektur - den strohbedachten Häusern und Ställen - bis zu den Gerichten - Hochzeitssuppe, Butterkuchen, aber auch Bratkartoffeln mit Rhabarberkompott zum Mittag. Vor allem aber der Grund und Boden für alles, die Landwirtschaft, die aus dieser Moorerde folgte, die Geräte, mit denen der Boden bearbeitet wurde, die Holzschuhe für Mensch und Tier - auch Pferden wurden im Moor Holzschuhe angeschnallt, damit sie nicht so tief einsanken. Dazu kam die Sprache, das andere Plattdeutsch, das hier gesprochen wurde und das ihnen völlig unbekannte Wörter enthielt. Dass ein Escher ein Spaten bedeutete und ein Leuwagen ein Besen - wer konnte das ahnen?

Am schwierigsten aber war es, sich an das viele Wasser zu gewöhnen. Man musste die verschiedenen Namen der Gräben lernen, die als kleine Gräben Grüppen hießen, auf der Grenze zum Nachbarn waren sie Grenzgräben, und der besonders breite und tiefe Graben, der durch das ganze Dorf führte, nannte sich, wie gesagt, die Wettern, ausgesprochen »Weddern«, »de Weddern«. Dazu gab es noch Kanäle und Vorfluter. Und den Hadler Kanal, der war der größte und schon etwas weiter weg.

Die Wettern war die Grenze des Hofs zur Straße, zum Dorf. Von der Straße aus, die parallel zur Wettern lag, führten kleine Brücken zu den Höfen. Sie waren zwischen Dorf und Hof die Übergänge für Mensch und Tier. Dicke hölzerne Pfähle, in deren Angeln die beiden Flügel der Pforte hingen, standen links und rechts an der Wettern. Sie waren weiß gestrichen, und wer Vieh durchs Dorf trieb, ließ gerne eines der Kinder vorauslaufen, das die Pforten schloss, damit die Rinder oder Schweine oder Schafe nicht auf die Nachbarhöfe liefen. Sonst waren sie selten tagsüber geschlossen, und bei uns fehlte von Anfang an der linke Pfortenflügel. Der rechte hing, dadurch sinnlos geworden, noch lange an dem bald schon gänzlich seitwärts geneigten Pfahl. Nie kam unser Vater dazu, ihn zu reparieren oder abzubauen, und einen Altenteiler, einen Opa, der sich mit solchen Reparaturarbeiten hätte beschäftigen können, hatten wir nicht. Es dauerte nicht sehr lange, bis auch der Rest der Pforte verschwand. Nur der Pfahl auf der rechten Seite mit seinen rostigen Angeln stand noch ein paar Jahre lang da. Immerhin markierte er fürs Auge die Begrenzung der Überfahrt. Denn im Sommer setzte an den Rändern der Wettern ein so üppiges Pflanzenwachstum ein, dass das Gras, die Brennnesseln und Brombeerbüsche bis ins Wasser hineinhingen. Man musste lernen zu erkennen, wo vermutlich noch fester Boden war und ab wann man gleich schon durch das Gebüsch mitsamt den abbrechenden Grassoden ins Wasser rutschen würde.

Vor allem unsere Mutter müssen die vielen Gräben geängstigt haben. Kleine Kinder konnten leicht hineinfallen und vom tiefschwarzen Wasser verschlungen werden, ohne dass es einer bemerkte.

Neben der Brücke über die Wettern gab es unten am Wasser eine flache Stelle, wo offenbar durch viele Fuhren Sand eine Zugangsstelle entstanden war. Unser Vater trug oder fuhr die diversen Geräte und Wagen dort nahe heran, holte mit einem Eimer braunes, mooriges Wasser aus der Wettern und übergoss, was zu säubern war, schrubbte mit dem Besen und spülte eimerweise nach. Ich staunte jedes Mal, dass der Mist- und der Düngerstreuer, dass die Schaufeln, Spaten und Hacken nach dem Waschen mit so einem schwarzen Wasser wirklich sauberer waren und sogar glänzen konnten, und die eisernen Gitterräder, die manchmal zur Verdoppelung der Radfläche an die großen Hinterräder des Treckers geschraubt wurden, zeigten dann Spuren ihrer ursprünglichen Rotlackierung.

Bei Regenwetter war der kleine matschige Strand völlig aufgeweicht. So oder so diente er unseren Entenmüttern als Zugang, wenn sie im Frühjahr ihre frisch ausgebrüteten Küken zum Wasser führten. Und wir Kinder spielten dort gerne mit Matsch und Wasser – obwohl es an Matsch und Wasser an keiner Stelle des Hofes fehlte. Da setzten wir dann kleine Boote aus Baumrinde oder auch Löwenzahnkränze aufs Wasser, sahen sie wegschwimmen und versinken.

In den ersten Jahren existierte noch ein weiteres Spiel. In den Wettern lagen nämlich Baumstämme, die als Bauholz zum Härten gewässert wurden. Die Stämme waren entastet, besaßen aber noch ihre Rinde, auf deren mal trocken-bröckeliger, mal glitschig-nasser Oberfläche wir entlangbalancierten, barfuß, in Schuhen oder Gummistiefeln. Oft lagen mehrere Stämme so dicht nebeneinander, dass sie sich nicht rührten, wenn wir auf ihnen entlangspazierten. Manchmal aber drehte sich auch ein Stamm um seine eigene Achse und ein Kinderfuß konnte da leicht abrutschen oder das ganze Bein zwischen den Stämmen im moorigen Nass verschwinden. Wenn einer von uns dann ›einen nassen Fuß‹ bekommen hatte und auf Nachfragen, wie das passiert war, mit der Wahrheit rausrückte, stellte unsere Mutter uns aufgebracht vor Augen, dass man auf diese Weise zwischen den Stämmen abrutschen könnte und sich nicht ohne Weiteres selbst befreien, weil das schwere Holz der Stämme sich über dem versunkenen Kind wieder nebeneinanderlegen würde. Das jagte uns wirklich einen mächtigen Schrecken ein. Beim nächsten Mal war das Balancieren dann umso aufregender. Aber wenn wir einen Erwachsenen kommen sahen, sprangen wir doch lieber ganz schnell ans Ufer und taten harmlos.

Das Schönste aber war, wenn die Wettern im Winter zugefroren war. Als kleine Kinder fuhren wir dann mit Schlittschuhen auf dem Eis das ganze Dorf entlang. Die Brücken zu den Höfen, unter denen wir dann gebückt hindurchkriechen mussten, machten die Sache noch etwas spannender. Denn dort unten war das Eis nicht ganz so dick gefroren und überhaupt war man hier den brüchigen Rändern näher. Mit den Absätzen der Schuhe oder den scharfen Kanten der Schlittschuhe testeten wir an den kristallinen Eisrändern, ob es wohl brechen würde. Wir zogen dann, ein kleines Rudel von Dorfkindern, die nach der Schule Schlittschuh liefen, auf den Wettern durch das ganze Dorf und zurück. Und die Großen fuhren noch weiter über das Kanalsystem in die Weiten uns unbekannter Felder zu einem See, von dem es dann hieß, er sei gänzlich zugefroren, und dort gebe es eine schneefreie Eisfläche, auf der man wirklich lossausen konnte.

Gingen wir nur deshalb nicht mit, weil die Großen uns klarmachten, dass sie keine Lust hatten, auf die Kleinen aufzupassen? War es uns ausdrücklich verboten worden? Oder fürchteten wir, in der früh einbrechenden Dunkelheit auf den weiten, unbekannten Wiesen und Kanälen und auf uns selbst angewiesen nicht mehr nach Hause zu finden? Vielleicht war es auch, dass wir spätestens zum Viehbesorgen zu Hause sein mussten.

Fünf Uhr, das war immer schon der Auftakt zur letzten Runde des Tages. Für die Frauen und Kinder hieß es, die Milchkannen waschen, melken, die Kälber tränken, Enten und Hühner für die Nacht einsperren und mit Wasser und Futter versorgen. Das Füttern der Kühe und Ausmisten der Ställe besorgten die Männer.

5. KAPITEL

18. JAHRHUNDERT

Was Goethe über Bauern denkt und warum über die englische Landwirtschaft ein Buch geschrieben werden musste. Ein Arzt aus Celle wird Musterlandwirt.

»SO STIEG ICH DURCH ALLE STÄNDE AUFWÄRTS«, schrieb Goethe 1780 an einen Freund, »sehe den Bauersmann der Erde das Nötigste abfordern, das doch auch ein behägliches Auskommen wäre, wenn er nur für sich schwitzte. Du weißt aber, wenn die Blattläuse auf den Rosenzweigen sitzen und sich hübsch dick und grün gesogen haben, dann kommen die Ameisen und saugen ihnen den filtrierten Saft aus den Leibern. Und so geht's weiter, und wir haben es so weit gebracht, dass oben immer in einem Tag mehr verzehrt wird, als unten in einem beigebracht werden kann.«

Goethe war als Minister selbst Teil der oberen Stände. Er kannte aus eigener Anschauung das luxuriöse Leben der Adeligen am Hofe, gehörte sozusagen selbst zu denen, die den Blattläusen, also den Bauern, den Saft abzapften.

Diesen Brief schreibt er von einer Reise zu Pferde, die er gemeinsam mit dem Briten George Batty unternommen hat, den man in Weimar als »Landkommissar für Bodenverbesserung« gewonnen hatte. Jetzt besichtigte Goethe mit ihm die »kunstreichen Bewässerungsanlagen für die Wiesen im Eisenacher Oberland«, die seit dem Frühjahr 1780 angelegt worden waren.

Goethe hatte ein scharfes Auge für die Lebensverhältnisse der Leute. Es gibt von ihm aus diesem Jahr eine kleine Zeichnung, auf der er »Bauernhütten« skizziert hat. Wie viele Gebildete, die mit Papier und Stift umgehen konnten, zeichnete er, was er sah-so wie man später Fotos machte. Es existieren viele schnelle Skizzen von ihm, hier von niedrigen, schiefen Hütten mit zerfetzten Strohdächern, zu einem seitlichen Verschlag führt die Hühnerleiter empor, ein paar Balken an der Seite zeigen einen Brunnen an-eine Kate, wie sie Modell gestanden haben könnte für die bald entstehenden Hütten unseres Dorfs.

Goethes Besichtigung der Bewässerungsanlagen und seine Bemerkungen zeigen, dass das Thema der Bodenverbesserung, der Melioration und auch eine gewisse Nachdenklichkeit in Sachen Bauernstand im Zeitgeist der Aufklärung lagen. Dabei kamen viele der neuen Boden-, Pflanzen- und Tierzuchtexperten aus Britannien. Denn nicht nur in Sachen Industrialisierung wurde England zum fortgeschrittensten Land der Welt. Im späten 18. Jahrhundert war bereits die technische Entwicklung im Bereich der Landwirtschaft europäisches Vorbild. Der britische König Georg III.-der, wie wir wissen, gleichzeitig Kurfürst von Hannover war-förderte begeistert landwirtschaftliche Experimente auf seinen Gütern, man nannte ihn auch spöttisch Farmer George. 1783 wird in London von der Society of Arts von dreiundachtzig neuen Erfindungen und Entwicklungen berichtet-alleine dreiundsechzig von ihnen hatten in der Landwirtschaft stattgefunden, darunter waren Sämaschinen für Bohnen, Weizen und Runkelrüben, Pflüge mit neuartigen Scharen, Kombinationen von Pflug und Sämaschine, Strohschneide-, Dreschund Spreumaschinen.

An dieser Stelle muss man auf Albrecht Daniel Thaer[1] zu sprechen kommen-und auf die Missstände im Landbau, die er vorfand. Fünf Jahre schrieb der Untertan des hannoverschen Kurfürsten an seinem Buch mit dem barocken Titel »Einleithung zur Kenntniß der englischen Landwirthschaft und ihrer neueren practischen und theoretischen Fortschritte in Rücksicht auf Vervollkommnung deutscher Landwirthschaft für denkende Landwirthe und Cameralisten«. Cameralisten wurden jene Beamten genannt, die sich mit den

Finanzen eines Landes befassten. Albrecht Daniel Thaer, 1752 in Celle geboren, war zunächst nur ein erfolgreicher Arzt, der sich leidenschaftlich mit Pflanzenzucht beschäftigte – aber immerhin einer, der alles aufschrieb, was er unternahm und beobachtete. Als Mitglied der Königlichen Landwirtschaftsgesellschaft von Celle profitierte er vom regen Wissenstransfer zwischen London und Hannover. Seine ärztlichen Honorare und staatlichen Gehälter ermöglichten ihm, sein kleines Gut vor den Toren der Stadt zu einer viel besuchten Musterwirtschaft auszubauen, um deren praktische Seite – Aussaat, Ernte und Milchwirtschaft – sich sechs Knechte und Mägde kümmerten. 1797 wurde Thaer korrespondierendes Mitglied des »Board of Agriculture« in London, und sein erstes bahnbrechendes Buch führte zu vielerlei Bekanntschaften mit landwirtschaftlichen Reformern in aller Welt – und bald zur Gründung einer ersten Landwirtschaftsakademie.

Was aber waren die Missstände, die jemand wie Thaer in der Landwirtschaft vorfand?

Eine der grundlegendsten Einschränkungen für eine effektive Landwirtschaft, so heißt es, waren Fragen des Grund und Bodens, die herrschende Kombination von Flurzwang, Dreifelderwirtschaft und Allmende.

Dreifelderwirtschaft bedeutete, einen Acker im einen Jahr mit Sommergetreide zu besäen, im nächsten Jahr mit Wintergetreide und im folgenden Jahr brach liegen zu lassen; auf der Brache durfte das Vieh grasen und seinen kostbaren Dung hinterlassen. Durch den Flurzwang mussten die Bauern eines Dorfs oder einer Herrschaft alle gleichzeitig dieselben Getreide- und Erdfrüchte säen und pflanzen und im Herbst auch ernten bzw. reihum die Äcker als Brachen liegen lassen. Keiner sollte dem anderen voraus sein, die fehlenden Wege und Überfahrtrechte zu den weit über die Fluren verteilten Äckern machten solche Uniformität sinnvoll. Aber die Entwicklung neuer Saaten und Sorten, Methoden des Anbaus und der Ackerpflege blieben dadurch aus. Und weil sich zudem die Einteilung der Felder von Jahr zu Jahr änderte, machte sich keiner die Mühe, ›seinen‹ Boden zu verbessern.

Ein weiteres großes Problem war das Hutungsrecht, also das Recht aller, seine Gänse, Schweine, Schafe und Rinder jederzeit auf den Gemeindewiesen und Brachen zu weiden. Das wohlwollende Prinzip der Allmende war mit wachsender Armut einer immer größeren Regellosigkeit gewichen, in der sich nur noch die Stärkeren durchsetzten. Unter dem Titel »Von dem geringen Nutzen gemeiner Hut und Weiden« zählte die Zeitschrift »Neues Hannoverisches Magazin« 1801 sieben Punkte auf, die zeigten, wie sehr diese Praxis inzwischen die Gemeinschaft selbst schädigte. Überall würden Maulwürfe Gras verschütten, Pfützen und Kuhlen würden nicht entwässert, sodass nur schlechtes oder gar kein Gras wüchse, allerlei Disteln, Binsen und Schilf fände sich ein, die sich durch ihre Samen immer weiter verbreiteten und vom weidenden Vieh immer stehen gelassen würden, während »die guten, nahrhaften Kräuter« schon vor dem Aussamen gierig abgenagt würden und sich deshalb nicht fortpflanzen könnten. Beklagt wurde auch, dass die Schweine des Dorfs den Anger unkontrolliert umwühlten, Gänse das Gras mit den Wurzeln ausrissen und ihren ätzenden Mist überall fallen ließen und Schafe das Ganze zusätzlich verdürben durch ihren Gestank und ihren Biss bis zur Wurzel. Überdies sei den Rindern und Pferden »deren Miste eckelhaft und zuwider«, und sie könnten dort nicht mehr geweidet werden.

Behördliche Anordnungen zur Abstellung solcher Missstände waren meist von kümmerlicher Art, und so drängten die Experten – darunter Albrecht Daniel Thaer – auf eine schnelle Abschaffung oder wenigstens Einschränkung von Flurzwang und Huterecht.

Zur Verbesserung der Ernten war außerdem der Schutz vor pflanzlichen und tierischen Schädlingen dringend geboten. Unkraut- und Mäusebefall konnten eine Ernte derart schmälern, dass für den Menschen kaum noch etwas übrig blieb. Die Behörden wiesen bei schwerem Befall durch ein Kraut dann wohl an, dass jeder, »welcher dergleichen Land besitzt oder in Pacht hat, ohne Unterschied, er sey von was Stande oder Würden er wolle«, die Pflanzen auszureißen habe, und kündigten Kontrollen durch »Feld-Geschworene« an. Und einer Mäuseplage will man dadurch Herr werden, indem man zu etwa acht Kilogramm »Gersten- oder Weitzenmalz ein halbes Pfund feingepulvertes Arsenicum« hinzugibt, mit Wasser anmischt, daraus Kugeln formt, »einer guten Muscatnuß groß«, und die Kügelchen in die Mäusegänge steckt, während man Ratten bekämpfte, indem man sie mit Getreide in einen geschlossenen Hof lockte, ihnen den Rückweg versperrte und sie erschlug. »Ein Abend hintereinander wiederholt man diese traurige Mordgeschichte«, wurde angewiesen, so müsse man sich dann immerhin nicht mit dem »unerträglichen Geruch« herumschlagen, mit dem vergiftete Ratten die Luft in Häusern, Ställen und Scheunen oft Monate lang »infizieren«. 1802 wurden Sperlinge als besondere Schädlinge ausgemacht, und da, wie im »Hannöverschen Magazin« steht, die üblichen Vogelscheuchen hier nichts bewirken, soll »jeder Besitzer eines Hauses auf dem platten Lande, in den Sand-Gegenden sowohl als in den Klei*-Gegenden«, im Kampf gegen die Sperlingsplage »6 Stück Sperlinge«, und zwar ihre Köpfe, zwischen dem »1.sten Februar bis zum 1.sten Mai dieses Jahres« abliefern.

Als Thaer mit seiner Musterwirtschaft in Celle begann, war all dies noch im Schwange. Seine große Tat war eine neue Logik der Planung und Bewirtschaftung. Nicht mehr das Dorf stand als die kleinste landwirtschaftliche Einheit im Mittelpunkt, sondern der einzelne Betrieb. Als Praktiker nutzte er seine eigene Brache, die nicht mehr die Brache des ganzen Dorfs war, um Futterpflanzen und Hackfrüchte wechselweise anzubauen. Er zeigte, dass mit dieser Art Fruchtwechsel, Getreide und Rüben, später auch Kartoffeln, selbst ohne Brache gute Erfolge erzielt wurden. Und durch den Einsatz neuer Geräte und Maschinen konnte bei ihm oft mehr vom Feld geholt werden, weil es schneller ging und einem seltener die Ernte noch in letzter Minute verhagelte oder einregnete. Als Arzt empfahl er zudem die langsam aufkommende Kartoffel als Nahrungsmittel und bescheinigte ihr, dass sie eine vollwertige Ernährung für die Bevölkerung sei.

Von nah und fern kamen Grundbesitzer und Gutsherren – nur sie konnten seine Schriften lesen und hatten Zeit und Geld, um zu reisen –, besuchten das cellesche Mustergut und hatten tausend Fragen. Thaer begegnete dieser Anforderung, indem er zu festen Terminen kleine Fragestunden abhielt, 1799 die »Annalen der Niedersächsischen Landwirthschaft« gründete und dort Fragen und Antworten publizierte. Schließlich eröffnete er 1802 das erste landwirtschaftliche Lehrinstitut. Auch ging er bald selbst viel auf Reisen, fuhr nach Mecklenburg, Holstein und Brandenburg, stieß auf viele ungelöste Probleme von Ackerbau und Viehzucht, machte neue Erfahrungen in Bodenbearbeitung und Gerätegebrauch, führte Experimente in Woll- und Milchviehbehandlung, Pflanzen- und Tierkrankheiten durch, und er überzeugte sich von der Notwendigkeit, bessere Samen zu züchten. Er las und schrieb unermüdlich, berichtete auch über seine Misserfolge, was ihn bei Praktikern besonders glaubwürdig machte.

Tatsächlich war unter dem Bevölkerungsdruck in Europa eine Zeit permanenter Erforschung und Anwendung neuer landwirtschaftlicher Erkenntnisse angebrochen. Es war die hohe Zeit der Beobachtung und Beschreibung von Ursache und Wirkung. Thaer hatte bei den Versuchen auf seinem Celler Mustergut und bei den Reisen im ganzen Land bald begriffen, dass es auf die Art des Bodens ankam, welche Feldfrüchte dort mit welchem Erfolg angebaut werden konnten. Regeln konnten immer nur für einen bestimmten Standort gelten und nicht für einen anderen. Auch auf den Rhythmus des Anbaus kam es an. Zuerst hatte er eine durch Kleeanbau verbesserte Dreifelderwirtschaft versucht, dann kam er auf einen vierschlägigen Fruchtwechsel – Wintergetreide, Hackfrüchte, Sommergetreide, Klee. Damit erreichte Thaer einen um 30 Prozent höheren Ertrag, denn der Wechsel von Halm- und Blattfrucht verbesserte den Bodenhumus, der Boden hielt besser die Feuchtigkeit, weniger Insektenbefall war die Folge. Klee und Kleeheu kamen außerdem den Kühen zugute, die auch im Sommer im Stall gehalten wurden, damit der Dung wirksamer gesammelt und auf den Feldern verteilt werden konnte. Die Fruchtbarkeit des Bodens verbesserte sich, und das Einarbeiten des Mists bekämpfte gleichzeitig das Unkraut, während es die Erde für die nächste Einsaat vorbereitete. Die Milch der Kühe war für die Bauern weniger wichtig als die männliche Nachzucht, die nächste Generation von Spannvieh, die Ochsen vor dem Pflug.

Wollte man die anwachsende Bevölkerung ernähren, musste in der Landwirtschaft wirklich alles neu bedacht werden. Vielleicht konnte ein Außenseiter am ehesten die Dinge ohne Vorurteile betrachten – und verändern. Schon früh hatte Thaer geschrieben: »Der Instinkt des Menschen überhaupt ist: nach der Vernunft handeln. Er muss sich bei jeder Erscheinung Ursache und Wirkung denken.«

6. KAPITEL

ENDE DES 18. JAHRHUNDERTS
Protokolle der Moorkonferenzen reisen per Pferdekutsche nach London. Die ersten Anbauer, Aschedüngung und Buchweizensaat.

WENN DIE HANNOVERSCHE REGIERUNG ein neues Dorf plante, wurde als Erstes das Land vermessen. Man prüfte die Boden- und Wasserverhältnisse, wandte die neuesten Methoden der Kartierung an und zeichnete Landkarten. Aus diesen Aufzeichnungen wurden Akten, und aus Akten wurden Aktenberge. Immer mehr Ämter wurden mit immer mehr Untersuchungen beauftragt und um Gutachten gebeten. Die sich ansammelnden »Promemoria«, »Protocolle« und »Rescripte« wurden gebündelt und der nächsthöheren Behörde vorgelegt.

Wer die originalen Dokumente aus den Archiven gräbt, trifft auf dicke Papierstöße in dünnen blauen Aktendeckeln, mit zähen Bändern kunstvoll verschnürt. In verschiedenen Handschriften aus verschiedenen Zeiten stehen auf ihnen die Inhalte angegeben. Schnürt man die Akten auf, stößt man auf die handgeschriebenen Briefe, Doppelbögen aus dickem, lederartigem, handgeschöpftem Papier in einem länglichen Hochformat, an den Rändern verdunkelt und zerlappt und geziert mit dem Stempel über die Bezahlung der Gebühr – »vier Schilling, zwei Gute Groschen«.

Die Faltung der Bögen zeigt, in welcher Weise sie Brief und Umschlag zugleich waren, das dunkelrote getrocknete Siegelwachs an den Aufbruchstellen der Briefe war oft noch vorhanden. Mühsam stolpert man durch die Tabellen, Protocolle, Promemoria und Rescripte – und schließlich trifft man auf die Meyerbriefe der Mooranbauer, aus mittelalterlichen Meyerbauern* hatten sich Erbpächter entwickelt. Kaum etwas ist je verständlich ohne eine Übersetzung all jener Worte, die ihre Bedeutungen längst verändert haben. Und wenn man dann auf die Unterschrift eines Bauern auf seinem Meyerbrief stößt, wird einem die große Kluft deutlich, die zwischen diesen Schriften und ihren Schreibern auf der einen und den Kolonisten auf der anderen Seite geherrscht hat. Die Unterschrift der Bauern besteht nicht selten aus drei Kreuzen, zittrig gemalt wie von Kinderhand – nicht wie ein X, sondern aufrecht gestellt wie Grabkreuze.

Unter den Akten befindet sich auch das schriftliche Hin und Her jahrelanger Prozesse, die bei Beginn der staatlichen Moorkolonisation von benachbarten Gemeinden gegen den Landesfürsten geführt wurden. Schließlich hatten sie von den angrenzenden Mooren selbst Gebrauch gemacht, und es dauerte seine Zeit, bis Gerichte entschieden hatten, es gehöre den Landesherren.

In Vertretung des Landesherrn, der gleichzeitig als britischer König fungierte, also in London saß, wirkten in Hannover die sechs »Geheimen« oder auch »Geheimten Räthe«, die dem Souverän in Abwesenheit seine Geschäfte führten. Zweimal in der Woche gingen reitende Boten aus Hannover nach London zur Deutschen Kanzlei ab. Und seit Beginn der Personalunion 1714 mussten alle drei Monate in Hannover je sechs Pferde vor zwei Kutschen voller Akten gespannt werden. Ohne Unterbrechung fuhren sie in hohem Tempo, wie es die Wege hergaben, außer zum Wechsel der Gespanne an bestimmten Relaisstationen wurde nicht haltgemacht, Zollschranken durften die königlichen oder kurfürstlichen Kutschen ignorieren. Über Nienburg und Wildeshausen gelangte man zum niederländischen Hafen Hellevoetsluis, einem wichtigen Hafen nahe Rotterdam in Südholland. Dort schifften sich die zweimal wöchentlichen Kuriere und Quartalskutschen auf die Paketschiffe ein, dann konnte man nur noch hoffen, einen fähigen Seemann und gnädige Winde zu erwischen, um unbeschädigt in Harwich an Land zu kommen. Das Wetter über Nordsee und Ärmelkanal ging selten sanft um mit den Seglern, die sie befuhren, und natürlich sind während der über hundert Jahre währenden Personalunion auch einige königliche Boten und Botschaften untergegangen. Wenn es aber gut gegangen war, rasten die Kutschen und Kuriere vom Hafen in Harwich direkt weiter nach London und fuhren und ritten dort ein in den Hof des St.-James-Palasts, in dem die Deutsche Kanzlei residierte. Die Reise dauerte eine Woche, in eiligeren Fällen legten reitende Kuriere sie auch einmal in vier Tagen zurück.

Im St.-James-Palast packten eilfertige Diener dann die Aktenberge aus, hannoversche Räte und Sekretäre sortierten sie, und die acht, später nur noch vier höchsten Beamten nahmen sie sich zur Lektüre vor. Sie befassten sich auch mit den Promemoria und Rescripten der Ämter zu den »Moorconferenzen«, mit den Schreiben der Moorkommissare in Sachen Torfstich, Schiffsgräben, Brücken und Wehre, sowohl mit den Kosten der Kolonisation als auch mit den durch sie eingenommenen Steuern. Sie lasen und notierten, verglichen und besprachen. Dann diktierten sie den Brief, den sie dem König respektive seinem höchsten Minister – während der Moorkolonisation von 1771 bis 1795 ein Herr von Alvensleben – als Antwortschreiben vorschlugen. Wenn drei Monate später die nächsten Aktenberge aus Hannover in den Palast nach London geliefert wurden, warteten die Entscheidungen, Beschlüsse und Anordnungen der »ehrwürdigen Hoch- und Hochwohlgeborenen Exzellenzen« des Ratskollegiums gut verschnürt darauf, um über Land und Meer an den Stellvertreter im Hannoverschen zurückexpediert zu werden.

War der Bescheid positiv, machten im Umland der Moore die Pastoren von den Kirchenkanzeln bekannt, dass ein neues Dorf gegründet würde, »Anbaulustige« sollten sich an bestimmtem Ort und zu bestimmter Zeit einfinden, um die Bedingungen zu erfahren.

Als auf diese Weise endlich die Gründung eines Dorfs im Bachenbrucher Moor genehmigt war, bewarb sich auch Barthold Lafrenz aus dem nahe gelegenen St. Joost, vierhundert Jahre zuvor ein Wallfahrtsort mitten im Moor, mit seiner Frau Adelheit um eine Meyerstelle. Sie erhielten die Zustimmung zur Ansiedlung und begannen mit der Arbeit an einer Moorkate – genau auf jener Hofstelle, auf der ich zweihundert Jahre später das erste Hochzeitsfest meines Lebens miterlebte. Er war, in der Terminologie unseres Dorfs ›de süerste‹, also der südlich gelegene, nächste Nachbar.

Anfangs mussten sie alle, die Lafrenzens und von Thadens, die Bartenhagens, Offermanns, Wölberns und Struncks, gemeinsam einen breiten, zwei Kilometer langen, tiefen und breiten Graben ausheben, die Wettern. Der Aushub wurde zu einem Weg parallel unserer späteren Dorfstraße, daran entlang steckte man die Hofstellen ab. Wer auf welche Stelle kam, wurde überall in den Mooren durch Los entschieden. Nur der nun schon alteingesessene Wolderich hatte sein Land selbst wählen können und baute als Erster ein richtiges Haus. Alle anderen »Colonaten« errichteten auf ihren Stellen einen leichten Holzrahmen und beschwerten ihn mit Stroh, Torf- und Heidesoden, das erste Dach über dem Kopf. Aber das ging natürlich nur im Sommer gut. Bis zum Winter musste man höher gebaut haben, wegen des hoch stehenden Grundwassers und der Überschwemmungen. An die Erdlöcher, von denen manchmal die Rede ist, glaube ich eher nicht.

Der erste Moorkommissar war Jürgen Christian Findorff, er stammte aus Lauenburg an der Elbe und war ursprünglich Wasserbaumeister und Landvermesser. Seit 1751 war er mit der nordhannoverschen Moorkolonisierung beschäftigt. Er billigte keinesfalls, wenn Moor-Anbauer in Katen lebten – geschweige in Erdlöchern. Seiner Meinung nach sollten die Ämter ihnen gleich am Anfang helfen, richtige Häuser zu errichten. Er wusste aus Erfahrung, wie wenig Aussicht bestand, dass Moorbauern bei schlechten Ausgangsbedingungen aus den ärmlichen Verhältnissen jemals herausfinden und eine rentable Landwirtschaft aufbauen konnten. Findorff hat man gerne eine große Nähe zu den Moorbauern nachgesagt, tatsächlich hat er sogar später selbst eine Anbauer-Stelle übernommen. Aber in erster Linie war er Staatsbeamter und vertrat entschieden das eigentliche Ziel der Kolonisation, nämlich mehr Lebensmittel für die Städte zu produzieren durch die Urbarmachung von Heiden und Mooren. Und auf dem Lande für künftige Steuerzahler zu sorgen.

Die Zuständigkeiten für Pachten, Steuern und Kirchengebühren sind genau erfasst. Sie wurden für unser Dorf in einem einzigen, damals wie heute kaum verständlichen Satz beschrieben. Er lautet übersetzt: »Nachdem man darüber schon vorher mit dem königlichen Ministerium und der königlichen Kammer verhandelt hat, ist jetzt festgelegt worden, dass die Rechtsgewalt über die Anbauer im Bachenbrucher Moor erst einmal auf zwölf Jahre dem Amtsschreiber Nanne in Bremervörde besonders aufgetragen ist; seine Eingaben gehen an die königliche Regierung nach Ratzeburg [i. e. Cuxhaven]; gleichzeitig sind die Anbauer aber wirkliche Hadelsche Untertanen und werden nach den entsprechenden Gesetzen behandelt; sie genießen die entsprechenden Immunitäten und sind in polizeilichen Angelegenheiten – so, wie das Polizeirecht dort vorgibt – dem Kirchspielsgericht, zu dessen Bezirk sie gehören [das war in diesem Fall Steinau], unterworfen, und was die Steuern angeht, müssen sie in dem Maße dazu beitragen, in dem Herrschaftliche Meyer und Anbauer auf staatlichem Land nach Hadelscher Verfassung verpflichtet sind; und was die Pfarrgemeinde betrifft, sollen sie im Hadelschen Steinau eingepfarrt sein; dem Amtsschreiber Nanne wird in dieser Sache der nötige Auftrag des Gerichts zugehen, als auch dem Consistorium das Nötige zugesandt in Hinsicht auf die anzuordnende Einpfarrung eines neuen Dorfs nach Steinau; und so werden hierdurch auch die Herren [Grundeigentümer] davon benachrichtigt, um auch die Stände des Landes Hadeln hiervon in meinem Namen in Kenntnis zu setzen, falls das erforderlich ist, was ich glaube, in kirchlichen Dingen sind sie wie Hadelsche Untertanen Untergebene des Hadelnschen Landeskonsistoriums ... Hochachtungsvoll [und den] ehrwürdigen Hochedelgeborenen [ein] ergebener Diener ...«[1]

Die Unterschrift ist unleserlich. Beurkundet ist dieser Vorgang für den 12. November 1783, weshalb das Gründungsdatum des Dorfs mit diesem Schreiben angesetzt wird.

Tatsächlich werden sich die hier aufgezeichneten Zuständigkeiten als einigermaßen kritisch für die Obrigkeiten erweisen – und für die Dörfler immer wieder als hilfreich.

Für Barthold Lafrenz wird es die Aussicht auf einen sogenannten eigenen Hof gewesen sein, die ihn, wie alle anderen auch, angelockt hat – auch wenn die Höfe nur Meyerstellen waren, Höfe in Erbpacht. Vielleicht sind seine Eltern und ein unverheirateter Bruder mit ihm auf die Meyerstelle gegangen. Tatsächlich tauchte 1792 ein weiterer Lafrenz in der Chronik auf, ein Claus Lafrenz übernimmt die Hofstelle uns zur Linken, die später Onkel Edu gehören wird.

Im Frühjahr begannen dann die Feuer. Zuerst wurden Heide, Gras und Strauchwerk abgeschlagen, dann mit Spaten und Hacken große Soden gestochen, sogenannte Plaggen. Die Plaggen häufte man auf und steckte sie in Brand, dabei musste man aufpassen, dass sich das Feuer nicht tief in die Erde einbrannte, weil das Moor sonst tage- und wochenlang gebrannt hätte. So oder so verschwand die Gegend wochenlang in Rauch.

Im nächsten Schritt wurde die Asche eingesammelt und als Dünger* gestreut, darauf dann die erste Saat ausgebracht. Meist konnte nur Buchweizen gesät werden, der auch auf armen Böden wächst und schnell zur Reife kommt.

Im Sommer haben dann vielleicht die weiß blühenden Felder einmal einen Anblick ergeben, der träumen ließ von zukünftigen Feldern, die diese Benennung wirklich verdienten. Sie haben zumindest den Kindern eine kleine Helligkeit ins Herz gezaubert – wenn nicht das Ganze schon im August von endlosen Regentagen und dem ansteigenden Wasser der Wettern und aller anderen Gräben überschwemmt auf dem Halm verfaulte und verschimmelte. Mager wird die Ernte so oder so gewesen sein. Aber ein halber Sack mehr oder weniger Buchweizengrütze für den morgendlichen Brei im Winter oder ein paar Pfund Buchweizenmehl mehr für den Festtagspfannkuchen war für manche Familie womöglich schon der Unterschied zwischen einfachem Hungern und Verhungern.

Vorstellen muss man sich die Mooranbauer noch elender als die legendär armen Geestbauern*, die auf Sand ackerten, bis dahin hier der magerste Boden. Die Kinder der Moorbauern starben in noch höherer Zahl – die Säuglinge schon wegen der nie trocknenden Wäsche und der schlechten Ernährung ihrer Mütter. Noch hundert Jahre später schrieb der Dichter Rainer Maria Rilke über die Moorbauern: »Das Lächeln der Mütter geht nicht auf die Söhne über, weil die Mütter nie gelächelt haben.«

Während der Rauch über die Moore zog und die Menschen sich in ihre ersten Behausungen einlebten, versuchten die Behörden immer wieder, einen Überblick zu erlangen über die Landwirtschaft und wie sie zu verbessern wäre. Im Verlauf der Moorkolonisation wuchsen die Aktenberge, und für das platte Land entstand so etwas wie eine staatliche Verwaltung. Das Thema Landwirtschaft schob sich dabei langsam ins Zentrum des Politikmachens. Es ging um Entwässerungs- und schiffbare Gräben für den Transport von Produkten, vor allem den Torf, um gute Obstbäume und neue Sämereien, fieberhaft wurde nach der besten Düngung eines Ackers gesucht.

Wann und durch welche Düngung wird ein Acker für welche Frucht besonders gut vorbereitet? Welcher Mist – von Geflügel, Schweinen, Rindern oder Pferden – hilft bei welchen Ackerfrüchten am besten und zu welchem Zeitpunkt? Und was soll geschehen, wenn kein Vieh und damit kein Mist vorhanden sind?

Die erste Düngung im Moor war die Asche des Abbrennens – aber nach acht Jahren, so hieß es, funktionierte das nicht mehr. Als gute Düngemethode ohne Mist galt lange Zeit auch das Mergeln, also das Ausstreuen eines pulverisierten, kalkhaltigen und porösen Gesteins, des Mergels. Tatsächlich führte das in Feuchtgebieten zunächst zur Entsäuerung und Festigung des Bodens. Aber auch hier war nach ein paar Jahren der Boden ›ausgemergelt‹, das heißt, er war am Ende besonders stark ausgelaugt worden, weil er ohne jede wirkliche Zufuhr von Nährstoffen geblieben war.

Die Bauern hatten das bald begriffen. »Mergel macht den Vater reich und den Sohn arm«, sagten sie. Aber in der frühen Beratungs-

und Erfahrungsliteratur war noch lange vom Vorteil des Mergels die Rede. Und wenn wir schon vom Düngen ohne Mist sprechen, muss auch der Klee-Pionier Johann Christian Schubart[2] Erwähnung finden, der sich als Propagandist des Rotkleeanbaus auf der Brache einen Namen gemacht hat. Denn damit war, wenn auch noch unverstanden, die Verbesserung des Ackerbodens durch Stickstoffbildung verbunden. 1784 wurde Schubart, Sohn eines Webers und Tuchmachers aus Zeitz, von Kaiser Joseph II. in den Adelsstand erhoben und hieß von nun an »Edler von dem Kleefelde«.

Was die Bodenchemie anging, machte zwanzig Jahre später in London ein deutscher Apotheker Furore, der ein tragbares Labor entwickelte, mit dessen Hilfe er Boden- und Gesteinsproben direkt auf dem Acker auswerten konnte. Allerdings fehlte es noch an Wissen, um seine Resultate umfassend zu interpretieren und neue Arten der Fruchtbarmachung zu entwickeln. In diesem Bereich wird erst Justus Liebig[3] später Abhilfe schaffen – und neue Probleme in der Agrarwirtschaft verursachen.

Als Thaer sein Mustergut in Celle bewirtschaftete, reiste, schrieb, die »Annalen« publizierte und noch lange als Arzt praktizierte, entfaltete sich zwei Jahre lang eine landwirtschaftliche Korrespondenz mit einer leidenschaftlichen Landwirtin, Henriette Charlotte von Itzenplitz.[4] Am Ende führte diese Beziehung zum Umzug Thaers nach Preußen in die Nachbarschaft aufgeklärter Gutsbesitzer. Ein aus dem stagnierenden Hannover schon früher ausgewanderter Niedersachse, Graf von Hardenberg, verschaffte ihm bald eine Einladung des preußischen Königs, Repräsentant des zu diesem Zeitpunkt weit fortschrittlicheren Landes. Über solche Verbindungen kam Thaer zu seinem nächsten Gut in Möglin, in Brandenburg zwischen Berlin und Oder gelegen, zu staatlichen Ämtern und Gehältern. Über Wilhelm von Humboldt ergab sich eine Professur an der neu gegründeten Universität von Berlin. So besetzte Thaer den ersten universitären Lehrstuhl für Landwirtschaft in den deutschsprachigen Ländern.

7. KAPITEL
DAMALS
Als meine Mutter versuchte, ein Beet anzulegen.

ES WAR IN EINEM DER ERSTEN JAHRE IM DORF. Mit großer Kraft stieß meine Mutter die Grabegabel mit den fünf scharfen, flachen Zinken in den Boden. Ein Spaten hätte hier nichts genutzt, er wäre zu schnell stumpf geworden, so viele Steine und Scherben lagen verborgen unter dem im Frühjahr struppigen, verfilzten Gras. Sie setzte ihren rechten Fuß auf, wie man es auch mit dem Spaten macht, trat die Zinken tief in die Erde ein und hebelte eine Grassode hoch, bückte sich, um die Sode abzunehmen, griff sich das Gras und schlug es kräftig gegen das gezinkte Eisen. Die Erde fiel in Brocken oder im Ganzen ab, sodass meine Mutter nur noch das Grasbüschel in der Hand hatte wie einen Haarschopf ohne Kopf. Das warf sie beiseite auf einen wachsenden Haufen, setzte wieder an, grub die nächste Sode aus, bückte sich wieder, packte das Gras und schlug wieder die Erde ab, um ein Beet zur Einsaat vorzubereiten.

Wir arbeiteten am hinteren Giebel des Hauses, der über dieses kleine Stück wilden Rasens zum Buschhof hinaussieht. Der Buschhof ist ein schmaler Streifen Wald aus Eichen und Birken, Holunder und Brombeeren. Er zieht sich hinter dem ganzen Dorf entlang als Schutz für Haus, Mensch und Tier gegen die ständigen, starken Westwinde. Erst hinter Busch und Bäumen begannen die Weiden, zuerst die quer liegende Kälberweide, daran anschließend die Kuhweiden, genannt Unterster, Mittelster und Oberster Kamp. Sie waren durchzogen von schmalen, schnurgeraden Gräben, Grüppen genannt. Stacheldrahtzäune und breite Quergräben grenzten sie zusätzlich voneinander ab. An den Weidenrändern standen Birken, Erlen und Ebereschen.

Ich musste die Queckenwurzeln aufsammeln, damit dieses äußerst widerständige Gras aus den Beeten fernbleibt. Die Wurzeln sind weiße harte Bänder im aufgegrabenen Boden, manchmal durchtrennt und gerissen, nur kurze Stücke. Aber oft griff ich eine Queckenwurzel und zog daran, und ihre Fortsetzung führte tief in die schon umgegrabene, tiefschwarze Erde oder auch unter dem noch nicht Umbrochenen weiter. Viele Meter lang kann so eine Wurzel sein. Und sie ist zäh. Es ist nicht leicht, sie abzureißen, und wenn ich es schaffte, warf ich sie auf den Haufen, der sich aus den Grasschöpfen schon gebildet hat.

Meine Mutter arbeitete angestrengt. Stumm und verbissen ging sie zu Werk. Griff mit schwarzen Händen in die Erde, fischte zerbrochene Ziegel und Scherben heraus.

Jemand, der vor uns auf dem Hof gelebt hat, musste ausgerechnet hier, wo meine Mutter Kartoffeln pflanzen wollte, viele Schubkarren Steine abgeladen, zerschlagen, eingeebnet haben, vielleicht Steine aus einem abgebrochenen Stall, der einmal auf dem Hof gestanden hatte, dazu Scherben und kaputte Fußbodenkacheln, Teller, Schüsseln – alles, was dem weichen und alles verschluckenden Moorboden etwas Festigkeit verleihen würde.

Meine Mutter erbitterte, dass diese bisher brach liegende Fläche, die sie zu einem Gemüsegarten im Schutz des Hauses machen wollte, derart mit Steinen durchsetzt war. Wo es doch sonst in den Feldern keinen einzigen Stein zu geben schien. Und jetzt wuchs der Haufen der herausgeklaubten Steine und Scherben schneller als der Sodenhaufen. Die Arbeit, geplant als Nachmittagsbeschäftigung zwischen Küchen- und Stallarbeit, würde Tage kosten.

Aber aufgeben kam noch nie infrage.

Mein kindliches Interesse galt eher den aus der Erde geborgenen Scherben als den zähen weißen Queckenwurzeln, die auszureißen so mühsam war. Ich bestaunte die Muster und Formen der alten Fliesen und Keramiktöpfe.

Lass das, sagte meine Mutter. Wirf das auf den Haufen. Trödel nicht rum. Sammel die Quecken auf. Hilf mir lieber.

8. KAPITEL

HEUTE

Anna und ich singen ein Lied von 1783.
Schön und falsch ist das Bild vom Land.
Warum Wolfsexperten sich wundern.

ES IST FRÜH IM HERBST, das Vieh steht noch auf den Weiden – jedenfalls die wenigen Herden, die man draußen grasen lässt. Es gibt nicht mehr viele Landwirte, die noch Weidehaltung betreiben. Auch vom Zug aus sieht man nur selten größere Rinderherden. Meistens ist es Jungvieh, Milchkühe sind so gut wie nie mehr draußen. Die Herden sind zu groß geworden, als dass man sie täglich zweimal zum Melken in den Stall bringen könnte, und ihre Milchleistung ist mit Weidegras nicht mehr zu erreichen. Immer öfter sind dagegen kleine braune Rinder mit riesigen Hörnern und zotteligem langem Fell zu sehen, ein paar Exemplare des schottischen Hochlandrinds. Meist grasen sie in der Nähe von Dörfern und unter ein paar schütteren Obstbäumen. Sie werden von Hobbylandwirten gehalten, die gleichzeitig Ferienwohnungen vermieten und ihren städtischen Gästen, besonders deren Kindern, damit eine ländliche Attraktion bieten.

Mit meiner Schwägerin Anna fahre ich zum Erntedankgottesdienst in unsere alte Kirche. Es erstaunt mich, dass die Männer nicht mitgehen. »Nö«, sagt Hannes, der mit dieser Frage nicht gerechnet hat. »Wieso denn Erntedank?« Und setzt ein wenig verlegen hinzu: »Die Ernte ist ja noch gar nicht fertig, der Mais steht noch auf dem Halm.«

Es ist ein regnerisch-nebliger Tag. Wir nehmen den ›Kleiweg‹ mitten durch die tief liegenden Wiesen eines Marschstreifens*. Kiebitze fliegen auf. Es ist der Weg, den ich als Konfirmandin mit dem Fahrrad gefahren bin. Auch damals sammelten sich auf den Wiesen die Kiebitze.

Die ersten Siedler brauchten für den Gang zur Kirche anderthalb Stunden zu Fuß.

Die Kirche ist reich mit Blumen und Früchten geschmückt, aber nicht voll besetzt. Unter den Anwesenden scheinen mir nur wenige Bauern zu sein.

Im Bläserchor neben dem Altar sitzt eine Frau, in der ich, von meiner Schwägerin aufmerksam gemacht, ein Mädchen erkenne, mit dem ich die ersten Jahre zur Dorfschule gegangen bin. Endlich kommt das Lied, auf das ich gewartet habe. »Wir pflügen und wir streuen den Samen auf das Land, doch Wachstum und Gedeihen steht in des Himmels Hand: der tut mit leisem Wehen sich mild und heimlich auf und träuft, wenn heim wir gehen, Wuchs und Gedeihen drauf.« Geschrieben hat das Gedicht 1783, im Jahr der Dorfgründung, Matthias Claudius aus Altona, viele Jahre lang ein guter Freund von Johann Heinrich Voß[1].

»Alle gute Gabe kommt her von Gott dem Herrn, drum dankt ihm, dankt, drum dankt ihm, dankt und hofft auf ihn.« Ich kann mich gut daran erinnern, wie ich als Kind über jedes Wort gestaunt habe. »Er sendet Tau und Regen und Sonn- und Mondenschein und wickelt seinen Segen gar zart und kunstvoll ein und bringt ihn dann behände in unser Feld und Brot: es geht durch unsre Hände, kommt aber her von Gott.«

In unserem Dorf herrschte keinesfalls eine Stimmung von Gläubigkeit oder auch nur Respekt gegenüber Kirche und Obrigkeit. Eher war das Gegenteil der Fall. Der Ton unter den Bauern war und ist nüchtern, lakonisch. Im Zweifelsfall ist eher ein plattdeutscher Witz fällig als ein Gebet.

Aber dass etwas, das ich so gut kannte und um das es hier im Dorf und auf den Feldern alltäglich ging, das Säen, Pflügen und Ernten, in eine ganz andere Sprache gefasst werden konnte, rührte mich damals schon – und tut es bis heute.

»Was nah ist und was ferne, von Gott kommt alles her, der Strohhalm und die Sterne, das Sandkorn und das Meer.« Und in der letzten Strophe haben sogar noch ein paar Kühe ihren Auftritt: »Er schenkt uns so viel Freude, er macht uns frisch und rot, er gibt den Kühen Weide und seinen Kindern Brot.«

Am nächsten Morgen gehe ich zu meinem Bruder in die Milchkammer. Waldemar ist mit dem Melken fertig und hat das Waschprogramm eingeschaltet. Er wartet, bis der Milchstrahl aus der Leitung von nachdrückendem Wasser abgelöst wird, um dann rechtzeitig den Schlauch aus dem Milchtank zu nehmen. Ich sehe mich um. An der Wand gegenüber hängt ein Kalender von der Landwirtschaftskammer*. Waldemar zeigt auf das Bild und fragt mich, ob ich sehen könne, was daran falsch sei. Ich blicke lange darauf, aber eigentlich habe ich es schon im ersten Moment gesehen.

Alles ist daran falsch. Da steht nämlich ein großes friesisches Bauernhaus komplett mit Reetdach gegen den Horizont, darum herum sind friesische Milchkühe gruppiert. Es gibt keine Zäune und keine Maschinen und überhaupt gar nichts auf diesem Bild, das zu tun hat mit der Wirklichkeit dieses Hauses – gewiss der Feriensitz eines Managers und ganz bestimmt nicht das Zuhause dieser Hochleistungskühe.

»Photoshop«, sage ich zu meinem Bruder.

»Genau, und so was zaubert uns Milchbauern ausgerechnet unsere eigene Berufsorganisation vor.« Er schüttelt den Kopf. Dann nimmt er schnell den Milchschlauch aus der Tanköffnung.

»Alle wollen, dass es auf dem Land schön und friedlich ist«, sage ich etwas hilflos. »Wenigstens auf den Fotos.«

Wir gehen zum Frühstücken ins Haus. Hannes ist noch schnell zum Briefkasten geflitzt. Er kommt mit der Zeitung rein – und pfeffert sie mir unter die Nase.

»Wieder Wölfe«, sagt er und schlägt mit der Hand auf ein Foto. Es zeigt ein braun-weißes Rind, das im Gras liegt, den Kopf nach hinten gebogen, die Kehle blutig aufgebissen, die Schnauze halb abgerissen. Darunter steht: »Die Vermutung liegt nahe, dass dieses rund 220 Kilo schwere, im Juni vorigen Jahres geborene Rind Opfer von Wolfrissen wurde. Auf derselben Weide wie Mitte August wurde der Vorfall Sonntag Morgen entdeckt. Das Jungrind musste vom Tierarzt eingeschläfert werden.« Der Ort liegt etwa zehn Kilometer von hier entfernt. Ein kleines Foto auf derselben Seite zeigt Pfotenabdrücke im Sand, die von Wölfen stammen könnten, heißt es.

Erst jetzt höre ich, dass schon im Sommer beim selben Landwirt zwei Jungrinder von Wölfen getötet worden sind. Einer der ehrenamtlichen Wolfsexperten des Landes Niedersachsen hatte sich damals den Schaden angesehen, DNA-Spuren gesichert und dem Landwirt geraten, den vorhandenen Zaun »wolfssicher« zu machen, d. h. mit zusätzlichen Stromdrähten zu versehen. Das war für viel Geld geschehen, hatte aber die Wölfe nicht beeindruckt. Einen Antrag auf »Billigungsleistung«, also eine freiwillige – mit anderen Worten: nicht garantierte – Entschädigung durch das Land Niedersachsen, hatte die Familie noch nicht gestellt, hatte sich während der Ernte keine Zeit dafür genommen und wusste nicht, wie viel Geld ihnen für den ersten Schaden eventuell ausgezahlt würde. Ihr Hof ist einer der wenigen in dieser Gegend, die überhaupt noch Weidehaltung betreibt. Wenn auch der »wolfssichere Zaun« die Tiere nicht schützt oder die Familie ihn sich nicht auf allen Weiden leisten kann, wird das wohl auch bald aufhören.

Waldemar, Hannes und Anna sind einigermaßen entsetzt. Ich auch. Man kann sich dem kaum entziehen, wenn man dem Geschehen so nahe ist. Und jeder von uns weiß, wie eine Herde auf Gefahrensituationen reagiert, nämlich verängstigt zitternd, panisch rennend, sich verletzend. Manche Jungtiere, die hochschwanger sind, verkalben womöglich, es gibt spontane Früh- und Totgeburten, die auch die Muttertiere schädigen. Einige Tage oder sogar Wochen lassen sich die Tiere nicht anfassen, nicht treiben oder führen. Währenddessen gibt es keine Chance, sie zu beruhigen oder medizinisch zu behandeln. Es bedeutet Aufregung und Mehrarbeit, ist aber kein bezifferbarer Schaden. Der Wolfsexperte, heißt es, ist einigermaßen betreten. Bisher waren nur Schafe und Schafsbauern von solchen Schäden betroffen. Aber dass diese großen Tiere von Wölfen angegriffen werden und das nur wenige Hundert Meter von bewohnten Häusern und Stallungen entfernt, hat ihn überrascht.

»Ja«, sagt mein Bruder, »solche Überraschungen werden wir jetzt wohl noch öfter erleben.«

Zurück in der Stadt, erzähle ich einigen Freunden von den Wölfen. Und ich stelle fest, dass der Wolf heutzutage einen deutlich besseren Ruf hat als die Bauern oder ihre Rinder. Mir bleibt buchstäblich die Sprache weg über das, was ich da zu hören bekomme, und über den Gefühlsaufwand, mit dem ein Freund nach dem anderen die Wiederkehr der Wölfe verteidigt. In meiner Verwirrung und in meinem Erstaunen fällt mir kein einziges Gegenargument ein.

Wie viele Angriffe auf Schafe und Rinder im Jahr es denn statistisch gesehen gebe?

Wie viele Rinder existierten und wie viele Wölfe?

Es würde doch gewiss eine Entschädigung gezahlt – was also sei das Problem?

Die Wölfe seien ja nicht künstlich angesiedelt worden, sie seien auf eigenen Pfoten wieder eingewandert. Darüber sollten wir uns freuen. Die Natur sei in den letzten hundert oder zweihundert Jahren derart ausgebeutet und niedergemacht worden, da wäre die Rückgabe von etwas Lebensraum an die paar Wölfe doch nur recht und billig.

Der Wolf, so heißt es, greife keine Menschen an, das Märchen vom bösen Wolf sei nur das, ein Märchen, das uns in den Köpfen herumspuke. Da tue Aufklärung not!

Ein anderer sagt, dass auch Hunde für soundso viele durchaus auch tödliche Übergriffe auf Vieh und Mensch pro Jahr verantwortlich seien. Das aber werde heruntergespielt.

Als ich müde einwerfe, dass so ein Hund allerdings sofort eingeschläfert würde, zuckt er nur mit den Achseln.

Später frage ich eine Wolfs-Freundin, ob sie denn damit rechne, je in ihrem Leben einen frei lebenden Wolf zu Gesicht zu bekommen. Aber nein, das werde sie wohl nicht. Denn Wölfe seien scheu, hätten Angst vor Menschen. Was also hat sie davon, dass es die Wölfe in freier Wildbahn gibt und nicht nur in Zoologischen Gärten oder Wolfsgehegen? Sie hebt ihre Schultern. Darum ginge es nicht. Es ginge um Artenvielfalt, Biodiversität, ob ich das nicht verstünde.

Ich finde den Wolf im Internet als Freund – Willkommen, Wolf! – und im »Sachsenspiegel«, einem Gesetzeswerk aus dem 13. Jahrhundert, als Feind, der die Nutztiere der Menschen angreift. Dort heißt es, dass der Hirte, der nicht alles Vieh, das ihm zum Hüten vom Dorf übergeben wurde, wieder zurückbringt, den Schaden bezahlen muss. »Was ihm aber der Wolf nimmt oder die Räuber, bleibt er ungefangen und hat er sie ›unbeschrien gelassen‹ durch Herbeirufung der Nachbarn, dass er Zeugen haben möge, muss er sie bezahlen.«[2] Nach dem Dreißigjährigen Krieg verbreiteten sich die Wölfe in Deutschland vor allem in jenen Gebieten in Brandenburg, die von Krieg und Hunger entvölkert waren. Sie fraßen die Schlachtfelder vom Aas leer, erzählte man sich. Vermutlich kommt daher das Grauen – und der Satz: »Wenn der Mensch geht, kommt der Wolf.«

Der heute im Namen der Biodiversität europäisch geschützte Wolf wird, wie alle Wildtiere, einem Management von hoher Intensität unterworfen. Seine Verbreitung wird verfolgt, einzelne Exemplare sind mit Sendern ausgestattet, sie werden genetischer Kontrolle unterworfen, und die durch zunehmende Kreuzungen von Wolf und Hund entstehenden Hybriden werden herausgenommen, heißt es, also wohl eingeschläfert oder erschossen.

Wild sind die wilden Tiere nur so weit der Mensch es erlaubt.

Kurz vor Weihnachten ruft mein Neffe Hannes an und erzählt, dass jetzt erst, kurz vor Jahresende, endlich eine Verordnung im Amtsblatt veröffentlicht wurde, die in einer Übergangsregelung den Umbruch von Grünland noch bis zum 31.12. erlaubt. Anders gesagt, ab dem 1.1. (2016) wird es verboten sein.

Warum? Weil das Ackern – also Pflügen – die Bodenerosion fördert. Weil Grünland der Biodiversität, den Beikräutern, Insekten und Vögeln mehr Raum gibt als Mais.

Aber es ist der Mais, den die Biogasanlagen zur Stromproduktion brauchen und der den Milchfluss der Kühe steigert und so das Einkommen der Milchbauern sichert, obwohl von ›Sicherung‹ bei extrem niedrigen Milchpreisen nicht die Rede sein kann.

Deshalb fahren im Moment überall in den Dörfern schwere Traktoren auf die eigentlich viel zu feuchten Flächen und fräsen oder pflügen, weil Bauern versuchen, auf ihren Grünflächen einen Status zu verankern, der es ihnen erlaubt, diese Flächen später zu beackern. Sie nennen es ›schwarz machen‹, also unter Umständen, falls es ihr Betrieb erfordert, dort Ackerfrüchte anzubauen. Dieses Recht hätten sie jedoch nicht mehr, wenn das Grünland am 1. Januar noch Grünland wäre. Dann dürften sie dort weder Mais anbauen noch überhaupt eine Grasneuansaat machen. Durch die Verzögerung der Veröffentlichung im Amtsblatt hat das Ministerium dafür gesorgt, dass von den regendurchtränkten Flächen in den sieben verbleibenden Kalendertagen bis Neujahr nur noch sehr wenige umgepflügt werden können. Hannes erzählt, dass in den Dörfern rundum die Traktoren unterwegs sind.

»Das ist Wahnsinn«, sagt er, »und fachlich überhaupt nicht zu rechtfertigen.« Aber in einer Woche schon wären ihnen die Hände gebunden. Deshalb müssen sie handeln, wo sie es noch können, sagt er. Sie wollen auch in Zukunft noch ackerfähige Böden haben und selbst entscheiden können, welche Frucht sie dort anbauen wollen – oder es als Grasland nutzen. Es geht um Tausende von Euro, die man sonst zahlen müsste, um die Ackerungsrechte zurückzuerwerben.

»Die vier Hektar* hinter dem Kanal sind unbefahrbar, da kommt man nicht rauf und nicht runter. Selbst die Pumpen unserer Schöpfwerke schaffen es nicht mehr. Sie können eine Überschwemmung verhindern, aber die Böden sind vollgesogen wie Schwämme. Man kann nur hoffen, dass der Regen wenigstens jetzt aufhört und dass über Weihnachten windige Tage kommen. Da könnte man es dann am 31. 12. vielleicht noch einmal versuchen.«

Aber Wind ohne Regen? Im Dezember im Sietland? Da muss man schon fast an Wunder glauben.

Ich frage, ob das Ministerium das denn so genau prüfen könne.

»Schon mal von Google Earth gehört?«

Zum Schluss frage ich noch nach den Wölfen.

»Im Moment ist Ruhe. Das Vieh ist ja in den Ställen. Und da draußen sind wohl noch Rehe genug.«

9. KAPITEL
18.–19. JAHRHUNDERT
Wie man mit Torf Fundamente baute und Häuser zum Schwimmen brachte.

MIT WALDEMAR UNTERHIELT ICH MICH DARÜBER, mit welchem Material hier früher eigentlich Fundamente gesetzt worden sind.
»Sie haben gearbeitet mit dem, was sie hatten«, sagte er. »1938 gab es bei uns laut Giebelinschrift eine Stall- und Dielenerweiterung. Für die Fundamente hat man einfach Sand genommen und eingeschlämmt, umgeben von Moor. Als wir dann zwanzig Jahre später Fundamente für die neue Scheune gegraben haben, um sie so nahe wie möglich an den Stall zu setzen, entstand im Giebel ein Riss.« Da hatte der Sand nachgegeben und ein Teil der Mauer war abgesackt. »Aber wenn du es genau wissen willst, musst du dich mit unserem alten Zimmermann unterhalten.«

Das machte ich, fuhr los Richtung Norden und bog kurz vor der Brücke über den Hadelner Kanal nach links ab, dann lange parallel zum Wasser. Alles liegt hier tiefer als der Kanal, die Weiden und auch das Haus des Zimmermanns, ein Fachwerkhaus, von ein paar jungen Birken umgeben. Im Wohnzimmer hängt ein schönes Bild dieses Hauses, den Flur schmückt eine Truhe aus dem 18. Jahrhundert. Aber alles steht hier gerade und es gibt keine Risse in den Wänden.

Hatten wir früher neu tapeziert, war spätestens nach einem Jahr irgendwo ein neuer Riss entstanden. Wenn über Eck die eine Wand gegenüber der anderen absackte, zogen sich als erstes Anzeichen dort, wo die Wände aneinanderstießen, Falten in die Tapete, bis sie riss. Und wenn im Esszimmer etwas auf den Boden fiel, rollte oder rutschte es zum tiefsten Punkt unter dem Esstisch. Wir wussten immer, wo der tiefste Punkt war. Nur bei den mit Holz belegten Böden war es anders. Die senkten sich nicht punktartig, sondern als Ganze in Richtung der gesackten Wand.

Irgendwann hatte ich gehört, dass die Häuser hier mit ihren Holzböden auf Balken gesetzt wurden, die ohne Fundamente einfach auf das Moor gelegt worden seien - und so mit den Bewegungen des Bodens mitgingen, sozusagen auf dem feuchten Untergrund schwammen. Aber war das wirklich so gewesen?

Es ist Kaffeezeit und fast schon wieder dunkel. Der alte Zimmermann zeigt auf seine Terrasse hinter dem Haus. Das Land jenseits des Gartens grenzt an einen Forst, und hier seien bis vor ein paar Jahren an Abenden wie diesen bis zu fünfzig Stück Damwild aus dem Wald getreten, um auf den Weiden zu äsen. Jetzt passiere das nicht mehr. Vielleicht sind sie von den Wölfen vertrieben worden? Er zuckt die Achseln.

Der beinahe Achtzigjährige ist kräftig und beweglich. Zwar hat inzwischen die Tochter den Betrieb übernommen, aber meist ist der freundliche Mann immer noch den ganzen Tag mit im Betrieb oder auf Baustellen. Er ist zuständig für die ›alten Sachen‹, weil er sich auskennt mit alten Häusern und Ställen, die renoviert oder ausgebaut werden sollen. Früher war er mehr mit dem Neuen beschäftigt, unser Boxenlaufstall von Anfang der 1970er-Jahre war eine seiner ersten Bauleitungen.

Wir trinken Kaffee.

»Im 18. Jahrhundert«, sagt er, »und vermutlich auch schon im 17. Jahrhundert, hat man die Fachwerkbauten auf große Torfsoden gesetzt, die in eine Art Fundamentgräben eingesenkt wurden. Diese Torfsoden waren etwa 40 mal 50 mal 60 Zentimeter groß, stark ausgetrocknet und daher verdichtet. Auf die legte man Balken und hat auf denen dann den Holzrahmen für das Haus errichtet. Im Winter hat sich der Torf mit Wasser vollgesogen und das ganze Haus angehoben. Im Sommer trockneten die Soden aus und das Haus senkte sich wieder. Die Hoffnung war immer, dass sich das Gebäude gleichmäßig hob und senkte – was aber natürlich nie der Fall war. Es gab immer Risse in den Böden und Wänden.«

»Welches Material hatte man?«

»Das war es ja eben: Holz und Steine gab es anfangs nicht.« Die neu angepflanzten Bäume brauchten ein paar Jahrzehnte, bis sie als Bauholz genutzt werden konnten. Und bevor man alle Baumaterialien einzeln transportierte, brach man nicht selten ein ganzes Haus woanders ab und transportierte alles – Holz, Steine, Fenster und Türen – auf Pferdewagen hierher. Ein Beispiel dafür ist laut Dorfchronik die erste Schule unseres Dorfs. Aber bald wurden Ziegeleien im Umkreis gegründet und versorgten die Bewohner mit Ziegelsteinen.

»Als Nächstes«, sagt er, »hat man für die Fundamente erst gestampften Lehm, später Rotstein genommen, also gebrannten Stein, aber ohne Mörtelverbindung. Diese Fundamente wurden leicht nach außen ausgestellt, wurden also nach unten hin breiter gesetzt und verjüngten sich nach oben hin – wie bei einer Pyramide.

Ich zeichne es mir auf.

»Immer wieder wird behauptet, die Häuser hier wären traditionell auf Pfähle gestellt worden. Was hat es damit auf sich?«

»Ja, das gab es auch. Aber erst, als genug Bauholz zur Verfügung stand.«

»Wie muss man sich das vorstellen?«

Er erklärt, ich zeichne den Grundriss nach seinen Angaben.

Im Abstand von einem Meter wurden lange Holzpfähle, meistens aus Eiche, als Träger für die Außenwände in den Boden gerammt, dazu meistens noch eine Linie entlang der Mittelachse für eine tragende Wand – das war bei den Bauern die Wand zwischen Vieh- und Hausteil. Die Länge der Pfähle bemaß sich nach der Stärke der Moorschicht.

»Bei euch im Dorf war sie eigentlich nicht so stark«, sagt er, »etwa einen Meter, dann war man schon auf Sand. Aber hier nebenan geht es bis zu acht Metern tief.«

Das Wichtigste an dieser Bauweise ist gewesen, dass die Pfähle unterhalb des Grundwassers blieben, also immer im Feuchten standen, um sich nicht zu zersetzen. Durch die Entwässerung und das Absacken des Moors gerieten viele Pfähle jedoch mit ihren Köpfen oberhalb des Grundwassers. »Und da begannen sie zu verfaulen, weil Luft rankam.« Und wieder sackten die Häuser.

»Als bessere Wege und Transportmöglichkeiten vorhanden waren, setzten manche Felssteine als Fundamente.«

»Aber die sacken doch auch weg«, wende ich ein.

»Richtig«, sagt er. »Alles versackt im Moor. Deshalb war eine leichte Bauweise wichtig, so wie das Fachwerk.«

»Und die Bedachung durch Stroh«, füge ich an.

Aber da schüttelt er den Kopf. »Nur bei Trockenheit ist das Strohdach leicht. Wenn es sich voll Wasser saugt, ist es mindestens so schwer wie ein Ziegeldach.«

Bei vielen Neubauten zwischen den 1880er- und 1920er -Jahren wurden Dächer immer seltener noch mit Stroh gedeckt. Zwar waren Strohdächer immer noch billiger, aber sie müssen auch aufwendig gepflegt werden, gegen Moosbewachsung geschützt und gründlich ausgebessert, wenn ein Sturm sie zerpflückt. Und die Feuerversicherung wurde unbezahlbar. Es folgten Lehmziegeldächer, und wer sich die nicht leisten konnte, deckte das Dach mit Pfannenblechen, deren Nachfolger in den 1950er-Jahren das Eternit bzw. Wellenasbest war.

Sein Haus besitzt ein Krüppelwalmdach, einen ›Pony‹ über dem Giebel. Früher verschloss man das obere Dreieck im spitz zulaufenden Giebel durch Bretter und ließ darin ein Eulenloch frei; man bot Eulen und Käuzen gerne Wohnung, denn sie waren nützlich, weil sie Mäuse fraßen.

Woraus machte man die Fußböden?

Die bestanden anfangs für Mensch und Tier aus gestampftem Lehm. Als für Menschen dann Holzbohlen benutzt wurden – jedenfalls für die Schlafstuben, weil es das wärmere Material war –, verwendete man für die Ställe immer öfter Rotstein, das waren Ausschussziegel, die auch für Küchen und Waschküchen benutzt wurden. Die nächste Stufe waren dann Fliesen, und wir zeichnen beide die traditionell verwendeten Muster für die hiesigen Flure und Küchen auf, an die wir uns erinnern, wie Salmiakpastillen sternförmig gelegt in Beige und Schwarz, an den Rändern ein römisches Muster wie das Fragment eines Labyrinths.

Als ich ihn zum Abschluss frage, was er mir raten würde, wenn ich vorhätte, im Moor zu bauen, sagt er nach kurzem Schweigen: »Da würde ich abraten. Man hat eigentlich immer nur Ärger damit.«

10. KAPITEL

ENDE DES 18. JAHRHUNDERTS

Goethes Eckermann als Kind. Die Dorfschule und Streit um Kirchenplätze für Moorbauern.

IN BIBLIOTHEKEN UND ARCHIVEN suchte ich weiter nach schriftlichen Zeugnissen bäuerlichen Lebens im 18. Jahrhundert. Aber wie ein Sozialhistoriker einmal schrieb, waren die Bauern vor dem 19. Jahrhundert »eine stumme Schicht«. Ihre Probleme, stellte er fest, schlügen sich selten schriftlich nieder. »Des Schreibens unkundig oder ihm doch nicht zugetan, haben Bauern kaum Quellen hinterlassen: Es fehlen die Tagebücher, Briefe, Taxationen, Rechnungen und andere Unterlagen der Wirtschaftsführung, wie sie Gutsbesitzer verfasst haben. Diese Schwierigkeiten ändern aber nichts an der Grundtatsache, dass die deutsche Agrarwirtschaft auch im 18. Jahrhundert im wesentlichen Bauernwirtschaft war. Sie hat überall die ökonomische Grundlage der Landwirtschaft gebildet.«

Wesentlich besser dokumentiert ist Goethes Leben – und dort stieß ich immerhin auf jene Männer, die Goethe als Diener, Schreiber und Kutscher beschäftigte. Auch deren Väter sind keine Bauern gewesen, sie stammten meist aus den zünftigen und auch nicht mehr zunftgebundenen Handwerksberufen, waren Spengler, also Klempner, Bäcker, Regimentsmusiker, Korbmacher und Zeugmacher, also Wolltuchweber, ein Stubenmaler war dabei, schon damals ein Lehrberuf, ein Krämer und ein Schwertfeger, Letzterer ein spezialisierter Waffenschmied.

Aber dann fand ich Johann Peter Eckermann.

Der später durch seine »Gespräche mit Goethe in den letzten Jahren seines Lebens« berühmt gewordene Eckermann hat sich immer dagegen verwahrt, er sei ein ›Diener‹ Goethes gewesen – vielmehr sah er sich selbst als Dichter und Freund, der bei editorischen und organisatorischen Aufgaben half. Bei den feineren Freunden des Ministers hat er dennoch immer ein wenig als Faktotum gegolten. Die Schriftsteller und Gelehrten in Goethes Umkreis spotteten über ihn, über seine literarischen Ambitionen und vor allem über seine mangelnde Bildung. Seine Herkunft war nämlich sehr ähnlich der von Goethes Dienern.

Tatsächlich hat Johann Peter Eckermann eine kurze Beschreibung seiner zwar nicht bäuerlichen, aber doch nahezu bäuerlichen Herkunft hinterlassen. Sie steht an prominenter Stelle, nämlich im Vorwort zu seinem berühmten Buch der Gespräche mit Goethe.

1792 ist Eckermann in Winsen an der Luhe, »einem Städtchen zwischen Lüneburg und Hamburg, auf der Grenze des Marsch- und Heidelandes«, wie er schreibt, geboren, »und zwar in einer Hütte, wie man wohl ein Häuschen nennen kann, das nur *einen* heizbaren Aufenthalt und keine Treppe hatte, sondern wo man auf einer gleich an der Haustür stehenden Leiter unmittelbar auf den Heuboden stieg«. Er hatte zwei Halbschwestern, die, als er selbst noch ein Kind war, schon in Dienst gegangen waren, und man kann sich vorstellen, dass dieses Dienen als Magd und Knecht allen Geschwistern als ihr Schicksal zugedacht gewesen ist.

Seine Mutter, so schrieb Eckermann, war besonders geschickt im Spinnen der Wolle und im Verfertigen von »bürgerlichen Mützen der Frauenzimmer«, mit dem sie ein wenig Geld in den Haushalt brachte. Der Vater war viel unterwegs, da er mit verschiedenen Waren »in seinem leichten hölzernen Schränkchen auf dem Rücken, in der Heidegegend von Dorf zu Dorf« wanderte und »mit Band, Zwirn und Seide hausieren« ging. Bei diesen Gängen über die Dörfer kaufte er »wollene Strümpfe und Beiderwand«, das war ein aus der braunen Wolle der Heidschnucken und leinenem Garn gewebtes Textil, das er »am jenseitigen Elbufer, in den Vierlanden« wieder zum Verkauf anbot. Auch handelte er »mit rohen Schreibfedern und ungebleichter Leinewand«, die er in den Dörfern aufkaufte, auf der Elbe nach Hamburg schipperte und dort verkaufte.»In allen Fällen jedoch musste sein Gewinn sehr gering sein«, schrieb Eckermann junior,»denn wir lebten immer in einiger Armut.«

Wir können aus dieser seltenen Quelle im Folgenden auch ersehen, wie nahe an der bäuerlichen Lebensweise ein Hausierer damals war.»Die Hauptquelle des Unterhaltes unserer kleinen Familie war eine Kuh, die uns nicht allein zu unserem täglichen Bedarf mit Milch versah, sondern von der wir auch jährlich ein Kalb mästeten und außerdem zu gewissen Zeiten für einige Groschen Milch verkaufen konnten.« Eckermann schrieb weiter davon, dass die Familie auf einem Stück eigenen Landes Gemüse für ihren Bedarf anbaute, jedoch kein Getreide für das Brot, das sie also kaufen mussten. Seine eigenen kindlichen Tätigkeiten sind, wie bei einem Bauernkind, nach Jahreszeiten verschieden.»Mit dem anbrechenden Frühling und sowie die Gewässer der gewöhnlichen Elb-Überschwemmungen verlaufen waren, ging ich täglich, um das an den Binnendeichen und sonstigen Erhöhungen angespülte Schilf zu sammeln und als eine beliebte Streu für unsere Kuh anzuhäufen. Wenn sodann auf der weit ausgedehnten Weidefläche das erste Grün hervorkeimte, verlebte ich in der Gemeinschaft mit anderen Knaben lange Tage im Hüten der Kühe. Während des Sommers war ich tätig in Bestellung unseres Ackers, auch schleppte ich für das Bedürfnis des Herdes das ganze Jahr hindurch aus der kaum eine Stunde entfernten Waldung trockenes Holz herbei. Zur Zeit der Kornernte sah man mich wochenlang in den Feldern mit Ährenlesen beschäftigt, und später, wenn die Herbstwinde die Bäume schüttelten, sammelte ich Eicheln, die ich metzenweise* an wohlhabendere Einwohner, um ihre Gänse damit zu füttern, verkaufte.«

Johann Peter Eckermann schrieb von diesen Arbeiten eines Kindes auf dem Dorf ohne Verlegenheit. Sie zeigen, dass seine Eltern ähnlich wie abhängige Bauern weder Wirtschaftskraft noch Status hatten. Es war selbstverständlich, dass ein Kind unter solchen Bedingungen höchstens im Winter, wenn die Familie seine Arbeitskraft entbehren und zudem das Schulgeld aufbringen konnte, zur

Schule ging, wo er, wie er schrieb, »notdürftig lesen und schreiben lernte«.

Wie war es mit der Schule für die Moorbauernkinder in meinem Dorf? Hatte es überhaupt von Anfang an eine Schule gegeben? Brauchte man die Kinder nicht zur Arbeit? Konnte man sie lernen lassen? Die Schulchronik des Lehrers Offermann behauptet es. Und wirklich waren Moorbauern und Dorfgründer ja auch Pioniere, Menschen, die sich etwas zutrauten, die eine bessere Zukunft im Auge hatten, auch für ihre Kinder.

Anfangs wurde, wie auch in Eckermanns Fall, nur im Winter Schule abgehalten, »etwa von Oktober bis Ostern« – also zwischen dem Ende der Ernte und dem Beginn der Frühjahrsbestellung. Es gab eine Hauptschule bei der Kirche, das muss im Hauptort Steinau gewesen sein, zu dem damals fünf Bauerndörfer gehörten, darunter Bachenbruch, das nach dem hiesigen Moor benannt war. Übrigens hatte unser Dorf da, und noch viele Jahrzehnte nach der Gründung, keinen eigenen Namen und wurde meist nur »Anbau im Bachenbrucher Moor« genannt. Für die Kinder von dort war der Schulweg ein anderthalbstündiger Fußweg, es sei denn, man hätte sie gesammelt und mit Pferd und Wagen gefahren.

»Es stand den Eltern im Belieben«, schreibt der Chronist, »ob sie ihre Kinder Rechnen und Schreiben lernen lassen wollten oder nicht.« Wer mehr Schulgeld zahlte, bekam mehr Lehrstoff. »Infolge dessen blieb manches Kind, namentlich die Mädchen, ohne jede Ausbildung im Rechnen.«

Hauptfach war Religion. Dazu gehörte »der große Landeskatechismus« und das Auswendiglernen von »Sprüchen und Liederversen«, Lesen lernten die Kleinen mit der Fibel und dem lutherischen Katechismus, später kamen das Geschichtsbuch – eher ein Geschichtenbuch – hinzu, Gesangbuch und Bibel.

Das ist für den kleinen Johann Peter Eckermann sicher nicht anders gewesen. Sogar für mich stimmte es noch in den beiden ersten Schuljahren, wenn auch nicht mehr in dieser Ausschließlichkeit. So wurde das alte Gebot ›Ora et labora‹, ›Bete und arbeite‹, gut verankert: Sechs Monate lang Kirchenlieder, Gebete, die Zehn Gebote, das Vaterunser und die Bibel.

Eine ländliche Frömmigkeit hat sich in unserer Gegend daraus nicht entwickelt – wie es überhaupt mit der Kirche und den dortigen Pastoren gleich am Anfang nicht gut ging. Davon berichtet ein anderer Chronist des Dorfs.[1] »Seitdem die ersten Siedler um das Jahr 1780 im ›Neuen Anbau‹ ihre armseligen Moorkaten bezogen hatten, herrschte ein gespanntes Verhältnis zu der Kirche in Steinau«, schrieb er. Der Grund war, dass die Plätze in der Kirche gekauft werden mussten und durch Vererbung über Generationen im Besitz der Familien waren. Aber die Mooranbauer »kümmerten sich wenig um angestammte Plätze und setzten sich, wo gerade Platz war. Ihr Benehmen war gröblich und unfein.« Schlimmer noch, sie wollten sich an den laufenden Kosten und Abgaben und den anfallenden Reparaturen nicht beteiligen. »Ja, sogar die Bezahlung des Brotes und Weines beim Abendmahl und die Beerdigungskosten blieben sie schuldig«, sodass sich der Pastor, bevor er einen von ihnen beerdigte, meist im Voraus bezahlen ließ. Den Meyerbauern waren bei der Ansiedlung durch die Obrigkeit sogenannte Freijahre zugestanden worden, in denen sie von bestimmten Abgaben befreit blieben, darunter auch kirchlichen. Trotzdem kam es »immer wieder zu Streitereien um die Abgaben und die Plätze in der Kirche«, obwohl ihnen sogar von amtlicher Seite 1784 »unter Federführung des hochwohlgeborenen Drostes von der Decken 40 Kirchplätze, und zwar 20 für Frauen und 20 für Männer« bezahlt wurden. Als Nächstes verweigerten die Neuankömmlinge die Beteiligung an einer Schuldentilgung für Kirchenreparaturen aus den 1770er-Jahren. Zu ihrer Widerborstigkeit trug vielleicht bei, dass sie oft erfolgreich war. Denn die Verteilung auf drei verschiedene Ämter in Sachen weltlicher, gerichtlicher und kirchlicher Zuständigkeit ließ selbst die Behörden nicht immer durchblicken, was rechtens sei. Jedenfalls beendete erst ein 1826 abgeschlossener Vergleich einen fünfundzwanzig Jahre währenden Gerichtsprozess zwischen den Siedlern und der Kirche. Die Kolonisten verloren auf ganzer Linie und unterschrieben »für sich und ihre Erben von jetzt an, unweigerlich, immerfort, wenn Kirchen-Anlagen im hiesigen Kirchspiele erforderlich sind und gemacht werden, die zu solchen Anlagen mit herbeygezogene Kopf- und Personensteuer ... gleichmäßig mit den hiesigen Einwohnern beyzutragen«.

Unter dieses Dokument haben alle Siedler eine eigenhändige Unterschrift gesetzt. Offenbar hatte die Dorfschule inzwischen dafür gesorgt, dass in der zweiten Generation alle Bauern schreiben konnten - mindestens ihre Namen.

Das Schulgebäude, in dem schließlich auch ich saß und eins ums andere Jahr zu den größeren Tischen und Bänken aufrücken durfte, war schon das dritte im Dorf. Das erste von 1783 war abgebrochen, ein neues 1852 errichtet und in den 1880ern umgebaut und erweitert worden. Immer mehr Kinder aus den feuchten Katen und bald besseren Häusern überlebten, durch eine zureichende Ernährung und einen gewissen medizinischen Fortschritt, der selbst bis in diese Landesteile ausstrahlte. Seit 1849 hatte die Gemeinde einen eigenen Schulverein, und seit 1880 durften auch die Kinder aus Bachenbruch, die eigentlich in das Kirchdorf Steinau hätten gehen müssen, deren Weg zur Schule im neuen Dorf aber kürzer war, hier eingeschult werden. In dem 1907 neu errichteten Schulgebäude wurde ich dann eingeschult, auch dies noch eine ›Zwergschule‹ mit nur einem Klassenzimmer, die ›Schulstube‹, in der alle acht Jahrgänge gleichzeitig unterrichtet wurden. Auf der anderen Seite des Hauses wohnte die Familie des Lehrers, und auch in den 1950er-Jahren schloss sich an das Schulhaus noch ein niedriger, strohgedeckter Gebäudeteil an, offenbar stehen gelassen aus älterer Zeit, in dem Platz war für Futterdiele und Vieh. Unser Lehrer hielt nur noch ein paar Hühner und Schafe, für die er von den Bauern traditionell Heu und Stroh bekam. Am wichtigsten war allerdings die Torflieferung an den Lehrer durch die Bauern, das Heizmaterial für seine Wohnung und unsere Schulstube.

Seit 1860 wurde auch im Sommer unterrichtet - zumindest durften Kinder über elf Jahre, deren Kenntnisse als ausreichend angesehen wurden, zwölf Stunden wöchentlich zur Schule kommen, täglich zwei Stunden.

Ich erinnere mich an die Auflösung der Schule in den 1960er-Jahren, als solche dörflichen Zwergschulen geschlossen wurden. Schulmöbel, Landkarten und die Bücher der Leihbibliothek aus der Mitte des 19. Jahrhunderts, Volksbibliothek genannt, sollten versteigert werden. Die alten Bücher waren in einem so guten Zustand, dass man sofort begriff, dass weder die Erwachsenen des Dorfs noch die Kinder jemals Zeit zum Lesen gefunden hatten. Tatsächlich war das Lesen noch in meiner Familie als Zeitverschwendung angesehen worden. Schließlich hätte man zur selben Zeit im Stall, im Haus oder auf dem Feld helfen können – und es eigentlich auch gemusst.

11. KAPITEL

DAMALS

Kinderarbeit und Kinderträume. Was wir mit dem Körper lernten und dass Arbeit getan werden musste.

WIR LIEFEN MIT. Im Stall und auf dem Feld. In Gummistiefeln und barfuß. Immer den Eltern hinterher. Wir waren dabei, wenn sie Kartoffeln legten, wenn sie Runkelrüben setzten, Steckrüben verzogen und Unkraut hackten. Wir waren beim Mähen und Wenden des Grases, beim Aufstellen der Getreidegarben in Hocken dabei, beim Aufladen von Heu, Kartoffeln, Rüben, beim Abladen der Wagen, Einbringen der Ernte, beim Melken und beim Treiben der Rinder von einer Weide zur anderen, beim Füttern der Schweine, Hühner und Enten, beim Schlachten und Rupfen und Ausnehmen des Geflügels, beim Kalben der Kühe und Ferkeln der Sauen, beim Ausmisten und Einstreuen, beim Zäunebauen, Düngerstreuen, Mistaufladen und -verteilen. Und wir waren auch dabei, wenn unsere Mutter anfangs immer wieder versuchte, ein Stück Garten zu kultivieren, wenn sie die Erde umgrub und harkte, an Anfang und Ende einer Reihe kurze Pflöcke in die Erde steckte, an die sie eine Schnur band und an ihr entlang mit dem Hackenstiel Rinnen in die vorbereitete Erde zog. Und in diese Rinnen streute sie aus kleinen Tütchen den Samen und spießte die leere Tütchen mit den kleinen Bildern von Kopfsalat, Mohrrüben, Radieschen, Bohnen und Erbsen an den Pflöcken auf, damit man wusste, wo was gesät war.

Wir gingen zur Hand. Mit dem Eifer kleiner Kinder. Spielerisch, begeistert.

Schleppten für sie den Eimer herbei, die Forke, die Kiepe, die Schaufel. Halfen beim Viehtreiben, riefen den Tieren und einander etwas zu, klopften dem Hund die Flanke, streichelten die Katzen, gossen ihnen Milch in die Näpfe. Und verloren uns dann, als wir noch klein waren, auch schnell in einer Einzelheit auf dem Weg zwischen dem einen und dem anderen, blieben stehen oder setzten uns hin, sahen Ameisen über den Weg krabbeln oder Hummeln über den Blüten der Wiese brummen und sahen dem Storch zu, der hinter dem Heuwender herging und Mäuse und Frösche aufspießte, untersuchten das Gewölle von Eulen, probierten, den Maulwurf unter der Erde zu finden, oder lagen im Gras und sahen den ziehenden Wolken nach, bis das Wasser für die Kälber in der Zinkwanne überlief – rannten los, den Wasserhahn zu schließen.

Manchmal zog ich mich zurück. Wie jedes Kind wollte ich für mich sein, ohne die Erwachsenen und ihre Ansprüche, wollte nichts von ihnen sehen und hören. Dann ging ich, wenn es Winter war, auf die große Diele und setzte mich in das zur nächsten Fütterung aufgeschüttete Heu. Dort lag meistens schon die alte Katze, die vor uns auf dem Hof gewesen ist, oder sie kam, wenn sie mich hatte kommen hören. So saßen wir dann im Blickfeld der wiederkäuenden Kühe und ich sprach mit der Katze und streichelte sie, die sich schlängelnd und drehend ganz an mich und meine Hände drückte. Manchmal aber waren mir dann auch sie und die Gegenwart der Kühe zu viel und ich schubste sie weg und verließ die Diele, wollte eindeutiger und gründlicher für mich sein, denn auch die Tiere ließen mich nicht ganz frei, erinnerten mich an die Arbeit, die man mit ihnen hatte. Ich öffnete dann die kleine, ins große Dielentor eingeschnittene Tür und schlüpfte hinaus in die benachbarte Scheune, in der ich dann hoch oben auf das Stroh kletterte. Dort saß oder lag ich, umgeben nur von Stroh und Staub und Spinnweben und manchmal einem Rascheln, von dem ich annehmen wollte, dass es von Mäusen stammte, auch wenn ich wusste, dass es Ratten waren. Wahrscheinlich blieb ich gar nicht lange dort, denn es war ja kalt. Und doch war es eine kleine Ewigkeit da im Stroh, in die ich versank und die mich ein wenig träumen ließ.

Im Sommer ging ich zum Alleinesein in den Buschhof. Dort lag am Rande der von Eichen umstandenen Kälberwiese und unter Holunderbüschen, in die sich Efeu und wilde Brombeeren gerankt hatten, allerlei altes Gerät, von wucherndem Kraut und Brennnesseln fast überwachsen. Da waren ein altertümlicher, inzwischen schon fast völlig verrosteter und in seine Bestandteile zerfallender Pflug, ein zusammengebrochener Ackerwagen, der einfach in den Busch geschoben worden war, auf dass ihn vielleicht irgendwann später jemand ausschlachten würde. Das Eisenband, das um seine hölzernen Räder lief, war bald verrostet, und das Holz der Räder, das durch die beständige Feuchtigkeit aufgequollen war, drängte sich unter dem Eisenband hervor, platzte sozusagen aus der Naht. Übereinandergeschichtet lagen da alte Eggen, denen Zähne fehlten oder die zu klein geworden und längst durch größere ersetzt worden waren. Durch sie hindurch wuchs Unkraut, und daneben gab es anderes veraltetes Gerät aus der Zeit der vorherigen oder vorvorherigen Besitzer – auch die Reste eines hölzernen Bocks, inzwischen schwarz und bröckelnd, auf den einmal Stroh zum Häckseln oder gar noch Flachs zum Brechen gelegt worden war. Die dazugehörigen Schneiden, verrostet, gekrümmt oder gerade, gezähnt oder von dünnlippiger Gefährlichkeit, lagen eingewachsen in wucherndes Gras und Gestrüpp.

Deshalb sah unsere Mutter es nicht so gerne, wenn wir Kinder uns im Busch herumtrieben. Aber so ganz verboten war es nicht.

Einmal im Frühling entdeckte ich, im frisch belaubten Gebüsch hockend und eigentlich vertieft in den Anblick der Farne, die dort schon üppig wuchsen, eine für mich ganz neue und eigenartige Pflanze. Still und bleich ragten Stängel aus dem Boden, kleine Röhren waren es, oben gekrönt von einem braunen, länglichen Puschel. Mir waren diese Stängel in ihrer Blässe ein bisschen ekelhaft, und gleichzeitig zogen sie mich wegen ihrer Fremdheit auch an. Anfassen wollte ich sie nicht. Und sie waren auch kein bisschen schön. Nein, ich wollte sie nicht pflücken. Sie waren einfach nur ganz für sich, waren nicht einmal recht was fürs Auge, waren nur da, und nichts an ihnen blühte oder wiegte sich in dem leichten Windhauch, in dem sogar die schweren Farne hier nahe der Erde sich ab und zu ein wenig bewegten. Starr und ergeben standen sie in der feuchten, moorigen Erde. Aus der Hocke brachte ich mein Gesicht nahe an sie heran. Alle paar Zentimeter umlief jeden Stängel ein brauner Ring aus winzigen, an den Hauptstamm geklebten Blättchen. Sie waren, so kam es mir vor, stiller und stummer als andere Pflanzenstängel, die nicht nur überhaupt grün waren und sich mal glatt, mal pelzig anfühlten, mal geriffelt, kantig oder rau waren, sondern aus denen auch Nebenästchen herauswuchsen und sie so überhaupt erst zu einer ordentlichen Pflanze machten.

Meine Aufmerksamkeit ließ langsam nach und mein Blick ging wieder zu den Farnen, von denen ich wusste, wie riesig groß sie im Sommer an diesem Standort werden würden, sodass ich mir wieder einmal vorstellte, dass man, wäre man nur ein wenig kleiner, sich unter ihnen verstecken könnte. Da würde ich mir dann aus dem Moos, das überall an den Füßen der Stämme hier wuchs, eine Art Nest bauen, das ich zu einer kleinen Zwergenwohnung würde ausstatten können, mit Blättern und Ästen und Stückchen von trockenem Holz und Rinde, um im Sommer die hellen, sauren Wildkirschen da hineinzusammeln und im Herbst die in so großer Fülle von den Bäumen fallenden Eicheln. Nur die braunen schwammigen Pilze, die schlecht riechend auf absterbendem Holz wuchsen – und die Hallimasch hießen, wie ich später lernte –, würde ich nicht anfassen, genauso wenig wie die bleichen Stängel.

Ich stand aus der Hocke wieder auf und bewegte mich leise und langsam weiter durch das Gebüsch, war Zwergin, Indianerin, vermied es, auf die trockenen Zweige zu treten, damit es nicht knackte und keine Feinde auf mich aufmerksam würden. Die Vögel sahen oder hörten mich dennoch und warnten. Aber das störte mich nicht, im Gegenteil, das gehörte nun zu meinem Urwaldgefühl dazu, auch die Vögel waren jetzt wie Pflanzen, denn ich wollte gar keine Tiere dabeihaben, und auch ich selbst könnte und würde eine Pflanze werden, tief wurzelnd, in die Tiefe hineinwachsend. Ich sog den Geruch der Erde ein, nahm sogar ein bisschen Erde in den Mund und das Modrige an ihr gefiel mir. Ich wollte mich lang auf sie legen, ganz in sie einsinken, in ihre Tiefe eintauchen wie in eine Unterwasserwelt, die sie einmal war, vor Millionen Jahren, versunken in eine uralte Pflanzenwelt von Farnen, Moosen und Schachtelhalmen – denn das waren diese merkwürdig bleichen Stängel. Was aus dieser Versunkenheit einmal gewachsen ist, das Moor, machte auch mich sumpfig und träge.

Später im Jahr, als ich einmal wieder einen Besuch ganz für mich im Buschhof machte, entdeckte ich an der Stelle der bleichen Stängel – nichts. Sie waren weg. Jedenfalls glaubte ich das. Aber dann fielen mir die Pflanzen auf, die ich im Frühjahr noch nicht hier gesehen hatte, mit grünen Stängeln, aus denen in regelmäßigen Abständen ein Kranz sehr simpler Ästchen spross – Schachtelhalme im Sommer. Sie waren jetzt weniger ärmlich anzusehen als in ihrer Frühlingsnacktheit, dafür gewöhnlicher, und fielen kaum noch auf. Dass und wie besonders sie waren, verstand ich erst, als ich sie jahrzehntelang nie und nirgends mehr gesehen hatte, nur einmal noch in einem botanischen Garten.

Aus den Handreichungen der kleinen Kinder wurden Aufgaben, wurden Pflichten, wurde Arbeit. Mit uns wurde gerechnet.
Und als es ernst wurde, war uns alles schon vertraut. Die Hitze im Sommer beim Rübenhacken und beim Heumachen, dazu Mückenstiche und der eigene Schweiß. Im Winter waren es dann Kälte, Frost und Schnee, gegen die man Handschuhe, Schals, Stiefel aufbot, und Geduld, Hartnäckigkeit, Trotz. Wir kannten die Griffe, das Anheben und Tragen und Absetzen, das Ziehen und Über-den-Boden-Schleifen, das Fegen und Bürsten, Rühren und Schälen, Rupfen und Schrubben. Wir kannten Nässe, Dreck, Gestank und Gewicht. Wir fassten an, was rau und stachelig war, verkrustet, glatt oder schleimig verklebt. Setzten den eigenen Körper an gegen die Schwere der Gegenstände und den Widerstand der Tiere. Schoben, hoben, trugen. Säuberten Ställe und Futterkrippen, streuten ein mit staubi-

gem Heu oder kratzendem Stroh. Stießen mit Ellenbogen und Knien gegen Holz, Stein und Metall, und wenn es schmerzte, fluchten und schimpften wir laut mit Holz, Stein und Metall. Aber wenn wir den Erwachsenen anklagend oder gekränkt die neuen Schrammen zeigten, winkten sie ab oder sagten nur: »Alles faules Fleisch, muss alles noch weg.« Unsere kindlich-ungelenken Körper mussten noch mehr Geschick entwickeln, mehr Kraft und Tempo. Und das geschah dann wohl auch.

Gegen die Erwachsenen jedenfalls half nichts. Und gegen die Arbeit auch nicht. Sie musste getan werden.

12. KAPITEL
DAMALS
Wie unsere Eltern Moornachbarschaft kennenlernen.

WENN WIR MORGENS NACH DEM VIEHBESORGEN noch beim Frühstück saßen, kam oft einer der Nachbarn vorbei. Der Hund hatte ihn meistens schon angekündigt. Mal war es Onkel Edu, mal Egon, der junge Mann von nebenan, der in unserem zweiten Jahr in Neubachenbruch geheiratet hatte. Wer es auch war, er rief schon vom Eingang her »Moin« und klopfte an die Tür, auch wenn sie schon offen stand. Nur ganz selten war es eine Frau, denn die Bäuerinnen standen um diese Uhrzeit schon am Herd und bereiteten das Mittagessen vor. Im Dorf stand fast überall pünktlich um zwölf Uhr das Essen auf dem Tisch – immerhin war man gegen fünf oder sechs Uhr morgens zum Melken aufgestanden.

Wer es auch war, er wurde aufgefordert, einen Kaffee mitzutrinken, tat es jedoch nie, war immer in Eile und wollte entweder ein Gerät ausleihen oder um Mithilfe bei einer Unternehmung bitten, die traditionell gemeinsam gemacht wurde. Das ging von der Hilfe beim Kuhkalben über tagelange Bauarbeiten bis hin zu Fahrten über Land zu Versteigerungen oder Vieh- und Maschinenkäufen. Aber in der Regel setzte sich der Besucher wenigstens kurz hin.

»Sett di dal, süss räd ik nich mit di«, sagte mein Vater. Setz dich, sonst spreche ich nicht mit dir. Nur wenn es um das Kalben einer Kuh ging, durfte der Nachbar gleich weiterziehen zum nächsten Nachbarn. Sonst aber musste er sich erst einmal irgendwelche Fragen gefallen lassen: Ob der Maurer gestern am Ende doch noch gekommen ist, ob der Miststreuer repariert werden konnte, und wie geht es überhaupt der Tante, die neulich überraschend ins Krankenhaus gebracht werden musste? So ging es eine kurze Weile hin und her, und manchmal war die Sache, um die der Nachbar gekommen war, dann doch nicht so eilig. Oder einer erzählte ungefragt, wie Hinni oder August oder Johann gestern mit ihrem neuen Trecker einem Grabenrand zu nahe gekommen und abgerutscht waren und erst durch das Vorspannen von zwei Pferden wieder herausgezogen werden konnten. Das war für alle eine Erinnerung an den Ausspruch einer der Mütter, und man grinste gemeinsam ein bisschen spöttisch in sich rein. Die hatte nämlich, als unser Vater statt mit Pferden gleich mit einem Trecker zu wirtschaften begonnen hatten, gemeint: »Dat geiht bi uns nich« – Das geht bei uns nicht. Den begehrlichen Blick ihres Sohnes hatte sie betont übersehen.

Über das In-den-Graben-Rutschen amüsierten sich alle gerne – aber auch nicht zu sehr, denn es passierte natürlich jedem mal.

Erst wenn das Frühstück dann beendet war und alle aufstanden, stand auch der Nachbar auf. Während sich die beiden Männer zum Gang nach draußen im Windfang die Stiefel anzogen – auch der Besucher hatte seine Stiefel gleich ausgezogen und war auf Strümpfen eingetreten –, wurde endlich beredet, was zu bereden war.

»Du, wat ick säggn wull ...« Was ich sagen wollte ...

Mich beeindruckte immer wieder dieses ausführliche Drumherum-Reden. Anfangs machte es mich ganz ungeduldig – bis ich begriff, dass dieses Sprechen zur Nachbarschaft und zur Gegenseitigkeit dazugehörte, dass es die hiesige Höflichkeit war.

Oft ging es darum, dass sich einer ein Gerät ausleihen wollte, oder er wollte ein von uns entliehenes wieder abholen. Obwohl er es auf seinem Gang über den Hof schon hatte stehen sehen, würde er natürlich immer erst ins Haus kommen und Bescheid sagen, bevor er es mitnahm. Wichtig war, dass man es schon gesäubert hatte. Denn wer ein geliehenes Gerät verdreckt oder sogar beschädigt zurückgab, dem hing das ewig an. »So iss hei«, hieß das dann, so ist er eben.

Man nahm allerdings auch das irgendwie hin und es wurde in

jedem Fall weiterhin Nachbarschaft gehalten, sogar dann, wenn es sich um weit Schlimmeres als ein schmutziges Gerät handelte. Betrug im Kartenspiel oder kleine Diebereien beim Kleinvieh – sogar Ehebruch. Es geschah wohl, dass einer ›kein guter Nachbar‹ genannt wurde. Manchmal wurden Fehden daraus, die sich über mehrere Generationen erstreckten, aber Nachbar war man trotzdem, lebenslang. Beim Säubern der Gräben und beim Kuhkalben – hiesige Haupt- und Staatsakte – half man einander ohne Diskussion.

Nicht selten musste einer unserer Nachbarn auch bei uns die Reinigung des gemeinsamen Grenzgrabens anmahnen. Wie genau man es hier damit nahm, daran gewöhnte sich unser Vater erst im Laufe der Jahre. »Da verstehen die hier im Moor keinen Spaß!«, hat er manchmal ärgerlich, aber doch auch respektvoll gebrummt, wenn er wieder einmal an seinen Anteil des Grabensäuberns erinnert werden musste. Damals wurden die Gräben noch in schwerer Handarbeit mit Spaten und Haken gesäubert – eine nasse und knochenbrechende Herbstarbeit. Später wurde dafür gemeinsam ein kleiner Bagger aus dem Nachbardorf bestellt.

So oder so, die Gelegenheit für einen Klönschnack – am besten draußen und ohne das kritische Zuhören der Frungslüe, der Frauen – ergriff man gerne.

Die Unterbrechung der Arbeit gehörte zur Arbeit dazu. Denn die Arbeit selbst war einem sicher, sie lief nicht weg. Sie strukturierte nicht nur den Tag und das ganze Leben. Sie war Bedingung des Daseins. Sie steckte einem ein Leben lang in den Knochen. Umso kräftiger und ausführlicher wurde gefeiert, jedenfalls bei den Männern, selbst wenn es nur um eine etwas lang geratene Unterbrechung des Arbeitstags durch den Nachbarn ging. Und auch die Anekdoten, die auf solche Weise zustande kamen, lohnten wiederum ein längeres Stehen- oder Sitzenbleiben. Oft schlossen sie mit einem: »Wat sünd wi duhn wesst!« – Was sind wir blau gewesen! In jedem Fall war es gut, einmal nicht gleich wieder aufstehen, in die nassen Holzschuhe oder Stiefel schlüpfen und weiterlaufen zu müssen.

Es war die Zeit, als nicht schon jeder einen Trecker besaß, geschweige ein Auto. Man musste sich absprechen und einander helfen – nicht nur, wenn eine Kuh kalbte, Gräben gereinigt und Wege ausgebessert werden sollten. Und auch nicht nur bei großen Ereignissen wie Richtfesten, Hochzeiten und Beerdigungen. Auch im Kleinen galt das Miteinander. Der eine kannte sich mit Viehkrankheiten und ihren Behandlungen gut aus, der andere hatte bessere Ideen, wenn es um den Umgang mit Holz ging, der Nächste konnte Viehhändler zu hohen Preisen treiben und wurde gern hinzugebeten, wenn ein Handel anlag. Und wiederum der Nächste hatte zu einem der Vorstände in Genossenschaft, Landhandel, Molkerei oder Landgesellschaft einen besseren Draht als der Nachbar.

Bei den Frauen war es nicht anders. Die eine kannte alle Mittel gegen bestimmte Kinder- oder Kälberkrankheiten, die Nächste probierte gerne Rezepte beim Einkochen von Marmeladen oder süßsauren Bohnen aus, die sie dann an einige Auserwählte weitergab, und die Übernächste war schon im neu eröffneten Geschäft drei Dörfer weiter gewesen und gab Einkaufstipps. Eine andere häkelte die schönsten Kanten um Tischdecken oder glänzte durch Lochstickerei.

Wenn Schwein oder Rind geschlachtet wurde, halfen die Nachbarinnen beim Säubern der Därme und beim Wurstmachen, beim Schneiden und Durchdrehen des Fleischs, beim Kneten und Würzen des Teigs, dem Einfüllen in Därme oder Gläser, sie lösten einander ab beim Umrühren, beim Brühen der Würste im großen Kessel. Am Ende kriegten sie frische Würste mit zum Dank, hatten vielleicht ein Rezept abgestaubt und kannten außerdem den neuesten Klatsch und Tratsch.

Die Geschichten übereinander arteten selten aus, denn hier war schließlich jeder mit jedem verwandt. Und man traf sich ständig bei so vielen Gelegenheiten wieder, weshalb alle sowieso schon immer fast alles voneinander wussten.

Bis auf die wirklichen Geheimnisse.

In jedem Dorf gab es sicher diese Männer und Frauen, vor denen man sich besonders in Acht nehmen musste, die mit einer Mischung aus harmlos-freundlichem Gesicht und süßer Stimme, mit ganz nebenbei gesetzten Sticheln und galligem Spott jemanden so herauslockten oder provozierten, dass er sich dann selbst verriet. Selbst die Gescheiten, vielleicht sogar gerade sie, wurden von solchen Leuten, wie man hier sagte, ›in die Tasche gesteckt und wieder rausgeholt, ohne dass sie es merkten‹. So wurden Geheimnisse entlockt – die dann hinter vorgehaltenen Händen geflüstert weiterwanderten. Am Ende blieb keiner ungeschoren.

Vielleicht ging auch deshalb die Nachbarschaftshilfe immer weiter, solange es Nachbarn gab, die Hilfe brauchten. So lange lieferte man gemeinsam das Vieh auf der Waage ab, trank dazu einen Köhm und grinste sich einen. Weil und obwohl man wusste, was man voneinander zu halten hatte. Oder man verabredete eine gemeinsame Fahrt ins Kreiskrankenhaus, in dem eine junge Nachbarin ein Kind geboren oder der Opa von nebenan eine Operation hinter sich gebracht hatte. Man gab fünf Mark Tankgeld dazu und jeder merkte sich, wer es vergaß.

Bald würde es mit all dem vorbei sein. Bald hatte fast jeder im Dorf einen eigenen Trecker und sogar ein eigenes Auto. Besser noch, es gab auch in jedem Haus einen Fernsehapparat. Da brauchte man einander gar nichts mehr zu erzählen.

ERSTES ZWISCHENSPIEL

Warum Vergil das Landleben über den grünen Klee lobte und Johann Heinrich Voß ihm glaubte. Wie die Antike den Boden unter den Füßen verlor.

MANCHMAL TREFFE ICH KRISCHAN, EINEN ALTEN FREUND. Wir stammen nicht aus demselben Ort, aber aus demselben Schulbus. Der Bus sammelte allmorgendlich die Kinder aus den kleinen, weit abgelegenen Dörfern und brachte sie zur Mittelpunktschule, einige von uns noch zehn Kilometer weiter zum Gymnasium. Das bedeutete jeden Morgen eine Stunde Fahrt über die Dörfer, durch flaches Moor, über sandige Geestrücken, ein Gekurve auf engen, gepflasterten Landstraßen, vorbei an den Höfen, auf denen morgens gerade noch gemolken wurde, dann auf Asphalt an Einfamilienhäusern entlang, an Möbel- und Schuhgeschäften, einem Kieswerk, vorbei an großen Geschäften mit Höfen voller Landmaschinen und Baumaterial. Wenn der Bus uns am Mittag zurückbrachte und in jedem Dorf ein paar Kinder aussteigen ließ, war es leer auf den Straßen, die Geschäfte geschlossen zur Mittagsruhe. Auf den Bauernhöfen hob höchstens mal ein Hund den Kopf, wenn die Kinder vorbei- und nach Hause gingen.

Krischan und ich haben uns vorgenommen, uns regelmäßig zu treffen und über Bäuerlichkeit und Landwirtschaft zu sprechen. Die wachsende Kritik an der modernen Agrarwirtschaft hat uns immer mehr aufgebracht – zumal ja kaum einer kannte, worüber er sprach, und nichts wusste über landwirtschaftliches Leben und Arbeiten, über Ackerbau und Viehwirtschaft.

Anders als wir, wie wir meinten.

Aber was wussten wir wirklich über unseren damaligen, kindlichen Alltag hinaus? Wir kannten natürlich unsere eigenen Familienbilder und -erzählungen vom Bauernleben vor unserer Zeit. Daneben gab es jedoch all die Prägungen unserer Kultur, die durch Jahrhunderte agrarischer Lebensweise entstanden waren, und das Bild vom Bauern und vom Land, das wir nicht kannten, weil es von den Bürgern stammte – und weit vor ihnen von Adel und Klerus, aus Dichtung und Kunst.

Wir verabreden Lektüren, besuchen Museen, gehen in Galerien und ethnologische Sammlungen. Wir suchen nach Spuren des Agrarischen in unserer Kultur, forschen nach Elementen des Bruchs zwischen dem Städtischen und dem Ländlichen, zwischen Damals und Heute.

Wir fragen uns, um welches »Damals« es eigentlich geht.

Wann ist für Stadtbewohner Landwirtschaft noch akzeptabel gewesen?

Seit wann wurden ›Land‹ und ›Natur‹ derart romantisiert, dass die auf den Feldern und in den Ställen arbeitenden Menschen nicht mehr in den Blick kamen?

Wir wollen uns auch befassen mit dem Lob des Landlebens – und mit der gegenwärtigen Hassfigur des subventionsgestützten Landwirts, den Grundwasser-, Pflanzen-, Boden-, Menschen- und Tiervergifter. Und dabei bedenken, dass die heutige Landwirtschaft die billigsten und sichersten Lebensmittel produziert, die es je gegeben hat.

Wo fängt man an, wenn man über die Kultur schaffende Wirkung des Ackerbaus etwas erfahren will? Was sollten wir wissen über den ägyptischen und sumerischen Landbau?

»Vielleicht genügt es, festzustellen«, sagt Krischan, der schon in der Schule in Geschichte geglänzt hat, »dass die Erfindung der Schrift zurückgeht auf die Notwendigkeit, den bäuerlichen Mehrertrag aufzuzeichnen und die Steuern zu berechnen.« Es war eine von mehreren Schriften, die Keilschrift, die in Uruk bzw. Babylon, im Süden des heutigen Irak, entwickelt wurde. Die Getreideüberschüsse schufen die Grundlage für unsere Schriftkultur - und der Überschuss des Landes die Grundlage für die Entstehung der Städte.

Das Lob des Bauernlebens und die Verherrlichung der Natur kamen von den Herren aus der Stadt, die sich aufs Land begaben, um von der Arbeit auszuruhen, und die - anders als die Bauern - lesen und schreiben konnten. Die Arbeit auf dem Feld und mit den Tieren wurde nicht von den Bauern beschrieben - und erst recht nicht von ihnen gelobt.

Wir nehmen uns den römischen Schriftsteller Vergil[1] vor, Autor der berühmten »Georgica«, »Vom Landbau«. Er schrieb das »Lied vom Landbau« ungefähr dreißig Jahre vor unserer Zeitrechnung, ein Hohelied auf die Mühe und den Segen bäuerlicher Arbeit und auf den in der Natur arbeitenden Menschen. »Landarbeit will ich besingen ..., den Fleiß, der uns heitre Saaten beschert ..., die Zucht von Großvieh, die Pflege von Kleinvieh; schließlich die Kenntnisse noch, die man braucht zur Betreuung der sparsam waltenden Bienen.« Die »Landmänner« werden beschrieben als »rüstige Menschen, zufrieden mit wenigem, zäh bei der Arbeit, Ehrfurcht vor den Göttern und Achtung vor Alten«. Schwere Arbeit als göttlicher Wille. »Vater Jupiter wollte den Feldbau schwierig gestalten, bewusst: Er ließ als Erster die Schollen aufbrechen, wollte durch Nöte und Sorgen den Menschengeist schärfen, duldete nicht, dass sein Reich in leidiger Trägheit erstarrte.«

Feldbau als Schärfung des Geistes, Maßnahme gegen Faulheit - sollte dies eine Kritik sein an denen, die andere für sich arbeiten ließen?

Aber haben die Herrschaften und auch der Dichter selbst nicht immer andere für sich arbeiten lassen, jedenfalls was die Feldarbeit anging? Die wurde nämlich von Sklaven gemacht - und sie kommen im Lob des Landbaus nicht vor.

Krischan stimmt mir zu. Vergil habe von der Landarbeit geschrieben, als ob sie von freien Bauern gemacht würde. Aber das sei natürlich nicht der Fall gewesen. Im Gegenteil, es hatte im Kernland der

Römer zu Vergils Zeiten fast nur noch große Landgüter gegeben, auf denen Sklaven eingesetzt wurden, also ausländische Kriegsgefangene, Sträflinge und deren Kinder und Kindeskinder. Und diese Sklaven, bzw. die Tatsache, dass es Sklaven waren, die da pflügten und säten und ernteten, hat er mit keinem Wort erwähnt.

Man müsse verstehen, sagt Krischan, dass Vergils »Landbau« eigentlich mit Landwirtschaft nichts zu tun hat. Das Ganze sei ein Missverständnis von Anfang an gewesen. Im »Landbau« ging es vielmehr um eine Utopie. Der Dichter hatte an die Regierenden appellieren wollen, eine – wie wir wissen: geschönte – Vergangenheit zur Gegenwart werden zu lassen.

»Wollte er die Sklaverei abschaffen?«

»Nein, Vergil wohl nicht. Aber sein deutscher Übersetzer Johann Heinrich Voß wollte es.«

Voß verehrte die Antike und hasste den Feudalismus. In einer Fußnote zum »Landbau« schrieb er: »Jenen ländlichen Mann [also den Bauern] denkt sich wohl jeder von selbst als einen freien menschlich erzogenen Eigenthümer eines mäßigen Feldes, ohne Nebenbegriffe von Sklaverei, Schmutz und Vernunftlosigkeit, wozu der Leibeigene ... in Jahrhunderten des Faustrechts erniedrigt ward.«

Dies entsprach selbstverständlich nicht der römischen Realität. Aber Voß hätte es gerne so gehabt. Seine Fußnote war ein politischer Angriff auf die Leibeigenschaft seiner Zeit. Denn sein eigener Vater war noch Leibeigener im Dienst eines mecklenburgischen Junkers gewesen. Voß kannte die dazugehörigen Demütigungen, auch wenn sein Vater Kammerherr und nicht Bauer gewesen ist. Er hasste die Leibeigenschaft aus tiefstem Herzen und schrieb bis zuletzt unbeugsam gegen sie an. Die von ihm so geliebte Antike wollte Voß nicht mit Sklaverei oder Leibeigenschaft in Verbindung gebracht wissen.

»Schon bei ihm ist es also ein Traum«, sage ich, »der Traum von der Einfachheit und Würde des Landes, von der guten Natur und der hohen Moral derer, die in und mit der Natur arbeiten.«

Aber Schmutz und Vernunftlosigkeit der auf dem Land arbeitenden Menschen entstehen für Voß nicht durch ihre Arbeit. Sie sind vielmehr Folge von Rechtlosigkeit, Durchsetzung des Stärkeren und seiner Gesetze. Gegen das Mittelalter, diese dunkle, vernunftlose Zeit, hielt er das helle Licht der Antike, den Geist der Aufklärung!

»Immerhin hatte Voß«, sage ich, »in Otterndorf eine neue Erfahrung gemacht.« Otterndorf war damals die Hauptstadt unserer Gegend und die der freien Hadelner Bauern. Ebenso wie die Dithmarscher* Bauern hatten sie sich durch den hohen Stellenwert der Landgewinnung, von Eindeichung und Küstenschutz eine ganz besondere Position erkämpft. Wie alle Ständeversammlungen bestand zwar auch die Hadelner Versammlung, die in Otterndorf tagte, aus den Vertretern dreier Stände. Aber hier waren es nicht Adel, Geistlichkeit und Bürgerschaft. Sondern hier waren der erste Stand die Vertreter der Marschbauern – die auf den fettesten Böden saßen; der zweite Stand fasste die Interessen der Sietlandbauern zusammen, also von denen, die im oft überschwemmten ›sieten‹ Land auf sandigen und moorigen Böden wirtschafteten. Erst die Vertreter des dritten Standes rekrutierten sich, wie es üblich war, aus dem Bürgertum, hier den Stadtbewohnern Otterndorfs. Die Hadelner Stände wählten ihre Pastoren, Richter und Lehrer selbst. Auch ihn, Johann Heinrich Voß aus Mecklenburg, hatten die Hadelner Stände zum Rektor ihrer Lateinschule gewählt, in der die Marschbauernsöhne – natürlich nur die Jungen – Latein und Griechisch lernten. Sie gingen sogar weiter nach Hamburg ins Johanneum, eine Art Universität, und kamen anschließend, so heißt es, trotzdem als Bauern auf ihre Gehöfte zurück. Schließlich waren sie Grundherren, die man in den benachbarten nord-niederländischen Marschen ›Herrenbauern‹ nannte, und auch sie hielten die Nase entsprechend hoch. Aber sie waren keine Adligen, und das hat Voß außerordentlich geschätzt. Wenn nicht das Marschenfieber, eine Art europäische Malaria, gewesen wäre – und natürlich die fehlenden Freunde, vor allem Matthias Claudius in Hamburg –, dann wäre Familie Voß wohl nicht nach drei Jahren wieder fortgezogen.

»Es ist vielleicht nicht unwichtig«, sagt Krischan, »dass die drei wichtigsten Sklavenkriege[2] in Rom schon stattgefunden hatten, als Vergil seinen »Landbau« schrieb.« Im letzten und größten Aufstand unter Spartakus[3] kämpften Tausende von Feldsklaven der großen Güter, und, wichtiger noch, ihnen schlossen sich viele verarmte, freie Bauern an. Dieser Aufstand, der den Herrschern wirklich gefährlich wurde, ist blutig niedergeschlagen worden. Das war zur Zeit von Vergils Geburt geschehen, also erst vierzig Jahre bevor er den »Landbau« schrieb.

»Es muss eine sehr bewusste Entscheidung gewesen sein, die Sklaven, also die eigentlichen Feldarbeiter, nicht zu erwähnen«, meint Krischan.

Wir halten fest: Nicht der Inhalt der »Georgica« allein ist entscheidend, sondern dass dieser Text immer wieder aufgelegt und sogar im Mittelalter in den Lateinschulen gelesen, oft für Übersetzungsübungen der Schüler herangezogen wurde und so das Bild von der guten Natur und den einfachen, edlen Menschen, die den Boden bearbeiten, festigte.

»Sollen wir jetzt dagegensetzen«, sage ich, »dass Landwirtschaft von vornherein Ausbeutung war – von der Natur und ja übrigens auch von Menschen?«

Jedenfalls gibt es einen Stoffwechsel zwischen Menschen und Natur, in dem sich die Menschen die Natur dienstbar machen. Das war von Anfang an. Die Menschen geben ihr und sie nehmen von ihr, sie säen und düngen und ernten. Sie ziehen ein Tier auf, dann schlachten sie es. Und weil solche Arbeit mit und in der Natur schwer und schmutzig ist, hat man sie immer gerne anderen überlassen – die man idealisieren oder verachten konnte, wie es gerade passte.

Ein weiteres Beispiel für das Lob des Landes finden wir bei einem Zeitgenossen Vergils, dem Dichter und Gutsbesitzer Horaz[4]. Von ihm stammt nicht nur die Satire von der Stadt- und Landmaus, in der sich die Landmaus durch das Versprechen auf tolle Leckereien in die Stadt locken lässt, dann aber wegen der ständigen Angst vor Entdeckung zurückkehrt und sich zu Hause lieber wieder mit

»einfachem Wildkorn« zufriedengibt. Wichtiger noch ist der Brief von Horaz an seinen Gutsverwalter, dem er vorwirft, die Stadt mit ihren Reizen dem Lande vorzuziehen, während er selbst sein »Gütchen« liebt, weil es, so schreibt er, »mich mir selbst wieder schenkt«. Und an anderer Stelle bekennt er, nur auf dem Lande und nicht in Rom könne er Gedichte schreiben.

Hundert Jahre vor Vergil und Horaz hat Marcus Porcius Cato[5] der Ältere, Feldherr und Staatsmann, noch ganz nüchtern über die Landwirtschaft als gewinnorientiertes Unternehmen geschrieben. Sein Werk »De agri cultura«, also »Vom Ackerbau«, ist das älteste, vollständig erhaltene Prosawerk in lateinischer Sprache. Darin berät er Gutsbesitzer und gibt ihnen Tipps, wie sie mit ihrem Besitz umgehen sollten, mit Land und Sklaven, und wann es sich lohnt, Oliven oder Wein anzubauen. Er schreibt, dass man zur Bewirtschaftung von 60 Hektar Olivenbäumen dreizehn Sklaven braucht, einen Verwalter und dessen Frau, fünf gewöhnliche Knechte, wie er schreibt, drei Ochsentreiber, einen Eseltreiber, einen Schweine- und einen Schafhirten, insgesamt sind es sechsundzwanzig Beschäftigte.

Sein Buch erschien ein paar Jahrzehnte vor dem ersten großen Sklavenaufstand.

»Cato«, sage ich und erinnere mich an unseren Lateinunterricht, »hat doch seine Reden im Senat immer mit dem Ruf beschlossen: ›Im Übrigen bin ich der Meinung, dass Karthago[6] zerstört werden muss.‹«

Und es ist in unserem Zusammenhang höchst interessant, warum diese Stadt des Feindes zerstört werden sollte. Sie war der Hauptort an einer Spitze der nordafrikanischen Landmasse, die ins Mittelmeer ragt, gewissermaßen auf die Westspitze Siziliens zeigend; ihre Ruinen liegen heute zehn Kilometer östlich von Tunis, der Hauptstadt Tunesiens. Die Kriegführung der Römer in den Punischen Kriegen wollen wir hier nicht nachvollziehen, aber festhalten, dass Karthago mit seiner reichen Landwirtschaft und insbesondere dem Getreideanbau ein mächtiger Handelskonkurrent für Rom war. Die Menge der Lebensmittel, vor allem des Getreides, bestimmte, wie groß ein Staat sein konnte, wie viele Menschen, Steuerzahler und Soldaten ernährt werden konnten.

Die Bodengeschichte der Nordspitze Tunesiens zeigt, dass dort eine florierende Ackerwirtschaft auf fruchtbarem Boden betrieben wurde. Man baute vor allem Weizen an, das wertvollste Brotgetreide. Nach der Eroberung durch Rom wurden die nordafrikanischen Kolonien zusammen mit Sizilien zur Kornkammer des Römischen Reiches. Aber durch die extreme Übernutzung des permanenten Weizenanbaus wurden die Böden ausgelaugt. Heutige Bodenuntersuchungen zeigen, dass das Land durch Winderosionen von seiner Ackerkrume damals fast vollständig entblößt worden ist. Ähnliches war zuvor in Griechenland geschehen, schon 590 v. Chr. war das fruchtbare Erdreich der Hügel um Athen abgetragen. Für den Charakter der Mittelmeerlandschaft – dieses felsig-unbewaldete Land, das nur von einer flachen, schnell austrocknenden Erdschicht bedeckt ist – war neben der Rodung der Wälder für den Schiffsbau eine bodenübernutzende Landwirtschaft in der Antike verantwortlich.

Die wunderbar riechenden Kräuter auf kahlen Hängen und an kühlen Bachläufen zeigen, wie jede Artenvielfalt, einen Nährstoffmangel an. Und dieser Mangel ist kein natürlicher, er ist ein historischer, menschengemachter Zustand.

Dabei war es nicht so, dass die Griechen und Römer zu wenig vom Landbau wussten. Sie haben die Folgen von Aussaat und Düngung, von Brache und Fruchtwechsel sehr gut beobachtet und beschrieben. Aber es wurden keine Maßnahmen gegen die Bodenerosion ergriffen. Und bereits im Jahre 200 n. Chr., als die Erosion der Böden schon über dreihundert Jahre in vollem Gange war, schrieb der in Karthago lebende Römer Tertullian[7]: »Alles ist nun zugänglich, alles für den Handel erschlossen; wunderbare Bauerngüter traten an die Stelle schrecklicher Einöden, urbar gemachte Äcker lösten die Wälder ab ... [Aber] wir sind zu viele auf dieser Erde, die Elemente sind uns kaum Nahrung genug, unsere Bedürfnisse werden größer und unser Begehren auch, nun, da die Natur uns bereits nicht mehr aushalten kann.«

2. TIEFER INS MOOR UND IN DIE GESCHICHTE

13. KAPITEL
HEUTE
Wenn Milch- und Bodenpreise die Stimmung verderben.

BEIM MITTAGESSEN IST MEIN BRUDER SEHR EINSILBIG. Ein bisschen zu munter frage ich nach den Kühen, dem Zustand im Stall, auf dem Feld. »Auf dem Feld?«, fragt Waldemar leicht gereizt. »Was willst du da machen, solange Wasser drauf steht?«
»Und im Stall?«, hake ich nach.
»Schon davon gehört, dass gerade die Milchquote abgeschafft wird?«, sagt Hannes, der Mitleid mit seiner Tante aus der Stadt hat.
»Ach ja, stimmt, natürlich.« Mir ist peinlich, dass ich den Zeitpunkt vergessen habe, 1. April 2015. Der Milchpreis wird weiter sinken, jeder darf produzieren, so viel er will. Europaweit eingeführt worden war die Quotenregelung 1983, jedes Land der EG bzw. EU durfte nur eine begrenzte Menge Milch produzieren. Produzierte ein Hof mehr als seine Quote, musste er eine hohe Abgabe zahlen.

»Erstens«, zählt Waldemar auf, »war die Milchquote eigentlich nie dafür da, um den Preis zu stabilisieren. Es ging darum, das Milchangebot nicht ins Uferlose wachsen zu lassen. In Osteuropa gab es vor dem Mauerfall einen hohen Bedarf, unser Export dorthin wurde subventioniert. Inzwischen geht es andersherum, zu unserem Binnenmarkt gehört jetzt auch der Zufluss der Milchmassen aus den landwirtschaftlichen Großbetrieben der neuen Bundesländer und der osteuropäischen Staaten der EU. Aber dafür haben wir ja jetzt den globalen, z. B. den asiatischen Markt, angeblich ist die weltweite

Milchnachfrage riesig - und darunter musst du dir Milchpulver, Käse und Butter, Joghurt und Babynahrung vorstellen. Aber dann hat Russland die Schotten gegen europäische Lebensmitteleinfuhren dicht gemacht - als Strafe für die europäischen Sanktionen 2014 gegen Russland wegen der Besetzung der Krim. Und plötzlich schwächelt die chinesische Wirtschaft, und - bums, ist unser asiatischer Markt auch weg - und zu viel Milch da.«

Er holt Luft.

»Und drittens ist Milch«, fügt Hannes ein, »zu einem Rohstoff geworden, und die Verarbeiter des Rohstoffs, die milchverarbeitende Industrie, wollen den natürlich möglichst billig einkaufen.«

Er lächelt spöttisch: »Es sind nicht alle unglücklich über die großen Milchmengen und die niedrigen Preise.«

»Viertens sind«, setzt Waldemar wieder ein, »mittlerweile die Boden- und damit auch die Pachtpreise der begrenzende Faktor für unsere Produktion geworden. Land ist Spekulationsobjekt für Geldleute geworden, in erster Linie für die Agrarindustrie, die Böden ankauft für ihre Vertragsproduzenten, aber auch fachfremde Unternehmen, ein großes Brillen-Unternehmen ist dabei oder reich gewordene Medienheinis, die hier in der Gegend für sehr viel Geld viele Tausend Hektar aufkaufen - und dann Agrarsubventionen einstreichen, weil sie nun als Landwirte gelten.«

»Die stellen dann einen Geschäftsführer ein und beschäftigen ukrainische oder rumänische Pflücker oder Melker im Niedriglohn«, setzt Hannes hinzu.

Es hat den ganzen Vormittag über nach Regen ausgesehen. Jetzt kommt plötzlich ein wenig die Sonne durch.

Mein Bruder und sein Sohn heben die Köpfe. Vielleicht kann man doch mit dem Walzen anfangen, also dem Anpressen der durch Frost, Tauwetter und Regen gelockerten Grasnarbe.

Wenigstens auf den Stücken, die am festesten sind? Der Junge brennt darauf, der Alte bremst.

»Vielleicht morgen«, sagt Waldemar.

Auch die hohe Extraabgabe - ein paar Tausend Euro - drückt auf die Stimmung. Sie muss demnächst gezahlt werden für jene Kilogramm Milch - Milchpreise werden in Kilogramm gerechnet -, die man im letzten Jahr zu viel, d. h. über die eigene Quote hinaus geliefert hat. Obwohl mein Bruder schon viele ältere Kühe rausgeschmissen und meine Schwägerin rohe Kuhmilch an die Kälber verfüttert hat, rechnen sie dennoch mit einer Strafzahlung. Im Moment gibt es noch zusätzlich ein kleinliches Gehampel über die Lieferungen in den letzten Tagen der Milchquote. Um nicht noch mehr Liter aufs Konto der ›Überlieferung‹ angeschrieben zu bekommen, wollen die Bauern so viel Milch wie möglich zurückhalten und erst am 1. April abliefern. Aber das wird natürlich nicht erlaubt. Es gibt dann einen Kompromiss: 1.000 Liter werden noch vorher bei jedem abgeholt, alles andere am regulären Ablieferungstag, dem 2. April. Vorstandsentscheidung! Genossenschaft!

»Die Genossenschaft, das seid doch ihr«, sage ich.

Waldemar schnaubt. »Das Einzige, was in einer Genossenschaft stört, sind die Genossen.«

»Das musst du mir erklären.«

Ihre Vertragsmolkerei gehört inzwischen zum Deutschen Milchkontor (DMK), dem größten Milchverarbeiter des Landes; das DMK hat sechsundzwanzig Niederlassungen in zehn Bundesländern, der Hof gehört durch die traditionelle Molkerei zur Niederlassung in Zeven, früher war es Nordmilch - von ihnen kennt man als Marke vielleicht Milram. Aber eine echte Genossenschaft bei einem Milliardenumsatz-Unternehmen? Die Struktur ist wie früher im Kleinen, mit Mitgliedern, Vorstand und Aufsichtsrat. Aber jetzt gibt es einen Geschäftsführer, und der muss mehr oder weniger tun, was vom Konzern beschlossen ist.

»Die vom DMK gezahlten Milchpreise waren eher unterdurchschnittlich.«

»Kann man da nicht kündigen und zu einer anderen Molkerei gehen, die mehr zahlt?«

»Kann man. Unsere Kündigungsfrist beträgt allerdings zwei

Jahre - und wer weiß, wohin die Preisentwicklung geht und wer dann wen bis dahin wieder aufgekauft hat. Der nächste Mitbewerber ist auf der anderen Seite der Elbe, da wird die Milch mächtig hin- und hergefahren. Obwohl, das könnte einem egal sein ...«

»Ist es aber nicht?«

»Das ist doch Mist«, sagt mein Bruder wütend und schiebt den Stuhl schon zurück, um gleich aufzustehen, »wenn man weggeht von der eigenen Molkerei, die wir hier selbst mal gegründet haben. Zehn Kilometer von hier ist die Verarbeitung, da sind Arbeitsplätze, und unsere Milch wird in den hiesigen Supermärkten verkauft. Das ist doch bekloppt, dass man von da weggehen muss, weil ein Großkonzern sie gekauft hat! Und der hat inzwischen mehr Angestellte als bäuerliche Mitglieder - also Milcherzeuger.« Bevor ich noch nachfragen kann, ist Waldemar schon rausgegangen.

Am letzten Morgen bin ich mit den anderen zusammen um sechs Uhr aufgestanden.

Es ist schon hell, die Sonne aber noch nicht über den Horizont gekommen.

Ich denke darüber nach, wie fern uns Stadtbewohnern ein solches Leben ist, wenn der erste Gang am Morgen der in den Stall ist. Alltäglich und ein Leben lang ist vor dem Frühstück immer zuerst das Vieh an der Reihe.

Dabei geht es nicht nur ums Melken, sondern auch um das Füttern und Misten und Einstreuen, das Sichkümmern um Gesundheit und Sicherheit der Tiere, weil man ohne ›Tierwohl‹, wie es heute heißt, keine Qualität von ihnen kriegt in Sachen Fleisch, Eier, Milch, sozusagen Haut und Haar.

Der Himmel leuchtet morgendlich blau und rosa, dazu ein Vogelkonzert, Kälberblöken und Bäume, die sich im langsam abflauenden Wind wiegen.

Nach dem Frühstück fahre ich zurück nach Berlin.

In den nächsten Monaten und Jahren hat sich der Druck auf die Milchbauern verstärkt.

War der durchschnittliche Erzeugerpreis 2013, also zwei Jahre vor dem Ende der Milchquote, bei 30 Cent pro Kilo und stieg er bis zum Dezember sogar noch auf 42 Cent an, so war er im Frühjahr des Quotenendes unter 30 Cent gefallen – und weiter im freien Fall. Bis auf 19 Cent ging er herunter, Aldi senkte die Preise der Vollmilch um ein Drittel. Milchbauern landeten derweil mit Burn-out in Rehakliniken, viele gaben hoch verschuldet ihre Höfe auf. Einige nahmen sich das Leben.

14. KAPITEL

1783

Was die Amtmänner an den neuen Anbauern im Bachenbrucher Mohr stört – ein Schriftwechsel über manche Inconvenzien und unziemliche Bedrohungen.

DEM AMTSSCHREIBER NANNE aus dem Amt Bremervörde, in jenen Jahren zentral für die Moorkolonisierung nördlich von Bremen zuständig, wurde im November 1783 bestätigt, dass ihm »die Iurisdiction über die neuen Anbauern im Bachenbrucher Mohr, vorerst auf 12 Jahre« aufgetragen sei. Schon ein paar Jahre später soll der Mann in das Amt Rotenburg versetzt werden. Aus diesem Anlass, so meinen die Obrigkeiten, könne man die Bachenbrucher Anbauern doch eigentlich auch gleich dem Amt Otterndorf unterstellen. Die Gründe dafür liegen in den komplizierten Zuständigkeiten für dieses Dorf und haben über die Jahre zu einigem Verdruss geführt.

Amtsschreiber waren die Assistenten der Amtmänner, ihrerseits juristisch und auch »cameralistisch« gebildete Verwaltungsleute, meist aus niederem Adel und direkt dem Landesherrn unterstellt. Man muss sich da Männer mit gepuderten Perücken denken, als höchste Würdenträger auf dem Lande trugen sie Seiden- oder auch Wollstrümpfe bis zum Knie, dazu eine Kniebundhose und einen langen, geknöpften Rock aus gutem Tuch, mal mit aufwendigen, mal mit schlichteren Knöpfen und Manschetten geschmückt. Ihre Assistenten, die Schreiber, stammten aus kleinbürgerlichen Familien und waren wenig gebildet, im besten Fall von praktischem Verstand und womöglich sogar Menschenkenntnis. In jedem Fall musste so einer genug Kanzlei-Latein verstehen, um die komplizierten Briefe jener Zeit, voller juristischer Formeln und sprachlicher Verbeugungen und Kratzfüßen, sowohl zu verstehen als auch selbst zu verfassen. Und in unserer Gegend hat so jemand auch Plattdeutsch sprechen oder mindestens verstehen müssen.

Durch die bevorstehende Versetzung von Amtsschreiber Nanne erfahren wir mehr über die Situation der Anbauer im Bachenbrucher Moor.

Da heißt es in einem Brief des Amtmannes Schubart von Otterndorf, eines weiteren Perückenträgers, im März 1790: »Da die Bachenbrucher Anbauer zum Lande Hadeln gehören, sehr vielen Verkehr mit den Landes Eingeseßenen haben, so möchte es nach meinem geringen Ermeßen sehr gut seyn, wenn dieselben der hiesigen Jurisdiction unterworfen wären.« Denn tatsächlich hätten die Verhältnisse so, wie sie bisher seien, schreibt er, »zu manchen Inconvenzien Anlaß gegeben«.

Beispielsweise sei es nicht allen, die mit den Anbauern zu tun hätten, bekannt, dass diese zwar Hadelner seien, jedoch der Rechtsprechung vom Amt Bremervörde unterworfen. Wer über sie Klage führen wolle, gehe damit ins Hadelnsche Otterndorf, »und wenn sie damit abgewiesen werden, [würden sie] sich über die weiteren Wege beschweren, und die Sache lieber ruhen lassen«. Mit anderen Worten, den Anbauern gegenüber war schwer recht zu bekommen. Schlimmer noch, »scheinen auch die Bachenbrucher dafür zu halten«, dass sie zu bestimmten Zahlungen dem Staat gegenüber nicht verpflichtet seien. Vielmehr fühlten sie sich befugt, die entsprechenden Beamten abzuweisen, was sogar schon »mit unziemlichen Bedrohungen« geschehen sei.

Ich stelle mir vor, wie einer der Anbauer, Holzschuhe an den Füßen, vielleicht mit einem Spaten oder einer Forke in der Hand, dasteht, und vor ihm der in feinen Zwirn gehüllte Amtsträger. Der Amtliche ist selbst auch nur Bote des Schreibers und nicht begeistert davon, in diese Wildnis hinausreiten zu müssen, in der es noch kaum Wege gibt, von Ortsschildern nicht zu reden. So mag er dann vom hohen Ross herab dem Bauern gewunken und ihm bedeutet haben: Er muss zahlen. Dass der Bauer, vielleicht war es Barthold Lafrenz, ihm dann nur wütend seine Forke entgegengehalten und etwas Deutliches auf Plattdeutsch gesagt und ihn dann stehen gelassen hat, ist leicht vorstellbar.

Im Übrigen ist die Frage, zu welchen Abgaben die Anbauer trotz ihrer zwölf Freijahre von Anfang an verpflichtet waren, nicht so einfach zu beantworten. Natürlich sind den Anbauern Meyerbriefe ausgestellt worden. In ihnen wurden die Hofstelle und die dazugehörigen Grundstücke benannt, die der Bauer und seine Frau »mit aller Zubehör und Gerechtigkeit« zum Besten beider Vertragspartner »genießen, gebrauchen, flocken und fleußen« dürfe und wenn er dies »fleißig und getreulich« durchführe, so würde der Grundherr ihn »vertreten und beschützen«; wichtig war für die Bauern, dass ihren Nachkommen eine Art Vorkaufsrecht eingeräumt wurde. Dass aber noch vieles mehr in diesen Verträgen geregelt werden musste, ist in einem ausführlichen Schreiben von 1784 an die vier betreffenden Ämter dargelegt, weil es seit dreißig Jahren immer wieder zu Streitereien gekommen war. Die Absender dieses Schreibens geben sich zu erkennen als der »königlich großbritannisch und churfürstlich braunschweigisch-lüneburgische Cammer-President« und seine »Cammer-Räthe«. Sie monieren, dass ihnen »Fälle vorgekommen« seien, »daß die Mohr-Anbauer in Gedanken stehen als wären sie von den Register-Abgiften, von sonstigen öffentlichen Landes-Abgaben frey«. Das aber sei durchaus nicht der Fall, und das müsse ihnen nicht nur gleich am Anfang »sorgfältig bedeutet« werden, wenn sie ihre Stellen antreten, sondern dies habe auch in den Meyerbriefen schriftlich niedergelegt zu werden. Was die Freijahre bedeuten, ist dagegen genau definiert – sie sind ausschließlich die Freiheit vom Pachtzins an den Grundherrn.

Dem Landesherrn gegenüber bestand immerhin für die Zeit der Freijahre eine »Contributions- und Einquartirungsfreyheit«, und das war in einer Epoche permanenter Kriege kein geringes Privileg. Das riesige Vorhaben der Moorkolonisation führte zu einem neuen Kontakt zwischen Staatsbeamten und dem gemeinen Volk. Aus den Themen und auch dem Ton der Briefwechsel lässt sich schließen, dass nicht nur die Bauern, sondern auch die Amtmänner und ihre Vorgesetzten oft auf eine harte Geduldsprobe gestellt wurden. Was nicht deutlich und unmissverständlich beschrieben und geordnet war, interpretierten die Bauern zu ihren Gunsten – bis ihnen eine neue, präzisierte Anordnung den Spielraum nahm.

So geschah es auch mit der Berechnung der Freijahre. So hieß es in diesem Schreiben, »... declariren Wir hiermit, daß man damit nicht etwan warten müße, bis alle Stellen eines Mohr-Anbaues vollzählig sind, oder wie einige Mohr-Anbauer in dem Wahn stehen, bis alle Dämme, Canaln, Brücken und dergleichen völlig fertig sind, sondern, daß die einer neuen Mohrdorfschaft verstrichenen Frey-Jahre für jeden einzelnen Mohr-Anbauer von dem Jahre angerechnet werden sollen, da er seine Mohr-Anbauerstelle antritt, und in Arbeit nimmt.« Ebenso solle man, hieß es weiter, diese Zahlungen streng einfordern, »damit die Anbauer sich gleich von Anfang an, an eine accurate Entrichtung ihrer Abgaben gewohnen«. Schließlich werde ja wohl, so nahm man irrigerweise an, nach Ablauf der Freijahre ein »guter Wohlstand« erreicht sein, sodass man das Pachtgeld dann »mit Fuge [rechtens] verlangen« könne.

Zurück zu den Anbauern im Bachenbrucher Moor und den Klagen über sie, die Amtmann Schubart in seinem Brief 1790 zusammenfasste. Es war offenbar unerträglich für die zuständigen Behörden, dass selbst Pastoren bei diesen Bauern manchmal nicht die rechten Amtswege einzuhalten wussten. So wird beklagt, es hätten Pastoren einer falschen Ortschaft »Copulationes vorgenommen«, also Eheschließungen vollzogen, und zwar »ohne Bescheinigung der geschehenen Proclamation«, also ohne das öffentliche Aufgebot aus der Heimatgemeinde anzufordern. Selbst Taufen sind von den falschen Pastoren getätigt worden, und die zuständigen »Prediger« hätten sich »über die Eingriffe bereits bey hiesigem Consistorium beschwert«. Denn die »richtigen« Pastoren, die ja von den Mitgliedern ihrer Gemeinde für jede Amtshandlung bezahlt wurden, hatten den Schaden davon gehabt.

Nur wenige Tage nach diesem höflichen, aber doch auch deutlichen Amtsbrief gibt der nächsthöhere Beamte die Sache schon weiter nach Hannover an die »Hochwohlgebohrnen Herren, Höchstgeehrtesten Herren Geheimte Räthe«. Man stelle sich hier die Perücken noch etwas feiner gelockt und gepudert und die Kniestrümpfe seidiger vor.

Der Beamte stellt den Räthen – heute etwa Minister oder Staatssekretäre – die ganze Sache noch einmal vor. Auch er, der Erklärer, macht wieder Fehler, was die Zuständigkeiten angeht. Und er schließt mit dem entscheidenden Hinweis, auch der Amtsschreiber Nanne, der bisher für die Leute des »Anbaus in dem zum Lande Hadeln gehörenden Bachenbrucher Mohre« zuständig sei, habe gemeint, die Höfe seien »in ihrem Fortkommen so weit gediehen«, dass man sie jetzt »der unmittelbaren Besorgung der Obrigkeit in Otterndorf füglich ganz überlaßen« könne. Er empfiehlt den hohen Herren, dieses Moordorf ganz zum Amte Otterndorf zu schlagen.

Man will sie loswerden.

Und man ist sie losgeworden. Einige Jahre später, nämlich 1809, lesen wir in einem Dokument von einem Stück Land, das zu einem Meyerhof in einer Nachbargemeinde gehörte, dass es nunmehr »an Bartel Lafrenz, Neuenbachenbruch Amts Otterndorf abgetreten worden«. Damit wären wir wieder bei unserem Nachbarn zur Rechten – und fast auch schon beim endgültigen Dorfnamen Neubachenbruch, wie er hier in einer frühen Version auftaucht.

Der dokumentierte Akt war kein simpler Kaufakt, wie man ihn heute kennt. Vielmehr wurde 1809 ein höchst kompliziertes Dokument aufgesetzt, das den Eintritt des Barthel Lafrenz in die Meyerrechte und -pflichten des vorherigen Pächters regelt.

Zwar handelt es sich nur um ein kleines Stück Land, aber mit der Transaktion sind nicht nur die beiden beteiligten Bauern beschäftigt, sondern dazu der Grundbesitzer – in diesem Fall tatsächlich ein Gutsherr –, sein Verwalter und der Staat in Gestalt des Amtsschreibers. Denn auch die an das Land gebundenen Rechte müssen übertragen werden, und es muss dafür ein Geld, eine Gebühr, ein Zins und ein »Weinkauf«* bezahlt werden.

Von irgendwoher mussten die Gelder ja kommen für die seidenen Strümpfe und die feinen Überröcke, das gute Leben der Beamten.

Was aber nun der Amtswechsel für die Moorbauern von Neuenbachenbruch bedeutet hat, können wir nur noch vermuten. Mindestens ist ihr Weg zu den zuständigen Beamten, Schreibern und Händlern ein wenig kürzer geworden. Denn zu den nördlichen Nachbargemeinden schipperte man per Kahn über die Wettern und Gösche – den örtlichen Wasserwegen, die damals die Hauptwege waren. Und von dort aus gelangte man mit dem Kahn über die träge fließende Medem bis nach Otterndorf zu Markt- oder Amtsgeschäft.

So jedenfalls hat es Rektor Voß beschrieben, dass nämlich die Sietländer auf Kähnen über die Medem kamen und ihre Milch verkauften, vor allem auch die Butter, von den Bäuerinnen in kühlende Kohlblätter gewickelt. Milchprodukte gab es auf der Marsch noch wenig. Da regierte der Getreideanbau, der Umstieg auf Milch- und Mastvieh lag noch in der Zukunft.

Mit dem Wegfall von Neuenbachenbruch für das Amt Bremervörde war man den Ärger mit diesen Anbauern los, die sich reichlich frech benahmen. Und die übrigens fortfuhren, aus ihrer Lage am Rande von gleich drei Kreisen und Zuständigkeiten Vorteile zu ziehen, ganz gleich, ob die Zentralregierung hannoversch, französisch oder preußisch war. Irgendwie war dieses Dorf in einem moorigen Bermudadreieck gelandet, in dem sich jegliche Obrigkeit abschwächte und sogar, zumindest auf Zeit, auch einmal ganz versank.

15. KAPITEL

18. JAHRHUNDERT

Familie Lafrenz im Kirchenbuch. Johann Heinrich Voß drängt auf die erste Pockenimpfung im Hadelner Land.

ENDLICH LIEGEN DIE KIRCHENBÜCHER von Steinau vor mir, unserem traditionellen Kirchdorf. Ich hatte lange nach ihnen gesucht, mich selbst in den komplizierten Zuständigkeiten verheddert, die auch komplizierte Archivierungen mit sich gebracht haben. Aufbewahrt wurden sie in einem verschlossenen Stahlschrank des Kirchenbüros, einem Bungalow aus den 1970er-Jahren gegenüber der Kirche.

Verschieden große, schwere Folianten, eingeschlagen in manchmal eingerissenes schwarzes Papier, sind zu durchforsten. Völlig unbeschädigt sind die Blätter aus dickem, handgeschöpftem Papier des 17. und 18. Jahrhunderts. Auf ihm machten die Pastoren ihre Eintragungen, in großzügiger Handschrift verzeichneten sie auf der ganzen Seite manchmal nur eine einzige Taufe.

Vor dem Fenster des Büros jagt ein Regenschauer den anderen. Wenn die schwarzen Wolkenballen einmal die Märzsonne durchlassen, bringt ihr Licht die Regentropfen zum Glitzern, die an den kahlen Zweigen der Büsche hängen. Nur einmal in der Woche ist das Büro für Gemeindemitglieder geöffnet. Die Frau, die hier ihren ehrenamtlichen Dienst versieht, hat mich freundlicherweise an einem Nachmittag eingelassen, an dem eigentlich geschlossen gewesen wäre. Die Heizung schafft nur langsam, den Raum zu wärmen.

Ich suche die ersten Taufen, Beerdigungen und Hochzeiten, die in unserem Dorf stattgefunden haben. Aber sie sind schwer zu finden, denn über sechs Jahrzehnte hatte das Dorf keinen eigenen Namen. Seine Bewohner wurden zuerst subsumiert unter dem Namen Bachenbruch, dann als »Anbauern im bachenbrucher Moor« bezeichnet, das Dorf selbst wechselweise »bachenbrucher Moor«, »Anbau in Bachenbruch« oder »neubachenbruch moor« genannt. Auf vielen Seiten finde ich immer wieder Kinder, die kurz nach, manchmal schon vor der Taufe starben, dennoch kirchlich vermerkt sind, N.N. heißt der Eintrag, auch sie blieben ohne Namen.

Mit zunehmend klammen Fingern blättere ich mich durch die Kirchenbücher, wälze – buchstäblich – die schweren Folianten hin und her.

Nach Stunden und Tagen im Archiv tauchen Geschichten auf.

Da ist vor allem die der Familie Barthold und Adelheit Lafrenz, oder auch mal Lafrens, nach der ich gesucht habe.

Einträge über die Bewohner der Hofstelle zu unserer Rechten beginnen 1794, also dem zehnten Jahr ihres Lebens in der Moorkolonie, und ziehen sich über weitere zwei Jahrzehnte. Als Erstes sind die Beerdigungen zweier Töchter angezeigt. Die erste Eintragung lautet: »Anna Margaretha Lafrenz, eine Tochter von Barthold u Adelheit Lafrenz im Bachenbrucher Moore, des Abends auf dorthigem Kirchhofe in aller Stille beygesetzt«, ihr Alter ist mit einem Monat angegeben – und in aller Stille hieß, dass es keinen Gottesdienst, keine Predigt oder Leichenfeier gegeben hat, nur eine kurze Einsegnung am offenen Grab. Als Nachschrift steht direkt darunter: »An den Blattern gestorben«. Die Blattern* waren, was man später Pocken nannte.

Das einmonatige Baby der Lafrenzens war nur eines der vielen Kleinkinder, die immer noch an den Pocken erkrankten und starben. Dabei lag die erste Schutzimpfung im Lande Hadeln zu diesem Zeitpunkt schon dreizehn Jahre zurück. Bis zu den ersten Impfungen Mitte des 18. Jahrhunderts starb ein Drittel aller erkrankten Kinder, und viele Erwachsene lebten mit entstellenden Narben am ganzen Körper und im Gesicht. Mit der ersten Schutzimpfung in Hadeln hatte übrigens Johann Heinrich Voß zu tun gehabt. Seine Frau Ernestine, Mutter von sechs Kindern, berichtete in einem Brief: »Voß hatte schon oft mit unserm alten Arzte über Einimpfung geredet, was damals in Hadeln noch für einen Eingriff in Gottes Vorsehung galt«, und also abgelehnt wurde. Erst als Voß den Otterndorfer Hausarzt um sein Besteck bat und drohte, die Impfung selbst vorzunehmen, willigte der ein. So konnte Ernestine berichten: »Viele Besuche erhielten wir in dieser Zeit besonders von Landbewohnern, die sich das Gute bei der Sache wollten erzählen lassen. Der Alte predigte nun die Impfung überall, als sei sie von ihm ausgegangen, und das Vertrauen der Eltern hatte den glücklichsten Erfolg, denn von 60 Kindern, die er bald darauf impfte, starb nur eins.« Dies hatte sich bereits 1781 zugetragen, aber zu vermuten ist, dass die hier geimpften Kinder aus den Familien der Marschbauern stammten, die Geld für Medikamente hatten. Erst 1821 wurde die Impfpflicht im Hannoverschen eingeführt. Aber hätten die Leute im Bachenbrucher Moor die Zeit für die Reise zum Arzt und das Geld für sein Honorar aufgebracht, selbst wenn sie von den Schutzimpfungen gewusst hätten?

1796 folgte zwei Jahre nach dem Tod des ersten Babys die nächste Eintragung eines Sterbefalles in der Familie, dieses Mal für »Anna Lafrenz, eine Tochter von Barthold u Adelheit im Bachenbrücher Moore«. Ihr Alter ist angegeben mit einem Jahr und drei Monaten – und wieder war das Kind abends und ohne Feier beigesetzt worden. Die Todesursache der kleinen Anna bleibt ungenannt, erst fünfzig Jahre später, wenn alle Eintragungen zunehmend rubriziert und geordnet sind, wird es eine Rubrik für die »Todesart« des Beigesetzten geben.

1800 stirbt ein weiteres Kind der Familie. Bevor aber Barthold und Adelheit noch ein viertes und fünftes Kind verlieren, wird 1801 der Bruder Claus Lafrenz zu Grabe getragen, Pächter jener Hofstelle, auf der in meiner Kindheit Onkel Edu lebte. Mit nur vierzig Jahren wurde Claus Lafrenz »auf dortigem Kirchhof, mit meiner Leichenrede« beigesetzt, schreibt der Pastor. Die Lafrenz-Witwe Rahel war eine geborene Wölbern, eine Schwester oder Cousine von Bendix Wölbern, der seine Hofstelle seit 1783 zwischen den Brüdern

Barthold und Claus hatte, also auf ›unserem‹ Hof; auch die Namen von Claus und Rachels Kindern weisen auf das verwandtschaftliche Verhältnis hin – sie hießen Adelheid und Berthold.

Nach dem Tod des Bruders Lafrenz wird im Jahre 1803 die Beisetzung des elfmonatigen Sohnes Carsten und im selben Jahr noch die eines vierten Töchterchens, der kleinen Margareta, im Alter von knapp zwei Jahren gemeldet; beide haben im Verlauf nur eines Monats »im bachenbrücher Anbau, auf dortigem Friedhof des Abends« stattgefunden. Fünf Kinder sind dem Paar auf dem Hof zu unserer Rechten im Verlauf von sieben Jahren gestorben. Drei der toten Kinder erscheinen nicht einmal in der heitmannschen Dorfchronik. Fast möchte man denken, dass dem Chronisten die Tode zweier Kinder schon genug der Qual gewesen seien für die Eltern, denen der Verlust ihres Ältesten da noch bevorstand. Und tatsächlich befinden wir uns ja in dem Jahrhundert, in dem die Hälfte aller Kinder vor dem dreizehnten Lebensjahr stirbt und das mittlere Sterbealter der Erwachsenen bei dreißig Jahren liegt.

16. KAPITEL

HEUTE

Mein Bruder erzählt mir beim Maislegen etwas über Biotope und Bodenverbrauch. Ich fahre wieder Trecker, aber durch ein leeres Dorf.

SEITLICH BIN ICH ÜBER EIN TREPPCHEN auf den Sitz geklettert, der auf dem Trecker eigentlich nur eine Fläche auf dem Schutzblech über dem Hinterreifen ist. Man hockt hier mehr, als dass man sitzt, aber wenigstens der Platz des Fahrers ist heutzutage gut gefedert und einigermaßen bequem. Waldemar steuert uns durch das Nachbardorf, weist einmal auf ein kleines Gebäude auf der linken Seite: »Weißt du noch, da haben wir uns hinter dem Stall versteckt.« Ich meine, wir wären im ausgetrockneten Graben direkt vor dem Haus untergetaucht, aber ich weiß gleich, wovon er spricht. Da haben zwei Polizisten ihn und mich, als wir etwa elf und vierzehn Jahre alt waren, beim »Führen einer Zugmaschine auf einem öffentlichen Weg« erwischt. Sie nahmen uns bei den Ohren, wir krochen auf die Rückbank ihres VW-Käfers und wurden von ihnen nach Hause kutschiert. Vor dem Hof empfing uns unser Vater, und ich erinnere mich, es jetzt über den Lärm des Treckermotors meinem Bruder zurufend, wie schwer es ihm damals fiel, ernst zu bleiben und nicht etwa laut loszulachen über unsere frechen Gesichter im Fond.

Waldemar und ich sind auf dem Weg ins Meckelstedter Moor, an den Trecker angehängt ist ein Kipper mit Kunstdünger. Auf den Stücken im Moor will Waldemar heute auf drei verschiedenen Flächen Mais legen, ein Schlepper steht mit der Drillmaschine auf dem Feld bereit, mein Bruder hat gestern schon angefangen und die Geräte über Nacht dort stehen lassen.

Das Wetter ist genau richtig, trocken und warm. Die Sonne scheint, der Himmel ist blau. Um uns herum fliegen taumelnd die Kiebitze und über uns singen Lerchen. Manchmal sieht man eine Gruppe äsender Rehe in den Feldern, die angesichts des Treckers kaum den Kopf heben und die dann plötzlich doch schnell mit ein paar hohen Sprüngen zwischen den Birken verschwunden sind. Hoch oben kreisen Raubvögel, und vor uns laufen in den Furchen immer wieder Kiebitze, als müssten sie genau hier jetzt noch schnell den einen oder anderen Wurm ergattern. Mit ihren schwarz-weißen Köpfen, den kecken Federhäubchen, hellen Brustfedern und den schillernden grauen Federgewändern, die wie kleine Mäntel oder Westen wirken, sehen sie ziemlich vornehm aus. Sie laufen eine Weile vor dem sehr langsam fahrenden Trecker her, bevor sie sich endlich seitwärts ausweichend erheben und dann auf ihre typische Kiebitzart seltsam linkisch und groß in die Lüfte aufsteigen, gleich wieder abzustürzen scheinen und schließlich grell rufend abdriften. Bachstelzen laufen mit hektischen Trippelschrittchen und wippendem Schwanz – plattdeutsch heißen sie Wippsteert – über die Furchen. Und einmal macht mich mein Bruder aufmerksam auf zwei flache leere Mulden am Boden. »Hasen«, sagt er.

Obwohl wir anfangs miteinander sprechen, entsteht langsam eine ganz besondere Stille, die durch den Motorenlärm nicht gestört, die vielleicht sogar von ihm hervorgerufen ist, denn in ihm kann man dann wortlos jene Handgriffe ausführen, die ab und zu an den Maschinen nötig werden, kann auch am Ende des Feldes zum Kipper mit dem Saatgut und dem Kunstdünger fahren, sich dort hinstellen, rückwärts mit der Drillmaschine – die gar nicht mehr so heißt, sondern Maisleger – so an den Kipper voller Dünger heran, dass man die weißrosafarbenen Mineralkörner mit einem Eimer in die Trichter der Maschine füllen und die rot gebeizten Maiskörner aus den Säcken in die vier dicht verschlossenen Behälter schütten kann, von denen aus sie während des Fahrens in die Spurrillen gelegt und von zwei schräg zueinander montierten Tellern, die rechts und links der Spurrille durch die Erde ziehen, zugehäufelt werden. Parallel zu den

Maiskörner wird der Dünger abgelegt, der, wenn der Mais in ein paar Tagen keimt, sich im Erdreich auflöst und den Keimling ernährt – mit Stickstoff, Phosphat und Schwefel.

Ich denke mir die vielen Menschen und Tage, die für eine Aussaat ohne diese Maschinen nötig wären, sehe vor mir Menschen mit Säcken auf dem Rücken tagelang über die Äcker ziehen, die zuvor mit Mist gedüngt worden wären, womöglich noch per Hand und Mistforke. Aber über die Maisaussaat von früher weiß ich nichts, denn den Mais gibt es in unserer Gegend erst seit gut drei Jahrzehnten. Mitte des 19. Jahrhunderts ist hier Torf gestochen worden, und danach haben jahrzehntelang nur Jungrinder gegrast; Milchkühe trieb man kaum her, der tägliche Weg zum Melken morgens und abends wäre zu weit gewesen.

Einmal zeigt Waldemar über den Graben hinweg auf ein Stück Land.

»Das war mal ein Teil von unserem alten Pachtland.«

Ich drehe den Kopf.

»Was«, sage ich, »wo denn?«

Nirgends erscheint etwas in meinem Blick, das mich an früher erinnert, kein Baum, kein Zaun, kein Weg oder Ackerrand.

Waldemar erklärt mir, dass dieses Stück, auf dem er gerade arbeitet, an das untere Querstück, das Grasland des damals von unseren Eltern zusätzlich gepachteten Landes, heranreicht. Der weiter höher liegende Teil, der tatsächlich mehr Sand oder überhaupt mineralischen Boden enthielt, war mit Rüben, Getreide und Kartoffeln bebaut.

Sofort habe ich die Bilder im Kopf und fühle den Schmerz im Kreuz vom Rübenhacken, sehe meinen Vater aus der umgebundenen Molle säen und düngen, den Mist mit einem Misthaken vom Wagen ziehen und anschließend mit der breiten Mistforke streuen. Und sehe mich, wie ich im Sommer an windstillen Tagen – wenn die kleine, Wasser an die Oberfläche pumpende Windmühle stillstand – mittags nach der Schule hierhergeradelt bin, das Fahrrad vorn am Weg in den Graben legte und nach unten zum Jungvieh ging, um dort mit der Handpumpe Wasser in den Zementbottich zu pumpen.

Und einmal lag ich im ausgetrockneten Graben des Vorgewendes, das war so etwas wie der Eingangsbereich, dorthin bog man vom öffentlichen Weg ab und war so auf dem eigenen Feld, stellte im Frühjahr den Anhänger ab, um mit einem Gerät anzufangen zu arbeiten, im Winter wurden dort die Rübenmieten gegraben. Im Schatten des abgestellten Anhängers auf dem Vorgewende saßen wir zur Arbeitspause, tranken Saft oder Buttermilch und aßen Mitgebrachtes. Die Esspakete und Flaschen hatte man in nasse Tücher gewickelt und in den Graben gelegt, der im Sommer kein Wasser führte. Aber am Grund war es manchmal noch etwas feucht, und das hier wachsende üppige Kraut und lange Gras spendeten Schatten.

Hier also hatte ich mich hinlegen dürfen, nachdem – unter sengender Sonne beim Rübenhacken – rasender Kopfschmerz und das Brennen der Haut zusammengeschossen waren zu einem Taumeln, schließlich einer Übelkeit, die, erst mühsam zurückgehalten, endlich in einem Schwall von Erbrochenem den Weg nach außen gefunden hatte. Dass die Erwachsenen es nicht mehr übersehen konnten.

»Kind!«

Gleich hatte ich losgeheult. Erleichtert. Jetzt war es bewiesen: Mir war schlecht. Es ging mir schlecht.

Die anderen, da war ich mir sicher, beneideten mich um meinen Platz im kühlen Graben. Hier ging es mir schnell besser. Schuldbewusst, weil jemand meine Reihen mithacken musste, stand ich trotzdem nicht gleich auf, um mich wieder einzureihen. Jetzt staune ich, wie nahe man mit diesen großen Traktoren an die Feldränder oder Gräben heranfahren kann, von denen man damals respektvoll Abstand hielt. Denn sich festzufahren oder im Graben zu landen, das kostete so weit vom Dorf entfernt Stunden, wenn nicht den Rest des Tages – bis man endlich einen Nachbarn mit seinem Trecker hergeholt hatte, der einen rauszog. Aber jetzt gibt es schon fast keine Ränder und kaum noch Gräben hier. Der riesige Trecker ist mit seiner leichten Servolenkung und den breiten Rädern, auf denen sich sein

Gewicht gut verteilt, unendlich viel wendiger als seine Vorläufer. Und der Boden ist inzwischen natürlich tief gepflügt, seit den 1970er- und 1980er-Jahren ist der Sand hochgeholt und mit dem Moor vermischt worden, was die Gegend hier überhaupt erst ackerfähig gemacht hat.

Auf der kurzen Fahrt von einem Ackerstück zum nächsten erzählt mir Waldemar, wie der Preisdruck auf das hiesige Agrarland auch verstärkt wird durch einen riesigen Bausand-Abbau in der Nähe – für eine neue Autobahn. Zum Ausbau eines einzigen Kilometers Autobahn werden allein für die Trasse fünf Hektar Fläche gebraucht; diese fünf Hektar müssen durch fünf Hektar Ausgleichsfläche kompensiert werden, d. h. kultivierter Boden muss der landwirtschaftlichen Nutzung entzogen werden, in der Regel durch Aufforstung oder Vernässung. Das macht dann für einen Kilometer Autobahn schon einen Bodenverbrauch von zehn Hektar – weit vom eigentlichen Bauwerk entfernt. Zusätzliche Hektar verbrauchten Bodens ergeben sich aus der Menge der zusätzlich versiegelten Fläche durch Autobahnzubringer, Parkplätze, dazu Raststätten und der dafür wiederum nötigen Kompensationsflächen.

»Ja«, sagt er, »so ist das, wenn eine Autobahn gebaut werden soll. Und dann darf übrigens auch wieder Sand abgebaut werden. Nur wir dürfen als Nachbargemeinden aus unseren alten Sandkuhlen kein einziges Sandkorn mehr holen. Sie sind geschützte Biotope. Wenn es allerdings um große industrielle Vorhaben geht, ist alles wieder ganz anders.«

»Was heißt denn eigentlich Renaturierung konkret?«, frage ich.

»Na, da kannst du dir mal die Dubbens angucken, dann weißt du es«, sagt mein Bruder. Die Dubbens, also Schwemmwiesen, gehörten einmal zu unseren schönsten, aber auch am schwersten zu nutzenden Wiesen. Sie lagen außerhalb des Dorfs zwischen zwei Kanälen, der eine war ein fünf Kilometer langer, schmaler See gewesen, der andere ein schwerfälliger Moorfluss. Jeder Anbauer hat anfangs seinen Anteil Schwemmwiese bekommen. Aber diese Wiesen waren auch in trockenen Sommern nur zwei oder drei Monate lang zu bearbeiten. Dafür roch das Heu umso würziger, Störche stolzierten zu fünft oder sechst hinter dem Trecker her und fingen Mäuse, Frösche und Blindschleichen, die sich, verborgen unter dem gewendeten Gras, nicht schnell genug in Sicherheit brachten. Wenn der Regen im Sommer überhaupt nicht aufhörte, trieben wir am Ende nach eiligen Zaunreparaturen das Jungvieh in das schon aussamende Gras, weil es mit dem Heu jetzt nichts mehr werden würde.

»Da steht jetzt immer Wasser drauf«, sagt Waldemar. »Es stinkt derartig, dass selbst das Niederwild daraus geflüchtet ist. Nur noch ein paar Enten und Gänse gibt es – und zum Fressen kommen auch die lieber auf unsere Felder, da ist der Tisch reicher gedeckt!«

»Hm.«

Der Gestank kommt vom Methan, höre ich, früher Sumpfluft genannt.

»Daran haben die Naturschützer nicht gedacht, dass ein Sumpf, der wieder zu Moor werden soll, das Treibhausgas Methan freigibt.«

Waldemar steuert jetzt besonders nahe an den Feldrand heran, oder kommt es mir nur so vor – als wollte er es den Naturschützern so richtig zeigen, die sich ja für die Erhaltung von Feldrändern und Gräben einsetzen.

Jeder Frosch, hat er einmal gesagt, ist euch wichtiger als unsere Knochen.

»Jedenfalls«, sagt er jetzt und lacht in sich hinein, »ist das doch ein guter Witz, dass das Moor nie entstanden wäre, wenn es damals schon unsere Naturschützer gegeben hätte.«

Später bin ich mit dem Rad zu den Dubbens gefahren.

Schon der erste Blick war früher immer ein besonderer gewesen: Hier konnte man einmal aus einer erhöhten Perspektive auf ein Stück Land sehen. Denn bevor man auf den Weg einbog, von dem aus die Wiesen zugänglich waren, musste man auf den Deich hoch. Und von dort aus, genauer gesagt von der Holzbrücke aus, die über den eingedeichten Kanal führte und auf der ich als Kind immer einen Moment lang anhielt und mich am Brückengeländer festhielt, konnte man mal von einer gewissen Höhe herab den Blick schweifen lassen. Wenn man das Rad auf der anderen Seite herunterrollen ließ, war das Dorf nicht mehr zu sehen.

Ich bleibe auch heute wieder auf dem Fahrrad sitzen und halte mich am Brückengeländer fest. Ein paar Meter weiter könnte ich es allerdings einfacher haben. Da steht ein Aussichtsturm, neben ihm eine große Informationstafel, auf der man erfährt, was hier zu sehen ist. Es ist das wieder vernässte Gebiet des Stinstedter Sees. Schon zu unserer Zeit in den 1950er- und 1960er-Jahren ist dieses Gebiet durch Eindeichungen zu einem Überlaufpoldergebiet gemacht worden, einem Reserveauffangbecken bei Hochwasser. Wenn es zu sehr regnete und weder der Hadelner Kanal noch die Medem mehr Wasser aufnehmen konnten, wenn zusätzlich ein kräftiger Nordwestwind Wasser in die Elbmündung drückte, dann hörten die Schöpfwerke auf zu pumpen und man ließ das Wasser hier ansteigen, um die intensiver bewirtschafteten Weiden und Äcker vor Überschwemmungen zu schützen. Aber immer wieder konnte man im Sommer auch trockenen Fußes durch die Schwemmwiesen gehen, konnte sich an Sumpfdotterblumen und Schwertlilien, an Kiebitzen und Bekassinen freuen.

Jetzt ist, was ich hier sehe, für den, der die Dubbens früher gekannt hat, ein trauriger Anblick. Auf unseren alten Wiesen hat sich eine weit ausladende Wasserfläche entwickelt, auf der ich zunächst auch keinen einzigen Vogel entdecken kann. Nur in der Ferne höre ich die Rufe der Kanadagänse. Sonst ist es sehr still hier. Auf der Dorfseite des Kanals stehen zwei Rehe im Gras, die ganz in Ruhe fressen. Ab und zu heben sie den Kopf. Aber diesseits und am Deich entlang erstreckt sich nur noch dieser Sumpf, aus dessen schwarzgrünlichem Wasser Binsen emporwachsen. Als ich näher komme, erheben sich über der verschlammten Brache ein paar Vögel mit kiebitzartigem Ruf, den ich lange nicht mehr gehört habe. Später suche ich nach ihnen im Internet. Vermutlich waren es Rotschenkel, deren Ansiedlung als einer der großen Erfolge dieser Wiedervernässung gilt.

Langsam fahre ich um das ganze Gebiet herum. Einmal heben sich schwerfällig ein paar Gänse aus dem Sumpf. Der Birkenbruch dort, die toten Bäume ohne ihre Kronen, die zuvor weißen Stämme jetzt beinahe schwarz, ergibt einen merkwürdigen Anblick. Offiziell ist dies eine ›naturnahe Landschaft‹, aber ich sehe nur Fäulnis und Verfall. Bin ich – vor allem, wenn ich hier im Dorf bin – zu sehr Bauer, um diese sich selbst überlassene Natur schön zu finden?

Mein Bruder Waldemar hat inzwischen einen gewissen Geschmack an Absurditäten gefunden. Er bemerkte neulich, dass auch der Bau des Hadelner Kanals im 19. Jahrhundert heute nicht mehr möglich wäre. Und selbstverständlich wären auch die Moore im 18. Jahrhundert nie entwässert worden. Allerdings hätten die ja wegen der Freisetzung von Methan auch schon bei ihrem Entstehen gegen die Vorschriften verstoßen.

Mittags bittet Waldemar mich, einen der Trecker nach Hause zu fahren. Er will zu Hannes auf ein anderes Feld fahren und ihn zum Mittagessen abholen, damit auch dort die Geräte auf dem Acker bleiben können.

»Aber ich weiß ja nicht einmal, wo und wie der an- und ausgeht!«

»Stell dich nicht so an. Hier ist die Kupplung, da Bremse und Gas, den Schaltknüppel siehste ja ...«

»Und wo geht er an?«

»Er ist doch schon an.«

»Ja, aber wenn ich ihn abwürge – womöglich mitten auf der großen Kreuzung!«

»Na, am Anlasser ziehen, dann geht er wieder an.«

»Und wo ist der Blinker?«

»Ach, der ist kaputt. Den fass mal lieber nicht an, sonst piept hier alles ...«

Also fahre ich los, das erste Mal seit Jahrzehnten wieder auf einem Trecker. Man sitzt wesentlich höher über dem Straßenlevel als damals. Und weil man dann ganz automatisch stolz um sich blickt, fällt mir besonders auf, dass da keiner mehr ist, der mich sehen könnte. Nicht auf den Feldern, nicht auf der Straße und auch nicht in den Gärten der neuen Einfamilienhäuser. Früher lagen entlang des Wegs neben vielen kleinen und großen Bauernhöfen noch Kaufmann, Schmiede und Gastwirtschaft, um alle herum war eine große Betriebsamkeit von Menschen und Tieren. Nichts davon existiert heute noch. Zu ihren Arbeitsplätzen pendeln die hiesigen Einwohner zum Teil täglich hundert Kilometer hin und zurück.

Auch ungesehen habe ich es dann mit dem Trecker über die Kreuzung und bis nach Hause geschafft.

17. KAPITEL

1803

Vom Kriegführen. Die Hadelner sind schlechte Soldaten, weil Kost und Lebensart bei dem Militär sie in wenigen Tagen krank macht.

DIE MOORKOLONISATION ist durch den Tumult mehrerer Kriege und das Chaos wechselnder militärischer Besetzungen unbeirrt fortgesetzt worden.

Die Dinge dauerten eben – und nach ein paar Jahrzehnten wussten alle, dass es mehrere Generationen braucht, um Land urbar zu machen und Dörfer zu gründen. Langsam wurde dies zur lebendigen Erfahrung von Beamten und Bauern gleichermaßen.

Schon gleich zu Anfang dieser großen Unternehmung gab es den Siebenjährigen Krieg 1756–1763. Preußen, Großbritannien und Hannover kämpften gemeinsam gegen eine Koalition aus Frankreich, Österreich, Russland, Schweden und den meisten deutschen Fürstentümern. Unsere Gegend wurde von französischen Dragonern besetzt, ständig wurden Rekruten ausgehoben, weshalb viele Männer ins ›Ausland‹ flohen – das waren Hamburg und Schleswig-Holstein.

Die Rekrutenaushebung nannte auch Goethe noch, der an einem Feldzug des 1. Koalitionskriegs 1792 gegen Napoleon teilnahm, ein »unangenehmes, verhasstes und schamvolles Geschäft«. Als Minister war er selbst beteiligt und skizzierte eine entsprechende Szene. Diese Skizze wurde folgendermaßen beschrieben: »Ein sich duckender Rekrut versucht, an der Messlatte unter dem geforderten Maß zu bleiben, aber der Unteroffizier lässt sich nicht täuschen; eine Frau versucht in die Amtsstube einzudringen, um vergeblich ihren

Mann oder Sohn loszubitten; neben seiner Trommel betrachtet ein Musketier die Blasen an seinen Füßen; im Hintergrund wird ein neu geworbener Rekrut herausgeleitet. Über der Tür stehen die Worte ›Tor des Ruhms‹. Der bittere Sarkasmus dieser Worte wird durch die Allegorie eines mit einem Lorbeerkranz eingefassten Galgens enthüllt.«

Gegen solche Aderlässe hatten sich die Hadelner Stände oft erfolgreich wehren können – weshalb es für unser Dorf so wichtig war, zu Hadeln zu gehören. Mit Hinweis auf alte Rechte, die sich der Beteiligung am Küstenschutz verdankten, gelang es den Hadelnern in der Regel, sich freizukaufen.

Im Mai 1803 erging die Verordnung des »hohen Königlich-churfürstlichen Staatsministeriums in Hannover« an seine Ämter, alle dienstfähigen Männer in ihren Bereichen zu benennen und sie für den Kampf gegen Napoleon zur »Landes-Defension auszuliefern«.

Wieder wollten die Hadelner Stände ihre Leute vor dem Militärdienst bewahren. Zwar legten sie ihrem zehnseitigen Brief nach Hannover die geforderte Liste aller »zu Kriegsdiensten fähigen Unterthanen« bei. Aber sie machten auch einen ebenso dringlichen wie ehrfurchtsvollen Gegenvorschlag. Es gäbe da etwas, was sinnvoller sei als die Ablieferung von Rekruten nach Hannover.

Zuerst wurde selbstbewusst auf die Bedeutung des Ackerbaus verwiesen. »Hochbekanntlich ist der Ackerbau die Hauptnahrungsquelle der hiesigen Einwohner«, hieß es da, »und nirgend erfordert die Cultur des Bodens so viele Hände als hier. Vom hiesigen Landmann ist daher eine große Menge von Kräften und Arbeitsleuten ganz unentbehrlich.« So überzeugt war man von sich, dass man die »Cultur des Bodens« nicht einmal beschreibt. Tatsächlich war weniger die Urbarmachung der Moore gemeint als die Arbeit auf den schweren Klei- also Lehmböden der Hohen Marsch, besonders das sogenannte Kuhlen, das Heraufholen der muschelkalkführenden Schichten zur Düngung und Verbesserung der Böden.

Von den vielen »Kräften und Arbeitsleuten«, die man dafür brauche, seien aber, so fährt der Brief fort, zwei Drittel »Ausländer aus den benachbarten Geestgemeinden«, da nämlich »viele von unseren eingebohrenen Leuten im Frühjahr und Sommer in Holland beim Torfgraben arbeiten, und nicht wenige sich auch im Holsteinischen [damals dänisch] aufhalten, wo sie bei den großen Eindeichungen mehr Geld verdienen können als hier«. Selbst die hiesigen Häuslinge, das waren die Tagelöhner, hätten das Land um des höheren Verdienstes willen verlassen. Die Folge war, dass die »Betreibung der Landwirtschaft« angewiesen sei auf die Arbeit vom »Landmann selbst, dessen Kindern und den vielen fremden Dienstboten, wozu die unangestellten Arbeiter und Gräber kommen«. Wer nicht zur Familie gehörte, würde normalerweise durch Kost und Logis gehalten. Aber jetzt wären auch die meisten dieser »so unentbehrlichen Dienst- und Arbeitsleute« schon geflohen. »Gleich, als in der vorigen Woche die Pferde aufgezeichnet [zur Requirierung durch das Militär registriert] wurden, und die kriegerischen Nachrichten, von Hamburg und Ritzebüttel [Cuxhaven] aus, sich hier verbreiteten, fingen sie mit dem Austreten [Weggehen] an, und als am 21ten dieses Monats die hohen Amtsschreiben und Verordnungen kaum eingegangen waren, wurde die Entweichung so stark, daß aus Otterndorf und seinem kleinen Districte des platten Landes, in einer Stunde 44 erwachsene Menschen davonliefen. Viele Höfe sind dadurch von Knechten und Arbeitsleuten ganz entblößt, und die Eigenthümer in eine Lage gesetzt worden, die höchst bedauernswürdig ist, und für die Erndte unbeschreiblich traurige Aussichten giebt.«

Die Leute hatten den Braten gerochen: Zuerst wurden die Pferde eingezogen, dann sie selbst. Das kannten sie.

Jetzt könnte man meinen, die Ständevertretung würde mit Beschämung zugeben, dass die Leute entwischt seien. Aber in ihrem langen Brief an die Obrigkeit scheint eher ein Ton der Zustimmung, sogar des verhaltenen Stolzes zu herrschen. Fast trotzig wird der Aufzählung der Desertionsfälle noch ein weiterer hinzugefügt und berichtet, dass auch »die mehrsten Gesellen und Lehrburschen« schon geflohen wären. Und es wäre denn also nur logisch, dass »die

Noth in Rücksicht auf Landbau, Handthwerk und Gewerbe auf's höchste steigen« würde, wenn man jetzt auch noch Rekruten ausheben würde.

Und da gute Tradition ist, dass Bauern über das Wetter klagen, heißt es noch, man habe »durch den Verlust des Rapssamens, aller Wintergerste, und eines großen Theils des Weizens, welcher alles in dem letzten strengen Winter verfroren ist, außerordentlich viel verloren«. Allerdings sollten heutige Leser ebenso wie die damaligen Beamten den Hinweis nicht überlesen – auf drohende Missernte, Hunger und damit Unruhen in den Städten.

In Sachen Landwirtschaft war dies jetzt aber alles, was den Vertretern der Stände als Argumente gegen die Rekrutenaushebung einfiel. Aber es gab noch die Elbdeiche, deren Bau und Pflege drüben den Dithmarschern, auf dieser Seite der Elbe aber den Hadelnern zu verdanken war und die ihre alten Privilegien und Rechte begründeten. »Wie unglücklich würden wir auch in jenem Fall, in Rücksicht auf unseren Uferbaue bei der Elbe seyn! Dieser so äußerst wichtige Bau, den keine andere königliche Provinz kennt, erfordert täglich mindestens 100 Mann Arbeiter, mit Zubeyrit [Reitern] der bei den Spanndiensten der Einwohner nöthigen Mannschaft, und dieser Bau kann ohne die größte Gefahr des Landes, und wenn die Einwohner nicht Leben und Gut verlieren sollen, überall nicht ausgesetzt werden.«

Bevor der Gegenvorschlag endlich ausgeführt wurde, folgte jenseits jeder Notwendigkeit noch der kühle Hinweis: »Kein Volk hat überdies größere Abneigung gegen Militärdienste, als das hiesige, und keiner ist ein schlechterer Soldat als der Hadler. Die Kost und Lebensart bei dem Militär macht ihn entweder in wenigen Tagen krank, oder verleitet ihn zum desertiren. Mit solchen Leuten ist also den königlichen Truppen nicht gedient.« Von Nationalismus keine Spur.

Endlich wurde der Gegenvorschlag gemacht: Man könnte Strandwachen aufstellen, hieß es, wie man es 1744 und auch während des Siebenjährigen Krieges schon einmal gemacht hatte. »Diese Wachten, die jetzt um so nöthiger seyn werden, da die Franzosen in Holland festen Fuß gefaßt haben, und desto leichter mit platten Fahrzeugen über die Watten kommen können, wollen wir aber, sobald wir dazu Befehl erhalten, mit der erforderlichen Mannschaft sorgfältigst und ohne Aufschub besorgen.«

Das Ende des Briefes ist mit den üblichen barocken Sprachformeln, Verneigungen, Knicksen und Kratzfüßen behängt. Es klingt nach dem Vorangegangenen fast schon wie Spott, dass mit der Annahme geschlossen wurde, dieser Vorschlag werde gewiss genehmigt werden, und die »landesväterliche Huld werden wir und unsere Nachkommen mit den dankbarsten Herzen, und mit derjenigen unwandelbaren tiefen Devotion verehren, womit wir beharren, Eure hochfreiherrlichen Exzellenzen unterthänigst gehorsamste Stände des Landes Hadeln«.

Am Ende war alles für die Katz. Zwar wurde dieses Schreiben mit allen Anlagen noch rechtzeitig losgeschickt – darunter die Liste »Große und kleine Landwirthe, deren Söhne, dienstfähige und undienstfähige«, darunter auch aus »Bachenbruch, Im Anbau«. Aber schon zehn Tage später wird in Nienburg an der Weser von beamteten Perückenträgern der Stadtschlüssel von Hannover dem napoleonischen General Mortier überreicht.

18. KAPITEL

ANFANG 19. JAHRHUNDERT
Als der Code Civil ins Moor kam und Bauer Lafrenz mit Napoleon nach Russland ziehen musste.

IM MAI 1811 HAT ES AUCH EINMAL eine gute Nachricht in der Familie Lafrenz gegeben, nämlich die Hochzeit des ältesten Sohnes, der in den Meyervertrag übernommen werden sollte. »Johann Diederich Lafrenz, Junggeselle, des Barthold Lafrenz und Adelheit geborene Gerdes ehelicher Sohn« wird verheiratet, oder, wie es damals hieß, »copulirt«, »mit Jungfer Catharina Margaretha Jantzen, einer Tochter der Margaretha Jantzen zu Oberndorf«. Der Vater der Braut habe sie, heißt es, nie als sein Kind anerkannt, und selbst zu ihrer Hochzeit kriegt sie das von kirchlicher Seite mit auf den Weg, sodass jeder es noch über zweihundert Jahre später über sie lesen kann. Ich schließe aus dieser Notiz vor allem, dass der Erbe eines Meyerhofs im Moor im zweiundzwanzigsten Jahr der Urbarmachung eine ebenso schlechte Partie war wie ein unehelich geborenes Mädchen. Sie passten also zusammen – auch wenn es bestimmt Gerede gegeben hat. Aber im Dorf gibt es immer Gerede.

Im April 1812 wurde die Tochter des Paares auf den Namen Margaretha Adelheit getauft, und man liest, dass Johann Diederich, der zweiundzwanzigjährige Vater des Kindes, im Moment zwangsrekrutiert als »Soldat beym 127. Französischen Infanterie-Regiment« diente.

Tatsächlich ist in Sachen Kirchenbuch eine Notiz nachzuliefern, die uns ein halbes Jahr nach der lafrenzschen Hochzeit im Dezember 1811 davon unterrichtet, dass zwischen Weser- und Elbmündung jetzt die Franzosen herrschten.

Auch weil alles Folgende droht, das Positive auszulöschen, soll festgehalten werden, dass jetzt der Code Civil in Kraft trat, ein neues Recht, das, kurz gesagt, den Feudalismus abschaffte und damit die Beschränkung der Rechte beispielsweise von Juden - und Bauern. Es galt die Gleichheit aller - der Männer jedenfalls - vor dem Gesetz, Schutz des Privateigentums, Abschaffung des Gewerbe- und Zunftzwangs, Unabhängigkeit von Richtern und Gerichten sowie eine vollkommene Trennung von Kirche und Staat. Deshalb wurde der Kirche das Personenstandswesen entzogen, Geburten, Heiraten und Todesfälle verzeichnete ab jetzt der Bürgermeister. Die Notiz im Kirchenbuch gibt bekannt, dass es dem Bürgermeister der Nachbargemeinde ausgehändigt worden sei. Auf der Rückseite ist der Vermerk zu lesen, das Kirchenbuch sei am 5. April 1813 aus dem Rathaus an die Kirche zurückgegeben worden.

Zwischen 1811 und 1813 war also auch unser Dorf Teil des »Department des Bouches de l'Elbe«, das nun von Hamburg bzw. Stade aus verwaltet wurde. Im Krieg Napoleons gegen England besetzten französische Truppen die Elbmündung, sicherten die Kontinentalsperre und unterbanden jeden Güter- und sonstigen Verkehr mit den britischen Inseln. Dazu gehörte auch der Postkutschenverkehr zwischen Hannover und London, und die »Ehrwürdige Churfürstlich-britannische Majestät« erhielt kaum noch Akten, Promemoria, Rescripte und Protocolle mehr.

Am 24. Juni 1812 - einen Monat ist das Töchterchen Margaretha Adelheit im Bachenbrucher Moor auf der Welt - überschritt ihr Vater Johann Diederich Lafrenz mit der »Grande Armée« Napoleons die Grenze zu Russland. Zusammen mit Hunderttausenden junger Männer aus ganz Europa war er gezwungen, im Krieg unter französischem Oberkommando gegen das Zarenreich zu kämpfen - und kehrte wie der größte Teil von ihnen nicht zurück. Nachrichten über die Umstände des Todes ihrer Söhne und Männer sind bei den Angehörigen erst Monate, sogar Jahre später eingetroffen, und oft auch gar nicht. Am Ende der sogenannten Franzosenzeit in Norddeutschland kamen Kosaken bei Hamburg über die Elbe und vertrieben die napoleonische Besatzung.

Die Rückkehr der Kirchenbücher ist sehr prompt erfolgt. Aber um die Rückkehr des Code Civil, den Sieg des bürgerlichen über das feudale Recht, wird noch über hundert Jahre in Deutschland gekämpft werden.

Auf der südlichsten Hofstelle unseres Dorfes haben Barthold und Adelheit Lafrenz dreiundzwanzig Jahre lang die Urbarmachung des Moores auf dem ihnen zugemessenen Land betrieben. Beinahe zehn Jahre blieb nun ihr in Russland verschwundener Sohn als Pächter des Hofes eingetragen. Dann heiratete seine Witwe Catharina 1821 den jüngeren Bruder Andreas, auf dessen Namen der Hof schließlich überging.

19. KAPITEL
HEUTE

Silofahren im Regen und nächtliche Stallarbeit.
Waldemar fährt mit mir durchs abgetorfte Moor.

MORGENS IN DER STADT erinnern mich die Mauersegler mit ihren Schreien daran, dass der Sommer anfängt und dass ich gerne auf dem Land wäre. Sie kommen mir ein bisschen vor wie die Schwalben, die mit ihren schnellen Flügen in die Ställe hineinflitzen – zu Nestbau oder -ausbesserung, zum Füttern ihrer Jungen über den Kühen, und dann gleich wieder raus. Wie die Mauersegler sich hier am Abend in der Luft sammeln und sich in lärmenden Gangs an die Häuserwände zu stürzen scheinen, dann aber dicht an ihnen vorbeisegeln, so sammeln sich dort am Abend die Schwalben auf den Telefondrähten und bezwitschern den Tag.

Am Abend rufe ich meinen Bruder an.

Welche Arbeiten sind im Moment dran?

Man könne nicht viel tun, es sei im Moment zu kalt. Ganz in der Nähe gab es kürzlich sogar noch Bodenfrost – im Mai! Zu trocken sei es im Prinzip auch, aber auf den meisten Stücken, besonders den tief liegenden, stünde noch genug Wasser, da seien neulich bei einem Hitzegewitter 20 Millimeter Regen runtergekommen. So sei der Sommeranfang bisher, entweder zu kalt oder gleich 30 Grad. Der Mais ist wegen der Kälte nicht recht gewachsen und musste noch einmal gegen Unkraut gespritzt werden, sonst würde das Unkraut, das weniger kälteempfindlich sei, zu schnell wachsen und ihm alles Licht wegnehmen.

Ich frage nach.

Aber er hat wenig Lust auf das Thema.

»Ach, weißt du, Schädlingsbekämpfung ist eine Wissenschaft für sich, man spritzt unterschiedlich bei unterschiedlichen Standorten, es hängt außerdem ab von den Maissorten, wir bauen verschiedene an, auch die Bodenbeschaffenheit spielt eine Rolle, der Lichteinfall, der Wachstumszeitpunkt der Pflanze. Aber wahrscheinlich willst du das alles gar nicht so genau wissen. Sondern dich nur gruseln: Igitt! Herbizid! Pestizid! Welche Schäden entstehen können durch Viren, Bakterien, Pilze, Würmer und alle möglichen Insekten, weiß ja keiner mehr - und will wohl eigentlich auch keiner wissen ...«

Also bleibe ich lieber beim Gras und frage, wann der zweite Schnitt ist. Ich würde gerne zum Silomachen kommen.

Na, Ende Juni, so in ein bis zwei Wochen ...

Genaue Termine gibt es nicht - natürlich nicht. Und tatsächlich werde ich in diesem Jahr eine Grasernte nach der anderen verpassen. Weshalb ich an dieser Stelle vom ersten Schnitt eines anderen Jahres erzähle, auch wenn das Wetter völlig anders war. Aber genau mit den unterschiedlichen Wetterbedingungen müssen Bauern ja klarkommen und dennoch genügend gehaltvolles Futter für ihr Milchvieh produzieren. Auch wenn die Milch dann die Kosten nicht mehr reinbringt. Aber sie können nicht anders, die Bauern - und die Kühe auch nicht.

Es regnete fast täglich, und wer seine Grassilage fein angewelkt und halb getrocknet, wie es gut wäre, unter die Plane bekam, hatte einfach nur Glück, sagte Anna am Telefon.

»Aber das wollen die Männer nicht hören. Jeder will es besser gewusst haben und sein Können zeigen. Aber das hat mit Können nichts mehr zu tun.«

Am Tag zuvor sind zehn Hektar Gras gemäht worden - von insgesamt fünfzig. Dann hat Waldemar die Arbeit abgebrochen, denn es fing an zu regnen. Hannes holt mich vom Bahnhof ab, auf dem Weg ins Dorf liegt überall gemähtes Gras auf den Wiesen, manchmal schon einmal gewendet - ein bläulicher Schimmer und die gleichmäßige Verteilung am Boden zeigen es an -, aber auch noch so daliegend, wie es der Mäher Reihe für Reihe in Schwaden hingelegt hat.

Waldemar erzählt, dass das schwere Gewitter zwei Tage zuvor am späten Abend in keinem Wetterbericht vorhergesagt worden ist. Seither ist es jedenfalls kühler geworden, und immer wieder ziehen Wolken heran, es regnet - mal ein Schauer, mal ein Nieseln. Kaum ein Wind, der die Wolken weiter ins Land reinschiebt. Morgen soll angeblich die Sonne rauskommen, aber noch ist es durchgehend grau. Es herrscht ein so feines Nieseln, dass es kaum zu spüren und zu sehen ist. Aber die Luftfeuchtigkeit ist so hoch, dass vom notwendigen Anwelken des Grases keine Rede sein kann.

Vielleicht ja am Mittag.

Schon gestern haben sie beschlossen, heute und morgen zu versuchen, das gemähte Gras trocken zu kriegen - wenden, wenden, wenden! - und es dann abzufahren. Denn wenn es zu lange liegt, verliert es an Qualität und auch der Boden bzw. die Grasnarbe leidet.

Man kann, sagt mein Bruder, wenigstens einen Pfannkuchen machen, also einen sehr flachen Silohaufen zusammenfahren, der dann mit einer Plane abgedeckt wird, Sandsäcke werden drum herum auf den Rand gelegt, und dann muss man eben warten, bis der Rest gemäht und gefahren werden kann.

Eigentlich, sagen die Männer, muss das Gras jetzt runter. Alle machen es. Der halbe Landkreis hat gemäht, hat mein Neffe gesagt und auf der Fahrt vom Bahnhof ins Dorf immer wieder auf die gemähten Grünlandflächen gezeigt. Wir waren vielen Treckern mit Wendern begegnet. Es war mir vorgekommen, als führen sie alle nur hektisch in der Gegend umher und wüssten nicht recht, ob sie wenden sollten oder nicht - denn zu wenden kann auch bedeuten, dem Regen noch die andere Wange hinzuhalten. So oder so wird das Gras nicht besser durchs Warten, weder auf dem Halm, noch wenn es liegt und vollregnet.

Ich ziehe mich um und begleite Anna zum Tränken der Kälber. Sie meint, dass es mit dem Gras durchaus noch etwas Zeit habe bis zum Mähen. Zum Beweis nennt sie ein Dorf, in dem gerade erst gemäht worden ist.

»Und wir waren schon immer erst ein, zwei Wochen später dran, weil unser Land tiefer liegt und sich später erwärmt. Aber wenn alle sagen, es muss jetzt sein, dann werden sie nervös. Und wenn dann der Nachbar mäht, gibt es kein Halten mehr.« Manchmal amüsiert Anna die Wichtigkeit der Männer.

Aber es stimmt auch, dass Nährstoffe per Kraftfutter zugekauft werden müssen, wenn das selbst produzierte Futter nicht gut genug ist.

Schlechtes Wetter ist teuer.

Am nächsten Tag fahre ich mit Hannes raus zum Wenden. Das Gras ist gut gewachsen, viel Gülle wurde hier aufgebracht, weil andere Flächen im Frühjahr zu weich waren, und jetzt ist das Gras zusätzlich schwer durch die Nässe.

Beim Wenden brechen schnell hintereinander drei Zinken vom Wender ab. Jedes Mal bremst mein Neffe den Trecker scharf ab, springt runter, schraubt den gebrochenen Zinken ab, kommt mit ihm zurück zum Trecker. Vor dem Fahrersitz und mir zu Füßen liegen viele Ersatzzinken, er greift sich einen, schraubt ihn wieder am Wender an, ich frage nach der Arbeitsbreite, es sind 6,5 Meter, zum Straßentransport sind die Seitenteile rechts und links hydraulisch hochklappbar.

Einmal sage ich, es käme mir vor, als sei auch wirklich sehr kurz abgemäht worden, dass jetzt also auch zu nahe am Boden gewendet werden muss, Zinken leicht in die Erde fahren und abbrechen können.

»Tja, das ist Papa, das kann man ihm sagen, man kann es auch lassen.«

Am Nachmittag sagt auch sein Vater etwas Kritisches über die Arbeitsweise seines Sohnes. Aber ich bin beeindruckt davon, wie gut Vater und Sohn im Allgemeinen zusammenarbeiten. Vor allem, wenn die Nerven so angespannt sind wie jetzt.

Immer wieder muss hier jetzt langsamer gefahren, der Oberlenker korrigiert werden, da sonst die Zinken des Wenders zu niedrig stehen und die Grasnarbe zu sehr beharken, dadurch Erde mit hochschlagen, zusätzlich Keime mit ins Futter wirbeln. Es ist kein schönes Arbeiten. Das gemähte Gras ist nass und schwer - und es ist zu viel. Schon vom Wuchs her und nicht erst durchs Liegen und Einregnen hat es sich am unteren Halm schon gelb gefärbt. Man muss tatsächlich noch langsamer fahren, was meinen Neffen noch nervöser macht. Als ich einmal absteige, um zu fotografieren, kontrolliert er auf seinem Smartphone den nächsten Wetterbericht. Eine Manie in diesen Tagen, dass alle Bauern ständig die verschiedenen Wetterdienste auf ihren Smartphones aufrufen. Später zeigt sich, dass die Voraussagen immer erst Stunden nach den Wetterereignissen korrigiert werden, dass beispielsweise noch Trockenheit angezeigt wird, wenn es längst geregnet hat. In diesen Tagen driften ständig Gewitter hin und her und örtlich präzise Vorhersagen sind vollkommen unmöglich.

Auf dem Feldweg nebenan trabt ein verkabelter Jugendlicher vorbei, er singt wohl die für uns unhörbare Musik mit und guckt dabei gebannt auf sein Gerät in der Hand. Die Bundesstraße wird von schweren Motorrädern befahren und von Lkws, nicht wenige von ihnen Viehtransporter.

Wenn ein Zinken abbricht, ist er durch ein Drahtseil mit dem zweiten Zinken verbunden. So wird das abgebrochene Eisenstück nicht ins Feld geschleudert und kann nicht beim nächsten Arbeitsgang ins Gebiss des Ladewagens geraten, oder beim nächsten Mähen ins Mähwerk. Jetzt müssen an die neuen Zinken diese Sicherheitsdrahtseile angeschraubt werden, die vorherigen waren schon damit versehen. Ich frage, ob sie die ersten schon so angeschraubt gekauft haben.

»Nee, hat Papa gemacht. Beschäftigungstherapie bei Regen«, grinst er.

Am Nachmittag fällt die Entscheidung, dass nicht weiter gemäht wird. Und weil die Wetterlage ist, wie sie ist, soll das bisher Gemähte schon heute abgefahren werden. Man muss es zu einem flachen Silohaufen machen, auf den dann der Rest, eben Gras von weiteren vierzig Hektar, daraufzupacken ist, wenn das Mähen wieder möglich ist.

Und vielleicht sogar das Anwelken, für das wenigstens ein trockener Tag und etwas Wind nötig sind. Der Schwager meines Bruders soll abends noch mit Trecker und Ladewagen zu ihnen stoßen. Hannes hat das Gras, das am Morgen und über Mittag gewendet wurde, bis zur Kaffeezeit schon geschwadet, also so zusammengerecht, dass alles Gras in einer Wurst daliegt. Weil auf den Moorwiesen vor dem Stinstedter Randkanal der Wuchs nicht so stark war, ist das Gras dort wirklich ein wenig angewelkt. Aber das andere Gras? Es ist eigentlich noch zu grün. Aber was soll man machen? Es liegen lassen ist auch keine Lösung.

Ich erwische meinen Neffen noch kurz mit dem Schwader, einem Gerät, das ich noch nicht kenne. Es hat eine maximale Arbeitsbreite von über acht Metern, die Breiten sind verstellbar – damit man entweder dünnere oder dickere Graswürste zusammenrechen kann. Wie es eben gebraucht wird. Wenn die im Kreis montierten Zinken zum Straßentransport hochgeklappt sind, ist das Gerät über drei Meter hoch.

Bevor ich zu Anna in den Melkstand gehe, fahre ich auch mit Waldemar noch einmal mit. Am Vormittag hatte mir Hannes den neuen Schlepper schon gezeigt, den Waldemar im Bayerischen günstig gebraucht kaufen konnte – und in einer zwanzigstündigen Fahrt hergefahren hat. 200 PS, natürlich fremdfinanziert, denn woher soll im Moment das Geld sonst kommen. Der Milchpreis liegt bei knapp 20 Cent. Zum Fahrersitz klettert man eine vierstufige Leiter hoch.

Ich frage meinen Bruder, wie das Arbeiten damit geht.

»Muss man sich erst dran gewöhnen«, sagt er. »Der ist so breit, da muss man das Manövrieren erst in den Griff kriegen, vor allem bei engen Wendemanövern. Sonst knicken die hinten angehängten Arbeitsgeräte und Wagen ab oder werden umgeworfen.«

Wir begegnen einem Kollegen aus dem Dorf, der heute noch von allen entfernter liegenden Stücken das Gras selbst abfährt, morgen soll dann der Häcksler kommen. Auch der Kollege aus dem Nachbarort – er ist zugleich Lohnunternehmer und betreibt eine

Biogasanlage – hat gemäht. In seinem Fall sind das 150 Hektar, höre ich. Er hat drei Häcksler laufen und etwa zehn Leute, die für ihn arbeiten.

Auf allen Grünflächen, an denen wir vorbeikommen, wird gewendet, geschwadet, aufgeladen. Es ist schwül geworden, die Luft fast unbewegt.

Ein Quad rast vorbei, einer kontrolliert seine Flächen und wird dann seine Angestellten oder ein Lohnunternehmen anweisen, wann wer wohin und zu welchen Arbeiten kommen soll.

Waldemar lenkt Schlepper und Ladewagen so über die Graswurst, dass der Selbstlader vorne das gemähte Gras aufnehmen und dabei zerkleinern kann. Es wird automatisch auf die Ladefläche geschoben, und das nachdrängende Gras schiebt das schon geladene immer weiter nach hinten und türmt es auf. Ein Bildschirm in der Kabine zeigt, was auf der Ladefläche vor sich geht und wann sie voll ist. Derselbe Bildschirm wird, wenn wir auf dem Feld fertig sind, zur Kamera umgeschaltet, deren Auge auf die Straße hinter uns gerichtet ist. So weiß der Fahrer, ob hinter ihm ein Auto kommt, dem man Platz machen muss.

Zurück zum Hof, automatisches Abladen. Dann bleibe ich auf dem Siloplatz, während Waldemar sofort wieder zu Felde fährt.

Hannes leiht sich vom Nachbarn ein Gerät aus, das ich noch nicht kenne. Es heißt Teleskoplader, ist eigentlich nur ein Fahrersitz auf vier Rädern, neben dem Fahrer ragt ein teleskopartiger Aufbau in die Luft, ein kleiner Kran. Aber jetzt ist frontal ein Kehrer montiert, und so wird das Ding zu einem fahrbaren Besen. Mit ihm wird der Platz noch einmal gesäubert. Kein Schmutz, den die Schlepper in den Reifenprofilen mit auf den Silohaufen nehmen könnten, soll das Futter verunreinigen.

Und ich sehe noch ein mir neues Gerät in Aktion, eine grüne Walze mit abgewinkelten Schaufeln, die dem Walztrecker auf die Nase montiert ist. Der Walztrecker fährt damit auf die frisch abgeladene Grasmenge zu, durch die Walzschaufeln wird die Masse schon auseinandergeschoben, bevor der Schlepper hinauffährt. Silage wird nach dem Sauerkrautprinzip bereitet – zerschneiden, zusammendrücken, luftdicht abschließen, damit der Gärprozess eintreten kann. Mein Neffe hat die Oberhoheit über den Siloplatz und den neuen Haufen, über Sauberkeit, Auseinanderziehen, Niederpressen, Die-Kanten-Beachten.

Später fahre ich noch einmal mit meinem Bruder mit, vorbei an den vielen Grünflächen in diversen Stadien der Ernte: Gras noch nicht gemäht, schon gemäht, gewendet, geschwadet, abgefahren. Ein Traktor fährt auf der hellen Grasnarbe schon die Gülle aus. Wir sehen Raubvögel und auch einmal Rehe. Immer wieder weist mein Bruder auf Häuser hin oder Wiesen, auf denen gearbeitet wird, sagt mir Namen und stellt Verbindungen zu ihren Eltern und Großeltern her, an die ich mich oft noch erinnere. Er grüßt Entgegenkommende und wird wieder gegrüßt. Bei allem, was bei dieser Grasernte auch schiefläuft, ist er doch hochgestimmt und guter Dinge. Solange man arbeiten kann, geht es allen gut.

Später bin ich im Kuhstall bzw. im Melkstand. Anna besorgt das Melken in diesen Tagen unbeachtet und selbstverständlich fast alleine. Ebenso wie die Kälber und das Kochen.

Am nächsten Tag ist es schwül und es geht sogar etwas Wind. Unerträglich, nicht Silofahren zu können, weil wegen des Regens nicht mehr Gras abgemäht wurde. Beim Frühstück versuche ich sie aufzuheitern: »Jetzt könnt ihr Gülle fahren.«

»Das fehlt uns grad noch – die Tante aus Berlin, die uns sagt, was wir zu tun haben.«

Oha.

Der Silohaufen wird mit großen Plastikplanen geschlossen. Auf Paletten werden längliche Sandsäcke herangeholt, die rundherum auf die Ränder des ›Pfannkuchens‹ gelegt werden. Wieder braust Hannes mit dem Schlepper hin und her, als ob sein Tempo etwas am Wetter ändern könnte. Währenddessen kommen andere Bauern, die sich Plane abholen, die auf insgesamt vier Gestellen vor dem Siloplatz steht, in jedes Gestell sind zwei Rollen grüne Siloplane in verschiedenen Breiten eingehängt. Sie gehören der Genossenschaft, die sie in mehreren Dörfern direkt bei einem der Bauern bereitstellt, zufällig sind sie heute bei Waldemar. Wer heute Plane holt, erzählt vom Wetter: In einigen Nachbardörfern sind unglaubliche Wassermengen vom Himmel gefallen, woanders hat es nur genieselt.

Ähnlich ausführlich wie über das Wetter wird nur noch über Maschinen gesprochen, denn ständig muss man mit neuen, digital gesteuerten Maschinen und ihren Programmen klarkommen.

Der Tag war ruhig, sonnig und windig – und so kommt es, dass mein Bruder abends nach dem Melken plötzlich erklärt: Jetzt wird gemäht, sofort! Er ruft seinen Schwager an. Hannes ist sowieso Feuer und Flamme und froh, dass er wieder loslegen kann.

Anna ist fassungslos.

Eine Stunde später kommt ein Anruf vom Feld, sie möge doch bitte Getränke bringen und ein paar neue Zinken. Auf neu hinzugepachteten Weiden im Moor mäht mein Bruder Waldemar, und direkt hinter ihm her fährt Hannes und wendet. Wieder brechen hier öfters die Zinken ab.

Anna schimpft, aber sie macht natürlich mit.

Wir fahren mit dem Geländewagen hin, es sind noch echte Moorstücke hier, sehr weich, noch keine Sand-Moor-Mischung, und umgeben von Buschwerk und jungen Birken. Es ist das letzte Abendlicht. Die Scheinwerfer der Traktoren sind schon angestellt. Als wir aussteigen, stürzen sich die Mücken auf uns.

Um Mitternacht höre ich vom Bett aus Arbeitsgeräusche aus der Maschinenhalle, vermutlich ist, wie üblich, gerade jetzt etwas an Mäher oder Schwader kaputtgegangen und wird noch repariert. Gegen vier Uhr wache ich noch einmal von einem Treckermotor auf, und um sechs Uhr höre ich, wie mehrere Schlepper in schnellem Tempo vorbeifahren. Es sind die Gefährte des Nachbarn, der schon unterwegs ist, und beim Frühstück stellt sich heraus, dass Hannes noch nachts das Vieh eingestreut und gefüttert hat, um morgens gleich die Hände frei zu haben. Er hat nur wenige Stunden geschlafen.

Vater und Sohn gehen zum Aufdecken des Silohaufens raus und fangen an, das Gras heranzufahren.

Anna muss – buchstäblich von heute auf morgen angesagt – ein Mittagessen für elf Personen kochen. Wir singen ein Loblied auf die Gefriertruhe.

Ich schäle die Kartoffeln. Sie ist immer noch genervt von der Entscheidung, nachts noch zu mähen und gleich am nächsten Morgen zu fahren, ohne das Gras vernünftig anwelken zu lassen.

»Was soll diese Panik? Was ist das für ein Aufwand für fünfzehn Hektar! Alles kriegen sie ja wieder nicht.« Sie wird, wie so oft, recht behalten.

Aber das heroische Tun liegt auf dem Feld, bei Männern und Maschinen.

Kühe und Küche sind Hinterland und Sache der Frauen.

10.46 Uhr. Das Gulasch schmort in der Pfanne, die Kartoffeln sind geschält, Anna bekommt einen Anruf von ihrer Schwester, ich gehe für einen Moment nach draußen. Der Silo-Pfannkuchen ist längst wieder geöffnet, es liegt schon frisches Grün obendrauf, zwei Trecker walzen. Sie haben sehr früh angefangen zu fahren. Dass ich ein paar Regentropfen auf den Armen fühle, ignoriere ich und gehe wieder ins Haus.

Elf Uhr – Anruf von Waldemar: Es sollen Getränke rausgebracht werden und ein Warndreieck aufgestellt wegen möglicher Verunreinigung der Straße, das ist inzwischen Vorschrift. Einer der Männer möchte starken Kaffee, auch er hat kaum geschlafen. Beide laufen wir los mit dem Gewünschten.

Inzwischen nieselt es leicht. Ein Ladewagen nach dem anderen kommt angebraust, wird abgeladen, fährt wieder los.

Auch die anderen ignorieren das Nieseln.

Annas Schwester hat erzählt, ihr Schwiegersohn habe gestern 70 Hektar gemäht, und auch ihr herzkranker Mann säße auf dem Trecker und kehre und schwade.

Der Regen wird stärker.

»Nach der Sonnenuhr«, sagt Anna und meint damit die Normalzeit ohne die sommerliche Zeitumstellung, »ist es erst zehn. Erst dann bestimmt sich das Wetter des Tages.«

Das heißt, ihrer Meinung nach wird es weiterhin regnen. Und das tut es.

Mittags um zwölf Uhr sitzen neun Männer um den Tisch herum und essen Gulasch. Waldemar versucht es mit Galgenhumor. Alle wissen von jemandem, dem es genauso und schlimmer ergangen ist. Nach dem Essen wird ein Kasten Bier geholt. Es regnet in Strömen, sie prosten sich zu.

Und während mich Anna zum Bahnhof bringt, schließen die Männer den Silagehaufen ein zweites Mal.

Tagelang herrschen jetzt Gewitter, Regengüsse, Unwetter.

»Jammern nützt nichts«, sagt Waldemar am Telefon, »wir müssen man sehen, wie wir das Futter von den Flächen kriegen.«

Und irgendwie schaffen sie es, das Gras unterm Regen weg und von den Moorflächen zu bringen. Keiner hat Lust, sich die Verluste einzugestehen - Futter mit niedriger Qualität, das durch Kraftfutter kompensiert werden muss, Verlust an Bodenfestigkeit durch Niederschlag und zu lange liegen gebliebenes Gras, ein Mähen und Kehren und Aufnehmen, das zu nahe an der Grasnarbe sein musste. Zudem ist der übliche Großeinsatz des Silofahrens - in drei Zwölf-Stunden-Tagen von 40-50 Hektar Grasland ernten und einsilieren - ausgebremst worden. Die Scherben des Geschehens müssen kleinteilig und über viele Tage hinweg aufgehoben und zusammengesetzt werden.

Erst eine Woche später rief Anna mich an und erzählte mir, dass der Silohaufen endgültig geschlossen worden sei.

Wann kommt eigentlich der zweite Schnitt, frage ich meinen Bruder. Ich will mich auf die Vagheit der Termine einstellen.

»Zum Mitschreiben«, sagt er. »Der zweite Grasschnitt ist in der Regel vier bis fünf Wochen nach dem ersten, in diesem Jahr so Ende Juli. Der dritte Schnitt ist nach einer längeren Pause, in der das Gras erst einmal wieder wachsen muss, fällig, so etwa sechs bis acht Wochen später, weil die Tage auch schon deutlich kürzer sind und die Durchschnittstemperatur niedriger ist. Einen vierten Schnitt holt man, wenn überhaupt, Ende September von den Flächen. Im Oktober ist dann die Maisernte. Vorher müssen wir noch Stroh holen, da müssen wir uns nach der Getreideernte des Landwirts richten, bei dem wir das Stroh eingekauft haben – natürlich längst vor der Ernte. Und auch der erntet seinen Weizen nur, wenn das Korn nicht nur reif, sondern Ähren und Stroh auch einigermaßen trocken sind. Das wird wohl erst im August so weit sein. Manchmal haben wir das Stroh auch schon in Brandenburg geholt, und da hat wegen der Trockenheit in diesem Jahr beim Getreide jetzt schon, im Juni, die Notreife eingesetzt. Aber wir haben dieses Mal Stroh in Niedersachsen gekauft.«

Was wird denn bei euch im Moment vor allem getan, frage ich.

»Ach, im Stall ist genug zu tun, viele Kühe kalben gerade. Heute waren Trächtigkeitsuntersuchungen. In ein paar Tagen kommt auch der Klauenschmied, da werden alle Kühe an den Füßen behandelt – das dauert den ganzen Tag. Und wir müssen das Vieh umstellen, weil wir mehr Platz für die neugeborenen Kälber brauchen – da müssen dann alle einen Platz weiter rücken – die Kleinsten zu den etwas Größeren, die Größten könnten schon auf die Spaltenböden im Pachtstall.«

»Keine Angst«, sagt er noch, »uns geht die Arbeit nicht aus.«

Anfang Juli setzt eine große Hitze ein, das Thermometer klettert fast bis 40 Grad. Der Mais schieße rasant in die Höhe, erzählen sie mir am Telefon. Dem habe bisher die Wärme gefehlt.

In der Helligkeit langer Sommertage denke ich oft ans Dorf. Wie angenehm es doch ist, sich am Anfang eines Arbeitstags nicht schon am Morgen mit den Massen von Menschen in der U-Bahn oder im Straßenverkehr herumschlagen zu müssen. Sondern direkt in den Stall zu gehen, auf Hund und Katze und Vieh zu treffen, die Melkmaschine in Gang zu setzen, ein wortloses, selbstverständliches Arbeiten mit den anderen beginnen.

Mitte Juli schaffe ich es, wieder ins Dorf zu fahren.

Mein Bruder und sein Sohn sind braun gebrannt. Ich besichtige die Silohaufen, drei sind offen und werden gerade verfüttert, das

Gras aus dem ersten Schnitt des letzten Jahres, vom vierten Schnitt, der aber eine schlechte Qualität hat - man riecht es -, und der Maissilo. Daneben liegt, noch geschlossen, die Grassilage des ersten und zweiten Schnitts von diesem Jahr; daneben wird später dann der Mais dieses Jahres gepackt.

Jetzt aber regnet es wieder - und regnet. Morgens höre ich im Bett das Gluckern des in diversen Röhren sich verlaufenden Wassers. Aus einer defekten Regenrinne läuft es über den Rand und platschend in die tiefe Pfütze, die sich darunter gebildet hat. Ich sehe nach draußen. An der Telefonleitung, auf der sonst die Schwalben sitzen, hängen große Tropfen.

An einem meiner Abende hier fährt mein Bruder mit mir in der Gegend spazieren, in der früher der Torf gestochen wurde. Drei etwas höher liegende Dörfer sind im Westen unseres Dorfes durch große Grünlandgebiete miteinander verbunden. Eines besitzt sogar ein Hünengrab. Vor der Besiedelung haben die Moore die Dörfer voneinander getrennt.

Mein Bruder steuert den Wagen über die Schotterwege, die durch Grünland und Mais führen. Früher ließen die Bauern im Sommer ihr Jungvieh im abgetorften Moor laufen. Man überließ es sich selbst, nur alle paar Tage wurden die Kinder oder Alten geschickt, um die Tiere zu zählen.

Sind alle noch da? Sind sie gesund?

Dann ist ja gut.

Jetzt ist kaum Vieh auf den Weiden. Als wir zu den Ausläufern der Dörfer kommen, zeigt er im langsamen Vorbeifahren auf die Höfe, sagt ihre Namen, erzählt ihre Geschichten: hier ist der Sohn tödlich verunglückt, dort der Hoferbe alkoholkrank, weshalb die studierte Schwester zusammen mit ihrem Mann übernommen hat. Und das da ist der Hof, von dem einer unserer alten Nachbarn kam, der zu uns ins Dorf einheiratete. Da wurden schon früher hundert Kühe gemolken, jetzt sind es dreihundert, gerade sind für anderthalb Millionen neue Ställe gebaut worden. Eine Frau geht am neuen Stall entlang und gießt Blumen.

Sonst ist draußen niemand mehr zu sehen.

Hier ist ein sehr gut stehender Mais, selbst ich kann das inzwischen erkennen. Der gehört einem Bauern, der eigentlich immer einen Tick besser ist als andere, sagt mein Bruder.

»Der Alte ist über siebzig, den holen sie manchmal mit Blaulicht vom Pflügen, bringen ihn ins Krankenhaus. Dann kommt er zurück, will gleich wieder dahin, wo sie ihn abgeholt haben. Der stirbt noch mal aufm Trecker.« Mein Bruder schüttelt den Kopf. »Das ist kürzlich übrigens hier in der Gegend ein paar Mal passiert. Kein Witz.«

Jedenfalls sind von diesem Landwirt noch vor ein paar Jahren viele Hektar Moor gekuhlt worden, er hat also fruchtbare Erdschichten hochgeholt und mit den oberen Schichten vermischt.

»Und alle haben gesagt: Das geht doch nicht. Was ist das für ein Aufwand! Aber er hat recht gehabt, es ist jetzt ein wunderbarer Acker.«

Wir fahren weiter. Manchmal ist der Mais am Rand des Feldes sehr mickrig. Mein Bruder erklärt es mir: »Der Grund sind die Bäume, deren Schatten mögen die Maispflanzen nicht. Guck mal, rechts ist er riesig hoch, links ganz kurz: Die Sonne wandert von Osten durch den Süden nach Westen herum. Auf der anderen Seite entsteht durch das Buschwerk sogar noch ein Wärmestau, da ist der Mais noch höher.«

Einmal fahren wir an sehr schlechtem Grünland vorbei, voller Ampfer und Disteln, das Jungvieh hat das Gras rundherum sehr kurz abgeweidet.

»Ja, da ist schlecht Hand an zu kriegen«, sagt mein Bruder, »darunter liegt Lehm, es ist immer feucht, man kann da nicht gut ackern, auch keine Neuansaat machen, es ist einfach zu weich ... Guck mal daneben, da ist wieder gutes Grünland, da hört die Lehmschicht nämlich auf.«

An einer Stelle mitten in den Weiden und in der Nähe des Ankeloher Randkanals, eines Zuflusses zum Hadelner Kanal, hält er an und zeigt mir, wie sich hier der Weg deutlich senkt – zum Sietland, dem niedrigen Land.

Dieses Mal bringt mich ausnahmsweise mein Bruder zum Bahnhof. Wegen eines Ersatzteils muss er zu einem Landmaschinenhändler, wird auf dem Rückweg dort vorbeifahren.

Überall der Mais.

»Das wirft man uns ja auch vor«, sagt er, »dass wir da eine Monokultur angerichtet haben. Aber der Mais bringt die größte Masse und die meiste Energie. Ob für Milch oder Rindermast. Oder auch Biostrom. Von wegen nachwachsende Rohstoffe. Soweit ich weiß, war das mal eine Idee der Grünen.«

Dann rennt uns ein Hase fast vors Auto.

»Mitten im Dorf!«, sage ich. »Ein Feldhase!«

»Was soll er machen«, lacht Waldemar. »Auf dem Feld sind die Wölfe.«

20. KAPITEL

DAMALS

Was wir in der Schule lernten
und was auf dem Weg dorthin.

DER GANG ZUR SCHULE war ein Gang durch das halbe Dorf. Wir gingen von Süd nach Nord die Wettern entlang, links lagen aufgereiht die Höfe, umgeben von hohen Eichen und Erlen, rechts etwas tiefer die Vorweiden, auf ihnen graste im Sommer das Vieh, im Winter stand auf ihnen oft das Wasser, weil Gräben über die Ufer getreten waren, manchmal war alles zu einer riesigen Eisfläche gefroren. Von allen Höfen, auf denen es Kinder gab, machten die sich morgens auf den Weg. Mit manchen gingen wir zusammen und mit anderen nicht, mal so und mal so. Und mittags kehrten wir die Straße entlang und für alle sichtbar zurück, verteilten uns wieder auf die Höfe, die Mütter warteten schon mit dem Essen.

Winters stapften wir in der morgendlichen Dunkelheit zügig gegen die Kälte an, in unseren Mäntelchen durch Nebel oder Schnee, oder schlitterten auf eisglatter Fahrbahn und sahen nur manchmal zu den kleinen Lichtinseln vor den zum morgendlichen Ausmisten geöffneten Kuhstalltüren. Sommers trödelten wir auf dem Rückweg, pflückten Löwenzahn, rissen die Köpfe ab und ließen die hohlen Stängel schwimmen, die sich im Wasser zu Schlaufen krümmten, aus denen man Ketten basteln konnte.

Manchmal stand ich im Frühsommer morgens als Erste draußen am Weg, wartete auf meine Geschwister und sah vielleicht noch den Entenküken zu, die von der Entenmutter an die Wettern geführt worden waren, wo sie an einer flachen, sandigen Stelle, ihrem Zugangsstrand, gleich ins Wasser stürzten und losschwammen. Mit ihren orangefarbenen Füßen paddelten sie los und der Mutter hinterher und schwebten bald in Richtung Nachbarn über tiefe, schwarze Stellen fein und still dorthin, wo sich das Ufer steil über ihnen türmte. Die Entenmutter schnäbelte im Wasser an den Rändern entlang und verschwand manchmal aus dem Blick der Kleinen – und aus meinem – in den gelben Schwertlilien des Grenzgrabens zu Onkel Edu. Was sich an der Wasseroberfläche bewegte, Wasserflöhe, Larven, vielleicht Froschlaich, nahmen die Küken in den Schnabel. Wenn sie dann ein trockenes Blatt erwischt hatten, irgendetwas nicht Fressbares, hoben sie sich halb aus dem Wasser, schüttelten sich, schlugen heftig mit ihren kleinen Stummelflügeln und schwenkten das Schnäbelchen hin und her. Dann ließen sie sich wieder ein bisschen von der trägen, kaum merklichen Strömung tragen, huschten über das Wasser einem Insekt hinterher, und ihr kleiner Sterz wackelte begeistert, wenn sie es erwischt und geschluckt hatten. Sobald sie aber plötzlich entdeckten, dass die Mutterente verschwunden, nicht mehr zu hören und zu sehen war, wurden sie zu einem dicht gedrängten Haufen verlorener Küken, die grell tschilpend mal hier-, mal dorthin schwammen, bis die Mutter aus dem Schilfrohr oder den Schwertlilien wieder hervorkam und sie sich alle mit wisperndem und nicht mehr enden wollendem Schnattern beruhigten.

Manchmal hatte sich ein einzelnes Küken verirrt, war einem Insekt selbstvergessen hinterhergepaddelt und fand dann weder die Geschwister noch die Mutter wieder und stürmte mit lang gestrecktem Leib und strampelnden Flügeln und Füßen gegen die allzu hohen Uferkanten an und raste, da es nicht hinaufkam und die flache Stelle nicht finden konnte, mit hohem Tschilpen auf dem Wasser hin und her – und ich griff mir einen Zweig und hütete hinter ihm her, sodass es dann wieder bei den anderen war, aber auch dort konnte es sich noch nicht so schnell beruhigen und schrie immer weiter, bis es nach einer Weile damit aufhörte.

Dann kamen meine Geschwister und wir liefen los.
So zogen wir Kinder vom Süderende und vom Norderende des

Dorfs zur Schule, ein paar Stunden entlassen aus Obhut und Zwang der Häuser, aus den Notwendigkeiten von Stall und Feld.

Der Klassenraum, auf den wir am Morgen zuliefen, war lange Zeit der einzige Raum im Dorf, der uns außerhalb des eigenen Hauses vollkommen vertraut war. Als Flüchtlinge hatten wir keine Verwandten hier und es gab anfangs selten Besuche mit den Eltern, oder auch ohne sie, von uns Kindern in den Nachbarhäusern.

Ich ging gerne zur Schule, betrat gerne diesen Raum, an dessen Wänden schwarze Tafeln hingen, auf denen täglich etwas Neues geschrieben und gezeichnet stand und in dem wir alle saßen, von Klasse 1 bis 8 in einem Raum, auf den kleinen und in aufsteigender Linie nach hinten größer werdenden Stühlen an unseren Schultischen. Es gab auch Bilder an den Wänden – deren Ankauf 1927 ich inzwischen in der Schulchronik wiedergefunden habe –, die den ›Barmherzigen Samariter‹, ›Rotkäppchen‹ und die ›Lüneburger Heide‹ zeigten, kolorierte Stiche, auf denen ich das erste Mal Heidschnucken sah, Schafe mit merkwürdig nach hinten gedrehten Hörnern. Vor allem aber beschäftigte mich ›Der barmherzige Samariter‹, ein dunkles oder nachgedunkeltes Bild, in dem ich immer wieder die Körper des Verletzten und des Samariters, der ihn auf das Pferd hob, voneinander zu unterscheiden versuchte, sobald ich mit meinen Aufgaben fertig war und meine Augen durch das Klassenzimmer wanderten – und es am Ende aufgab, weil sie nicht zu unterscheiden waren, der Helfer und der, dem geholfen wurde.

Wir sangen viel, und das Singen gefiel mir. Die Lieder machten mich neugierig auf die Welt, in der es Berge geben sollte, die wie Edelstein glühten, grauer Städte Mauern und irgendwelche Häfen und Viermaster. Alles so wenig vorstellbar wie Winzer und Winzerinnen – irgendwo wuchsen Weintrauben! – oder eine Brücke, über die man nur tanzend hinübergelang.

Einmal sangen wir – es muss im Sommer gewesen sein, die Flügel der Fenster waren weit geöffnet –, und ich sah jemanden mit dem Fahrrad vorbeifahren und dachte, dass das doch eigentlich etwas Schönes sein müsste, wenn die Leute ihre Kinder singen hörten.

Aber es gab auch Schläge, eigentlich täglich, vor allem für die Jungen. Die mussten meist selbst den Stock herbeibringen und dem Lehrer in die Hand geben, sich über sein Knie legen und er zog die Hosen stramm und schlug zu. Es gab einen Jungen, der wirklich täglich geschlagen wurde. Er machte nie seine Hausaufgaben, stattdessen schob er sich zwei, drei Schulhefte in die Hose und vertraute darauf, dass es ihm dann nicht mehr wehtat. So muss es wohl gewesen sein, denn alle erzählen, er hätte seitlich zu den anderen geblickt und gegrinst. Ein anderer dagegen lief immer weg vor Angst, den ganzen Weg bis nach Hause. Einer der größeren Jungen schlug einmal zurück und wurde von da an verschont. Die Mädchen bekamen ›Marien-Theresien-Taler‹, das waren Stockhiebe auf die Handfläche.

Einmal erwischte es auch mich. Da waren wir Mädchen eines Nachmittags beim Handarbeitsunterricht, der in der Schulstube stattfand, angeblich so laut gewesen, dass die Frau des Lehrers in ihrem Mittagsschlaf gestört worden sei. Also ließ der Lehrer uns am nächsten Morgen antreten, und so standen wir Schlange, um uns Schläge mit dem Rohrstock auf die rechte Hand abzuholen.

Die Schläge schmerzten und sie kränkten, aber darüber hinaus interessierten sie mich nicht. Viel mehr interessierten mich die Gedichte, die wir auswendig lernen mussten – oder einfach lernten, weil wir sie immer wieder hörten. Gleich fällt mir das Gedicht ein, das ich lernte, weil eines der größeren Mädchen es Jahr um Jahr für die Zeugnisnote aufsagte. »Dies ist ein Herbsttag wie ich keinen sah, die Luft ist still, als atmete man kaum, und dennoch fallen fern und nah die schönsten Früchte ab von jedem Baum. Oh, stört sie nicht, die Feier der Natur, dies ist die Lese, die sie selber hält, denn heute fallet von den Bäumen nur, was vor dem milden Strahl der Sonne fällt.« Geschrieben hat es Friedrich Hebbel, was ich aber nicht wusste.

Nachdem sie es aufgesagt hatte, machte Erika einen Knicks, und wenn sie zurückging auf ihren Platz, sich einer guten Note sicher, knarrte der Holzfußboden unter ihren Schritten.

Einmal begegnete uns am frühen Morgen eine Suchmannschaft, eine Gruppe müder Männer, die lange Stöcke in den Händen hielten. Es war in der Straßenkurve hinter Onkel Edus Hof. Die Männer sprachen nicht mit uns Kindern, machten keine Scherze. Das war ungewöhnlich. Beklommen gingen wir weiter. Erst später am Tag hörten wir, dass die Oma von jenem Hof nachts ins Wasser gegangen und sich das Leben genommen hatte. Dieser Kurve haftete für immer die Beklommenheit an, dass etwas Schreckliches geschehen war und die Erwachsenen schweigen.

Auf einem anderen Hof arbeitete man bis in die 1970er-Jahre noch mit einem Pferdegespann; der Bauer war Flüchtling wie wir, arbeitete selbst längst schon mit dem Trecker, ließ aber seinen Vater mit den Pferden gewähren. Es waren zwei kräftige kleine Norweger, ein ungewöhnliches Gespann, mit dem der Alte ackerte. Nur er besaß solche stämmigen Fjordpferde mit ihren aufgestellten Mähnen, durch die ein schwarzer Haarstreif bis zum Schwanz lief. Solange die Bauern ihre Toten auf den Dielen aufbahrten, hat der Alte mit seinem Gespann den Sarg zum Friedhof gefahren, im Schritttempo und mit einem Zylinder auf dem Kopf ging er neben den Pferden her. Überhaupt hielt der alte Herr auf Regeln und Grenzen, störte sich an jedem Stück fremden Federviehs, das es wagte, seinen Hof zu betreten. Wenn wir Kinder im Winter auf dem Eis der Wettern zur Schule gingen, schrie er, wir sollten uns sofort vom Eis scheren. Dann staksten wir beim nächsten Mal lieber gleich mit untergeschraubten Schlittschuhen die zwanzig oder dreißig Meter am beschneiten Straßenrand entlang und gingen erst einen Hof weiter wieder aufs Eis. Jahrzehnte später hat mir einer erzählt, dass der Alte es von den großen Höfen in Pommern gewohnt gewesen sei, dass sie ganz und gar mit einer Mauer umgeben sind. Da habe kein Stück Vieh vom eigenen Hof weglaufen und kein fremdes je auf ihn gelangen können. So hat er kurz nach seiner Ankunft dafür gesorgt, dass an der Brücke ein neues Hoftor aufgestellt wurde, und zwar mit zu den Wettern herunterlaufenden Seitenschrägen nach rechts und links, damit es eine Abschottung gab, wie damals in Pommern. Aber weder das Vieh noch die Kinder haben sich je an diese Grenze gehalten. Und die Erwachsenen eigentlich auch nicht.

Daneben lag der Hof, der eines Tages im Sommer vollständig abbrannte. Während neue Gebäude gemauert wurden, kam die Familie im Haus der Großmutter unter. Sie war die Tochter des ehemaligen Dorfschullehrers, der das kleine Niedersachsenhaus auf der rechten Seite der Straße hatte bauen lassen – rechts der Straßen waren bis dahin nur Kneipe, Schule und Friedhof gewesen. Die Lehrerstochter war inzwischen Witwe und lebte alleine. Durch den Notunterschlupf der Familie bei ihr lernten wir wieder etwas mehr von den Verwandtschaftsverhältnissen innerhalb des Dorfs kennen – bis wir Kinder es aufgaben, es war uns zu kompliziert. Am Ende war, wie unser Vater sagte, hier doch jeder mit jedem verwandt, außer mit uns.

Und als die rauchenden Schutthaufen des verbrannten Hofs abgeräumt und die neuen Gebäude – das Wohnhaus getrennt vom Stall – errichtet waren, lernte ich, dass etwas Neues das Alte völlig vergessen machen kann. Wenn ich in den nächsten Monaten, sogar Jahren an dieser Hofstelle vorbeiging, fragte ich mich immer, wie eigentlich die alten Gebäude ausgesehen hatten. Und von Mal zu Mal erinnerte ich mich weniger.

Es waren nicht viele Höfe, an denen wir, inzwischen eine Gruppe von fünf oder sechs Kindern, auf dem Weg zur Schule vorbeigingen. Schon damals waren nicht mehr alle Gründungshofstellen als Landwirtschaften in Betrieb. Sie sahen noch so aus, die Gebäude standen noch da, aber die Ställe waren leer, und in einem der Häuser lebte nur noch ein älteres Ehepaar, das keine Kinder hatte, dafür aber das erste Auto des Dorfs, einen hellblauen VW-Käfer. Den Mann sah man öfter mit einer Jagdflinte und einem Hund in den Feldern oder auch in Feuerwehruniform, er war Jagdpächter und Feuerwehrhauptmann. Und früher war er Nazi gewesen, aber das hörte und verstand ich erst später. Auf dem Dach ihres Wohnhauses stand die Sirene des Dorfs, ein merkwürdiges, pilzartiges Gebilde aus Metall, das einen alles durchdringenden, an- und abschwellenden Heulton über das Dorf schickte, zu Feuerwehrübungen rief, aber auch an jedem Sonnabend zur Mittagszeit das Wochenende einheulte.

Ins Innere des Hauses führten uns unsere ersten Friseurgänge, denn der Feuerwehrhauptmann hatte eine Haarschneidemaschine, mit der alle Kinder- und Männernacken des Dorfs viel zu hoch und schmerzhaft ziepend ausrasiert wurden. Als wir selbst keine Hühner mehr hielten und der Feuerwehrhauptmann schon tot war, kaufte meine Mutter bei seiner Witwe die Eier. Da stand ich dann einmal, während die alte Frau die Eier aus ihrer Speisekammer holte, wartend in der flecken- und staublosen Küche, das einzige Geräusch hier das laute Ticken der Küchenuhr.

Wie auf einer Schnur reihten sich die Hofstellen aneinander, genau so, wie sie einmal ausgelegt worden waren. Inzwischen hatten die Bauern nicht mehr gleich viel Land und Vieh, waren aber immer noch verbunden durch die Gesetze der gegenseitigen Nachbarschaftshilfe im Moor, in die wir langsam hineinwuchsen.

Am nächsten Hof verwirrten mich die Namen, die Familie dort hieß anders, als der Hof genannt wurde. Zuvor hatte er einem Onkel der jetzigen Bauersfrau gehört, und im Dorf wurde noch lange der Name des kinderlos gestorbenen Onkels für den Hof benutzt. Das gab es auf den Dörfern hier öfter, und wann immer der Onkel-Name fiel, brauchte ich ein paar Sekunden, bis mir einfiel, um welchen Hof es sich handelte.

Bevor wir dann endlich in der Schule anlangten, kam schon der Hof in den Blick, der direkt der Schule gegenüberlag und an dem wir einbogen auf den Schulhof.

Aber vorher mussten wir noch an einem Haus vorbei und sogar den Hofplatz betreten und zur Haustür gehen. Dort war es, als wäre etwas besonders Unheimliches im Gange, denn alles hier, die Scheune, der leere Stall und auch das Wohnhaus, war in einem Zustand schlimmer Baufälligkeit. Trotzdem wohnten dort Menschen. Auf der einen Seite des Hauses war es eine alte Frau, die aus Ostpreußen stammte und bei einigen Bauern, auch bei uns, beim Rübenhacken oder Kartoffelnsammeln half. Auf der anderen Seite wohnte eine Familie, eine Mutter mit drei Töchtern, der lungenkranke Vater war meistens im Krankenhaus, und auch die jüngste der drei Töchter war schwer krank. Die anderen beiden Töchter wurden von meiner Schwester und mir zur Schule abgeholt. Hatten unsere Eltern uns den Auftrag dazu gegeben, oder machten wir es freiwillig, obwohl uns dieser Ort nicht geheuer war? Fühlten wir eine Nähe zu den Außenseitern? Jedenfalls ist irgendwann die alte Ostpreußin ausgezogen und das Wohnhaus musste aufgegeben werden, denn es war vollständig unbewohnbar geworden. Eine hölzerne Baracke wurde für die in Armut lebende Familie am Anfang des Dorfs aufgestellt, und während sich die Familie langsam auflöste, das kranke Kind und auch der lungenkranke Vater starben, verfielen auf der alten Hofstelle die Gebäude vollständig. Jahrzehnte später erst las ich in der Heitmann-Chronik, dass in den schon zuvor verlassenen und längst nicht mehr benutzten Stallgebäuden dieses Hofs in den 1920er-Jahren auch ein verarmter und vereinsamter Alter gelebt hat, dem einmal selbst ein Hof im Dorf gehört hatte; er ernährte sich von Pellkartoffeln und Brombeeren, heißt es da. So war der Hof, der aus der Generationenabfolge einer Familie herausgefallen war, ein Ort für Unbehauste geworden.

Die Reste der alten Gebäude wurden abgerissen und abgefahren. Nur die hohen Eichen, die einmal das große Niedersachsenhaus vor scharfem Westwind geschützt hatten, umstehen bis heute den leeren Hofplatz, der zum Acker geworden ist. Die alten Bäume markieren das Verschwinden. Aus der Holzbaracke, aus der die restliche Familie bald in die Stadt zog, wurde ein Bungalow am Anfang des Dorfs.

Wenn wir schließlich die Schule erreicht hatten, eilten die beiden Söhne vom direkt gegenüberliegenden Hof von dort herüber.

Auf unserem Schulweg fehlten die sieben Hofstellen des nördlichen Dorfendes. Eine von ihnen bewirtschaftete eine Flüchtlingsfamilie, die aus Ostpreußen stammte. Von ihr liehen wir manchmal im Frühjahr das Pferd Ali, das zog den Häufelpflug nach dem Kartoffelpflanzen; Ali war das einzige Pferd, auf dem ich je ohne Angst gesessen habe. Auf einem weiteren Hof lebten nur Vater und Sohn. Auch hier hatte sich einmal eine Frau umgebracht, ihr Witwer fuhr täglich die Milch zur Molkerei, der Sohn züchtete als Einziger im Dorf erfolgreich Pferde.

Aber es waren fast alles nur Höfe ohne Kinder unseres Alters. Und neben dem Pferd Ali besaß nur der Milchwagenfahrer mein Herz. In seiner Hosentasche hatte er nämlich, wenn er die leeren Milchkannen mittags Hof für Hof wieder ablieferte, die leckersten Sahnebontjes der Welt.

ZWEITES ZWISCHENSPIEL

Warum Karl der Große die freien Bauern abschaffte. Über den Körper der Bauern und über ihre Feinde.

WIR SEHEN UNS DIE BAUERN IM MITTELALTER AN – und wie sie dargestellt werden.

»Da müssen wir uns zuerst fragen«, sagt Krischan, »ob man eigentlich überhaupt so allgemein von mittelalterlichen Bauern sprechen kann. Was stellst zum Beispiel du dir darunter vor?«

»Na, Leibeigenschaft«, sage ich, »Frondienste, Zehnter.«

»Klar. Aber die Sache ist kompliziert. Wann und wie hat das begonnen? Wann wurden die Bauern hörig? Und natürlich gab es auch nie die Bauern, sondern sehr verschiedene Klassen von Bauern.«

Wir fangen an, weil man irgendwo anfangen muss, mit dem Jahr 807, der Heeresreform von Karl dem Großen. Rüstungen und Waffen wurden immer aufwendiger geschmiedet. Wer auf dem neuesten Stand der Technik sein wollte, musste für den eigenen Kriegsdienst viel Geld ausgeben. Insofern war es zunächst eine Entlastung für die kleinen Bauern, die sich Pferd, Rüstung und Waffen für die Feldzüge des Königs nicht mehr leisten konnten, dass nur noch Ritter und größere Grundherren, die mit guten Pferden und Rüstungen dienen konnten, für den König in den Krieg ziehen sollten. Dafür nahmen die jedoch alle Bauern in die Pflicht, die weder Pferd noch Rüstung und erst recht nicht sich selbst abliefern konnten. So wurden die Bauern zu Hörigen. Weil der Ritter ihn schützte, musste der Bauer für ihn arbeiten. Auch Bauern, die vorher noch Freie waren, kamen unter die Knute eines Herrn. Gleichzeitig machten die großgrundbesitzenden Familien die Gesetze und stellten die Richter. So entwickelte sich aus den Rittern die Klasse der Adligen, aus der sich auch der hohe Klerus, Bischöfe, Erzbischöfe und Äbte der Klöster rekrutierten. Es war ein geschlossenes System, für sie alle mussten die Bauern arbeiten und an sie ihre Abgaben zahlen. In den Klöstern wurde über die Abgaben besonders gründlich Buch geführt, und deshalb gibt es über die Lasten der hörigen Bauern gute Quellen.

Die Heeresreform von Karl dem Großen hat also die Trennung von Kriegführung und Landbau im frühen Mittelalter eingeführt.

So gab es jetzt auf der einen Seite die Kriegerfamilien, Ritter des Reiches, die durch königliche Belohnung für Kriegsdienste ihren Grundbesitz immer weiter ausdehnten. Auf der anderen Seite lebte die Masse der Bauern, die für ihre Grundherren arbeiteten und von ihnen beschützt wurden – und zusammen mit dem Grundbesitz von ihren Herren durchaus auch mal verschenkt oder ausgeliehen werden konnten. Der mittelalterliche Grundherr setzte auf den großen Fronhöfen Verwalter ein, in manchen Gebieten nannte man sie Vögte, und die trieben für ihre Herren – Könige, Fürsten, Bischöfe – Zins und Zehnten ein, und zwar über die Vermittlung der Meierhöfe* – oder Meyerhöfe, die Schreibweise ist willkürlich. Wichtig ist: So entstanden verschiedene Bauernklassen. Sie funktionierten innerhalb des Feudalismus ebenso hierarchisch wie das gesamte System. Bei den Meiern auf den Meierhöfen wurden die Abgaben gesammelt, sie hatten mehr Rechte und ein besseres Leben als die Bauern, die unter ihnen standen. Den Meiern übergeordnet waren die Vögte und Schulzen, die zusätzlich die Aufgabe hatten, größere Bezirke gesetzlich und polizeilich zu überwachen.

Wir notieren, dass viele alte Familiennamen aus dieser Zeit stammen: Meier, Vogt und Schulze in allen Schreibweisen und Varianten.

Den Meiern untergeordnet standen die Klein- und Kleinstbauern, die landarmen oder sogar landlosen Kätner und Kossäten, eine ländliche Unterschicht, die meist hungerte und überhaupt nur zu Aussaat und Ernte ihre Familien ausreichend ernähren konnte.

Keiner konnte aus dem System aussteigen. Es gab ein persönliches Treuegebot, man durfte seinem Grundherrn nicht weglaufen.

Die später so oft ideologisch beschworene Schollenverbundenheit war nichts anderes als Rechtlosigkeit und Zwang, mit brutaler Gewalt durchgesetzt.

»Als Gegenleistung wurde den Bauern umfassender Schutz versprochen.«

»Aber Schutz vor wem oder was?«

In erster Linie war es der Schutz vor den anderen adligen Familien und ihren Armeen. Man muss sich vorstellen, dass das Land noch vielfach von Wäldern bedeckt war. Es gab große Heide- und Moorgebiete. Und natürlich viele Bewaffnete – umherziehende Räuberbanden und Trupps feindlicher Soldaten. Im Übrigen waren für die Bauern alle Soldaten Feinde, auch die eigenen. Denn Soldaten holten sich immer schon an Ort und Stelle, was sie brauchten: Schlafplätze, Essen und Trinken, Pferde und Pferdefutter. Außerdem gab es unglaublich viele Herrschafts- und Gebietsgrenzen, die nur mit Passierscheinen, Geleit- und Schutzbriefen durchquert werden konnten. Daher übrigens auch die Bezeichnung Brieftasche, denn die Briefe, die man auf Reisen bei sich haben musste, waren wichtiger als Geld. Jede Grenze war ein Ort möglicher Demütigung und Beutelschneiderei. Auch davor hatte der Grundherr oder Fürst seine Bauern zu schützen.

Je länger wir sprechen, desto weiter wird das Feld agrarischer Geschichte.

»Noch einmal zurück zu Karl dem Großen«, sage ich.

Er wurde zu einer legendären Gestalt, auch weil er das Schreiben förderte. Es heißt, er sei einer der ersten europäischen Könige gewesen, der selbst lesen und schreiben konnte, und über ihn wurde eine der ersten Biografien geschrieben. Auch so wurde er ›groß‹. Sowohl in Frankreich als auch in Deutschland wurde Charlemagne, wie er genannt wurde, als Gründer ihrer Nationen wahrgenommen. Er ließ die Sachsen taufen – ziemlich gewaltsam, wie man weiß – und hat sich außerdem schon im Jahre 800 vom Papst zum Römischen Kaiser krönen lassen. Es entstand das Kaisertum des späteren Heiligen Römischen Reichs Deutscher Nation.

»Oha«, sage ich. »Jetzt aber wieder die Bauern.«

Es gab unter Karl dem Großen nicht nur die vier bis fünf verschiedenen Klassen von Bauern. Dieser König herrschte über fränkische, gascognische – also südwestfranzösische –, friesische, sächsische, sorbische, bayerische, lombardinische und böhmische Bauern. Und die Bedingungen des Landbaus waren überall andere: Es gab Wälder und Berge, flache Ebenen, arme und steinige Böden, dort griff man auf die römischen Bewässerungssysteme zurück. Daneben existierten fruchtbare Überschwemmungsgebiete, in denen es eher auf Entwässerung ankam. Es gab Küstenregionen unter Karls Herrschaft – am Mittelmeer, an der Nord- und Ostsee und am Atlantik. Entscheidend aber war überall die Verrechtlichung des Feudalsystems.

»Und Verrechtlichung hieß aufschreiben, was gelten soll. Aufschreiben, was angebaut und was abgeliefert wird. Aufschreiben, welche Kosten entstehen für welche Maßnahmen – auch in Sachen Landbau und Viehzucht.«

Wie aber sah man im Mittelalter die Bauern an?

»Kaiser, König, Edelmann – Bürger, Bauer, Bettelmann: Die Ständeordnung des Mittelalters war gottgewollte Ordnung. Alle Abweichung war des Teufels«, sagt mein alter Freund, der auch einmal Theologie studiert hat.

Die Bauern standen zwischen Bürgern und Bettlern. Sie standen nicht einmal. Sie saßen oder lagen ganz unten am Ständebaum – sogar unter der Erde, sie waren seine Wurzeln. In Kirchenpredigten wurden sie gerne als simple, aber gute Menschen verherrlicht, und im Gleichnis vom Sämann brachten es Bauerngestalten bis nach oben auf Altarbilder und Kirchenfenster – als Gegenfiguren zu den Reichen, die nicht in das Reich Gottes gelangen können, es sei denn, es gehe ein Kamel durchs Nadelöhr.

Sonntagsreden.

Krischan zitiert aus einer Predigt Martin Luthers, »so nimpt Gott etwa einen Bawersknecht, der inn demut daher gehet, und sol jn wol ansehen und erheben über alle Kaiser und Könige«.

»Ja, wenn und solange er in Demut gehet!«, sage ich.

Sobald er diese Demut jedoch ablegte, wenn er sich über seinen Stand erhob, etwa zu Markte ging, war es mit dem Wohl-angesehen-Sein vorbei. Dann hieß es über die Bauern, sie seien dumm und jähzornig, gewalttätig, geil und voller Neid und Gier. Im Zweifel seien die ärmeren von ihnen außerdem Viehdiebe, sie verschoben Grenzsteine und überpflügten Ackergrenzen – wenn sie nicht überhaupt in Lumpen gekleidet, barfuß und Knoblauch essend in ihren Hütten saßen, ohne einen guten Rock, in dem sie zur Messe hätten gehen können. Aber auch den reicheren Bauern gönnte man den Marktgang nicht. Frühe Holzschnitte amüsierten sich mit dem Thema des zu Markte gehenden Bauern, da doch der Markt Sache der Grundherren und ihrer Vögte, Meier und Händler war. Verkaufte ein Bauer einen kleinen privaten Überschuss auf dem Markt, galt dies als Standesüberhebung, die Bäuerin wurde als Frau dargestellt, die sich gottlos und eitel mit schicken Kleidern oder Schmuck behängt. Und ihr Mann als einer, der sich sinnlos besäuft, alle Frauen unsittlich berührt, sich über dem Kneipenzaun erbricht und öffentlich seine Notdurft verrichtet.

Es gab in der Kunst das besondere Fach der Darstellung einer »niederen, törichten und verkehrten Welt« – natürlich aus dem Blickwinkel der Privilegierten. Man lachte gern über die Dummheit der Welt – und nahm sich selbst davon aus.

Adel und Bürgertum lebten aus göttlicher Gnade auch in einem geistig höheren Stand, das war ihr Selbstverständnis. Man verglich sich mit den Bauern ebenso wenig, wie man sich mit Lasttieren verglich. Überhaupt war der Spott gegenüber den Bauern derart übertrieben, dass sie auf den Holzdrucken im 15. Jahrhundert fast schon wie Monster und Fabelwesen aussehen.

So heißt es in einer Beschreibung eines Bauern von 1445: »Ein Mensch mit bergartig gekrümmtem und gebuckeltem Rücken, mit schmutzigem, verzogenem Antlitz, tölpisch dreinschauend wie ein Esel, die Stirn von Runzeln durchfurcht, mit struppigem Bart, graubuschigem, verfilztem Haar, Triefaugen unter den borstigen Brauen, mit einem mächtigen Kropf; sein unförmlicher, rauer, grindiger, dicht behaarter Leib ruhte auf ungefügen Gliedern; die spärliche und unreinliche Kleidung ließ seine missfarbene und tierisch zottige Brust unbedeckt.«

Der Körper des Bauern – schmutzig, hässlich, tierisch.

Natürlich waren in dieser Zeit nicht wenige Menschen wirklich schmutzig, krumm und zahnlos, und bestimmt roch keiner besonders gut. Umso mehr bildeten sich diejenigen etwas auf sich ein, die nicht mehr in der Erde wühlen mussten, nicht mehr mit Tieren und ihrem Mist in Berührung kamen, die sogar ihre Kleidung waschen lassen, sich Seife, Salben und Tinkturen leisten konnten. Die mussten nicht mit gebeugtem Rücken gehen, auf denen sie Kiepen und Säcke, Bündel und Fässer trugen.

Handwerksmeister, Bürger und Beamte grenzten sich ab.

Sie waren nicht von Adel – aber wenigstens konnten sie aufrecht ihres Wegs gehen, manchmal schon ebenso sauber und elegant gekleidet, groß und schlank gewachsen, gesittet und gebildet wie die Adligen – das Ideal bis heute.

Man sieht auch diesen körperlichen Gegensatz fein dargestellt in den bibliophilen Kostbarkeiten der Stundenbücher. Die wurden vom 13. bis in das 16. Jahrhundert von hohen Adelsfamilien in Auftrag gegeben, die Tage der Heiligen waren darin ebenso verzeichnet wie besondere Familienfeier- und Geburtstage. Großartige Illustrationen, die das Kalendarium schmückten, bestanden auch aus Monatsbildern, enthielten wunderbare kleine und feine Malereien mit Darstellungen typischer bäuerlicher Tätigkeiten über das ganze Jahr. Darin also gibt es diese gedrungenen Gestalten mit sonnengebräunter Haut, die im Winter Holz sammeln und ein Schwein schlachten, die im Frühjahr die Saat ausbringen, im Sommer Heu ernten und Getreide einfahren, im Herbst die Eicheln von den Bäumen schlagen und die Schweine zur Mast in die Wälder jagen, das Land pflügen und eggen für die Wintersaat. Ihnen gegenüber stehen die schlanken, in kostbare Gewänder gekleideten Figuren der hohen Damen und Herren, die sitzen im Frühling in Kähnen und lassen sich die Flussauen entlangrudern, wobei ihnen aufgespielt wird mit Flöten und Mandolinen. Einige der gedrungenen Gestalten begleiten die Herren zur Jagd, sie führen ihre Hunde und tragen das erlegte Wild, sie ziehen tief den Hut vor den Damen und stapfen im Winter, wieder mit Holzbündeln auf dem Rücken, durch hohen Schnee, während der Adel seine Feste feiert. Nicht nur nebenbei sollte gesagt sein, dass die Darstellungen des Landes, ja sogar schon von Landschaft in diesen Stundenbüchern einen frühen Höhepunkt erleben. Und mit ihnen gehen einher eine später kaum mehr erreichte Vielfalt und Genauigkeit in der Bebilderung bäuerlicher Arbeit.

Mit Bauernkrieg und Reformation fing eine andere Zeit an, auch im Bild vom Bauern. Er war jetzt Freiheitskämpfer gegen den Adel – und das hat auch den Bürgern gefallen.

»Selbst Luther gefiel das. Am Anfang.«

»Bis sich schließlich alles wieder wendete und die Bauern zu Tausenden abgeschlachtet wurden.«

»Und der Name ›Bauernfeind‹ mit Stolz getragen.«

»Überhaupt erst erfunden!«

Der Bauernkrieg fand vor allem in Süddeutschland statt.

Wie sah es zur Zeit des Bauernkriegs in unserer Gegend aus, in den Zwanzigerjahren des 16. Jahrhunderts? Neben den reichen Elb- und Wesermarschen gab es im nördlichen Niedersachsen ein paar Kirchdörfer auf den sandigen Anhöhen der Geest, in ihnen vielleicht Schloss und Amtshaus, Zehntscheune und Gefängnis. Es existierten ein paar nicht sehr bedeutende Adelsfamilien, Klöster und ihre Fronhöfe. Die Bauern, vor allem der Marschen, hatten ihre eigenen Rechte, die Unterdrückung hatte hier nicht so gut gedeihen können. Die Gegend war eher menschenleer, besonders die Moore, in denen sich die Moorerde unter der Decke von Kraut und Busch stetig in Torf verwandelte; in 250 Jahren kann eine Torfschicht von zwei Metern wachsen. Krischans Dorf hat es allerdings bereits gegeben – und es besaß sogar eine Gerichtsstätte.

Über den Bauernkrieg müssen wir trotzdem sprechen, denn er

gehört zur Geschichte der Bauern, sogar zur Geschichte der Böden, bestimmte, wie sie beackert wurden, ob in Fron und Zwang oder in freier Entscheidung zu Aussaat und Ernte.

»Immer wieder taucht diese Utopie auf – von einer Gesellschaft von Freien, ohne Unterdrückung«, sagt Krischan. Es sollte kein Kaiser, kein Fürst und kein Papst mehr sein, jeder Mensch sollte mit seiner eigenen Hände Arbeit sein Brot verdienen, forderte einer 1476, genannt das Pfeiferhänslein. Knapp fünfzig Jahre später legten die Bauern es in zwölf Artikeln nieder: Das Recht auf Wahl und Entlassung der Gemeindepfarrer, der »rechte Zehnt«, ohne all jene Extras, die sich die Pfarrer hinzuerfunden hatten, Abschaffung der Leibeigenschaft, Rückgabe der Jagd-, Fisch- und Holzrechte an alle, Begrenzung der Frondienste, Senkung der Grundsteuer, Einsetzung unparteiischer Gerichte, Rückgabe unrechtmäßig angeeigneter Ländereien und Abschaffung der Todfallzahlung, durch die den Witwen und Waisen beim Tod des Mannes fast alles genommen werden konnte. »Das will Gott nicht mehr leiden«, schrieben die Bauern und akzeptierten im zwölften und letzten Artikel, dass alle ihre Forderungen null und nichtig seien, wenn man ihnen bewiese, dass sie »wider Gott« seien.

Genau das tat dann Martin Luther. Weil die Bauern nach vielen von Adel und Klerus gebrochenen Versprechen zur Gewalt gegriffen und begonnen hatten, Klöster, Burgen und Schlösser zu zerstören, rief Luther 1525 in seiner Flugschrift »Wider die räuberischen und mörderischen Rotten der Bauern« dazu auf, sie alle zu »würgen und stechen, heimlich oder öffentlich«. Denn nichts sei teuflischer »denn ein aufrührischer Mensch«, den man totschlagen müsse wie »einen tollen Hund«.

Das Totschlagen geschah dann auch.

Man kennt die historischen Bilder – meist Druckgrafiken aus dem 19. Jahrhundert – von Verschwörern, die einen Redner umstehen, von Aufständischen, die mit Stangen und Äxten marschieren, ein Trommler vorneweg, von gut bewaffneten Reitern, die gegen sie ziehen, von Rede und Gegenrede, sogenannten Verhandlungen mit feinen Herren, Geistlichen und Vögten. Die sitzen hoch zu Ross, vor ihnen stehen gedrungene Männer in kurzen Überröcken – fast noch wie aus den Stundenbüchern. Im Hintergrund auch hier Schloss, Burg und Kloster, die bald von ihnen angegriffen werden. Das Ende waren nach der Schlacht lange Züge von Gefangenen, öffentliche Folterungen – Rädern, Pfählen, bei lebendigem Leibe verbrennen. Es war eine Geschichte von Verrat und Strafgericht, von Blutbädern, niedergebrannten Dörfern, von Toten und Hunger, Flucht und Exil. 1525 verlieren die Aufständischen bei Frankenhausen in Thüringen ihre letzte Schlacht. Was folgte, waren noch stärkere Unterdrückung und höhere Steuern. Eine wenig bekannte Zeichnung von Albrecht Dürer bringt es auf den Punkt. Sie heißt »Triumphsäule für die Sieger im Bauernkrieg«. Da steckt im Rücken eines resignierten Bauern unübersehbar das Schwert.

Es gibt heute Bilder in allen Museen und Gemäldegalerien, auf denen Menschen gefoltert und umgebracht werden. Nicht nur die Kreuzigung zeigen sie, auch alle anderen Todesarten wurden im späten Mittelalter gemalt, meist in die Darstellung christlicher Märtyrer eingebettet. Da sieht man Männer ihre Peitschen, Stöcke und Lanzen fassen, ihre Ruten und Keulen, sieht ihre weit ausholenden Gesten, das Zuschlagen, Zustechen und Aufspießen. Hoch erhobene Schwerter, die gleich auf den entblößten Hals des Opfers niedersausen, dann das Blut, das aus dem Halsstumpf des Opfers hervorschießt. Nicht selten wird gezeigt, wie einer von vier Pferden zerrissen, in Abgründe gestürzt, an Galgen gehängt, auf Räder geflochten wird und in Kessel geworfen, unter denen lichterloh ein Feuer brennt.

Alle diese Tötungsarten sind im Krieg gegen die Bauern angewandt worden – und auch der gerne so genannte Bauernbrueghel, flämischer Maler des 16. Jahrhunderts, der in seinen Gemälden die Stundenbuch-Tradition fortgeführt und weiterentwickelt hat, versteckte auf den meisten von ihnen mindestens einen Galgen. In einem Bild ist der Galgen sogar zur Hauptfigur geworden, auch wenn der Titel vor allem den Vogel nennt, »Die Elster auf dem Galgen«.

Zwei Männer und eine Frau tanzen da in der Nähe des Galgens, der auf einer kleinen Anhöhe steht, ein paar Schritte entfernt scheint ihnen einer mit dem Dudelsack aufzuspielen. Aber vielleicht mühen sich die drei nur – einander haltend und doch weg- und auf den Graben zurutschend, der zwischen ihnen und dem Galgen liegt –, dem Tod zu entkommen. Überhaupt machten ja immer schon auch das Unglück tanzen und der wahnsinnige Hunger, den die Armen damals in Europa oft nur notdürftig stillen konnten mit schlechtem Brot und Brei aus Eichel-, Dinkel- und Zichorienmehl, unter Zugabe von Rüben, Moorhirse oder sogar Baumrinde, fragwürdigen Wurzeln und Kräutern. Das machte nicht satt, aber es rief Halluzinationen hervor, und womöglich sehnten die Armen diese fiebrigen Fantasien sogar herbei wie einen Alkoholrausch.

Im Geestdorf, aus dem Krischan stammt, fand in ebenjenem Jahr, aus dem Brueghels Gemälde stammt – und dreiundzwanzig Jahre nach der letzten Schlacht in Frankenhausen –, eine Hinrichtung statt. 1568 war der alte Galgen seit den letzten Hinrichtungen morsch geworden, von Sonne und Regen, Frost und Schnee verwittert und verfault. Es musste ein neuer errichtet werden – aber kein lokaler Zimmermann wäre bereit gewesen, das Gestell zu zimmern, kein Bauer oder Knecht hätte je die Löcher in die Erde gegraben, um es zu verankern, wenn nicht alle darauf verpflichtet worden wären, dabei zu sein. Auf Nichterscheinen standen hohe Strafen. Jeder musste seine Axt, seine Säge, seine Stricke mitbringen. Am Ende sollte keiner sagen können, er habe hieran nicht mitgetan. Aber auch dann hob keiner auch nur den kleinen Finger, bevor nicht der höchste Würdenträger des Gerichtsbezirks selbst, der Amtmann also, mit seiner Axt den ersten Schlag am Holz getan hatte. Auch jene Leiter, auf der die Verurteilten und der Henker hinaufsteigen mussten, wurde jedes Mal neu gezimmert – und nach der Hinrichtung von den Knechten des Henkers in tausend kleine Stücke zerhauen.

Danach gab der Amtmann eine Tonne Freibier aus – Alkohol zum Vergessen, verabreicht von denen, die auf das Vergessen setzen.

3. ENTWÄSSERUNG – VERBESSERUNG

21. KAPITEL

DAMALS

Äpfel und Pflaumen am Jauchegraben

IMMER GING DER ERSTE BLICK morgens auf die zwei alten, verwachsenen Boskop-Bäume, ihre Rinden rau, zunehmend von Moos bewachsen. Manchmal bin ich durch das Fenster in den Garten gesprungen, um unter ihnen zu pinkeln, neben mir eine wilde Narzisse oder ein Türkenbund. Brennnesseln gab es allerdings auch, da musste man sich vorsehen. Aber zur Toilette zu gehen hieß, dass man von Vater oder Mutter gesehen wurde, denn das neue Klo, ein modernes WC, war nur von der Viehdiele aus erreichbar, und im Stall wurde natürlich schon gemolken. Wäre ich entdeckt worden, hätte ich gleich aufstehen und das Frühstück machen müssen.

Der Garten war bei unserer Ankunft nur wild verkrautetes Land – und verkrautete am Ende auch wieder, als Stall- und Feldarbeit unsere Mutter total auslasteten. Aber ein paar Jahre lang gab es nicht nur die Äpfel von diesen Bäumen, sondern auch Stachel- und Johannisbeeren, Salat, Radieschen und Mohrrüben im Frühling, Erbsen und Bohnen im Sommer, am Schluss im Winter noch Grün- und Rosenkohl. Ach, und Erdbeeren hatten wir auch ein paar Jahre lang. Nicht zu vergessen den Rhabarber, der immer noch wuchs, als der Garten schon längst wieder aufgegeben und größtenteils Kälberweide geworden war. Unsere Mutter ließ nichts verkommen, wochenlang kochte sie Rhabarber – als Kompott, rote Grütze, als Füllung und Belag im Kuchen. Wie es auch die Boskop-Äpfel – und das Kompott und den Kuchen aus ihnen – eigentlich immer gab, jedenfalls durch den Winter und bis ins späte Frühjahr hinein, weil die besten Exemplare nebeneinandergelegt auf breiten Brettern unter der

Treppe zum Kornboden – auf der mir einmal eine Schleiereule seidig, großäugig in die Hände fiel – gelagert wurden. Da reiften sie nach, einer sorgfältig neben den anderen gelegt, Äpfel ohne Fallstellen über den Winter gebracht. Von Woche zu Woche wurde ihre Schale ledriger und rauer, das Fleisch mürber und süßer. In dem Verschlag, den wir den ganzen Winter hindurch allmorgendlich eilig öffneten für den Schulapfel, roch es muffig, wenn ein fauler oder völlig verschimmelter, in sich zusammengesunkener Apfel in einer bräunlichen Lache zwischen den anderen, völlig unversehrten Äpfel lag und vielleicht auch, weil dies hier ein kalter Ort war, der innere, lichtlose Kern eines schlecht geheizten, kühlen Hauses. Ich lernte auszuatmen, wenn ich die dünne Tapetentür öffnete und mit angehaltenem Atem in die Dunkelheit griff, um einen hoffentlich guten Apfel zu erwischen.

Der Frühling kam bei uns spät, da waren die Schwalben längst da. Erst im April blühten Narzissen und Osterglocken im hohen Gras des Gartens, für dessen Pflege unsere Mutter immer seltener die Kraft aufbrachte. Wahrscheinlich war es dann um die Pfingstzeit und vermutlich die Frühlingsbestellung erledigt, dass wir als Kinder die Stühle nach draußen in den Garten bringen mussten – alle Wohnzimmer- und Küchenstühle, die auf dem weichen Grund mächtig wackelten und tief eingesunken wären, hätte sich jemand auf sie gesetzt. Aber dafür waren sie nicht im Garten – was wäre denn das für eine Idee. Schon der Anblick der Stühle im hohen Gras zwischen der Hauswand und den beiden alten Apfelbäumen war zum Lachen.

Dann kam unser Vater mit zwei Leitern um die Ecke, die wurden auf die Stühle gelegt, sodass lange Bahnen entstanden. Als Erstes musste man nun die Leitern säubern, zuerst mit dem Handfeger, dann mit einem Eimer warmen Seifenwassers und einem Wischtuch. Wenn wir am Ende ankamen, war der vordere Teil der Leiter getrocknet – und unsere Mutter trat aus dem Haus, im Arm das erste rote oder blaue Federbett, dann das nächste, und das nächste, eines nach dem anderen. Die Federbetten der ganzen Familie wurden gelüftet – die Federn stammten von unseren Enten, beim Rupfen hatten wir geholfen, deren gereinigte Brustdaunen waren in den Betten.

Nun wurden sie auf den Leitern verteilt, mit dem Teppichklopfer ein wenig sanft geklopft und schließlich abgebürstet. Sie blieben meistens den ganzen Tag zum Lüften draußen liegen, und erst kurz vor dem Abendtau, wenn wir zum Melken in den Stall mussten, holten wir sie wieder herein. Nur wenn doch plötzlich einmal Regen drohte, stürzten alle, die gerade im Haus waren, in den Garten, rafften das Bettzeug zusammen, warfen es in den Schlafzimmern schnell auf die Betten und hoben eilig die Leitern von den Stühlen, um auch die Stühle schnell wieder ins Trockene zu tragen.

War das Bettzeug am Abend und von frischen Bezügen umhüllt jetzt anders? Merkte man ihm an, dass es den Tag draußen verbracht hatte?

Vielleicht roch es zart nach Gras und Kälbermist – denn seit ein paar Tagen waren nebenan die Kälber auf der Weide, durch einen Zaun vom Garten getrennt. Die Kälberweide war durchzogen von einem tiefen Jauchegraben, der sich von der gemauerten Jauchegrube des Kuhstalls zum nachbarlichen Grenzgraben zog. Seine Grabenränder waren steil abgeschnitten wie ein Torfabstich. Jenseits des Zauns, aber diesseits des Jauchegrabens standen noch ein paar Apfelbäume, sie waren kleiner und jünger als die alten Boskop-Baumelefanten. Außerdem gab es noch einen uralten Birnbaum, der im Frühling über und über seine weißen Blüten öffnete, aber nie mehr eine einzige Birne trug. Und einen Pflaumenbaum, dessen Früchte unsere Mutter Eierpflaumen nannte, und tatsächlich hatten sie die Form eines Eies, waren gelblich und wie von einem rötlich gepunkteten Seidentuch überzogen. Sie waren die saftigsten, süßesten Pflaumen, die ich in meinem Leben gegessen habe. Pünktlich zur Reife stellten sich die Wespen ein, sodass es um den Baum herum so sehr summte und sauste und brummte, dass ich mich kaum zu den Früchten traute. Um die kleinen, harten Zwetschgen, die in einem ungepflegten Busch direkt an dem zum Überklettern des Zauns angebrachten hölzernen Tritt wuchsen, stritt sich dagegen niemand.

Alles zusammen war womöglich der heruntergekommene Rest eines aufgegebenen oder nie mit genügender Sorgfalt gepflegten Obstgartens, Boskop und Birnbaum stammten vielleicht noch aus den Hannoverschen Herrenhauser Gärten, von denen die Moorkolonien anfangs mit Obstbaum-Stecklingen versorgt worden waren, während die jüngeren Apfelbäume jenseits des Jauchegrabens gewiss erst unser Vorgänger gepflanzt hatte. Von einem dieser Bäume gab es gelbgrüne, saure Kläräpfel, die oft abfielen, ohne dass es einer mitkriegte, im August war viel Arbeit auf dem Feld. Ein anderer kleiner Baum produzierte Jahr um Jahr nur eine Handvoll steinharter, oft wurmstichiger, aber, wenn man warten konnte, sehr schmackhafter, gelblicher Äpfel, die fast wie Birnen schmeckten, die Goldparmäne. Für den hübschesten Apfel dort hinten am Jauchegraben musste man sehr lange bis zur Reife warten. Seinen Namen kannte keiner, seine Früchte waren klein und hart, das Äußere nahm im späten Oktober ein strahlendes Rot an, im Inneren schneeweiß, nur an manchen Stellen durchzog ein zartes Rot das Fruchtfleisch. Ein paar Mal, wenn die Ernte reichlich war, legten wir sie beiseite, rieben sie zu Weihnachten mit einer Speckschwarte ab für den Glanz und hängten sie in den Weihnachtsbaum.

In meiner Erinnerung ist dieser Obstgartenrest ein heimlicher Ort. Vor allem wegen der Erde. Denn je weiter man sich in Richtung Jauchegraben traute, desto unsicherer wurde der Boden. Bei jedem Tritt schwankte und federte das Erdreich, und der wie ein tiefer Torfabstich wirkende Kantenbruch am jauchigen Graben ließ an stinkende Abgründe denken, in denen etwas, wenn es hineinfiele, auf ewig unauffindbar bleiben würde.

22. KAPITEL

ANFANG 19. JAHRHUNDERT

Napoleons Kontinentalsperre, ein indonesischer Vulkanausbruch und eine Sturmflut bremsen die Moorkolonie aus.

WIE HAT SICH DIE MOORKOLONIE im Bachenbrucher Moor in der ersten Hälfte des 19. Jahrhunderts tatsächlich weiter entwickelt? War sie, wie der Amtsschreiber Nanne bei seiner Versetzung gemeint hatte, »in ihrem Fortkommen so weit gediehen«, dass man sie aus der Obhut des Mooramtes guten Gewissens entlassen konnte? Wie wirkte sich die französische Besatzung aus, und welche Anzeichen zur Bestimmung der lokalen Lebensverhältnisse sind auffindbar in den Kirchenbüchern und Chroniken, in Akten und in den Briefen jener Zeit?

Während der französischen Besatzung verbesserte sich anfangs das Leben vor allem der Juden und der Bauern. Auch im Hannoverschen erlebte man den ungeheuren Fortschritt, den die Französische Revolution gebracht hatte, die Gleichheit vor dem Gesetz, öffentliche Gerichtsverfahren, Schwurgerichte, allgemeine Steuerpflicht – auch für Adel und Beamte –, dazu freie Ausübung des Gottesdienstes der verschiedenen Religionen.

Der Dichter Hofmann von Fallersleben[1] hat beschrieben, wie sehr die Bauern es genossen, endlich ohne Fronarbeit und Zehntabgaben zu sein. Bürger und Bauern lernten, so schrieb er, »allmählich ihre Würde als Menschen fühlen und ihre Stellung als Staatsbürger begreifen. Die hannoversche Junker- und Beamtenherrschaft war verschwunden mitsamt ihren langstieligen, groben, halblateinischen und eben deshalb unverständlichen Erlassen, ihren Bütteln und Hundelöchern [Strafzellen, in die jeder hineinsehen und die Gefangenen verhöhnen durfte], ihren Schandpfählen, Folterkammern, Galgen und Rad. In den amtlichen Schreiben gab es keine Abstufungen vom Edelgeborenen Schneider und Schuster bis zum Hochgeborenen Grafen. Alles wurde mit ›mein Herr‹ abgemacht.«

Man erinnere sich: Das wichtigste Produkt der damaligen Landwirtschaft war in ganz Europa das Getreide, darunter der Weizen als teuerstes Korn, weil es am nahrhaftesten war und in allen Backwaren verarbeitet werden konnte. Aber Weizen braucht schweren, mineralischen Boden und wuchs nicht im Moor. Dagegen übten sich die Marschbauern, deren Boden gut genug war, um Weizen zu tragen, gern selbst im Getreidehandel. Während der französischen Besatzung litt jedoch der Handel, viel Korn wurde von der Besatzungsmacht abgeschöpft, und von überseeischen Handelswegen war Norddeutschland durch die napoleonische Kontinentalsperre abgeschnitten.

Erst nach dem Ende der französischen Besatzung 1813, als das Steinauer Kirchenbuch in die Gemeinde zurückkehrte, wie wir gesehen haben, öffneten sich wieder die Schifffahrtswege nach England. Und das war ein guter Einstieg für die Erben des Peter Wolderich im Bachenbrucher Moor, die selbst mit Getreide handelten. Denn zu ihrem Hof gehörten ein paar Hektar Marschboden; zusätzlich hatte man auf Pferdewagen guten Boden ins Moor geholt und ihm Jahr um Jahr fruchtbaren Klei* untergemischt.

Für die nächsten zweihundert Jahre hat sich schon seit der ersten Hofübergabe 1780 der Name von Seth[2] für den Hof etabliert, Familienname des Schwiegersohns und Nachfolgers von Wolderich. Wolderich selbst war, wie schon berichtet, um 1750 in das Moorgebiet des zukünftigen Dorfs gekommen und hatte die Fischrechte des nahe gelegenen Sees gepachtet und Schafe gehalten. Sein Hof war, als er noch als einziger hier existierte, auf den ersten Landkarten Nordhannovers eingetragen worden, denn als der britische König sein Reich samt Kolonien in Amerika kartieren ließ, beauftragte er als »hannöverscher Churfürst« auch die Vermessung seiner Stammlande.

Tochter Anna Wolderich heiratete 1780 Johann von Seth aus dem Kirchdorf Steinau. Ihre Familie wuchs im Verlauf der nächsten zweiundzwanzig Jahre um zehn Kinder, sodass die Bauersfrau in dieser Zeit entweder schwanger war oder einen Säugling an der Brust hatte. So war es sicher damals üblich. Weniger selbstverständlich war schon, dass von ihren zehn Kindern nur zwei als Kleinkinder starben. Jene erste »Feuerstelle«, die auf der alten Landkarte verzeichnet ist, befand sich schon in einem Haus, während sich die anderen Siedler noch mit Katen und Hütten begnügen mussten. Ohnehin wird es Unterschiede gegeben haben zwischen denen, die alleine kamen, und jenen, die mit Helfern aufzogen, Geschwistern und Eltern, Nichten oder Neffen, Knechten und Mägden. Und es hat gewiss auch geholfen, wenn in der Nähe Verwandtschaft wohnte, mit der man Geräte teilte oder sich gegenseitig bei Aussaat und Ernte half. Wem im Alltag verwandtschaftlich geholfen wurde, dessen Geräte und Kleinvieh vermehrten sich – und vielleicht hatte dieser Hof schon in der zweiten und dritten Generation Werkzeuge aus Metall, während die anderen noch mit hölzernen Gerätschaften arbeiteten.

Unabhängig von der materiellen Ausstattung war die Anlage zu einer guten Gesundheit, sodass man die üblichen Erkältungen, rheumatischen Beschwerden, Gliederverkrümmungen, Zahnverluste, Blattern, Ruhr und Unfallfolgen überstehen konnte. Und auch das Vieh blieb gesünder, wenn es in festen Ställen überwintern konnte, und musste nicht im Herbst verkauft werden, wenn es am wenigsten Geld einbrachte.

Der Nutzen des Viehs lag anfangs überhaupt weniger im Verkauf – und nicht einmal in der Nahrhaftigkeit von Milch, Eiern und Fleisch im Eigenverbrauch, auch wenn die Milch für das Überleben der Kleinkinder wichtig war. Selbst im Gebrauch von Kuh und Ochse als Spannvieh vor Wagen und Pflug bestand noch nicht ihr höchster Nutzen. Die allerwichtigste Funktion allen Viehs, ob von Hühnern, Schweinen, Rindern und Pferden, war ihr Mist. Schließlich war es die Erde, die verbessert, gedüngt und bearbeitet werden musste, damit auf den Jahr um Jahr verbesserten Böden mehr Getreide wachsen würde – und bald auch Rüben und Kartoffeln.

Das Vieh, das über den Winter hin gefüttert werden konnte, lammte, kalbte, ferkelte und fohlte im Frühjahr, brütete Enten-, Gänse- und Hühnerküken aus. So gab es mehr Wolle zum Spinnen und Stricken wärmerer Kleidung; der Verkauf von Eiern und Ferkeln brachte Bargeld ein – bald auch für Schuhe und sogar Stiefel, während andere noch in dünnen Drillichjacken und Holzschuhen gingen, mehr noch der Nässe und Kälte ausgesetzt.

Am wichtigsten für die Gesundheit war neben Kleidung und Ernährung der Zugang zu sauberem Wasser. Aus den Brunnen der Gegend schöpfte man meist braunes, mooriges Wasser, zum Auffangen des Regenwassers benötigte man Dächer, Regenrinnen und Wassertonnen. Strohgedeckte Katen gaben da wenig her. In einem Brief von Johann Heinrich Voß 1779 an einen Freund – ein Jahr bevor Anna Wolderich ihren Johann heiratete – lesen wir: »Gestern hats Gottlob nach dem langen Nebel einmal wieder geregnet! Unser Waßer war schon längst verbraucht, und der Nachbarn ihres auch, oder stinkend. Das Waßer der Mehme [Fluss Medem] ist roth und mohricht; und von der Geest konnte man wegen der schlimmen Wege nichts holen laßen.«

Die ständigen Versuche, einen Brunnen zu bohren oder einen Wasserkeller zu bauen, die hiesige Variante der Zisterne, blieben ein immer wiederkehrendes Thema – selbst noch in der erst im 19. Jahrhundert genauere Auskunft gebenden Dorfschulchronik.

Die Ernten der ersten Jahre nach der Franzosenzeit, 1814 und 1815, waren reichlich – aber dann kam das katastrophale Erntejahr von 1816, das »Jahr ohne Sommer«. In ganz Europa litt ein großer Teil der Bevölkerung Hunger, weil 1815 der Vulkan Tambora auf Indonesien ausgebrochen war. Mit etwa 12.000 Toten auf der Insel Sumbawa war es der katastrophalste Vulkanausbruch, der je verzeichnet wurde. Erst hundert Jahre nach dem Ereignis wurde die danach um die Welt ziehende Gas- und Aschewolke des Ausbruchs mit dem Wetter des nächsten Sommers in Mitteleuropa in Zusammenhang gebracht. Es herrschten eine durchgängige Kälte, permanenter Regen und insgesamt ein verheerender Mangel an Sonneneinstrahlung. Die Missernten von 1816 auch in Deutschland führten zu Hungersnöten und Unruhen in den Städten, darunter auch schweren Übergriffen auf Juden.

Nach den ergiebigen Ernten von 1819 bis 1821 brachen die Getreidepreise in ganz Europa wieder ein, und 1825 kam es zu einer schweren Absatzkrise für die Getreidebauern; billiges Brotgetreide war vielleicht ein Segen für die städtische Bevölkerung, aber nicht selten bedeutete es Hunger für die Landbevölkerung. Berichterstatter vermerkten, dass »Konkurse, Brandstiftungen und allgemeine Verzagtheit« selbst in den »fruchtbaren Marschgebieten der Nordsee« zunahmen. Interessant ist, dass viele große, mit moderneren Geräten und vielen Lohnarbeitern wirtschaftende Höfe in den Konkurs gingen, während die kleinen Moor- und Geestbauern besser überlebten. Sie hatten nie Geld genug gehabt, um in neues Gerät oder besseres Saatgut zu investieren, waren keinesfalls kreditwürdig gewesen und also nicht verschuldet. Persönliche Entbehrungen waren ihnen selbstverständlich, und wenn der Gürtel noch ein wenig enger geschnallt wurde, konnte man vor allem weiter seine Steuer- und Grundlasten aufbringen, wurde nicht »abgemeyert«, wie das Verfahren hieß, das die Meyerbauern fürchteten, und brauchte den Hof nicht zu verlassen.

Im Hadelner Sietland war man an harte Überlebensbedingungen, ja an Hunger ohnehin gewöhnt – vor allem durch die alljährlichen Überschwemmungen. Von Anfang an hatten die Siedler auf Gräben und Kanäle gedrungen, die späterhin gut ausgebaut waren und von den Bauern eigenhändig und mit großer Aufmerksamkeit instand gehalten wurden. Aber anfangs fehlten noch lange Abzugsgräben in der notwendigen Zahl und Tiefe, und so hieß es für 1817 in der Hadelner Chronik: »Die vier Kirchspiele des Sietlandes erhalten auf ihre Vorstellung [Bitte] wegen der im Frühjahr und im Sommer erlittenen Überschwemmungsnot Erlass eines Teils ihrer Grundsteuer.«

Das entscheidende Ereignis in den Regionen der Elb- und Wesermündung aber war im Februar 1825 eine außerordentliche Sturmflut. Deiche wurden überflutet, einige brachen, es gab viele Tote und enorme Wasserschäden. Eine Mischung aus Salz- und Süßwasser, Schlick, Unrat und Tierkadavern lag auf den Äckern und Weiden. »Das Hochland wurde bald vom Wasser befreit«, schrieb ein Berichterstatter, »aber im Sietlande sank solches sehr langsam. Ende März war noch kaum ein Feld trocken. Sehr nachteilig war dieses lange Verweilen den Äckern, indem die Bauerde [Ackerkrume] überall, hin und wieder Furchen tief, abspühlte.« So konnte der fruchtbare Humus, der durch Jahrzehnte der Bearbeitung, Düngung und Pflege entstanden war, in wenigen Wochen wieder vernichtet werden.

Für die Urbarmachung der Böden, für alle Bauern der Moorkolonien im Bereich der Sturmflut, war dies ein furchtbarer Rückschlag. Nicht nur musste das wenige Vieh, sofern es überlebt hatte, zur Grasung in höher gelegene Geestdörfer gegeben, auch die Frühjahrsbestellung konnte erst im Sommer abgeschlossen werden. Entsprechend kläglich fiel im Herbst die Ernte aus, und zu verkaufen gab es gar nichts mehr. Die Bauernfamilien verbrauchten den geringen Ertrag ihrer Arbeit selbst – als Saat- und Brotgetreide für sich und als Futter für das Vieh, das für die Verbesserung des Bodens und das eigene Überleben so wichtig war.

1825 wirtschaftete die Mehrzahl der Meyerbauern unseres Dorfs meist in dritter Generation auf den Höfen durch Übergabe der Erbpachtverträge an die Söhne. Zum Beispiel hatte Bendix Wölbern, der erste Siedler auf dem Hof, der später unserer wurde, nach vierunddreißig Jahren seine Anbauerstelle an Claus Wölbern übergeben. 1825 starben sowohl Bendix als auch seine Frau Anna, womöglich sind sie dem Marschenfieber zum Opfer gefallen, das in der Feuchtigkeit nach der Sturmflut wieder vermehrt grassierte.

Auf dem von-sethschem Hof lebte zu diesem Zeitpunkt bereits die vierte Generation. Seit 1824 war es der zweite Peter Nicolaus auf dem Hof und er hatte schon seine zweite Frau geheiratet. Die erste Frau war nach der Geburt des fünften Kindes gestorben, die zweite, Adelheid, war nur halb so alt wie ihr Mann und hat zu den vier überlebenden Kindern ihrer Vorgängerin sechs weitere Kinder geboren, von ihnen überlebten drei Jungen. Kein Kind der zweiten Frau aber hieß Peter Nicolaus, denn Hofanwärter blieben die Söhne aus der ersten Ehe.

Zu Anfang des 19. Jahrhunderts wurden in Nordhannover nur noch ein paar wenige neue Moordörfer angelegt. Dazu gehörte auch das langsam entstehende Nachbardorf Moorausmoor. Viele Mädchen aus unserem Dorf heirateten dortige Siedler, und mehrere junge Männer bewarben sich um Siedlerstellen. Offenbar konnten sich die Moorämter ihre Mooranbauer weiterhin aussuchen, denn von den beiden uns bekannten Anträgen auf eine Siedlerstelle im Nachbardorf wurde nur einer angenommen. Bauer Raab verließ daraufhin die Siedlung im Bachenbrucher Moor, und ein neuer Anbauer, Claus von Thaden aus Bülkau, vielleicht ein Verwandter einer im Dorf schon existierenden Familie von Thaden, trat in seinen Vertrag ein. Warum das Ehepaar Raab das Dorf verließ, wissen wir nicht. Meistens war der Tod der Kinder Grund für die Aufgabe von Höfen – und überhaupt bleibt die hohe Kindersterblichkeit[3] in allen Familien bis in das nächste Jahrhundert deutlich präsent. Schon 1809 hatte der erste herrschaftliche Meyer der Kolonie seine Meyerstelle verlassen, weil alle Kinder gestorben waren. Und als 1825 das dritte Kind der neuen Familie von Thaden geboren wurde, war ihr erstes Kind schon gestorben.

Trotz der vielen Kindstode – und überhaupt starben in Europa noch 50 Prozent aller Kinder vor dem fünften Lebensjahr – wuchs mit der Moorkolonisierung die Bevölkerung[4] an. Moorkommissar Witte fasste in einem Überblick 1830 den Stand der Dinge zusammen. Er verwies auf eine Zunahme an Menschen, die in den Mooren zwischen Weser und Elbe lebten. Während der letzten dreißig Jahre waren die Einwohnerzahlen um über 4.000 Menschen gestiegen – von 6.519 auf 11.360 Seelen, wie es damals hieß. Den leichten Rückgang beim Vieh, einschließlich der Bienenvölker, interpretiert er als »nachteilige Folgen der nassen Witterung«. Insgesamt aber, so schreibt Witte, seien seit 1800 immerhin »11.000 Morgen wilden Moores zur Cultur gezogen und 387 Feuerstellen neugebildet«, also Haushalte angesiedelt worden. Damit sei erwiesen, dass »die Anlage der herrschaftlichen Moorcolonien im Allgemeinen durch sehr glücklichen Erfolg belohnt« sei. Der Erfolg war messbar. Und er wurde gemessen – an den Grund- und anderen Steuern, die der Staatskasse zuflossen.

Aber die Lebensverhältnisse waren erbärmlich.

Was Armut, Krankheiten und Tode in den Moorbauernfamilien anrichten konnten, zeigt sich in einem Dokument selbst noch zwanzig Jahre später. Es stammt von jener Hofstelle von Barthold und Adelheit Lafrenz; von ihren acht Kindern hatten sie frühzeitig fünf begraben. Kurz vor Weihnachten 1846 schrieb ihr Schwiegersohn Jürgen Tiedemann einen Brief an die königlich-hannoversche Landdrostei in Stade, in dem er »unterthänig« um die Bewilligung einer »Gnadenunterstützung« bittet. Jürgen Tiedemann hat auf dem lafrenzschen Hof eingeheiratet, seine Frau war die Tochter des 1812 in napoleonischen Diensten gefallenen Johann Diederich Lafrenz, der Sohn, der in Russland zum sechsten Tod von acht Kindern des ersten Siedlerpaares wurde. »Seit einer Reihe von Jahren«, so schrieb Jürgen Tiedemann, der seit 1837 hier der Bauer war, »bewohne ich in der Moorcolonie Neubachenbruch [eine] mir verliehene herrschaftliche Anbauerstelle, die bei unnachlässiger treuer Bearbeitung und stets beobachtetem regen Fleiße mir und meiner Familie den nöthigen Unterhalt gewähret haben würde, wenn nicht Leiden und trübe Ereignisse mancher Art, die während der letzteren Jahre mich und die Meinigen betroffen, in eine höchstunglückliche Lage mich versetzt hätten.« Er setzte hinzu: »Nur unermüdeter Fleiß und schwere Arbeit, verbunden mit größtmöglichster Sparsamkeit und Entbehrung kann den Bewohnern der hiesigen Moorcolonie einen kärglichen Unterhalt gewähren.« Tiedemann beschrieb ausführlich, welche Krankheiten ihn, seine Frau und seine Kinder aufgrund der schweren Arbeit und vielerlei Entbehrungen heimgesucht haben: Er selbst und seine Frau hätten sich »einen Bruchschaden« zugezogen und könnten nicht mehr so schwer arbeiten wie früher. Die älteste Tochter sei kurz nach der Geburt erkrankt, habe an einer Verkrümmung der Glieder gelitten und sich nicht fortbewegen können, sie sei mit neun Jahren gestorben. Auch die zweite Tochter, inzwischen acht Jahre alt, habe dieses Leiden befallen, »indem diese durch eine zunehmende Verkrümmung der Füße und Beine am Gehen fast gänzlich behindert ist«. Die Kosten der Krankheiten haben zu einer Verschuldung der Familie geführt, und auch die dritte, jetzt zweieinhalbjährige Tochter, »scheint ein gleiches Unglück treffen zu sollen, indem auch diese an den Beinen und Füßen zu verwachsen anfängt«. Leider könne er seinen Kindern keinerlei medizinische Hilfe zukommen lassen, da ihm das Geld dafür fehle. Er setzte hinzu: »Die letzte Ernte ist leider so unergiebig ausgefallen, dass mit dem erzielten Korn die Herbstaussaat kaum zu beschaffen gewesen ist, zum Bedarf für den Winter und den kommenden Sommer aber überall keine Überschüsse mir verblieben sind.«

Jürgen Tiedemann gehörte zu den angesehensten Einwohnern des Dorfs. Er war, als er diesen Brief schrieb, stellvertretender Bauermeister, wie man die Bürgermeister in bäuerlichen Gemeinden nannte. Vielleicht setzte er auch deshalb eine Bemerkung hinzu, aus der wir die allgemeinen Verhältnisse im Dorf gut sechzig Jahre nach seiner Gründung ablesen können: »Die 19 Bewohner der hiesigen Moorcolonie sind zum Unterhalte ihrer Armen und Dürftigen aus ihren Mitteln verpflichtet, ohne irgend eine Beihülfe von den übrigen Einwohnern des Kirchspiels Steinau in Anspruch nehmen zu können. Jene befinden sich aber fast durchgängig in einer sorgenvollen Lage und bedürfen theilweise selbst der Unterstützung, weshalb ich von denselben eine fühlbare Hülfe nicht erwarten darf.«

Eine Aktennotiz unter seinem Brief vermerkt, der Familie sei eine Unterstützung von 25 Thalern gewährt worden.

Jürgen Tiedemann ist drei Jahre nach diesem Bittbrief noch zusammen mit dem Dorfschullehrer in den Vorsitz des Schulvereins gewählt worden – die Abhängigkeit der Familie von der öffentlichen Hand hatte ihrem Ansehen nicht geschadet. Aber als habe die Familie noch nicht genug gelitten, starb knapp zwei Jahre später der einzige Sohn der Tiedemanns. Fünf Jahre danach waren sie am Ende und gaben den Hof auf.

Tatsächlich hatte ein knappes Drittel aller Familien noch vor der Mitte des 19. Jahrhunderts ihre Meyerstellen verlassen. – Auch als die Bauern ihre Höfe schon besaßen, bestimmten die Tode der Kinder die Schicksale der Höfe.

23. KAPITEL
DAMALS
Gehen, holen, bringen – Wege mit Kühen.

ES GAB LANGE, STILLE WEGE, die wir gingen. Wir holten oder brachten etwas weg.

Immer wieder Gehen, bei dem man das Gehen hört, den eigenen Schritt in Gras, Sand, in Matsch. Beim Hereinholen der Kühe von der Weide den eigenen Atem, den der Kühe und vielleicht das Hecheln der Hunde, das Muhen einer einzelnen Kuh von fern. Beim Wegbringen nach dem Melken gab es das Motorengeräusch eines Traktors ein paar Felder weiter, vielleicht das eines vereinzelten Autos auf der Dorfstraße. Das Bellen eines Hundes.

Ich erinnere mich an das nachmittägliche, heulende Anspringen des Motors der nachbarlichen Kreissäge, ihr Kreischen im Holz. Weiter draußen im Feld beim Ausbessern der Zäune hörte man im Frühling stumpfe Schläge auf Holzpfähle, die in den Boden getrieben wurden. Dazu gab es die heller klingenden Schläge, wenn der Stacheldraht mit Krampen an die Pfähle genagelt wurde – die untere, die mittlere und die obere Reihe, manchmal in schwarz angekohlte Pfähle geschlagen, die in einem Scheunenbrand gehärtet waren.

Im hellen Sommer dann eine oder gleich mehrere Lerchen hoch in der Luft über uns singend, zittrig, triumphierend. Im winterlichen Dunkel gegen Abend das hohle, stoßartige Krächzen der Fasane, die sich mühsam flatternd zu den Schlafbäumen hochhoben, wenn ich mit den letzten Kälbereimern über den Hof ging. Mal trockene, mal glitschige Wege zwischen Milchkammer und altem Schweinestall, zum Enten- und Hühnerstall. Wenn es im Winter geschneit hatte, entstanden Pfade über den Hof vom Gehen, Holen und Bringen. Der Schnee knirschte unter den Schritten.

Wir waren bei den meisten Arbeiten allein, jeder für sich.

Und wir steckten, sobald wir nach draußen gingen, in Gummistiefeln. Immer. Auch wenn es nicht regnete, auch wenn Schnee lag. Irgendwo war es immer nass. Die schwarzen Stiefel waren uns wie an den Füßen angewachsen. Oft war ein Loch drin, hatte ein Nagel, ein Stück Stacheldraht die dünne Gummihaut geritzt, hatte ein Schnitt mit irgendeinem scharfen Gegenstand sie gegen die Nässe fast wertlos gemacht. Aber für den Sommer gingen sie noch. Weggeworfen wurde so schnell nichts. Lange waren sie anfangs zu groß, wurden mit einem oder zwei Paar Socken passend gemacht, wenn die Füße gewachsen waren, wurden die Stiefel als zu klein in die Ecke gestellt für städtischen Besuch.

Die Geräusche der Gummistiefel – patschend durch Matsch und Pfützen, mit trockenem Raspeln über ein Stoppelfeld, durch nasses, trockenes und kurzes oder auch langes Gras, zwischen den Reihen von Kartoffel- und Rübenpflanzen die Sohle auf nackter Erde, gegen die Schäfte klatschten Kraut und Blatt.

Ein paar Mal fuhren unsere Eltern für zwei oder drei Tage ins Rheinland, dort hatten sich, weil es da Arbeit gab, die meisten Verwandten nach der Flucht in den Westen angesiedelt. Mit einem Auto in höchst zweifelhaftem Zustand fuhren sie los, nicht selten blieben sie irgendwo auf der Autobahn liegen, Mitbringsel gab es nicht.

Wir waren vielleicht zehn, dreizehn und vierzehn Jahre alt, die Mutter unserer Mutter, die es ein paar Jahre bei uns im Moor aushielt und dann wieder in die Stadt zog, sorgte für das Essen, und unsere Nachbarn hielten bestimmt auch die Augen auf: Waren morgens die Kühe von der Weide geholt worden? Standen um acht Uhr alle Milchkannen an der Straße, wenn der Milchtrecker kam? Wurden sie mittags von der Straße geholt? Und vielleicht ist einer der Nachbarn auch einmal über den Graben gesprungen und hat die Tränken für das Vieh geprüft, damit die Tiere nicht vor Durst durch die Zäune brachen.

Diese Elternreisen fanden immer im Sommer statt, vielleicht nach dem Einbringen des ersten Heus, wenn eine Woche lang keine Extraarbeiten anstanden, wenn die Kühe auf dieselbe Tag- und auch Nachtweide und nicht über öffentliche Straßen getrieben werden mussten, wenn kein Milchkontrolleur kam und voraussichtlich keine Kuh kalben würde. Das Unkraut auf den Rübenfeldern war noch kurz, man musste nicht besonders dringend zum Hacken losfahren, selbst wenn jedem Bauern das Herz blutete, bei trockenem Wetter nicht zum Hacken zu gehen. Aber wir waren noch keine Bauern, wir waren Kinder und hatten Sommerferien. Und unserem Vater, der nur auf diese Weise und nur einmal im Jahr seine Eltern und Geschwister sehen konnte, war es wohl den möglichen Schaden wert. Selbst wenn es dann später regnen würde, man also nicht mehr hacken konnte und wir dann über die Rübenfelder gehen und wenigstens die hochgeschossene Melde ausreißen mussten.

An einen morgendlichen Abschied kann ich mich nicht erinnern. Wahrscheinlich waren unsere Eltern gegen vier Uhr morgens aufgestanden und hatten gemolken, bevor sie losfuhren. Oder wir waren mit ihnen aufgestanden und waren mitgelaufen, hatten hier mal Hand angelegt und dort mal genauer hingesehen. Während wir den Anweisungen und Ermahnungen lauschten, haben wir sicher das ungewohnt frühe Wachsein genossen und uns gewundert über die Morgenkälte eines warm werdenden Tages. Und über den feinen Nebelschleier, der über den Gräben der Nachtweide schwebte, von der wir die Kühe zum Melken in den Stall holten. Nach dem Versprechen, die Kühe auch immer gut auszumelken, damit sich kein Euter entzündete, und die Milchkannen gut zu waschen, damit man keinen Bakterien-Warnzettel von der Molkerei bekam, und dem Versprechen, der Oma zu gehorchen, waren die Eltern dann mit einem Packen geschmierter Butterbrote und einer Thermosflasche mit Kaffee ausgestattet losgefahren.

Da wir an einen gewissen Befehls- und Kommandoton gewöhnt waren, probierten wir den auch miteinander aus – von der Ältesten zur Jüngeren und zum Jüngsten. Das funktionierte nicht besonders gut und wir stritten miteinander.

Wir stritten nicht, wenn jeder seine festen Arbeiten hatte: Die Milchkannen am Mittag hereinholen, spülen und waschen, am frühen Abend die Kühe holen und melken, den mobilen Elektrozaun weitersetzen – das ging zu dritt sogar am besten –, die Kühe wieder aus dem Stall treiben, möglichst so schnell, dass sie nicht noch im Stall nach dem Aufstehen misteten, sondern erst draußen. Einer brachte sie zur Weide, ein anderer hob die Ketten vom Boden und hakte sie wieder ein, griff eine Schaufel und schabte den Mist zusammen, der doch noch drinnen gefallen war, und brachte ihn auf den Misthaufen. Nach dem Abendbrot durfte man nicht vergessen, den Milchkühler umzusetzen, und zwischendurch mal dem Hund die Flanke zu klopfen, der ein wenig verloren wirkte und jede Minute die Erwachsenen zurückzuerwarten schien.

Aus diesen Tagen, wenn wir als Kinder alleine den Betrieb in Gang halten mussten, sind mir kaum Besonderheiten im Gedächtnis geblieben. Aber an einen dieser frühen Morgen erinnere mich doch. Da trat ich mit meinen durch das kalte, betaute Gras eisig gewordenen, nackten Füße erleichtert in die Pfütze aus heißem Urin, den eine der Kühe nach dem Aufstehen hinter sich gemacht hatte.

24. KAPITEL

19. JAHRHUNDERT

Produktivkräfte drängen auf Modernisierung: Die preußische Landreform, neuer Dünger und neue Maschinen.

MITTEN IN DEN UNRUHIGEN JAHREN der napoleonischen Besatzung zog der Landwirtschaftsschriftsteller und Reformer Thaer aus Celle nach Preußen. Mit seinem Gut Möglin im Oderbruch zeigte er, wie selbst bei mittelmäßigem Boden Ackerbau erfolgreich sein konnte – durch Fruchtwechsel, gründliches Pflügen mit besserem Ackergerät und ausgesuchte Saaten. Aber es stimmt auch, dass all sein Experimentieren und Publizieren unmöglich gewesen wäre ohne seine staatlichen Gehälter – als »Generalindentant der königlich preußischen Stammschäfereien« und als erster Inhaber eines Lehrstuhls für Agrarwissenschaft in Berlin. Schon in Celle hätte seine Musterwirtschaft ohne seinen Verdienst als Arzt nicht funktioniert. Schließlich schaffte er es mit seinen Mitarbeitern sogar, trotz einer Pockenepidemie in der Merinoschafherde, einer »Lungenseuche« seiner Rinder und der Einquartierung feindlicher Soldaten und ihrer Pferde, die man zu füttern hatte, eine erste Agrarakademie in Möglin zu eröffnen. Gleichzeitig beschrieb und publizierte er unermüdlich seine Erfahrungen, hatte am Ende eine Herde von 1.200 Schafen aufgebaut und schrieb 1811 ein »Handbuch für die feinwollige Schafzucht«.

Tatsächlich wurde der Verkauf von Wolle und Schafsböcken für die Zucht zum erfolgreichsten Zweig von Thaers Mögliner Landwirtschaft, denn eine wachsende Textilindustrie wollte mit Wolle von hoher Qualität versorgt werden.

Überhaupt entwickelten sich zunehmend industrielle Betriebe. Sie entstammten noch zu einem sehr großen Teil den agrarischen Grundlagen des Landes – sowohl in Hinblick auf ihre Rohstoffe als auch ihre Arbeitskräfte, und nicht selten zielten sie auch auf die dortigen Bedürfnisse. Das galt insbesondere für die frühindustriellen Betriebe bis in die 1830er-Jahre – wie Wollmanufakturen und Branntweinbrennereien, Brauereien und Ölmühlen, Tabak- und Zuckerfabriken. Und aufs Ganze gesehen war dies bald auch der Fall im Bereich der Nahrungsmittel – als Vergrößerung und Mechanisierung der verarbeitenden Betriebe, der Mühlen, Schlachtereien und Molkereien.

Zu Thaers Zeiten fing dies alles gerade erst an, denn die industrielle Entwicklung stieß buchstäblich an die sehr engen Grenzen der spezifisch deutschen Produktionsverhältnisse. So wie die Hunderte deutscher Kleinstaaten mit ihren Zollgrenzen und den fehlenden Verkehrswegen die industrielle Revolution behinderten, so störte die extreme Kleinteiligkeit der Äcker und Felder eine Modernisierung der Landwirtschaft.

Nicht zufällig engagierte sich Thaer daher in der preußischen Landreform, die unter seinem Freund, dem mittlerweile zum Staatskanzler avancierten Hardenberg, endlich umgesetzt werden sollte. Dieses sich fast zehn Jahre hinziehende Reformwerk bedeutete für die Bauern, dass ihr Status als Erbpächter auf gutsherrlichen Höfen aufgelöst werden sollte und sie stattdessen Ablösesummen zahlten dafür, dass der Gutsherr auf ihre Pacht und unbezahlte Arbeit, Hand- und Spanndienste genannt, verzichtete. Außerdem sollten die einem Dorf zur gemeinsamen Benutzung dienenden Weiden und Wälder unter ihnen aufgeteilt werden. Beides waren sozial durchaus fragwürdige Maßnahmen. Die Gemeindeweiden und -wälder hatten den Armen des Dorfs eine Art bäuerliche Selbsterhaltung auf niedrigstem Niveau ermöglicht; man konnte eine Kuh, ein paar Schafe und Gänse auf Gemeinweiden grasen lassen und machte es im Herbst durch Stoppelgrasung oder Waldhutung fett. Durch die Privatisierung wurden die Dorfarmen von dieser Subsistenz abgeschnitten. Nur die besser gestellten Hüfner* überlebten als Bauern. Sie waren jetzt von der Erbpacht befreit, ihnen gehörte der bearbeitete Grund und Boden als ihr eigener Besitz, sofern sie ihn hatten bezahlen können. In der Regel ging es aber bei der sogenannten Ablösung* um den fünfundzwanzigfachen Betrag der jährlichen Pacht, und für die Gutsbesitzer traf es sich, dass sehr viele Bauern diese Beträge nur mit einem Teil des Grund und Bodens bezahlen konnten, den sie oft schon generationenlang gepachtet und bearbeitet hatten. So vergrößerte sich der Landbesitz der adligen Grundherren durch die Reform noch weiter – eine moderne Form des Bauernlegens* hat man dies genannt.

Thaer war selbst Gutsbesitzer. Aber er war vor allem leidenschaftlicher Landwirt, entscheidend waren für ihn die »Grundsätze der rationellen Landwirthschaft«, so der Titel seines Hauptwerks. Erst nach der Landreform konnte sich sein Credo durchsetzen. Denn dazu brauchte man sowohl die flurbereinigten Flächen, also die Zusammenlegung von kleinen Feldstücken zu zusammenliegenden Äckern und Weiden, den Gebrauch moderner Ackergeräte und die Zucht und Nutzung von passendem Saatgut samt dazugehörigem Fruchtwechsel. Dies würde insgesamt die Menge und Qualität der Ackerfrüchte verbessern, durch die man eine wachsende Bevölkerung ernähren könnte. Allein schon der Wegfall der Brache würde die nutzbare Ackerfläche des Landes um ein Drittel vermehren. Anstatt das Land im dritten Jahr brach liegen zu lassen, würde man darauf Kartoffeln oder Rüben pflanzen.

Es war nicht erstaunlich, dass sich Thaers Auffassung einer »rationellen Landwirtschaft« zuerst auf den großen Gütern des Ostens durchsetzte. Aufgeweckte Gutsbesitzersöhne gingen auf die Mögliner Landwirtschafts-Akademie und stürzten sich begeistert auf diese Aufklärung, die ihre wirtschaftliche Position ausbaute und sie aus drei Gründen bald zu den typischen ostelbischen Großagrariern machte: Durch die Landreform waren ihnen mehr Äcker und Felder zugefallen, das an Besitz gebundene preußische Wahlrecht privilegierte sie politisch, und der effektive Anbau von export- und industriefähigen Produkten wie Kartoffeln, Weizen und Zuckerrüben machte sie darüber hinaus zu Industriellen und sorgte für gutseigene Zuckerfabriken und Schnapsbrennereien.

Zur Steigerung der Effektivität im Ackerbau gehörte weiterhin die Verbesserung der Düngung. Während Thaer die Stallhaltung auch im Sommer für die Rinder befürwortete, damit der Dung gezielt auf die Äcker ausgebracht werden konnte, wusste er auch, dass unterschiedliche Böden unterschiedliche Nährstoffe brauchten. Plötzlich schien es für diejenigen, die es bezahlen konnten, einen Universaldünger zu geben, den Guano*. Der massenhafte europäische Bedarf von Dünger machte das südamerikanische Peru wohlhabend. Mehr als die Hälfte seines gesamten Staatshaushalts wurde seit etwa 1860 durch den Export von Guano erbracht.

»Hätte einer unseren biederen ackerbautreibenden Altvorderen gesagt: ›Es wird eine Zeit kommen, wo der Bauer den besten Mist vom entgegengesetzten Ende der Erde, viele, viele hundert Meilen über weite Meere her beziehen wird‹ - sie hätten ihn ausgelacht‹, hieß es in der viel gelesenen »Gartenlaube«.[1]

Aber den Guano konnten sich nur Großgrundbesitzer leisten – und irgendwann würden die Vorräte erschöpft sein. Es war also wichtig, einen heimischen Dünger zu entwickeln, und dem vorausgehen musste eine Erforschung des Stoffwechsels aller wichtigen Nutzpflanzen und der Mineralstoffe, die sie brauchten.

Englische Farmer hatten schon früh mit der Wirkung von Knochenspänen und Knochenmehl, also Calciumphosphat, experimentiert, auch fanden Versuche mit Ammoniumsalzen statt. Aber erst Carl Philipp Sprengel[2], einem Schüler Thaers, gelang es, eine umfassende Mineralstoff-Theorie aufzustellen. Seine Frage lautete, was eine Pflanze zum Gedeihen brauche außer Licht, Luft und Wasser, und er antwortete: Mineralstoffe. Damit schien die Humustheorie widerlegt, die besagt hatte, dass sich Pflanzen nur von solchen Stoffen ernähren können, die ihnen gleichartig seien. Als gleichartig angesehen wurde nur Humus. Seinem Lehrer Professor Thaer war diese

Entwicklung nicht geheuer und er lehnte die sich langsam entwickelnde Mineraldüngung mit Heftigkeit ab. Aber dem Erfolg, der am Ende mit einer neunzigprozentigen Steigerung der Erträge aufwartete, konnte keiner etwas entgegensetzen. 1825 nämlich war ein Schulversager aus Darmstadt namens Justus Liebig als Einundzwanzigjähriger in Gießen zum Professor ernannt worden und hatte dort ein pharmazeutisch-chemisches Institut gegründet. 1840 veröffentlichte er sein bahnbrechendes, sofort in vierunddreißig Sprachen übersetztes Werk »Die organische Chemie in ihrer Anwendung auf Agricultur und Physiologie«. Im selben Jahr war die Preisfrage im akademischen Wettbewerb der Universität Göttingen ganz auf die Grundlagen der Pflanzenernährung abgestellt. Sie lautete: »Werden die sogenannten anorganischen Elemente, welche in den Pflanzen gefunden werden, auch dann in den Pflanzen sich finden, wenn sie denselben nicht dargeboten werden? Und sind jene Elemente so wesentliche Bestandteile des vegetabilen Organismus, dass dieser sie zu seiner völligen Ausbildung bedarf?«

Noch waren Hungerkatastrophen als gesamtgesellschaftliche Erfahrung präsent.

In einer Biografie über Justus Liebig ist das Hungerjahr 1816, also »das Jahr ohne Sommer«, als prägende Erfahrung beschrieben. »Es war sein letztes Jahr am Gymnasium«, heißt es da. »Die dünnen Suppen füllten den Magen, aber sie machten nicht satt.« Liebig sei als Kind immer hungrig gewesen und habe, wie jeder damals, Bilder des verheerenden Elends mit angesehen. »Menschen lagen verhungert am Straßenrand. Bauern rissen Stroh von den Dächern, um das Vieh durchzubringen.«

1842 gelang Liebig die Entwicklung eines Mineraldüngers*, den er auch kommerziell ausbeuten konnte. Zwar war anfangs die Sache weniger erfolgreich als gedacht, denn Liebig machte die Mineralien schwer wasserlöslich aus Besorgnis, Regen könne sie sonst zu tief in den Boden einwaschen. Als sich das aber als Irrtum herausstellte, der anderthalb Jahrzehnte später korrigiert wurde, begann der Siegeszug der Mineraldüngung.

Nur ein Jahr jünger als Justus Liebig war John Deere (1804-1886), Sohn englischer Einwanderer in die USA. Seine Eltern waren arme Leute und er hatte nur kurz eine Schule besuchen können, sein Vater war bald auf Nimmerwiedersehen wieder in Richtung Heimat verschwunden. Als Hufschmied lernte der junge John Deere, auch Pflüge zu reparieren – und entwickelte 1837 den ersten selbstreinigenden Stahlpflug für die Bearbeitung des nordamerikanischen Präriebodens. Nur ein gutes Jahrzehnt später wurden schon 1.800 Stahlpflüge pro Jahr von John Deeres Unternehmen produziert. Vorausgegangen war dem in Amerika schon die Entwicklung einer höchst modernen Mähmaschine. Ein schottischer Farmer, der Amerika besuchte, schrieb an seinen Bruder zu Hause: »Eine Mähmaschine war im Jahre 1834 in Jacksonville in Gebrauch, und auf dem rasenähnlichen Boden der Prärie lässt sich diese und fast jede andere Art landwirtschaftliche Maschinen mit Gewinn einführen.« Besonders überzeugend für die Anwendung sowohl des Stahlpflugs als auch der Mähmaschine waren in Illinois die großen, ebenen Flächen des ehemals von riesigen Büffelherden beweideten Graslands.

Bis zur Mitte des 19. Jahrhunderts wuchs die europäische Bevölkerung beinahe um 50 Prozent, obwohl immer noch die Hälfte aller Kinder vor dem Erwachsenenalter starben. Alleine durch ihre Masse drängten die Menschen jetzt zunehmend gegen die eng gezogenen feudalen Grenzen.

Es war 1834, als der Medizinstudent und Schriftsteller Georg Büchner zusammen mit anderen in Darmstadt unter dem Motto »Friede den Hütten! Krieg den Palästen!« das Oppositionsblatt »Der hessische Landbote« herausgab. So eine starke, direkte Sprache, mit der das Elend der Bauern beschworen wurde, hatte man seit dem Bauernkrieg nicht mehr gehört. »Das Leben der Vornehmen ist ein langer Sonntag, sie wohnen in schönen Häusern, sie tragen zierliche Kleider, sie haben feiste Gesichter und reden eine eigene Sprache; das Volk aber liegt vor ihnen wie Dünger auf dem Acker. Der Bauer geht hinter dem Pflug. Der Vornehme aber geht hinter ihm und dem

Pflug und treibt ihn mit den Ochsen am Pflug. Er nimmt das Korn und lässt ihm die Stoppeln. Das Leben des Bauern ist ein langer Werktag. Fremde verzehren seine Äcker vor seinen Augen. Sein Leib ist eine Schwiele, sein Schweiß ist das Salz auf den Tischen der Vornehmen.«

Büchner und die mit ihm Verschworenen riefen zur Revolte auf, aber ihre Pläne gingen nicht auf, sie wurden gefangen oder sie schafften es zu fliehen.

Die Bevölkerung jedoch begann dennoch, sich zu organisieren – nicht zu Protest und Aufstand und auch nicht mehr nur für öffentliche Mildtätigkeit – beispielsweise für die Opfer der Sturmfluten und Überschwemmungen im Sietland. Vielmehr begann auf der Ebene eines praktischen Tätigwerdens die Entstehung einer Bürgergesellschaft. Neben den ersten freiwilligen Feuerwehren, Schützen-, Turn- und Singvereinen waren das auch landwirtschaftliche Vereine. Schon 1835 fand die konstituierende Versammlung des »Landwirtschaftlichen Provinzial-Vereins für den Landdrosteibezirk Stade« statt, also in unserer Region an der Niederelbe. Sein Zweck war »die Beförderung des Wohlstandes unter den Landleuten durch landwirtschaftliche Verbesserungen«. Landleute, das waren am Anfang vor allem die besser ausgebildeten Gutsbesitzer und Verwalter großer Höfe. Sie organisierten für sich und ihre Kollegen Vorträge und Lesekreise, kauften Sämereien für Gras- und Getreide ein und verteilten sie untereinander zu Versuchszwecken, regten den Runkel- und Zuckerrübenanbau an und dachten über regionale Zuckerfabriken nach. Die Kontinentalsperre und der fehlende Rohrzucker aus britischem Kolonialanbau hatten zu massiven Zuchtanstrengungen für die Zuckerrübe geführt. Auf breiter Grundlage sollte jetzt die Landwirtschaft gefördert werden – ganz im Sinne Thaers, nämlich als eines gewinnbringenden Gewerbes: »1. Durch Anregung der Vereins-Mitglieder zu Feldversuchen im kleinen Maßstabe, 2. durch Verbreitung einer geeigneten Lektüre unter den Mitgliedern des Vereines; 3. Förderung der Ausbildung der jüngeren Landwirte aus dem Vereinsbezirke durch praktische Lehre.«

Im Hannoverschen hatte die Landreform allerdings immer noch nicht zur allgemeinen Ablösung der Bauern geführt. Zwar war schon 1832 die Ablösung gewährt worden von William IV., dem letzten Hannoveraner, der noch von London aus regierte, einem eher liberal gesonnenen Herrscher. Der hatte sogar eine entschädigungslose Ablösung angeordnet, d. h. dass die hannoverschen Bauern den Grundbesitzern nichts hätten zahlen müssen. Als William IV. 1837 starb, war diese Verordnung noch nicht umgesetzt, und der Nachfolger, sein antiliberaler, erzreaktionärer Bruder Ernst August, nahm als Oberhaupt des durch den Wiener Kongress neu gekürten Königtums Hannover jedoch nicht nur die Ablösungsverordnung, sondern gleich die ganze Verfassung wieder zurück. Das führte u. a. zu Protest und Entlassung der berühmten Göttinger Sieben, jenen sieben freiheitlich gesinnten Professoren, unter ihnen die Gebrüder Grimm.

Bei der Ablösung von der Erbpacht hat der hannoversche Adel jedenfalls nicht nach einem Regelwerk gesucht, das im Sinne der Bauern gewesen wäre. Im Gegenteil war die Entschädigung der abzulösenden Reallasten derart üppig angesetzt worden, dass sie die Bauern von vornherein in Schulden stürzten.

So dramatisch reaktionär die Geschichte seit dem Sieg über Napoleon und der Wiedereinsetzung adliger Privilegien weiterging, so drängte ein langsam erstarkendes Bürgertum dennoch unablässig gegen seine gesellschaftliche Niederhaltung – auch an der Niederelbe. Beispielsweise wurde der freie Kapitalverkehr vorbereitet, 1837 die erste »Sparkasse des Landes Hadeln« gegründet, und der Landwirtschaftsverein wurde höchst aktiv in der Aufklärung und Erziehung der Landwirte. Er besorgte beispielsweise aus England kleine Modelle landwirtschaftlicher Geräte, um sie bei heimischen Schmieden in arbeitsfähiger Größe nachbauen zu lassen und auf dem Feld auszuprobieren – wie es auch Thaer in Möglin schon getan hatte. In den Versammlungsprotokollen des Vereins aus den ersten Jahren liest man von verbessertem Geräte und moderneren Mitteln zur Behandlung von Viehkrankheiten und Beseitigung von Pflanzenschädlingen. Ebenso gibt es da den Vorschlag, eine Bodenkarte für das gesamte Gebiet herauszubringen, unter anderem, um die Urbarmachung noch »wüster« Gegenden einzuleiten. Bei einer solchen Vereinsversammlung begegnen wir noch einmal dem Moorkommissar Witte als geladenem Experten, der den Mitgliedern zur Kenntnis bringt, dass die »Kultur der Möore« den Kolonisten tatsächlich »nicht ganz unbekannt« sei.

25. KAPITEL
HEUTE

Was ist heute ein Großbetrieb? Milch, Bohnen und fünfundzwanzig Schwalbennester.

IM AUGUST SITZE ICH MIT HANNES abends draußen beim Bier. Gerade habe ich ihm noch zugesehen, wie er mit Trecker und Frontlader die Strohrollen millimetergenau rangiert, wie er mal schnell, mal langsam anfährt, die riesigen Rollballen hebt und senkt, schiebt und zieht und um die Ecke bugsiert. Das Stroh haben sie vor ein paar Tagen geholt, sind am Abend nach eiligem Viehbesorgen mit zwei Treckern und vier Anhängern aufgebrochen und waren um Mitternacht zurück – mit dem Weizenstroh, das sie vor Wochen auf dem Halm gekauft hatten und auf Zuruf abholen mussten, sobald der Mähdrescher fertig und das Stroh trocken genug war.

Jetzt spannt sich über uns ein hellblauer Abendhimmel, in ihm vergehen langsam feine rosa Wolken. Nebenan das Brummen des Melkroboters, Klacken der Gatter. Über dem Hof kurven Schwalben. Von fern Kranichrufe. Sie sind früh dran, scheint mir. Oder haben sie den ganzen Sommer hier verbracht?

Als ich kam, bin ich gleich zu den riesigen Grassilagehaufen gegangen. Jetzt frage ich nach den Mengen.

»Kannste ja mal ausrechnen«, sagt Hannes und legt die Füße hoch. »60 Meter lang, 10 Meter breit, 3 Meter hoch, das sind 1.800 Kubikmeter.«

»Wie viel frisst eine Kuh am Tag?«

»Das rechnet man in Trockenmasse, also 15 Kilogramm Trockenmasse, das sind etwa 40 Kilogramm Futter.« Hannes krault die Hündin.

»Wie viele Kühe fressen wie lange an diesen 1.800 Kubikmetern Silage?«

Da bräuchten wir noch das Gewicht pro Kubikmeter. Aber jetzt gerade haben wir beide keine Lust auf die Rechnerei und nehmen lieber noch einen Schluck aus der Flasche.

»Ungefähr ein Jahr, kannst du rechnen, reicht der Haufen. Aber da wird ja noch kräftig Maissilage dazugefüttert«, sagt Hannes nach einer Weile. – In der Nacht wache ich ein paar Stunden nach Mitternacht auf. Es ist sehr still. Am Himmel eine unendliche Zahl von Sternen, klar und groß und strahlend.

Am Morgen kommt der Mann vom Qualitäts-Management, dem QM-Milch-Audit, eine Anhörung von Milchproduzenten samt Besichtigung ihrer Betriebe. Alle drei Jahre wird diese Qualitätsüberprüfung durch den Milchkontrollverein vorgenommen.

Wir sitzen beim Frühstück. Der Kontrolleur ist aus der Gegend, erfahre ich, seine Frau mit Waldemar zur Schule gegangen, ihr Sohn dann mit Hannes.

Zunächst wird alles draußen kontrolliert: Ställe, Melkstände und Fütterungsanlagen, dazu die Maschinenhalle, außerdem Stallbüro, Milchtank- und Kühlanlage. Danach geht es drinnen weiter mit der Dokumentation.

Dokumentation von was, frage ich.

Waldemar hebt die Augenbrauen und sagt beim Ausatmen: »Von allem.«

Und so ist es denn auch.

Anna, die mit der Buchhaltung betraut ist und ohne deren ständiges Ordnen und Einheften der Papiere hier ein heilloses Chaos von Zetteln herrschen würde, hat die Leitzordner auf den Tisch aufgetürmt. Der QM-Mann öffnet seinen Laptop und trägt die Ergebnisse immer gleich in die Checkliste ein. Tags zuvor war ein Fax auf dem Hof angekommen mit einer langen Liste von Unterlagen, die bereitzuhalten seien. Insgesamt wird nach siebzehn Kriterien überprüft. An erster Stelle steht die Gesundheit der Kühe und damit der Milch.

Ein Betreuungsvertrag mit dem Tierarzt muss ebenso vorgelegt werden wie die Ergebnisse der Milchgütebewertung durch die Molkerei, insbesondere die Zellzahluntersuchung des letzten halben Jahres, dabei geht es um mögliche Krankheitserreger in der Rohmilch, die Infektionen anzeigen können; auch die Ergebnisse der Erregertests zur Mastitisbehandlung werden kontrolliert, Hinweis auf die generelle Gesundheit der Euter in der Kuhherde. Zu dieser Prüfung gehört auch die Produktinformation über die benutzten Dippmittel, d. h. jenen antibakteriellen Cocktail, in den die Milchzitzen bei jeder Melkung kurz eingetaucht werden – auf der Liste das erste sogenannte K.o.-Kriterium. Wer sich hier nicht regelkonform verhält, muss damit rechnen, dass seine Milch von der Molkerei nicht mehr angenommen wird.

Dann Fragen nach dem Bestandsregister: Sind alle Kühe und Kälber verzeichnet, sind Zugänge und Abgänge eingetragen, liegen alle Rinderpässe vor – dem seit 1998 europaweit eingeführten Dokument, das die Lebensdaten eines Rinds verzeichnet, eingeführt nach der besonders in Großbritannien 1992 massenhaft aufgetretenen Tierseuche BSE, auch Rinderwahnsinn genannt. Sind alle Kalbungen, Krankheiten, Verkauf und mögliche Vorbesitzer vermerkt? Eine Fehlanzeige hier wäre wieder ein Ausschlussgrund.

Weiter geht es noch einmal mit der Hygiene: Verlangt wird ein Protokoll bzw. der Prüfbericht über die letzte Abnahme der Melkanlage, Aufzeichnungen über die monatliche Kontrolle ihrer Reinigung und Desinfektion samt Ergebnis der bakteriologischen Untersuchung des eigenen Wassers.

Nun das Tierfutter: Liegen die Lieferscheine über alle Futtermittelzukäufe der letzten fünf Jahre vor, als da sind Mischfutter, Mineralfutter, Einzelkomponenten? Falls nicht, ist auch dies ein Ausschlussgrund. Selbst »Futtermittelzukäufe von anderen Landwirten, auch Zukäufe ab Feld« müssen dokumentiert sein – das gilt beispielsweise für den kürzlichen Strohkauf. Und falls die verkaufenden Landwirte nicht auf einer entsprechenden Liste geführt sind, braucht man dazu noch »Unbedenklichkeitsbescheinigungen für zugekaufte Futtermittel«.

Danach sind »die Nährstoffanalysen der verfütterten Silagen«, die Dokumentation für den »Arzneimitteleinsatz der letzten 5 Jahre« samt tierärztlicher Nachweise und der »Nährstoffvergleich nach Düngeverordnung«[1] nur noch ein Kinderspiel. Wenn bei einer K.o.-Verordnung ein Mangel festgestellt wird, macht man einen zweiten Termin aus, dann einen dritten.

»Und was geschieht danach?«, frage ich.

»Na ja«, sagt der Mann vom Audit, »so ein Betrieb ist wahrscheinlich sowieso am Ende. Jedenfalls wird die Milch nicht mehr angenommen. Da fährt der Tankwagen dann vorbei, das würde den Nachbarn auffallen und das ist einem Bauern peinlich. Obwohl«, er lacht verlegen, »der Tankwagen fährt ja inzwischen fast überall vorbei.«

Waldemar nickt nur. Allein in Niedersachsen haben in den letzten fünfzehn Jahren über 10.000 Milchviehbetriebe aufgegeben, im letzten Jahr waren es weitere 5,6 Prozent. Bis Mai 2019 ist die Zahl der Milchvieh haltenden Betriebe in Deutschland auf 61.087 geschrumpft – 2010 hatte es noch 89.763 gegeben.

Der Mann von der Qualitätskontrolle geht auf seinem Tablet weiter durch die Liste, blättert in den Akten, macht Häkchen in den vorgeschriebenen Kästchen, schiebt Akten beiseite, kriegt neue hingeschoben.

Man spricht über dies und das, zum Beispiel darüber, dass auch der letzte Hausarzt im nächstgelegenen Marktflecken jetzt aufgegeben hat. Sie zählen auf, dass es in einem anderen Ort noch zwei gebe, in einem weiteren noch einen Dritten.

»Den kriegen wir auch noch tot«, sagt der Mann vom Audit und erschrickt selbst ein bisschen über diese Brutalität. So voll sei es da, dass man trotz Terminvergabe drei bis vier Stunden warten müsse.

Ich staune. Früher konnten in den genannten Orten je fünf Arztpraxen leben.

»Das könnten sie auch heute noch. Aber die alten Ärzte finden keine Nachfolger, die Jungen, heißt es, wollten nicht mehr aufs Land.«

Kleine regionale Nachrichten machen am Tisch die Runde, öfter fällt der Begriff ›Großbetrieb‹.

Ich frage nach: »Was ist ein Großbetrieb?«

»Vor zehn Jahren wäre dies ein Großbetrieb gewesen«, sagt der Audit-Mann und klopft auf den Tisch. »Hundert Kühe, das war ein Großbetrieb. Heute zählt einer als groß – na, so ab fünfhundert Kühen vielleicht.« Man hört seinem fragenden Ton an, dass sich die Grenzen offenbar laufend weiter verschieben. Sind es inzwischen vielleicht schon achthundert Kühe, die einen Betrieb zu einem Großbetrieb machen?

Es existieren, so erfahre ich, im Einzugsbereich seiner Molkerei zwei solcher Betriebe.

»Die melken da pro Melkung – also zweimal am Tag – je vier Stunden lang.«

Er schüttelt den Kopf. Sie haben natürlich Arbeiter, erzählt er. Aber er gehe da nicht gerne hin, weil man sich mit den Leuten nicht verständigen könne. Meist seien es Rumänen, sehr nette, freundliche Menschen, aber ohne Deutschkenntnisse. Viele sind auch schnell wieder weg. Er hat gehört, sie nähmen wohl lieber Saisonarbeit in der Gemüseernte in der Pfalz an. Da kämen sie wenigstens zwischendurch mal nach Hause. Und außerdem stelle man ihnen für die Erntesaison ganze Containerdörfer hin, da wäre es für sie dann fast wie zu Hause, denn die Nachbarn aus ihren Dörfern seien auch da.

Waldemar hat gehört, dass die rumänischen Arbeiter hier inzwischen ihre Gummistiefel und Melkschürzen selbst mitbringen müssen, weil jeder, der wieder gegangen ist, seine Schürze und seine Stiefel mitgenommen hat.

»Dat wat mi to düer«, hat der Bauer gesagt. Das wurde ihm zu teuer.

Am Nachmittag fährt Waldemar weiter die Gülle aus, während ich mit Anna ein paar Dörfer weiter ihren elterlichen Hof besuche. Dort kümmert sie sich um den Gemüsegarten und wir wollen heute Bohnen pflücken. Eine Hälfte der Ernte kocht sie für sich ein, die andere für Vater und Bruder.

Um den Hof herum wiegen sich alte Bäume im ruhigen Sommerwind. Dahlien blühen, und an den Apfelbäumen sitzen kleine grüne Früchte. Wir pflücken und schneiden gemeinsam die grünen Bohnen. Ich frage Annas Vater nach den Verhältnissen früher. Es gab in diesem alten Moordorf, das einige Hundert Jahre älter ist als unseres, einmal vierzig Höfe.

»Heute sind es noch sieben«, sagt er, »einer davon ein Biobetrieb.«

Und wie viele Menschen wohnten hier?

»Mindestens sechshundert. Heute die Hälfte.«

Arbeitsplätze gab es vor fünfzig Jahren nicht nur in der Landwirtschaft. In diesem Dorf alleine konnten mehrere selbstständige Zimmerleute und Schmiede gut leben. Dazu kamen einige Gasthäuser und Geschäfte, man hatte einen Schneider, einen Friseur und einen Schuster. Wo die heutigen Einwohner arbeiten, wisse man gar nicht mehr. Jedenfalls arbeiteten sie nicht im Dorf.

Über unseren Köpfen flitzen die Schwalben hin und her. Und weil wir gerade bei Zahlen sind, frage ich nach der Zahl der Schwalbennester auf dem Hof.

Vater und Sohn zählen in Gedanken die Scheunen und Ställe durch und kommen auf sechsundzwanzig Nester. Und wenn pro Nest etwa zehn junge Schwalben aufgezogen würden – nämlich mindestens zwei Bruten –, dann macht das 260 Schwalben alleine auf diesem Hof.

Sie staunen selbst über die Zahl – und klären mich darüber auf, dass die Schwalben aus der ersten Brut den Eltern bei der Aufzucht der zweiten Brut helfen.

Vom Garten aus können wir die Dorfstraße sehen.

Jedes Gefährt, das dort entlangfährt, wird kommentiert. Einer der Vorbeifahrenden ist der Biobauer des Dorfs. Seine Milch bringt im Verkauf, so sagen sie, auch nur zehn Cent mehr als die Milch der anderen. Dafür darf er keine Unkrautvertilgungsmittel, also Herbizide, und keine Pestizide, also schädlingsbekämpfende Mittel, spritzen.

»Der spritzt nachts!«, sagen sie und lachen. Aber das ist nicht ernst gemeint. Sie wissen, dass Biobetriebe ebenso scharf von ihren Organisationen überprüft werden wie sie von den ihren. Im Übrigen finden sie, dass bei der vielen zusätzlichen Handarbeit auf einem Biobetrieb die Erzeugerpreise für ihre Produkte wesentlich höher sein müssten. Tatsächlich habe ja die Biobäuerin, von der ihr Nachbar die Kühe gekauft hat, inzwischen aufgegeben. Es habe sich nicht mehr gelohnt.

Jetzt fährt einer mit dem Trecker vorbei, der transportiert auf einem riesigen Anhänger Mist, den er bei einem anderen gekauft hat. Ein Zweiter komme, sagt der Vater, im Moment täglich mit zwei Anhängern voller Strohballen vorbei und kehre abends mit leeren Anhängern zurück. Wer da wem und was liefert, wird spekuliert und kommentiert. Auf Plattdeutsch, natürlich, nur mit mir sprechen sie Hochdeutsch.

Annas Vater, der auf diesen Hof vor fünfzig Jahren eingeheiratet hat, erzählt, wie er als Fünfzehnjähriger täglich aus dem Haus musste, um bei Marschbauern Geld zu verdienen. Seine Mutter war früh verwitwet und hatte ihre Kinder alleine durchbringen müssen.

»Abends haben wir bei den Bauern noch gegessen, bevor es mit dem Motorrad oder Fahrrad nach Hause ging. Bei manchen gab es gutes und reichliches Essen, bei anderen nicht, die waren geizig. Man wusste vorher, bei wem das so war, und sah jedes Jahr zu, dass man nicht zu denen kam.«

Im Moor haben Marschbauern bis heute keinen so guten Ruf.

26. KAPITEL

HEUTE

Der Mais hat die Fahnen geschoben – und produziert mehr Sauerstoff als ein Laubwald.

SCHON LANGE HATTE ICH WALDEMAR GEBETEN, mit mir einmal zu allen Weiden und Äckern zu fahren, die inzwischen zum Hof gehören oder in Pacht von ihm bewirtschaftet werden. Nie hatte er Zeit gehabt. Aber jetzt soll es nach dem Frühstück losgehen. Manchmal ist Ende August ein guter Zeitpunkt: Die entscheidenden Ernten des Jahres, die ersten drei Grassilagen, sind eingebracht, die letzte große Anstrengung, die Maisernte, liegt noch in einiger Ferne. Außerdem geht heute ein leichter Nieselregen, auf den Feldern kann nicht gearbeitet werden. Und vielleicht, denke ich, hat er sogar Spaß daran.

Es ist, wie sich zeigen wird, eine kurze, aufschlussreiche Reise – auch in einen ganz anderen Blick auf das Land. Denn was ich sehe und was Waldemar sieht, unterscheidet sich radikal. Er kennt die Böden und weiß, was er gedüngt und gesät hat, welche Ernte zu erwarten steht, welche Risiken es gibt.

Ich vergleiche mit der Vergangenheit.

Wir fahren zuerst zu den am weitesten entfernten Flächen, um uns dann in enger werdenden Kreisen langsam wieder dem Hof zu nähern. Zu Beginn geht es durchs Nachbardorf und nach Norden – zur Sumpfdotterwiese, so nenne ich sie insgeheim, denn die Sumpfdotterblumen blühten an den Rändern der Gräben besonders dicht in ihrem satten Gelb.

Auf dem Weg dorthin sehen wir große Heurollen auf vernässten bzw. nicht entwässerten Naturschutzwiesen. Zwei Kraniche stolzieren zwischen ihnen umher. Als ich darauf zeige, sagt Waldemar etwas abfällig, ja, man fände da immer noch einen Dummen, der ihnen das Gras mähe.

»Wer ist ›man‹?«

Die Wiese gehöre dem Landkreis und werde vom Naturschutzbund gemanagt.

»Und warum ist der Mäher ein Dummer?«

Ach, das sage er nur so. Dann holt er tief Luft.

»Der Witz ist für mich, dass das Gras gemäht wird. Das zeigt, dass dieser ›natürliche‹ Zustand eben keiner ist. Man stellt hier nur genau den Zustand her, den man gerne haben will, und nennt ihn dann Natur – obwohl es weiter Kulturlandschaft bleibt. Aber die Städter fallen darauf rein und lassen sich von den Blümelein rühren.«

Ich fühle mich ertappt, benenne die Wiese, zu der wir unterwegs sind, ja auch nach den Blumen, die zur Zeit unserer Kindheit unter den Erlen geblüht haben.

Vielleicht spricht in Sachen Natur immer das Kind mit.

Wir überqueren einen der typischen Randkanäle, die inzwischen um einiges höher liegen als die Weiden und Wege rechts und links von ihnen. Gebaut wurde auch dieser Randkanal als Teil eines zusätzlichen Entwässerungssystems in den 1960er-Jahren, das erst durch das Auffangen des Wassers aus der höher gelegenen Geest die Überschwemmungsgefahr im Sietland wirklich bannte. Ein ausgeklügeltes System von Wehren und Pumpen befördert das Wasser Stufe um Stufe über den Hadelner Kanal in die Elbe.

Wir biegen von der Straße ab. Die alte Grünfläche ist inzwischen um eine benachbarte Wiese fast verdoppelt worden. Vor zwei Jahren haben Waldemar und Hannes zweieinhalb Hektar neu hinzugepachtet und frisch angesät.

Gleich versperrt uns den Weg ein schwerer Ast, der von einem Baum herabgebrochen ist. Um ihm auszuweichen, sind einige Fahrzeuge über das Grundstück meines Bruders gefahren, dort sieht man tiefe Treckerspuren. Waldemar ist gleich klar, wer es gewesen sein könnte, schließlich weiß er, wessen Land nur so erreichbar ist, und er fragt sich, ob der inzwischen bei der Gemeinde angerufen hat, damit das Hindernis beseitigt wird.

Ich wundere mich. »Den Ast kann man doch in null Komma nichts selbst absägen!«

Natürlich könnte man das. Aber man darf es nicht. Der Weg ist Gemeindeland.

»Eingriffe in die Natur sind Chefsache. Wir sind nur die Bauern.«

Inzwischen wieder auf dem Rückweg durchs Nachbardorf, fahren wir vorbei am Haus eines Mannes, der aus unserem Dorf stammt; er ist der Sohn des alten Milchwagenfahrers, der damals die leckersten Bontjes der Welt in seiner Hosentasche hatte. Mit ein wenig Nachhilfe kenne ich noch die Bewohner der Häuser, an denen wir vorbeifahren, oder die Fahrer der Traktoren, die uns entgegenkommen. Wenn ich sie nicht mehr kenne, erinnere ich mich an ihre Eltern. So tragen alle Häuser, Weiden und Felder für uns gewissermaßen Familiennamen. Wir biegen in eine schmale Zufahrtsstraße ein, vorbei am Wohnhaus einer Familie mit vier Töchtern.

»Guck mal, da habe ich gerade Gülle gefahren«, sagt Waldemar. Er zeigt nach links und rechts rund um das Haus herum.

»Oh, dann werden die dich ja sehr lieben«, sage ich und denke an den Gestank.

»Das tun sie auch!«, sagt er. »Wir bringen nämlich die Gülle mit der Schleppschuhtechnik* ganz nahe am Boden aus, da läuft sie fast schon in die Erde rein und wird nicht in die Luft geschleudert. Dadurch stinkt sie fast gar nicht.« Als wir am Haus entlang zurück zur Straße fahren, winkt dort vom Küchentisch aus tatsächlich ein junges Mädchen meinem Bruder fröhlich zu.

Neben dem Weg zum nächsten Feldstück und fast schon auf ihm sind mehrere Ladungen Mist abgekippt worden. Ich sehe nur einen großen Haufen Mist. Aber Waldemar sieht den Kleinkrieg, der sich in ihm ausdrückt. Er erklärt mir, dass hier ein Landwirt seinen Mist vor die Auffahrt zu seinem Feld gekippt hat, um ein Befahren seines Grundstücks unmöglich zu machen. »Die Herren der hiesigen Biogasanlagen«, so Waldemar, »fahren inzwischen die Gülle mit Lkws aus.« Deren Container-Wagen werden in der Flur abgestellt, bevor Arbeiter des Unternehmens die Gülle von dort in die Güllewagen aufnehmen und dann auf den großen Maisflächen der Energieproduzenten verteilen. So einen Güllecontainer hat nun einer offenbar immer wieder ungefragt auf dem Land des Bauern abgestellt und auf dessen Anrufe nicht reagiert. Der Mist vor der Auffahrt ist ein Stück Selbsthilfe.

Zu den nächsten Grundstücken geht es ins Meckelster Moor. An der Böschung des Randkanals steht ein schlanker, grauer Reiher und starrt ins Wasser.

Die an der Straße ins Moor gelegenen Höfe wurden einmal Fünfhausendorf genannt. Jetzt fahren wir an den abgebrochenen, eingestürzten und sogar abgefahrenen Gebäuderesten vorbei, die Hofstellen von Büschen und Bäumen überwachsen. Zu nass ist es den Menschen geworden, zu einsam und zu arm. Es hat an zwei oder drei Stellen Neuanfänge im Laufe der letzten Jahrzehnte gegeben. Leute aus der Stadt bauten sich ärmliche Ruinen zu schmucken, strohgedeckten Wohnhäusern aus, dazu kleine Ställe für ein paar exotische Tiere. Aber die Zeburinder haben sich die Wölfe geschnappt, und eine alleinlebende Journalistin wurde erst Tage später in ihrem Haus gefunden, nachdem sie weit von ärztlicher oder auch nur nachbarschaftlicher Hilfe an einem Herzversagen gestorben war. Ein erfolgreiches Jungunternehmerpaar zog wieder fort, die täglichen Wege waren ihnen zu weit geworden.

Gras und Mais bestimmen das Bild. Die meisten Flächen werden von zwei Betreibern großer Biogasanlagen bewirtschaftet, und so habe ich die Folgen der staatlichen Förderung erneuerbarer Energien vor Augen. Der zornige Mainstream nennt es Vermaisung.

Langsam fahren wir auch an jenen Maisfeldern vorüber, bei deren Aussaat ich im April dabei war.

»Er hat schon die Fahnen geschoben«, sagt Waldemar.

»Wer? Welche Fahnen? Wo?«

Er lacht. »Der Mais. Diese bräunlichen Rispen, die an der Spitze der Pflanze nach oben streben, die nennen wir die Fahnen. Es sind die männlichen Blüten. Die weiblichen Blüten liegen in den ›Astgabeln‹ der Blätter, aus ihnen wachsen nach der Bestäubung dann die Maiskolben. Wenn die Fahnen geschoben sind, hört das Längenwachstum der Pflanze auf und das Wachstum der Kolben beginnt.«

Wir steigen aus dem Auto und gehen ins Maisfeld hinein. Waldemar hat einen Zollstock dabei: Zwei Meter neunzig ist die Durchschnittshöhe, ein guter Stand. Er hebt im Gehen die Arme, ich mache es ihm nach, so stapfen wir durch das Maisfeld, und wenn einer von uns nach links oder rechts abbiegt, ist er dem anderen schnell aus dem Blick geraten. Der Mais prahlt, nennt Waldemar den guten Stand, und er vergleicht die zwei verschiedenen Sorten, die er hier gelegt hat, die frühere und die spätere. Zwar wurden sie gleichzeitig gesät und werden auch gleichzeitig geerntet, aber ihre Standorte sind unterschiedlich – der eine feuchter als der andere, mit mehr Schatten oder Sonne belegt, mal im potenziellen Wärmestau und damit einem noch stärkeren Wachstum. Solche Bedingungen entscheiden, welche Sorte wo angepflanzt wird.

»Und dann kann das Wetter einem immer noch einen Strich durch die Rechnung machen«, sagt Waldemar, der seine Böden kennt und jetzt die Resultate seiner Entscheidung begutachtet. Bisher sehe es zwar nach einer guten Ernte aus, aber erst das Wetter der letzten vier Wochen vor der Ernte entscheidet über die Qualität der Kolbenreife. Er reißt ein paar Kolben ab, die schon groß sind, wir beißen rein, die Körner sind noch sehr milchig.

»Wann sind sie reif?«

Er wiegt den Kopf: »Je nach Standort, Düngung, Sorte und Wetter«, und lässt sich weiter auf keine Eindeutigkeiten ein. Um mehr zu verstehen, muss man mehr wissen. Zum Beispiel braucht der Mais Ende Juli, Anfang August das meiste Wasser, nämlich wenn der Kolben ansetzt, der dann beeindruckende 50 – 60 Prozent des Masseertrags der Ernte ausmacht. Sein Anteil am Energieertrag ist noch weit höher. Verschiedene Sorten besitzen verschiedene Eigenschaften, manche vertragen mehr Feuchtigkeit, andere haben eine frühere Reifezeit. Und in fast jedem Jahr wird weiter experimentiert, veranstalten die Landwirtschaftskammern sogenannte Feldtage, an denen interessierte Landwirte sich Felder mit verschiedenen Sorten auf verschiedenen Standorten ansehen und diskutieren, welche Sorte zu welchem Standort am besten passt. Dabei geht es auch um neu zugelassene Sorten, um Bodenbearbeitung, Düngung, Unkrautbefall und wann die Ernte zu erwarten ist. Wegen des kalten Frühjahrs würde es in diesem Jahr wohl später werden, etwa Mitte bis Ende Oktober.

Wir steigen wieder ins Auto, und auf der Fahrt zu den nächsten Feldstücken erwähnt Waldemar, der natürlich meinen ›Vermaisungsblick‹ kennt, dass ein Hektar Mais durch seinen Stoffwechsel den täglichen Sauerstoffbedarf von sechzig Menschen deckt. Oder anders gesagt: Mais produziert zwei bis vier Mal so viel Sauerstoff wie ein Wald. Das sind an einem sonnigen Tag 470 Kubikmeter, ein Hektar Buchenwald schafft nur etwa 94 Kubikmeter.

Noch einmal müssen wir einen Randkanal überqueren. Auf einem birkenbestandenen Feldweg macht mich mein Bruder aufmerksam, dass der Weg sich hier tatsächlich senkt – zum »eigentlichen Sietland«, wie er sagt. Auch hier steht das Gras nach dem dritten Schnitt schon wieder sehr hoch.

Etwas weiter liegen die Wiesen noch tiefer, sie sind sehr feucht, teilweise steht sogar Wasser auf dem Land, so sehr hat es wieder einmal geregnet. Hindurch führen neue Gräben, die ich von früher nicht kenne – was ungewöhnlich ist, denn sonst sind es eher weniger Gräben geworden.

In einiger Entfernung sehen wir kleine dunkle Formen am Boden. Sind es Vögel? Im Näherkommen erkennen wir Bekassinen, bestimmt zwanzig oder dreißig Tiere, unverwechselbar mit ihren langen, gebogenen Schnäbeln.

Neben ihnen ragen Pfähle aus dem Boden, um die Lage der Überlandleitungen für Gas in der Erde kenntlich zu machen.

»Die werden auch immer höher«, sage ich verdutzt – bis ich begreife, dass natürlich der Boden abgesunken ist.

Wir fahren über die Mühe, von uns immer nur ›der Kanal‹ genannt, über dessen alte Holzbrücke wir als Kinder im Sommer so oft barfuß gelaufen sind.

Die Brücke ist ein Ort von Geschichten. Ganz früher einmal rutschte die halbe Heuernte vom hoch beladenen Heuwagen, den unser Vater mit dem ersten kleinen Trecker zu schnell über die Brücke gezogen hatte. Unsere Mutter wäre dabei fast in den Kanal gestürzt. Und Monate nach meinem Besuch mit Waldemar wird die Brücke einbrechen, und mein Bruder mit dieser schlechten Nachricht vom Feld zurückkommen – und mit der guten, dass er es gerade noch mit Güllewagen und Trecker zur anderen Seite geschafft hatte.

Jetzt weist er mich darauf hin, wie viel höher das Land rechts des Kanals ist als links. Dass dies trotz der Maisbepflanzungen sichtbar ist, liegt an den Grünstreifen, von denen das Maisfeld großzügig umrahmt ist.

»Mit dem breiten Rand ist es insgesamt ein besseres Arbeiten«, sagt Waldemar. »Und auch für die Wildtiere ist es angenehm. Aber sofort haben solche grünen Ackerstreifen die Definition als Grünland weg, und das darf dann nicht mehr umgebrochen werden. Also müssen wir, um flexibel zu bleiben, im nächsten Jahr den Mais näher an die Trift* und an den Kanal ransäen.«

Manchmal fällt einem nichts mehr ein dazu, wie durch ›grüne‹ Vorschriften ohne vorherigen Dialog das genaue Gegenteil erreicht wird von dem, was erreicht werden sollte.

Waldemar zeigt mir das alte, nahezu unsichtbar gewordene Netz der Wege.

Ich kann mich an den ›Branddamm‹ erinnern, der seinen Namen durch ein Feuer erhielt, das Onkel Edu außer Kontrolle geraten war, sodass die Feuerwehr eingreifen musste. Er hatte das stark verfilzte Gras und Brombeergebüsch auf diesem Damm, der höher lag als die bearbeiteten Weiden drum herum, angezündet, um den Weg über unser Land hinweg zu einem seiner Feldstücke frei zu kriegen.

Dieser alte Weg liegt immer noch ein wenig höher als die unmittelbare Umgebung. Auch andere alte Wege erkennt man daran, dass zwei Flächen voneinander geschieden sind durch verschiedene Höhen. Waldemar weist auf sie hin. Manchmal gibt es deutliche Zeichen, etwa einen Baum oder Busch. Hier kann mir mein Bruder die wechselnden Eigentums- und Pachtverhältnisse der letzten fünfzig Jahre aufzählen. Was ich davon behalte, ist, dass Ländereien, die einmal drei oder vier Bauern gehört haben, inzwischen nur noch von einem bearbeitet werden.

Auf dem Weg zurück frage ich, wie viel Hektar von ihnen insgesamt bewirtschaftet werden. Es sind inzwischen fünf Mal so viel wie am Anfang vor sechzig Jahren, höre ich. Die Hälfte ist Mais, die andere Hälfte Grünland.

»Und immer noch nicht genug?«

Er zieht die Augenbrauen hoch. »Genug wofür?« Und setzt grimmig hinzu: »Zum Überleben als Milchbetrieb wäre genug, wenn der Milchpreis 20 Cent höher wäre.«

Jetzt habe ich ihm die Laune verdorben.

Schweigend fahren wir nach Hause.

An den Grabenrändern stehen Brombeersträucher, ihre Früchte sind unreif und leuchten rot.

27. KAPITEL
HEUTE UND DAMALS
Ein Kind fliegt durch die Luft. Wie sich Gerda an den Anfang und an die Visiten erinnert.

HEUTE BESUCHE ICH GERDA, sie ist inzwischen dreiundachtzig Jahre alt und lebt, seit ihr Mann gestorben ist, alleine in dem großen Bauernhaus.

Seitlich gehe ich an ihrem so schön angelegten Garten entlang, in dem jedes Blumenbeet mit niedrigem Buchsbaum eingerahmt ist. Aber die wenigen Rosen, Astern und ein paar Zinnien sind verwildert und verstraucht, Verblühtes überwuchert die alte Anlage, Gerda hat nicht mehr die Kraft, sie zu pflegen.

Die Hausherrin begrüßt mich in der Küche, führt mich gleich in die Stube. Jedes Mal, wenn ich sie in den letzten Jahren gesehen habe, habe ich mich über ihre schneeweißen Haare gewundert, dabei hat sie die jetzt schon so lange.

»Was willst du wissen?«, fragt sie mich.

»Alles«, sage ich und wir lachen.

Die Zimmerdecken sind niedrig, wie überall in den alten Häusern. Es ist kühl und dunkel hier. In der Stube setzt sie sich in ihren Fernsehsessel, über dem Sofa hängen Farbfotos von Kindern und Enkeln. Als ich später einmal zur Toilette gehe, führt sie mich über eine große Diele zu Bad und Waschküche, früher belebte, bewohnte, bewirtschaftete Räume, jetzt aufgeräumt und leer.

Es schmerzt, diese Leere um sie herum zu sehen.

Gerda stammt aus Arnoldsdorf in Westpreußen, heute Polen. Als ihre Mutter mit ihr und zwei älteren Schwestern 1945 auf die Flucht ging, war Gerda zwölf Jahre alt.

»Ein Pole hat uns geholfen, unbeschadet mit Pferd und Wagen herauszukommen«, sagt sie. Zuerst kamen die vier Frauen in ein Geestdorf etwa zwölf Kilometer von hier entfernt. Die Federbetten hatten sie mitgenommen, mussten auf dem Weg nach Westen in jenem harten Winter oft draußen auf dem Ackerwagen schlafen. Zwei Jahre ist sie dann hier an der Niederelbe noch zur Schule gegangen, bevor sie im Nachbardorf ihre erste Stellung antrat.

Ist sie je wieder in Arnoldsdorf gewesen?

Sie schüttelt heftig den Kopf, und fast glaubt man in diesem Moment, sie sei überhaupt nie mehr irgendwo anders gewesen als hier. Als habe sie immer nur gesehen, was gerade vor ihr lag, was zu tun war. Sich umzusehen blieb keine Zeit. Das war auch so geblieben, nachdem sie die Landwirtschaft aufgegeben haben, da hat sie ihren Ehemann bis zu seinem Tod gepflegt.

»Wie habt ihr euch kennengelernt, Erich und du?«, frage ich.

Sie lächelt, wie es die meisten Menschen bei dieser Frage tun.

»Ich wollte mich nicht für drei Groschen kaufen lassen.«

Zufällig habe sie auf einer Hochzeit neben ihm gesessen. Als der Hut rumging, um die drei Groschen einzusammeln – je einen für die Köchin, die Suppenaufträger und den Inbitter, also Einlader –, stellte sie fest, dass sie ihr Portemonnaie vergessen hatte. Sie wollte aufstehen, um es zu holen. Der fremde Tischherr aber sagte, er habe wohl noch drei Groschen mehr dabei und sie bräuchte jetzt nicht nach Hause zu gehen. Als sie ihm das Geld später wiedergeben wollte, weigerte er sich, es anzunehmen. Und da hat sie es ihm aufgedrängt mit den Worten, sie würde sich doch nicht für drei Groschen kaufen lassen!

Erich war nach seiner Entlassung aus der Gefangenschaft alleine aus Pommern gekommen in eine Kleinstadt an der Elbe, zu seinem Onkel.

»Aber er wollte immer einen eigenen Betrieb haben, denn nur so konnte er seinen Eltern und seinem lungenkranken Bruder ein Zuhause geben. Sie alle zogen aus der DDR, wo die übrige Familie inzwischen gelandet war, zu uns auf den Hof.«

Die damalige Besitzerin des Hofs, den sie zunächst nur verpachtet hatte, war ein zweites Mal Witwe geworden und hatte zudem beide Söhne durch den Krieg verloren. Sie verkaufte den Hof und die Hälfte des Landes an den jungen Mann aus Pommern und seine Frau aus Westpreußen und ließ sich auf der Vorweide gegenüber ein Haus bauen. Sie holte ihre Nichte aus Fünfhausendorf und deren Mann zu sich, die auf der Hälfte des Landes von der alten Hofstelle eine kleine Landwirtschaft betrieben.

Gerda und Erich heirateten, kauften den Hof mithilfe eines staatlichen Kredits – und nahmen sowohl Gerdas Schwiegereltern und den lungenkranken Schwager als auch Flüchtlinge auf, eine Frau mit ihrer erwachsenen Tochter. Das war 1955.

»Wie war der Anfang hier?«, frage ich.

Sie sieht lange auf ihre im Schoß liegenden Hände und hebt sie schließlich ein wenig an.

»Ja, wie war der Anfang. Wir hatten zwei Kühe, ein Kalb, zwei Pferde und zwei Ackerwagen, von denen einer noch eisenbeschlagen war. Dazugekauft haben wir uns vier Ferkel, die wir gemästet und dann im Herbst verkauft haben. Das haben wir dann jedes Jahr so gemacht, eine eigene Sau, wie die anderen, haben wir nie gehalten.«

Ich frage, ob es auf dem Hof noch ein Backhaus gegeben hat.

»Nein, das kannte ich nur aus der Geest«, sagt sie. »Da haben an manchen Tagen ein paar Familien gemeinsam Brot gebacken. Und am Ende, wenn der Stein schon nicht mehr so heiß war, haben wir Kräuter zum Trocknen reingelegt. Wir Mädchen haben, angeregt von der Schule, Heilkräuter gesammelt – Brennnessel und Kamille. Aber hier im Dorf habe ich das nicht erlebt, nicht das gemeinsame Backen und nicht das Kräutersammeln.«

Ich frage nach dem Torfstechen.

Das zum Hof gehörige Torfstück hatte die vorherige Besitzerin behalten, aber man hatte für sich ein kleines Stück an einer anderen Stelle gekauft. Unten in der Grube haben die Männer den Torf gestochen, das machten ihr Mann und der Schwiegervater. Sie selbst hat mit einer Nachbarin die schweren, nassen Soden auf ein Brett gelegt, vor das ein Pferd gespannt war, das es dann von der Grube wegschleppte. Dort hat man es ein Stück weiter Reihe auf Reihe zum Trocknen aufgesetzt.

»Das war schwere Arbeit, aber es musste gemacht werden, das billigste Heizmaterial für die Kachelöfen war nun mal der eigene Torf. Die Winter waren kalt und nass.« Und gleich erinnert sie sich an die ›Wärmesteine‹ – eine ovale Keramik, in der Mitte ein Loch und glasiert wie die Kacheln der Kachelöfen. Die legten sich die Alten zum Aufheizen in die Wärmefächer der Kachelöfen und dann zum Anwärmen in ihre Betten.

Sie schweigt einen Moment. Dann sagt sie: »Ich hatte es mir nicht so schwer vorgestellt, das Leben hier. Erich hat ja den Hof im Sommer gesehen, der Roggen stand gut, alles war grün, das Vieh sah gesund aus. Aber dann kamen die nassen Frühjahre mit den Feldern unter Wasser. Im Spätsommer hatte sich das Getreide vom vielen Regen hingelegt, man konnte nicht mit dem Binder* rein, da mussten wir am Ende wieder mit der Sense ran. Im Herbst fischten wir manches Mal die Kartoffeln aus dem Wasser, da war die Hälfte verfault.«

Wieder schweigt sie einen Moment lang.

»Und dann war da der Schwiegervater. Er hat sehr viel in der Wirtschaft mitgeholfen und sehr gut mit den Pferden gearbeitet. Die Arbeit mit den Pferden war seine Leidenschaft. Aber durch sein herrisches und zänkisches Wesen hat es viel böses Blut mit den Nachbarn gegeben. Selbst als alter Mann ist er, wenn er sah, dass Hühner oder Enten von Nachbarn aufs Grundstück kamen, noch aus seinem Sessel aufgestanden und rausgegangen und hat sie mit viel Geschrei verscheucht.«

»Nachbarskinder auch«, sage ich.

Sie nickt.

Ein großer Gegensatz zu ihm war seine Frau.

Gerda muss lachen. Einmal war sie mit der Schwiegermutter auf der Weide draußen, und zwischen den Stücken gab es damals noch überall Gräben. Die Oma hat auf der einen Seite Heu in Diemen* gesetzt, Gerda auf der anderen. Und wenn es bei der Oma war, wollte das Kind natürlich rüber zur Mutter – und wenn es bei der Mutter war, rüber zur Oma. Da hat die Oma einmal das Mädchen genommen und über den Graben werfen wollen zur Mutter. Aber sie warf nicht weit genug und die Lütte fiel in den Graben.

»Oje, und ich musste dann mit der Kleinen nach Hause, ihr trockene Sachen anziehen«, sagt Gerda, und bis in die Gegenwart hinein wird der Druck spürbar, mit dem sie lebten, und dass durch den kleinen Unfall mit dem Kind eine ganze Stunde Arbeitszeit verloren ging. Schließlich musste alles dafür getan werden, dass das Heu trocken geborgen werden konnte, bevor der nächste Regen einsetzte.

Wir sehen nach draußen in ihren verwilderten Garten.

Aber von Anfang an wurden sie und ihr Mann in die Dorfgemeinschaft aufgenommen – wie alle anderen Flüchtlinge. Sobald sie Bauern waren, beteiligte man sie an allem, was Brauch war, an den Arbeiten und Festen und den winterlichen Visiten, bei denen sie zwischen November und Februar langsam die Geschichten der anderen Familien kennenlernten.

Die Visiten waren auch für unsere Eltern etwas Neues gewesen. Ohne besonderen Anlass, nur weil Winter und Dunkelheit herrschten und man das schon immer so gemacht hatte, trafen sich die Paare, die miteinander Nachbarschaft hielten – fünf Häuser zur Rechten und fünf Häuser zur Linken –, abends nach dem Viehbesorgen für ein paar Stunden zum Klönen. Dafür musste die einladende Hausfrau belegte Brote für den späten Abend vorbereiten, bald waren auch Salzgebäck und Kuchen um Mitternacht üblich geworden. Alle wuschen sich schnell nach dem Melken, aßen zu Abend, und während unser Vater vielleicht noch einmal auf die Diele ging und den Kühen das Heu wieder in die Krippe hob, das sie rausgeworfen hatten, bereitete unsere Mutter den Männertisch vor mit Bier, Schnaps, Zigaretten und Kartenspiel, dann den Frauentisch mit Punsch oder Likör, Brause und Salzstangen. Wir Kinder, die wir ins Bett geschickt worden waren, taten unter irgendeinem Vorwand noch einen Blick in den Flur, beobachteten, wie die Paare nach dem Abendbrot eintrafen, wie sie ihre Holzschuhe und Stiefel auszogen und in Hausschuhe schlüpften, von den Frauen in großen Taschen mitgebracht, hörten im Kinderzimmer noch lange das donnernde Gelächter der kartenspielenden Männer, schlichen später durch das vom Zigarettenrauch vernebelte Männerzimmer zu den Frauen, fragten, ob wir ein Glas Brause trinken dürften, und sahen, wie sich die Fäden der weißen und braunen Häkel- und Strickgarne aus den Taschen zu den Häkel- und Stricknadeln in den Frauenhänden schlängelten, aus denen sich dann die feinsten Häkelkanten um Damentaschentücher formten oder grobe Socken aus der selbst geschorenen und gesponnenen Schafswolle.

Ich sehe sie vor mir, gelöst, mit roten Gesichtern, lachend und trinkend: Onkel Edu und Tante Wine, Egon, Berta und Hilda, Erwin und Elisabeth, Tante Sophie und Onkel Hinni, Gerda und Erich.

»Wann haben die Visiten aufgehört?«, frage ich. »Und warum?«

»Ich weiß es eigentlich auch nicht«, sagt Gerda. »Es ist langsam eingeschlafen.« Vielleicht als alle einen Fernseher hatten? Solange nur wenige einen Apparat besaßen, hat man sich sogar noch zum gemeinsamen Fernsehgucken besucht, sonntags, oder zu den ersten Direktübertragungen wie dem Rosenmontagsumzug. Irgendwann hörte auch das auf.

Wir schweigen einen Moment lang.

Ich sage, dass ich mich an ihren Mann als besonders tierverständig erinnere. Als wir noch Schweine hatten, kam er zum Kastrieren der Ferkel und auch zum Abkneifen ihrer Zähne, damit sie das Gesäuge der Sau nicht zerbissen. Oft wurde er auch geholt, wenn eine Kuh schwer kalbte.

»Ja, das stimmt«, sagt sie. »Er hat den Tierärzten immer sehr genau zugesehen. Manchmal waren wir mitten beim Melken. Wenn dann einer kam und fragte, ob Erich mal kommen könnte, wusste ich, dass ich alleine fertig melken musste. Da ging er gleich rüber und hat versucht zu helfen.«

Dann setzt sie hinzu: »Der Tierarzt war ja auch immer gleich so teuer.«

Sie sagt es verständnisvoll und ohne Bitterkeit.

– Ein paar Monate später höre ich, dass Gerda nicht mehr auf dem Hof wohnt, dass sie es alleine dort nicht mehr ausgehalten hat. Wo immer sie danach gewesen ist, im Krankenhaus, bei ihrer Tochter oder im Pflegeheim, überall hat sie gesagt, dass sie nicht bleiben wolle. Sie wolle nach Hause gehen. Aber auch, wenn man sie nach Hause brachte, wollte sie immer noch nach Hause.

Nach einem Jahr hat jemand den Hof gekauft, Gerdas Garten planiert und darauf einen Abreitplatz für die elf Pferde angelegt, die jetzt in der umgebauten Scheune wohnen.

28. KAPITEL

19. JAHRHUNDERT

Amerika: Wo Brot ist, ist Heimat. Bismarck und die Bauernbefreiung. Neubachenbrucher ohne Pferde? Cowboys, Schlachthöfe und Türen auf Rädern.

ERST IN DEN 1820ER-JAHREN, als sich für unser Dorf endlich der feste Name Neubachenbruch etablierte, wurden die preußischen Agrarreformen zögernd durchgesetzt. Wo sie den Großgrundbesitzern keine Vorteile boten, schleppten sich die Verfahren derart langsam dahin, dass teilweise vierzig Jahre vergingen, bis die sogenannte Bauernbefreiung stattfand und die Ablösung aus der Erbpacht tatsächlich geleistet wurde. Und auch damit waren die Bauern noch nicht frei. Denn die Ablösesummen stürzten sie in Schulden und neue Abhängigkeiten.

Bald trat jener Politiker in die Öffentlichkeit, der schließlich durch drei Kriege zum Gründer des Deutschen Reichs wurde, Otto von Bismarck. In den 1840er-Jahren treffen wir ihn noch als Privatier, Gutsherrn und preußischen Landjunker, unverheiratet und ein wenig gelangweilt. Einem Freund beschrieb er seinen Alltag auf Gut Kniephof etwa 50 Kilometer östlich von Stettin. »Mein Umgang besteht in Hunden, Pferden und Landjunkern, und bei Letzteren erfreue ich mich einigen Ansehens, weil ich Geschriebenes mit Leichtigkeit lesen kann, mich zu jeder Zeit wie ein Mensch kleide und dabei ein Stück Wild mit der Acuratesse eines Metzgers zerwirke, ruhig und dreist reite, ganz schwere Zigarren rauche und meine Gäste mit freundlicher Kaltblütigkeit unter den Tisch trinke.«

Seit beinahe zwanzig Jahren stiegen die Getreidepreise für die Erzeuger, und da wird es einem pommerschen Landadligen wohl gut gegangen sein, der auf seinen Gütern in der Getreide- und Kartoffelernte billige polnische Wanderarbeiter saisonal arbeiten ließ und dessen Schnapsbrennereien auf Hochtouren liefen.

1847 war Bismarck schon Abgeordneter des preußischen Landtags und mit Johanna von Puttkamer, einer pommerschen Landadeligen, verheiratet. Er vertrat die Interessen der ostelbischen Agrarier, die zwar schon zu industriellen Unternehmern geworden waren, Zuckerfabriken und Schnapsbrennereien, Tuch- und Papiermühlen betrieben, aber dennoch hartnäckig auf ihren an den Landbesitz gebundenen Adelsprivilegien bestanden, unter anderem auf den altertümlichen Patrimonialgesetzen; sie gaben ihnen in zivilrechtlichen Fragen des Erb-, Eigentums- und Familienrechts das Richteramt über ihre Bauern und Gutsleute.

Ihren billigen Kartoffelschnaps tranken die Armen – und in den großen Städten, wie etwa in Köln, zählten 1847/48 bald über 30 Prozent der Bevölkerung zu den Stadtarmen, darunter viele ehemalige Bauern und Landarbeiter. In Bayern waren in diesen Jahren 33 Prozent der Menschen sogenannte Stadtarme und in Berlin sogar 40 Prozent. In Schlesien und Ostpreußen starben Zigtausende an Typhus und Flecktyphus, überdeutliche Anzeiger für Hunger von epidemischen Ausmaßen.

Wie in einem ersten Fanal vor der Revolution von 1848 fand dann 1844 in Schlesien der Aufstand der Weber statt, im Grunde eine sich über Monate hinziehende Hungerrevolte einer landlosen, früh-industriellen Bevölkerung. Die sogenannte Berliner Kartoffelrevolution im April 1847 war ein weiteres Zeichen der verzweifelten Verarmung, und Bismarck schrieb an seine Frau: »In Cöslin war Aufruhr ... Bäcker und Schlächter geplündert, 3 Häuser von Kornhändlern ruinirt, Scheibenklirren usw. ... In Stettin ist starker Brodaufstand; angeblich 2 Tage scharf geschossen, Artillerie aufgefahren.«

Der verhängnisvolle Kreislauf aus Missernten und Teuerungen hatte erneut in Europa eingesetzt. Verantwortlich dafür war kein Vulkanausbruch, sondern ein Pilz namens Phytophthora infestans, der Kraut- und Knollenfäule bei Kartoffeln verursachte, die sich mittlerweile in Europa zu einem Grundnahrungsmittel entwickelt hatten. Schon 1846 waren wegen der Missernte die Getreide- und Kartoffelpreise für die Bevölkerung um 75–120 Prozent gestiegen. Stadt- und Regionalpolitiker in ganz Europa forderten von ihren Behörden einen Exportstopp von Brotgetreide und Kartoffeln sowie ein Verbot des Schnapsbrennens, viele verhängten tatsächlich Ausfuhrstopps. Großbritannien aber und Preußen wiesen dieses Ansinnen zurück, gegen die darauf folgenden heftigen Unruhen wurde Militär eingesetzt.

Allerdings hilft eine Armee nicht gegen Hunger.

Es war ein Skandal von historischem Ausmaß, dass Irland, als kolonisiertes Land unter britischer Herrschaft stehend, in dieser fünfjährigen Hungerperiode ein Nettoexporteur von Nahrungsmitteln geblieben ist. In der großen irischen Hungersnot, die bis 1852 andauerte, fanden eine Million Menschen den Tod, zwei Millionen Iren wanderten in die USA aus. In den deutschen Staaten versuchten die beschäftigungslosen Leineweber, Tagelöhner und landlosen Kleinbauern anfangs noch, in den Städten Arbeit zu finden. Aber solange die heimische Maschinen-, Textil- und Chemieindustrien, die sich gerade erst entwickelten, derart große Massen von ungelernten Arbeitern noch nicht aufnehmen konnten, strömten die Menschen den Auswanderungshäfen zu.

1848 war die Entwicklung auf dem Siedepunkt angekommen, Demokraten hatten Verfassung und Parlament, ein allgemeines Stimmrecht, eine freie Presse und die Abschaffung von Adelsprivilegien gefordert, mit anderen Worten: Gleichheit vor dem Gesetz. Das »Kommunistische Manifest« war erschienen. Aber die Revolution von 1848 war misslungen, und jahrelang wurden die demokratischen Kräfte des Landes in der Frankfurter Paulskirche in ein unerquickliches Tauziehen um konstitutionelle Rechte verwickelt. Bismarck hatte die Oberhand gewonnen – und war überhaupt an höherer Stelle sehr sichtbar geworden. Natürlich hatte er die Märzrevolution abgelehnt, aber kaum einer seiner Standesgenossen war so weit gegangen, die Bauern seines Guts zu bewaffnen, um in Berlin den Aufstand zu bekämpfen. Dem zuständigen Kommandanten hatte Bismarck ›seine Leute‹ angeboten, aber der hatte abgelehnt und ihn um die Lieferung von Getreide und Kartoffeln gebeten.

Die Einwanderung in die USA erreichte 1853 mit über 250.000 Einwanderern pro Jahr ihren ersten Höhepunkt. Sie kamen aus ganz Europa, besonders aus den von Hungerepidemien heimgesuchten Ländern wie Irland und Italien. Aber auch aus Frankreich und Deutschland machten sich Zigtausende auf den Weg, oft angelockt durch Zeitungsartikel und eine wachsende Auswanderungsliteratur. Unter ihr hatten die »Briefe eines amerikanischen Landmanns« des Farmers und Schriftstellers Michel-Guillaume Jean de Crèvecoeur einen besonderen Rang, denn er beschrieb mit einigem Pathos den Beginn des speziellen amerikanischen Patriotismus und des amerikanischen Traums der Einwanderer. Dort hieß es: »In diesem großen amerikanischen Asyl sind die Armen Europas auf die eine oder andere Weise und als Folge verschiedener Gründe zusammengekommen. Aus welchem Grund sollten sie einander fragen, welche Landsmänner sie sind?« Und er fragt, weshalb dieser arme Schlucker »England oder irgendein anderes Königreich sein Land nennen« solle. »Ein Land, das kein Brot für ihn hatte, dessen Äcker ihm keine Ernte einbrachten, dem nichts anderes begegnete als das Stirnrunzeln der Reichen, die Härte der Gesetze, Gefängnis und Strafen, dem kein einziger Fußbreit der großen Oberfläche dieses Planeten gehörte?« Aber in Amerika sei er wieder zum Menschen geworden. »Sein Land ist jetzt das, welches ihm seinen Boden gibt, Brot, Schutz und Einfluss. Ubi panis, ibi patria [Wo Brot ist, ist Heimat] ist der Leitspruch aller Emigranten.« Das war gut gesehen und gut gesagt und den meisten Emigranten sicher aus dem Herzen gesprochen. Dennoch gab es Hierarchien in diesem amerikanischen Anfang: Ein Engländer war mehr wert als ein Deutscher, ein Skandinavier mehr als ein Ire. Am unteren Ende der gesellschaftlichen Skala waren immer die zuletzt Angekommenen. Und nicht zu vergessen: Das Glück der einen bedeutete Vernichtung und Versklavung der anderen. Mit der indigenen Bevölkerung wurde ein Vertrag nach dem anderen geschlossen und gebrochen, und von vornherein als rechtlos behandelt wurden die auf Sklavenmärkten gehandelten Afrikaner und Afrikanerinnen. Während in Europa um die Mitte des Jahrhunderts alles in Richtung Bauernbefreiung drängte, arbeiteten auf den großen Agrarplantagen für Baumwolle und Tabak im Süden der USA mehr als vier Millionen Sklaven.

1857 besuchte eine »Comission« des Königlichen Amts unser Dorf. Es war nur wenige Jahre vor der Bauernbefreiung, der Übernahme Hannovers durch Preußen und vierzehn Jahre vor der Gründung des Deutschen Reiches. Diese Kommission schrieb einen Bericht an die Stader Landdrostei zum Stand der »Cultur in der Moorcolonie«. Offenbar war Neubachenbruch dadurch aufgefallen, dass seine Bauern immer wieder eine Freistellung von Steuern und Abgaben erbaten. Langsam wurde die Obrigkeit ungeduldig und suchte nach Gründen für den schlechten Zustand der »Colonie«. Man wollte herausfinden, mit welchen Maßnahmen – »außer thunlichsten Erlaß der von den Colonaten zu entrichtenden gutsherrlichen Gefälle*« – den Bauern aufzuhelfen sei. Bei jedem wurde einzeln nachgefragt, man erstellte Listen und bastelte eine Statistik. So gibt es eine Aufstellung über die Namen der Bauern und den »Bestand der Stelle«, d. h. die Größe des Hofs in diesem Jahr. Einzeln und allgemein wurde aufgeführt, wie viel Weiden und Wiesen und »cultiviertes Ackerland« von jedem bearbeitet wurde, selbiges unterschieden in unbemergelt und bemergelt und generell differenziert nach Sumpf, Heide, Moor und den Ackerkulturen, die als Kleeweide und Rübenbau aufgezählt wurden. Des Weiteren wurde der Viehbestand erfasst, unterteilt in Pferde, Hornvieh und Schweine.

Fast das gesamte Ackerland, so stellte sich heraus, war unbemergelt, was die Kommission kritisch vermerkte. Dass in den kleinen Moordörfern teurer Guano nicht in Sicht war, konnte niemanden überraschen. Dass sich aber die »Colonaten« mit dem barfüßigsten aller Düngemittel, dem Mergel, behelfen sollten, der gar kein Dünger war – auch wenn er Entsäuerung und Festigung des Bodens bewirkte –, wirft doch ein bezeichnendes Licht auf die landwirtschaftlichen Kenntnisse der Herren »Ober Landes Oeconomie Commissairs«. Der »gebildete Landwirth« à la Thaer wusste es längst besser. Ohnehin war die beste Düngung der Mist, aber das Vieh des Dorfs reichte nicht aus für die Flächen, die mit seinem Mist hätten gedüngt werden müssen, nur zwischen drei und sechs Stück Hornvieh pro Hof wurden von der Kommission gezählt und je ein Schwein. Die meisten Mooranbauer besaßen demnach fünf Stück Hornvieh, wohl vor allem Kühe, denn Ochsen zum Anspannen hat nur der besessen, der kein Pferd hatte. Und genau dies scheint die Kommission besonders zu ergrimmen, dass nämlich fast alle »Colonisten« zwei Pferde hielten. Das war in den Augen der »Ober Landes Oeconomie Commissairs« ein ganz und gar ungehöriger Luxus.

»Um der Colonie allmählich aufzuhelfen«, empfehlen die hohen Herren also »1. die Abschaffung der Pferde, wenigstens auf den Colonaten, welche außer ihren alten Colonatsgrundstücken nicht mit bedeutenden Ländereien auswärts angesessen sind, und Ersetzung der Pferde zum Landwirtschaftsbetrieb durch Kühe oder Ochsen; 2., die Beschränkung des Torfbetriebes auf das Maaß, welches die Colonisten ohne Beeinträchtigung ihrer Landwirtschaften mit dem Wirtschaftspersonale und der Kuh- und Ochsenbespannung einzuhalten im Stande sind; 3., thunlichste Verbesserung der Haus- und Landwirtschaften, namentlich zunächst durch ausgedehnteren Anbau von Futterkräutern, mehreres und besseres Vieh halten und den Acker besser düngen zu können.« Dabei sei der Anbau von Klee und Steckrüben ganz besonders hervorzuheben, und es dürften den Kolonisten bei etwaigem Erlasse von Gefällen [Zahlungsverpflichtungen] möglichst zur Bedingung zu stellen sein, alljährlich mindestens eine Fläche von einem Morgen* zu bemergeln. Dies sei, da der Mergel zwei Stunden weit von Mittelstenahe heranzuholen sei, »zwar kostspielig, aber, um Klee mit Erfolg und besseres Korn zu bauen, unerläßlich«. Man würde sich sonst, so die Stader Landdrostei weiter, »fürderhin zu einem weiteren Einschreiten außer Stande sehen« - was wohl das Ende der Zahlungserlasse bedeuten sollte.

In eine Spalte für »Bemerkungen« ist auf diesem Blatt eine heute nur noch schwer lesbare Antwort eingeschrieben. Darin äußert sich die Gemeinde »ueber unsere Bemergelung, die für uns sehr wichtig«. Man gibt zu, dass »unsere Ländereien sehr ungemacht« sind. Das Problem sei aber leider, dass »die Einwohner von Mittelstenahe, von [denen] wir bisher den Mergel theuer haben erstehen müssen, uns denselben fast nicht mehr für Geld über[lassen] wollen, obgleich sie denselben genug haben«.

Die Bauern wehrten sich, und es scheint weitere Verhandlungen gegeben zu haben. Entgegen seiner eigenen Empfehlung hat das Amt kurze Zeit später den Neubachenbruchern weitere Landstücke zum Torfabbau zugewiesen.

Über die Anordnung, die Pferde zu verkaufen, muss ich lachen. Natürlich sind Pferde traditionell die Tiere der Herrschenden - von den mittelalterlichen Rittern über die Kutschanspannung der feineren Gesellschaft bis hin zu den berittenen Boten der Ämter und Kommissionen. Wohin sollte das führen, wenn Moorbauern hoch zu Ross daherkamen?

Aber bald waren ohnehin die Zeiten vorbei, da das Land dem Staat gehörte und die Bauern sich von ihm sagen lassen mussten, was sie zu tun und zu lassen hatten.

Im Neubachenbrucher »Ablösungs-Receß« von 1863, ein bereits vorgedrucktes Formular, das zu unterschreiben war, heißt es für von Seth: »Zwischen Dem Königlichen Finanz-Ministerio, Abtheilung für Domainen und Forsten zu Hannover Und dem« - handschriftlich eingesetzt - »Peter Nicolaus von Seth ist wegen Ablösung des Meierverbandes der nachstehende Ablösungs-Vertrag im Wege gütlicher Übereinkunft verabredet und auf Kosten des Ablösenden ausgefertigt«.

Das »Ablösungs-Capital« betrug in diesem Fall 99 Taler und 21 Groschen, die der Bauer innerhalb von sechs Monaten beizubringen hatte. Die »Königliche Ablösungs-Commission« bestätigt »unterthänigst« die Legitimation des Ganzen, unterschreibt und stempelt das Dokument am 7. November 1863. Damit kaufte sich der erste Bauer des Dorfs auf einen Schlag frei – gegen Zahlung einer Summe, die er in dreizehn Jahren Erbpacht als Meiergefälle hätte aufbringen müssen. Vermutlich konnte nur ein von Seth eine solche Summe ohne Kreditaufnahme zahlen.

Von nun an nannten sich die hiesigen Bauern »Grundbesitzer« – in Verträgen, bei Werbe- und Verkaufsanzeigen in der Zeitung, sogar noch auf ihren Grabsteinen. Und in den Archivbüchern der Volksschule, die von den Zensuren der Abschlusszeugnisse der Kinder handeln, wird eine Zeit lang als Beruf der Väter »Grundbesitzer« angegeben sein.

Der 1849 geborene Claus Monsees hat dieses Jahrhundertereignis der Ablösung nur um wenige Jahre überlebt. Sein Vater Johann stammte aus Mehedorf, einer jener Moorkolonien im äußeren Bereich des Teufelsmoors, die 1776 gegründet worden waren. Auch Mehedorf kam nicht recht auf die Beine – und nach nur wenigen Jahrzehnten hatte der größte Teil der ursprünglichen Siedler die Anbauerstellen schon wieder verlassen. Sie wanderten nach Amerika aus oder zogen weiter zur nächsten Moorkolonie. Nicht wenige von ihnen kamen nach Neubachenbruch, mindestens eine weitere Familie Monsees war dabei.

Johann Monsees jedenfalls hatte 1837 in Neubachenbruch in dritter Generation einen Hof übernommen, indem er Rebecka, Enkelin eines ersten Siedlerpaares, geheiratet hatte. Fünf Söhne haben Johann und Rebecka miteinander bekommen, und vier von ihnen wurden sogar erwachsen. Drei Jahre vor dem Bericht der »Königlichen Comission« starb Johann Monsees im Alter von nur neununddreißig Jahren. Seine Witwe heiratete nach dem vorgeschriebenen Trauerjahr einen Peter Hagenah, ihn finden wir als Erbpächter in der Statistik der Untersuchungskommission verzeichnet. Aber nach gut zehn Jahren übernahm der erstgeborene Sohn von Johann und Rebecka, Johann Hinrich, den Hof. Sein zehn Jahre jüngerer Bruder Claus wurde 1870 preußischer Soldat und kämpfte im Krieg gegen Frankreich. Als einziger Mann des Dorfs kam er nicht zurück aus diesem Krieg, der zur Gründung des Deutschen Reiches führte.

Aber bevor die Dorfbewohner zu Bürgern des Deutschen Reiches wurden, waren sie zuerst noch Preußen geworden. Nach dem deutsch-österreichischen Krieg 1866 hatte Bismarck als Ministerpräsident Preußens den Konkurrenten Hannover eiskalt annektiert, und diese Übernahme hatte tatsächlich vieles verändert, hatte das Dorf hineingezogen in den allgemeinen Aufschwung. Durch Aufhebung des Zunftzwangs und Einführung der Gewerbefreiheit waren Hindernisse der wirtschaftlichen Entwicklung beiseitegeräumt, der Ausbau von Verkehrs- und Wirtschaftsinfrastruktur folgte auf dem Fuße. Die meisten traditionellen Einteilungen in Landdrosteien, Ämter und Städte blieben nach der Annexion erhalten. Allerdings wurden diverse Gesetzesreformen durchgesetzt und beseitigten einige der uralten Hadelner Sonderregelungen. Aber dies empfand die Bevölkerung nicht mehr als schwerwiegend, die Leute waren ihren arroganten hannoverschen König und seine Verfassungsbrüche ohnehin leid und akzeptierten die Entmachtung der Hadelner Kirchspielsgerichte durch die preußische Justizverwaltung ohne Probleme. Dass die Privilegien der Marschbewohner und der Städter gegenüber den Sietländern aufgehoben wurden, gefiel denen nicht, aber die Sietländer mussten weiter hinnehmen, dass die Großen groß blieben und die Kleinen klein. Jetzt regelte dies das preußische Dreiklassenwahlrecht, d. h. Wahlen blieben auf Männer beschränkt, sie waren nicht gleich – eine Stimme hatte mehr oder weniger Gewicht, je nach Steuerleistung des Wählenden; sie waren nicht direkt – die eigentliche Wahl erfolgte durch Wahlmänner; und sie waren nicht geheim. Prinzipiell wurden im Preußischen zudem Wahlbezirke so zugeschnitten, dass sie dem Land – und dort dem besitzenden Adel – immer wieder eine Stimmenübermacht über die Stadt bescherten – selbst noch nach der Reichsgründung von 1871, die durch den Sieg gegen Frankreich zustande kam.

Deutschland wurde in der darauffolgenden Gründerzeit überraschend schnell zur dominierenden Kraft Mitteleuropas. Wie ein britischer Historiker bemerkte, war es mit seiner »Schwerindustrie, seinen ausgezeichneten technischen Instituten, seiner gut ausgebildeten, alphabetisierten und zunehmend urbanisierten Arbeiterschaft, seinen Bergwerken und Eisenhütten, seinen Eisenbahnen, Dampfschiffen, Telefon- und Telegrafenverbindungen, seinen aufstrebenden Häfen und Werften, seinen fortgeschrittenen medizinischen Einrichtungen, seiner blühenden Naturwissenschaft und seinem herausragenden Ingenieurwesen« den meisten anderen Staaten Europas voraus. Aufgrund des altertümlichen Wahlsystems wurde dieses Land, das zudem noch »die beste Armee und die zweitgrößte Marine Europas« besaß und einen großen Handelsbilanzüberschuss erwirtschaftete, jedoch »von einer archaischen Regierung aus Landjunkern regiert«.

Trotz der Vorliebe aller Konservativer für das Agrarische, das sie nach Gutsherrenart rhetorisch weiterhin pflegten und mit dem dazugehörigen Paternalismus verwoben, wurden sie real zu Industrieunternehmern und Deutschland zum Industrieland. Rauchende Schornsteine und stinkende Abwässer begannen, Luft und Gewässer zu verschmutzen. Gleichzeitig arbeiteten immer weniger Menschen in der Landwirtschaft. Die Agrarwirtschaft selbst verwob sich zunehmend mit der Industrie, wurde einerseits Lieferant riesiger Mengen von Holz, Zucker, Weizen, Roggen und Kartoffeln und andererseits Abnehmer von Düngemitteln und Landmaschinen.

Die Entwicklung verlief rasant und mit großer Dynamik, Krisen und Börsenkrach inklusive. Während die Industrieanlagen von Krupp und Thyssen, Siemens, Schering und Bayer wuchsen und in Berlin ganze Stadtteile mit Mietskasernen für die dort benötigten Arbeiter aus dem Boden gestampft wurden, stritten sich im Reichstag die Abgeordneten über die bismarckschen Schutzzölle zugunsten der deutschen Industrie – und gegen ausländische Weizenlieferungen. Das wirtschaftete den Industriellen und Großagrariern in die Tasche; 1879, 1885 und noch einmal 1887 ließ Bismarck den vergleichsweise teuren inländischen Weizen im Reichstag gegen den Widerstand der Liberalen und der Sozialdemokraten durch Einfuhrzölle gegen Billigimporte aus dem Ausland schützen. Der Bevölkerung bescherte es hohe Lebensmittelpreise.

Auch die Kleinbauern Neubachenbruchs waren kurz vor der Jahrhundertwende aus der Subsistenzwirtschaft herausgewachsen und begannen, am Markt und seinen Auf- und Abschwüngen teilzuhaben. Die »Hadler Chronik« meldete zudem für 1881 den Bau der Eisenbahn Harburg–Cuxhaven durch eine belgische Eisenbahn-Baugesellschaft, und damit wurde der für eine wachsende Landwirtschaft benötigte Güterverkehr nicht mehr nur über die langsamen Wasserstraßen, sondern zunehmend mit mehr Tempo zu Lande abgewickelt. Von den Großbetrieben wurden sie nur deshalb nicht wirtschaftlich an die Wand gedrückt, weil sie ihre Produkte durch Zusammenschlüsse von Einkaufs- und Vermarktungsgenossenschaften, Molkereien und Raiffeisenkassen auf den Markt brachten. Aber sie waren auch dem Druck zur ständigen Verbesserung ausgesetzt, mussten immer effektiver und rationeller arbeiten – und dies eröffnete riesige Absatzgebiete für die neuen Maschinen für Bodenbearbeitung, Einsaat, Pflege, Mahd und Drusch. Von der Entwicklung des selbstreinigenden Stahlpflugs von John Deere ist schon die Rede gewesen, sein Einsatz in den großen Prärien des Mittleren Westens führte zu riesigen Anbaugebieten von Weizen und Mais. Vor allem für die dortigen großen Felder war schon 1872 der erste Mähbinder konstruiert worden, eine Maschine, die das Mähen und Aufbinden des Getreides in einem Arbeitsgang selbst erledigte. Eine wichtige Verbesserung wurde 1880 Applebys Schnurbinder, über den Sigfried Giedion schrieb: »Niemals hat eine Maschine sich mit so überwältigender Geschwindigkeit über die ganze Welt ausgebreitet.«

Die amerikanische Entwicklung in der Landwirtschaft bestimmte mit ihren großen Flächen und den neuen Maschinen, was in der Welt der Nahrungsmittelproduktion und auf den Märkten geschah. Weizen und auch Mais wurden auf neu urbar gemachtem Land in riesigen Mengen angebaut. Zunehmend wurde Getreide exportiert – aber ein großer Teil blieb auch im Land – als Viehfutter. Eine Art Paradigmenwechsel kündigte sich hier durch die Erhöhung der Fleischproduktion und des Fleischverbrauchs an.

Dafür war es allerdings nötig, Eisenbahnen zu bauen, durch die Schweine und Rinder zu den Verbrauchern in die großen Städte transportiert werden konnten. Gleichzeitig wurden in den großen Städten des amerikanischen Nordens jene riesigen Schlachthäuser gebaut, die sich noch vor der Autoindustrie zu den ersten Fabrikanlagen mit Fließbandverfahren entwickelten – mit Schlachtung und Konservierung des Fleisches in Dosen. In Chicago hatte bereits 1865 das größte Schlachthaus der Welt eröffnet, und die Pioniere der Fleischindustrie gehörten wie die Eisenbahn- und Baumwollkönige zu den ersten Millionären des Landes.

Sie verdienten nicht nur am Schweinefleisch. Auch Rindfleisch gab es im Überfluss. Die zwanzig Jahre zwischen 1866 und 1886 nach dem Ende des Amerikanischen Bürgerkriegs waren zur hohen Zeit der Cowboys geworden. Die texanischen Rinderzüchter hatten ihr Vieh wegen des Bürgerkriegs nicht ungestört auf die Märkte bringen können, danach heuerten sie jeden an, der sich aus Geldmangel oder Abenteuerlust für diesen strapaziösen Abtrieb von den Prärien bei ihnen meldete.

Etwa 35.000 Cowboys haben in dieser Zeit mindestens sechs Millionen Rinder von Texas aus zu den Sammelpunkten der Eisenbahnen getrieben, ausgezeichnete Reiter mit Pferde- und Kuhverstand, die einmal im Jahr drei Monate lang eine gut bezahlte Arbeit hatten. Oft meldeten sich für diesen Abtrieb texanische Farmer, deren Familien kümmerlich auf kleinen Höfen lebten – und ein Viertel der Männer, die damals das Vieh nach Norden trieben, waren Afroamerikaner und indigene Amerikaner. Die Endstationen der riesigen Herden texanischer Longhorns waren ebenfalls die Schlachthöfe.

Es gab in den USA natürlich auch weiter die kleineren Farmen. Verglichen mit den Neubachenbruchern waren sie allerdings groß – und hoch mechanisiert. Und sie wurden nicht selten von Einwanderern aus Deutschland und Skandinavien betrieben. Eindringliche Bilder von einer solchen Farm vermittelt uns der Autor Johannes Gillhof in seinem Buch »Jürnjakob Swehn, der Amerikafahrer«, das die fiktive Lebensgeschichte des mecklenburgischen Emigranten Jürnjakob Swehn, eines Tagelöhners aus seinem Dorf, erzählt. Aus seinen und vielen anderen Auswandererbriefen an den Dorflehrer hat er den erfolgreichen Roman kompiliert.

In ihm finden wir die Beschreibung einer Farm in Iowa – nach neun sparsamen Jahren als Tagelöhner auf amerikanischen Farmen und einer kleinen gepachteten Farm besaß der Mecklenburger endlich eine eigene mit über sechzig Hektar Land, achtzig Kühen und vielen Schweinen. Es wird vom Bau des ersten Holzhauses erzählt, vom Roden der Bäume und den ersten Schneestürmen, von religiösen Sekten und den Indianern, die sich nicht bekehren lassen wollen. Sein Hauptthema ist jedoch die Arbeit selbst, und voller Begeisterung beschreibt er technische Neuerungen und Hilfen, z. B. Türen auf Rädern, heute würden wir Rollen sagen, und das Ausmisten mit einer per Drahtseil geführter Karre, die man noch per Hand füllt, die sich dann aber mit einem Hebel hochziehen lässt, aus dem Stall hinaus zum Misthaufen geführt, dort mechanisch abgekippt wird und dann zurückfährt. »Wir haben eine große Farm mit vielen Abteilungen im Stall. Darum haben wir auch mehrere Seile und Wagen. Es ist eine richtige Schwebebahn im Stall.« Er zählt die Maschinen auf, die er inzwischen besitzt: Korn- (d. h. Mais) und Grasmähmaschine, Heuharke und -auflader, Scheibenegge und gewöhnliche Egge, Schaufelpflüge und Sämaschine, einen Heuablader, Dungauflader und Maisleger. Eine solche Menge und Qualität von Geräten besaßen im Europa dieser Zeit, etwa den 1890er-Jahren, nur die großen Güter und Staatsdomänen.

Wir hören auch von den Wanderbewegungen der Emigranten, die immer weiter nach Westen ziehen wollen. Der Mecklenburger findet das jedoch riskant und rät ab. »In Iowa ist alles plenty: plenty Wasser, plenty Heu, plenty Korn, plenty Kartoffeln« – und dann kehrten die anderen tatsächlich wieder aus Süddakota oder Kansas zurück und hatten es sehr schwer, noch einmal neu anzufangen. Die Bodenpreise waren enorm gestiegen, denn jetzt lag das Land »nahe an der Bahn«, und diese Nähe bedeutete den Zugang zum Markt. Idyllisch sei das Leben in der Neuen Welt keineswegs, schrieb Jürnjakob. »Hier ist es nicht so gemütlich als wie zu Hause. Hier hat keiner recht Zeit.«

Dagegen aber stand die Realisierung eines Traums.

»Im Dorf wär ich bei aller Arbeit doch man Tagelöhner geblieben, und, wenn's hoch kam, Häusler, und meine Kinder wären wieder Tagelöhner geworden ... Hier hab ich mich frei gemacht. Hier stehe ich mit meinen Füßen auf meinem eigenen Boden.«

Und der eigene Boden ist, was für Bauern zählt. Überall.

29. KAPITEL
HEUTE
Maisernte. Treckerballett im Oktober.

ENDLICH IST MAISERNTE, die letzten großen Erntetage des Jahres. In diesem Jahr ist es Oktober geworden. In den letzten Septembertagen hatte ich Waldemar gefragt, ob es endlich trocken genug sei für die Ernte. Er sagte, dass sie auf die Morgennebel warteten, die meist schöne Tage versprächen.

»Der Häcksler ist bestellt«, sagte er dann, aber als ich meinte, dann könnte ich ja meine Zugfahrkarte kaufen, fügte er schnell hinzu, es könne sich immer noch ändern, alles hinge vom Wetter ab. Über das Wetterthema können Landwirte endlos räsonieren. Jetzt hofften sie vor allem darauf, dass keine Nachtfröste einsetzten, dann sei es vorbei mit der ›Abreife‹, also der letzten Reifephase, der Produktion von Stärke.

Eine Woche später heißt es, nun habe es doch wieder mehr geregnet, als vorhergesagt worden war, alle Termine seien wieder unsicher.

Aber Anna findet, dass so oder so jetzt geerntet werden muss.

»Es hat schon Nachtfröste gegeben«, sagt sie. »Wenn der Mais jetzt nicht geerntet wird, fällt er bald von alleine um.«

Also fahre ich.

Auf meinem Weg zum Bahnhof sehe ich Eicheln, Kastanien und Bucheckern auf den Berliner Gehwegen liegen, zunehmend sammelt sich unter den Bäumen auch gelb und rot verfärbtes Laub, das sich bald in braunen Matsch verwandeln wird. In Blumengeschäften werden Hagebuttenzweige verkauft und manchmal auch Strauchwerk mit leuchtend orangen Sanddornbeeren. Dazu passte das Rufen ziehender Gänse über mir, noch in Berlin.

Während sich mein Zug am frühen Sonntagvormittag unter einer leuchtenden Herbstsonne durch das Land bewegt, haben sich auf dem Hof alle Helfer versammelt, sind die zwei zusätzlichen Trecker und Wagen vom Lohnunternehmer schon unterwegs, stehen auch die eigenen Maschinen, die in den Tagen zuvor kontrolliert, gesäubert und geschmiert wurden, nicht mehr still.

Als ich ankomme, sind sieben Schlepper in Betrieb, je zwischen 100 und 200 PS stark. Vielleicht noch einmal zur Erinnerung: PS heißt Pferdestärken, das wären dann hier und jetzt sieben mal hundertfünfzig Pferde.

Zwei der Traktoren verteilen und walzen, d. h. sie schieben mit großen Schaufeln das angefahrene Erntegut auseinander und fahren mit ihrer Doppelbereifung und den vorne und hinten montierten Extragewichten darauf hin und her, drücken so die klein gehäckselte Masse zusammen. Es ist das Sauerkrautprinzip, wie auch bei der Grassilage: Die später luftdicht abgeschlossene Masse wird auf einen Haufen gefahren und als Erstes fest zusammengepresst. Der Haufen wächst über zwei Tage auf eine Höhe von dreieinhalb Metern an, den die fünf Traktoren, einer nach dem anderen, mit ihren vollen Wagen erklimmen. Sie kippen den Mais in langsamer Fahrt ab oder schieben ihn mit den Kratzböden der Ladewagen langsam nach hinten, fahren auf der anderen Seite gleich weiter, biegen in die Dorfstraße ein und brausen ohne Pause wieder zu Felde, um den Wagen wieder füllen zu lassen, während der Walztrecker sich sofort über den neu abgeladenen Mais auf dem großen Haufen hermacht und ihn auseinanderschiebt und platt walzt, zu einem Teil des großen Haufens macht – bis schon der nächste Schlepper mit einem weiteren vollen Wagen ankommt. Dann stellt sich der Walztrecker ein wenig beiseite, der nächste Trecker zieht seinen Wagen hoch, kippt im Fahren die Maisladung ab, fährt auf der anderen Seite wieder runter – und zurück aufs Feld. Und der Walztrecker nimmt die Arbeit des Auseinanderschiebens und Walzens wieder auf.

Die Anordnung der verschiedenen, bisher angefahrenen Silagehaufen auf der Silageplatte* lässt breite Schneisen zum Durchfahren, alles muss genau bedacht und berechnet werden – und auch, in welcher Reihenfolge die verschiedenen Maisschläge geerntet werden: zuerst die am weitesten entfernt liegenden, denn man muss öffentliche Straßen benutzen und will das nicht auch noch in der Dunkelheit tun. Dass heute Sonntag ist, Ruhetag für die anderen, ist schon problematisch genug.

Aber eben weil Sonntag ist, hat Waldemar auch Helfer gefunden. Ohnehin muss jeder, der zur Gemeinschaft der Noch-Milchbauern gehört, alles stehen und liegen lassen, wenn der Anruf des Nachbarn kommt. Dasselbe gilt umgekehrt: Wenn Waldemar und Hannes angerufen werden, lassen auch sie alles stehen und liegen und brausen mit ihren Schleppern los.

In der Ernte also gilt das Gesetz der Moorbauern noch, die unbedingte gegenseitige Hilfe – auch wenn die meisten Helfer heute und hier keine Moorbauern mehr sind. Der eine arbeitet im Flugzeugbau, der Nächste als Kranführer im Hafen. Aber alle Männer, scheint mir, lassen sich gerne vom Sonntagnachmittagssofa zu den großen Maschinen nach draußen locken.

Es wird heute noch lange im Dunkeln weitergefahren, trotz reichlichen Regens.

Anna hat derweil sechzig Kühe gemolken und dreißig Kälber getränkt, Hannes zwischenzeitlich das Vieh gefüttert und die Roboterherde kontrolliert, sich dafür beim Walzen vertreten lassen.

Mit Anna stehe ich dann um sieben Uhr abends in der Küche, wir belegen viele Bleche Pizza mit Gemüse, Wurst und Käse für vierzehn hungrige Männer. Immer wieder muss eine von uns als Kundschafterin nach draußen und durch den Matsch – Stiefel an, Stiefel aus –, um zu sehen, ob es Anzeichen für das Ende der Arbeit gibt. Natürlich hat Waldemar per Handy schon angerufen und so ungefähr den Zeitpunkt des Arbeitsschlusses verkündet. Aber mit ungefähr kommt man beim Pizzabacken nicht weit.

Endlich können wir die Pizzableche in den Ofen schieben. Der Tisch ist auf dreieinhalb Meter ausgezogen, Stühle aus dem ganzen

Haus herangeholt, Geschirr und Besteck gedeckt, Bier und Schnaps dazugestellt.

»Ach, und für uns ist kein Platz«, meckere ich und denke, das ist ja wie in einem arabischen Dorf – oder wie in Neubachenbruch früher.

Anna winkt ab.

Am nächsten Morgen um Viertel nach sechs fährt der erste Helfer auf den Hof, fünf Minuten später braust der nächste heran. Die hofeigene Mannschaft, Waldemar, Anna und Hannes, ist um fünf Uhr aufgestanden. Das Melken und Füttern des Viehs muss fertig sein, wenn der Häcksler um 6.30 Uhr loslegt. Vorher hat Waldemar noch den gestrigen Matsch von Straße und Hofplatz geschoben, damit kein Dreck in den Reifenprofilen von Traktoren und Wagen landet – und damit auf dem Silohaufen, also im Futter der Kühe.

Er und Hannes kommen nach dem Viehbesorgen gar nicht erst zum Frühstücken ins Haus, und Anna isst nur so nebenbei ein Brot. Mit ihr zusammen schneide ich dreißig Brötchen auf, buttere und belege sie mit Käse und Wurst, koche Kaffee. Dann stellen wir einen Tisch unter das Vordach gegenüber dem Silageplatz – es könnte wieder regnen. Ab neun Uhr stehen Essen und Trinken bereit. Dann helfe ich Anna, den Mittagstisch für dreizehn Leute zu decken und das Mittagessen vorzubereiten. Es gibt eine kräftige Suppe mit viel Fleisch und Fleischklößchen, die gut warm gehalten werden kann. Denn man weiß nie, wann die Männer zum Essen reinkommen. Wahrscheinlich erst, wenn der Häcksler sich festgefahren hat, vermutet Anna.

Der Tag ist trübe und grau. Als ich rausgehe, begrüßt mich die Hündin in der Diele mit hängenden Ohren. Sie scheint zu wissen, dass sie heute bei keinem landen kann. Jeder geht im Sturmschritt an ihr vorbei, keiner krault ihr das Nackenfell, man ranzt sie höchstens noch an, weil sie nicht schnell genug aus dem Weg geht. Eine Weile stellt sie sich mit mir zwischen Hof und Siloplatz auf in der Hoffnung, dass aus den dort auf dem Tisch stehenden Schüsseln etwas für sie abfällt. Aber dann ist sie irgendwann doch verschwunden.

Wenigstens regnet es im Moment nicht. Eine Zeit lang sehe ich dem Treiben zu, sehe die Schlepper einen nach dem anderen mit ihren Wagen ankommen und mit Schwung auf den sich schon zu beeindruckender Höhe erhebenden Haufen aus grün-gelbem Maishäcksel fahren, ihre Last abkippen, mit einem ruckelnden Bremsen und Anfahren den Wagen so schütteln, dass auch der letzte Rest noch abrutscht, auf der anderen Seite geht's runter und weg sind sie. Geht man nahe an den Häcksel heran, riecht man den starken Duft nach frischem, zerquetschtem Mais, saftigen Körnern und Grün.

Heute sind die Felder in der Nähe des Hofs an der Reihe, die Fahrtzeiten sind kürzer und der Arbeitsrhythmus ist noch schneller als gestern. Die Fahrer auf den walzenden Traktoren steigen kaum noch ab. Also nehme ich zwei Brötchen und klettere zu Hannes auf den Silohaufen. Als er mich kommen sieht, klappt er die Tür der Fahrerkabine auf, beugt sich zu mir runter, während ich mit einem Bein auf dem Treppchen zur Fahrerkabine stehe und ihm das Essen hochreiche.

Der andere Walztreckerfahrer steigt irgendwann doch einmal ab und isst ein paar Brötchen zu seinem Kaffee. Ich kenne ihn aus der Schulzeit, er ist ein dröger, etwas maulfauler Typ. Weil auf der Straße gerade ein Schlepper mit Maiswagen vorbeifährt, die nicht zu den Unsrigen gehören, sage ich, um ihn zum Sprechen zu bringen, das ganze Dorf sei ja wohl im Maisernterausch. Er kaut und schluckt und räuspert sich, sieht auf den Boden und sagt nach unten gewandt: »Wir sind ja nicht mehr viele.« Er sagt es ganz nüchtern und undramatisch. Ich meine, es wäre doch schön, wenn nicht alles so hektisch zugehen müsste, man sich ein wenig mehr Zeit lassen könnte. Nach einem langen Blick auf sein Wurstbrötchen meint er nur: »Der Häcksler ist teuer«, und bleibt ansonsten stumm. Dann ist er bald wieder auf den Schlepper geklettert und hat weitergemacht. Es geht auch nicht anders, denn die Wagen, randvoll mit gehäckseltem Mais, kommen in schnellem Tempo einer nach dem anderen.

Ich sehe meinen Bruder mit einem vollen Wagen kommen, er lädt ab und wendet. Auf mein Winken öffnet er noch im Fahren die Kabine, bremst scharf ab, dass ich mich zu ihm hochziehen kann. Ich quetsche mich auf den Kindersitz, und schon geht es weiter in einem Tempo, dass es mich hin und her wirft. Wir fahren zu den Feldern hinter dem Hof, die zum alten Hofbesitz unserer Kindheit gehören und schon den ersten Moorkolonisten zugemessen worden sind.

Die Frontscheibe des Schleppers ist von Maishäckel eingestaubt, wenn der Scheibenwischer die Häckselschmiere beiseitewischt, entstehen aufkragende Wischränder und man sieht, wie dick die Schicht ist.

Den Häcksler, eine mächtige Maschine von etwa 600 PS, kann man im hochgewachsenen Mais kaum sehen, so tief verschwindet er im Feld. Sein Schneidwerk nimmt bis zu zehn Pflanzenreihen auf einmal. Der wie ein Giraffenhals herausragende Auswurfkanal spuckt den gehäckselten Mais auf die parallel zu ihm fahrenden Wagen. Nach wenigen Minuten schon ist der eine Anhänger voll, der Mann auf dem Häcksler muss den Auswurf stoppen, einen kurzen Moment innehalten, der Trecker fährt ab, und der nächste, der schon eine Weile hinter ihm herfährt, zieht auf die Höhe des Häckslers, der Häckslerfahrer öffnet den Hals wieder, fährt weiter mit dem Schneidewerk durch den Mais, und weiter ergießt sich aus dem Maul des Häckslers das Erntegut auf den nächsten Wagen. Beide Fahrer führen ihre Riesenmaschinen fast zentimetergenau nebeneinanderher. Wenn es eine Stockung bei dem einen gibt, reagiert der Arbeitspartner sofort und bleibt ebenfalls stehen, der eine stellt den Häckselfluss ab, oder der andere stoppt den Schlepper, wenn er merkt, dass kein Mais mehr kommt. So verlangsamt und beschleunigt man, stellt Höhen ein und regelt, wie es nötig ist – weil beispielsweise der Häcksler tiefer sackt, weil der Boden weich ist –, und jeder versucht, keinen Stau im Arbeitsfluss hervorzurufen.

Als Waldemar herangefahren ist und der Häcksel auf seinen Anhänger strömt, kann ich von meinem Platz aus sehen, in welchen heftigen Wirbel die kräftigen, fast drei Meter hohen Maisstangen direkt über dem Schneidewerk des Häckslers hineingezwungen, in einen stählernen Tunnel gezogen und dort von einer ungeheuren Schneidekraft zerhackt werden, bevor der Giraffenhals die Häckselmasse auf den Wagen spuckt. Der Lärm dabei ist so gewaltig, dass er das laute Motorengeräusch des Schleppers, auf dem wir sitzen, mit Leichtigkeit übertönt.

Ein eingespieltes, elegantes Treckerballett findet hier statt. Die Maschinen dröhnen und lärmen, schneiden, reißen und ziehen in schnurgerader Präzision über das Feld. Über ihnen fliegen Gänse, landen auf den abgeernteten Feldern des Nachbarn, auf denen bereits die sonst so scheuen Kraniche seelenruhig fressen.

Einmal gibt es eine Stockung. Der Optimierer, heißt es, kommt. Etwas stimmt beim Häcksler nicht im Verhältnis von Dieselverbrauch und Stundenleistung. Der Fachmann liest die Daten aus, nimmt sie auf dem USB-Stick mit in seinen Wagen und verändert, optimiert irgendwelche Einstellungen. Die Männer haben eine Zwangspause, steigen von den Schleppern, gehen steifbeinig umher und reden ein paar Worte miteinander.

Auch ich bin abgestiegen. Beim Sprung vom Trecker auf die Erde wundere ich mich, dass der Boden so viel fester ist als früher.

»Klar«, sagt Waldemar, »ist doch alles tiefgepflügt.«

Als wir endlich wieder losfahren, zeige ich auf einen Schwarm Gänse.

»Mistviecher«, sagt er wütend. »Wir müssen so sauber arbeiten, und die scheißen alles voll!«

Ich muss lachen.

Aber er meint es gar nicht witzig und macht ein grimmiges Gesicht.

Solange der Mais nicht unter der Folie ist, bleibt das auch so.

Später gibt es eine zweite Stockung. Der Häcksler hat sich auf einem besonders nassen Feld festgefahren. Er ist von den Schleppern nicht mehr rauszubringen, sackt nur immer tiefer ein. Also wird ein Bergungskran bestellt und die Männer gehen zum Kaffeetrinken ins Haus.

Am Abend ist es dann so weit: Von insgesamt 36 Hektar Mais konnte fast alles geerntet werden. Nur ein Rest von zweieinhalb Hektar steht auf so durchgeweichtem Boden, dass er nicht zu kriegen ist.

»Es muss ja auch was für die Rehe bleiben«, sagt Anna.

Dritter Tag morgens um sechs Uhr. Langsam wird es hell, aber die Welt bleibt in dichten Nebel gehüllt. Heute der letzte Akt, das Zudecken der Silohaufen. Das sind acht Stunden Knochenarbeit für fünf Männer. Über den fast haushohen, langen Haufen wird von ihnen eine dreifache Lage von Planen gezogen – eine neue Folie, eine alte darüber, dann noch ein sogenanntes Netz, das vor Katzenkrallen und Krähenschnäbeln schützen soll. Denn sobald an einer Stelle Luft durchkommt, würde das wertvolle Futter zu schimmeln beginnen.

Als ich um neun Uhr morgens hinzukomme, herrscht auf dem Siloplatz schon lebhaftes Treiben. Mein Neffe ist noch dabei, auf dem zweiten Silohaufen Propionsäure* zu verteilen, die gegen Schimmel und Fäule imprägniert, vergleichbar der Funktion von Salz, Alkohol oder Essig beim Einlegen von Gemüse. Auf den ersten Silohaufen ist die neue Folie schon hochgezogen und ausgebreitet worden. Familiäre Helfer, Schwiegersöhne, Schwäger und Onkel präparieren alte, noch brauchbare Folien, die am Rande des Siloplatzes zusammengerollt liegen. Sie breiten sie aus, kontrollieren sie auf Löcher und Risse, dann werden sie wieder zusammengerollt und ein Trecker zieht sie dorthin, wo sie als zweite Lage auf dem bereits geschlossenen Silohaufen ausgebreitet wird. Alle Männer tragen blaue Einmalhandschuhe. Im Moment spazieren nur Waldemar und Hannes auf dem Haufen hin und her, es ist ihr Winterfutter, und mit ihren Gängen auf der Folie übernehmen sie die Verantwortung für Risse und Löcher, falls sie entstehen – und für die sofortige Reparatur. Sie treten mit großer Vorsicht auf die Folie, ziehen die zweite Lage so hinauf, dass sie mit möglichst wenigen Schritten die ganze Breite noch einmal bedecken. Ein paar alte Gummireifen – unverwüstlich, schwer und doch beweglich – werden vom alten Silohaufen nebenan herübergerollt und auf die Überlappungsränder gelegt. Vater und Sohn ziehen die Folie und rollen sich schweigend und aufmerksam die Reifen zu. Sie tun das mit so großer Sicherheit, dass ich nur ein einziges Mal einen Reifen sein Ziel verfehlen und an meinem Neffen vorüber nach unten sausen sehe.

Der Hund schnüffelt aufgeregt um den Platz herum, stößt seine Nase in Erdlöcher, spürt Mäuse und Ratten auf, die sich für den Winter hier einnisten wollen. Vor deren Zähnen muss das Futter der Rinder ebenso bewahrt werden wie vor den Krallen der Krähen und Katzen.

Endlich hat sich am Nachmittag der Nebel gelichtet und ein bisschen blauer Himmel ist sichtbar geworden.

Mit Anna spaziere ich nach dem Essen die alte Trift hoch. Neben uns das abgeerntete Feld, auf dem sich Gänse aufhalten, was wir erst bemerken, als sie auffliegen. Wir sehen uns die Stelle an, auf der sich der Häcksler festgefahren hat. Die Spuren sind einen halben Meter tief, und der übrig gebliebene Mais steht im blanken Wasser. Abends gibt Waldemar zu, dass er diese Stelle vorher nicht recht kontrolliert hat, sonst hätte er den Häcksler da nicht reinfahren lassen. Ein Bergungskran des Lohnunternehmens hat den tonnenschweren Häcksler aus dem Moor herausgehoben, was wieder extra kostet. Der Häcksler allein wird mit 125 Euro pro Hektar berechnet, das macht für die anderthalb Tage Maisernte über 4.000 Euro. Kein Wunder, dass bei der Arbeit keine Gemütlichkeit aufkommt.

In den nächsten Tagen muss die Gülle aus den Kellern unter den Kühen raus und auf die Felder gebracht werden, ausgeliehene Geräte werden mit dem Hochdruckreiniger gesäubert und zurückgebracht. Auf einigen der abgeernteten Maisflächen wächst jetzt das Gras, das gesät wurde, als der Mais etwa kniehoch war, die sogenannte Untersaat. Auf weiteren zwanzig Hektar wird jetzt Roggen eingesät, man muss Maisstrünke mulchen*, den Boden grubbern* und die gebeizte Saat eindrillen*, alles in einem Arbeitsgang.

Am späten Nachmittag fahre ich eine Runde mit und staune über die Art, wie an den Schlepper vorne und hinten Geräte angehängt sind – Mulcher, Grubber und Drillmaschine. Besonders beeindruckt mich, wie beim Wenden am Ende des Feldes zuerst der Grubber und dann die Drillmaschine mit hydraulischer Kraft über ihn hinweggehoben werden. Mit anderen Worten, alle drei Maschinen, auch der Mulcher vorne, werden gleichzeitig angehoben. Man hört am tiefen Ton des Treckermotors, welche großen Kräfte da eingesetzt werden.

»Das ist schon am Rande seiner Kapazität«, sagt mein Neffe gegen den Motorenlärm an. »Für solche Arbeiten brauchen wir dann bald einen stärkeren Trecker.«

Aber im Moment kann man von Maschinenkäufen nur träumen. Die Auftragsbücher der Landmaschinenindustrie füllen sich nicht – jedenfalls nicht durch Bestellungen der Milchbauern.

30. KAPITEL

HEUTE UND DAMALS
*Erinnerungen an Knechte, Deerns und
Amerikaner. Ein Chapeau claque im Moor.*

DIE GANZE DORFSTRASSE ENTLANG wohnten in den Häusern noch lange die Erinnerungen an jene, die westwärts und über den großen Teich gegangen sind. Es waren ja die Geschwister der Erben, gewissermaßen die weichenden Erben von den Höfen der Gegend, die durch die Auswanderung zu vermeiden hofften, den Rest ihres Lebens als Knechte und Mägde – Letztere hießen plattdeutsch Deerns, also Mädchen – verbringen zu müssen.

»Jeder hatte einen Knecht«, sagt Egon, unser Nachbar zur Rechten.

Der junge Bräutigam von damals ist inzwischen ein alter Mann.

»Die meisten Bauern hier hatten sogar zwei«, sagt er, »den Lüttknecht, einen vierzehnjährigen Jungen, der gerade mit der Schule fertig und konfirmiert war, und den Grotknecht. Lüttknecht und Grotknecht kann man übersetzen mit Kleinknecht und Großknecht – wobei ›klein‹ eher ›jung‹ heißt und ›groß‹ sich auf Alter und Erfahrung bezieht.

Ganz früher wohnten die Knechte in Holzverschlägen über dem Vieh, auf den sogenannten Hellingen, und man kann sich vorstellen, wie sie noch ein bisschen länger als die Bauernfamilien den Geruch und das Ungeziefer mit den Tieren teilen mussten.

Die Kleinknechte waren ledige Bauernsöhne auf der Suche nach ihrer Zukunft. Die Großknechte hatte keine gefunden.

Als weichender Erbe, der nicht auswandern wollte, hätte man gerne in einen Hof eingeheiratet, und die Hoffnung darauf ließ die

Knechte oft von Dorf zu Dorf ziehen. Sie blieben dann nur eine Saison – von Ostern bis Michaelis, das war der 29. September – und schauten sich im nächsten Dorf nach einer Erbin um. Der kühle Spruch in Sachen Brautschau war: »Schönheit vergeht, Hektar besteht.«

Bei uns im Dorf war es keinesfalls ehrenrührig, als Knecht gearbeitet zu haben, fast hatte es sogar dazugehört. Die Alternative war eine Lehre als Landwirt, und das konnten sich oft nur bessergestellte Landwirte leisten. In den 1930er-Jahren mussten die Eltern den Lehrherren für ihre Töchter und Söhne noch Geld zur Lehre dazugeben. Wer als Knecht ging, konnte hoffen, etwas Geld zu sparen und sich eines Tages womöglich eine kleine Landstelle zu kaufen. Mancher hat sich dann ein wenig unabhängiger von den Höfen machen können, ein kleines Haus mit einem Schweinekoben bauen, womöglich eine Kuh halten, um als Selbstversorger der Frau und den Kindern mindestens einen Garten, Hühner und Enten bieten zu können. Da reichte es vielleicht, nur in der Frühjahrsbestellung oder in der Ernte arbeiten zu gehen.

Denn die Winterarbeiten der Knechte waren besonders hart.

»Gräben sauber machen, die Ufer mit dem Spaten abschneiden, mit Hacken Kraut und Dreck rausziehen, Schoof schütten«, sagt Egon. Letzteres war die Vorbereitung des Roggenstrohs zur Verwendung beim Dachdecken.

»Bei uns gab es nur Stroh zum Dachdecken, in der Marsch deckte man mit Reet.« Weiter: Häcksel schneiden, Feuerholz schlagen und sägen, Mist fahren. Im Herbst wurde vor der Aufstallung des Viehs außerdem die Heide ›gemäht‹. Das war mehr ein mühsames Abschlagen als ein Mähen; das Heidekraut nutzte man als Einstreu für die Pferde.

Für die Deerns gab es im Winter nur wenig zu tun. Es mussten die Jutesäcke gestopft werden, aber das war meist nur Arbeit für ein paar Tage. Die jungen Frauen wurden also im Herbst entlassen und mussten zu ihren Familien zurück. Überhaupt hielten sich die größeren Landwirtschaften oder Geschäftshaushalte nur selten neben der

Köchin – de Kööksch – auch noch eine Deern. Junge Frauen, die weder erbten noch heiraten konnten oder wollten, mussten für eine ganzjährige Anstellung schon weiter weggehen, auf die Marsch oder in die nahen Kleinstädte – und womöglich verschlug es auch mal eine als Dienstmädchen bis nach Hamburg. Aber dann konnte sie eigentlich auch gleich nach Amerika gehen. Anzeigen in der örtlichen Zeitung regten die Fantasie an. »Bei unserer so schnellen Abreise nach New-York sagen wir Freunden und Bekannten hiermit ein herzliches Lebewohl. Otterndorf, den 21. April 1849 Carl Streitholz. Anna Wieboldt.«

Nach der ersten Auswanderungswelle um 1850 wurde die Fahrt nach Amerika zunehmend zur Alternative zum Knecht- oder Deernsein. Wozu hatte man Verwandte in New York, oder in Kalifornien oder Texas? Schrieben die nicht, dass Arbeitskräfte dort immer noch knapp waren und die Löhne hoch? Und tatsächlich brauchten sie im Geschäft, das sie inzwischen aufgebaut hatten, ein paar zusätzliche Hände. Oder kannten jemanden aus dem alten Dorf, der ein paar Straßen weiter in seinem Bäcker- oder Fleischerladen noch Leute suchte. Es sprach immer weniger dagegen, dass der Schwester- oder Brudersohn, die Nichte und ihr Verlobter jetzt die Reise wagten. Das Geld würde man ihnen auslegen, von der Härte der Bedingungen wurde nicht gesprochen. Schließlich war das Leben zu Hause auch kein Zuckerschlecken.

So kam es, dass von den zehn Geschwistern von Egons Großvater alleine vier in die USA gingen. Zwei der Mädchen heirateten und blieben in Kalifornien und Florida. Eine Dritte heiratete in den USA einen Auswanderer von der Insel Föhr und kehrte mit ihm zur Zeit des Ersten Weltkriegs zurück. Der einzige ausgewanderte Bruder sei, so hörte man, ermordet worden. Aber keiner will die dazugehörige Geschichte kennen oder erzählen.

»Na ja, wie man hört, saß damals der Colt ziemlich locker.«

Der Kontakt mit den Tanten der Mutter wurde ein paar Jahrzehnte lang durch Briefe aufrechterhalten. Einmal ist eine von ihnen in den 1920er-Jahren noch zu Besuch gekommen. Als aber ein norddeutscher Cousin im Zweiten Weltkrieg in amerikanische Kriegsgefangenschaft geriet und er Kontakt zu seinen amerikanischen Verwandten aufgenommen hatte, schenkte ihm seine amerikanische Cousine statt Brot und Wurst – eine deutschsprachige Bibel. Das hat ihn bis zu seinem Lebensende empört, und so wurde dies durch sein Immer-wieder-Erzählen zum Teil der dörflichen Folklore.

Egon besaß nicht nur Großtanten in den USA, eine seiner Großmütter war vierzehn Jahre Dienstmädchen in New York gewesen.

»Was hat sie davon erzählt?«, frage ich neugierig.

Nichts hat sie erzählt, höre ich.

»Nein«, sagt er, »sie hat nichts erzählt.« Und setzt hinzu: »Man sprach damals überhaupt nicht viel mit den Kindern.«

Aber auf ein paar amerikanische Geschichten bin ich im heutigen Dorf dennoch gestoßen. Von einem anderen Nachbarn hörte ich die Geschichte von der Schwester seines Vaters. Von insgesamt sieben Geschwistern ging dieses Mädchen als Ledige in die USA, war aber, wie sich herausstellte, einem Mann aus dem Nachbardorf nachgegangen, der kurz vor ihr ausgewandert ist. Und tatsächlich haben sie in Übersee dann geheiratet. Eine andere war ebenfalls einem Mann nachgereist, durfte dann aber nicht an Land gehen. So musste ihr Zukünftiger nach New York kommen, und der Kapitän vermählte sie auf dem im Hafen liegenden Schiff. Erst dann durfte die Braut, vielmehr junge Ehefrau, amerikanischen Boden betreten. Und ein paar Höfe weiter erzählt man von einem Willy, dem zweiten Mann der Großmutter des jetzigen Bauern bzw. Rentners. Neun Jahre blieb der in Texas, arbeitete dort bei einem zuvor ausgewanderten Großonkel ›in der Baumwolle‹, wie es hieß. Auch in einem Drugstore hat Willy bei Verwandten gearbeitet, vermutlich in Sacramento, Kalifornien, man weiß es nicht mehr so genau. Jedenfalls hat er dort üppig verdient und kehrte zurück mit einem maßgeschneiderten weißen Anzug aus exzellentem Stoff.

Warum er überhaupt zurückgekommen ist?

Das war so: Dieser Willy war eigentlich die erste Liebe der Großmutter Minna gewesen, Tochter des Dorflehrers Offermann. Als ein

Freund dem Willy sagte, na, das wäre ja was, eine Lehrerstochter, da hat der wohl zugestimmt, aber auch hinzugefügt, es wäre ja nun mal schön, wenn sie auch einen Hof hätte. Das war ihr zu Ohren gekommen, und sie soll derart wütend gewesen sein, dass sie mit ihm Schluss machte und stattdessen einen Bauern aus dem Dorf heiratete. Willy wanderte also um 1912 in die USA aus – hörte aber neun Jahre später in den USA, dass seine alte Liebe wieder frei sei, ihr Mann war an Leukämie gestorben. Also ging Willy zurück nach Deutschland, heiratete seine Minna und wurde so zum Stiefopa des Nachbarn, der mir davon berichtete.

Eine letzte amerikanische Geschichte erzählte ein Zylinder, der meinem Neffen Hannes geliehen wurde für seinen Einsatz als Brautwagenfahrer. Der Hut war das Erbstück einer alteingesessenen Familie im Moor, ein feiner, alter Chapeau claque. Gebracht wurde er in einer Hutschachtel, auf der stand: Dodds Fifth Avenue New York.

31. KAPITEL

ENDE 19. JAHRHUNDERT UND HEUTE

Eine Zeitung »Für Wahrheit, Licht und Recht«. Der historische Kanalbau und was der Schleusenmeister erzählt.

MANCHER DER KANÄLE IN UNSERER GEGEND ist gar kein Kanal, sondern es sind winzige Flüsschen. Deren Namen – Mühe, Gösche und Mooraue – habe ich als Kind nie gehört, alles wurde bei uns Kanal genannt. Aber der große, wichtige, alles entscheidende Kanal, sozusagen ein Kanal in Großbuchstaben, war der Hadelner Kanal, das Jahrhundertbauwerk dieser Gegend.

Für mich als Kind und Jugendliche war er der breiteste und tiefste Kanal, den ich kannte. Mit dem Fahrrad musste man auf der Straße, die von unserem Dorf aus und durch das Nachbardorf hindurch zu ihm führte, kräftig Anlauf nehmen zum Deich hoch, und dort oben noch einmal mit letzter Anstrengung in die Pedale treten, um auf die Brücke hinaufzukommen, die sich wie ein Katzenbuckel über den breiten Wasserweg wölbte. Zur anderen Seite hin rollte dann das Rad, schnell Fahrt aufnehmend, in hohem Tempo hinab und direkt auf den früher so matschigen, später befestigten Weg, den Kleiweg, der sich durch Moor- und Marschwiesen schlängelte, auf denen Kiebitze und Störche ihr Futter suchten. Er führte zu einer Straße, die, von Bäumen bestanden, strikt und geradeaus auf Kirche und Friedhof des Kirchdorfs zulief, vorbei an einem Gasthaus, in dem früher einmal Sitzungen des Kirchspielgerichts stattgefunden hatten. Und sie führte auch zum Landhandel, an dessen Rampe sich früher die Pferdewagen gestellt hatten, sozusagen Empfangs- und

Ausgabetheke für schwere Säcke voller Korn, Futtermittel und Dünger.

Zu Kirche oder Friedhof, zu Gericht oder Ein- und Verkauf musste man den großen Kanal überqueren - mit Hochzeitszügen oder mit schweren Ackerwagen, beladen mit Getreide, Stroh und Kartoffeln. Oder mit Hochzeitsgästen.

Fast unmerklich und sehr langsam fließt das Wasser in nordöstlicher Richtung. Nach einem Fußweg von einer halben Stunde an ihm entlang, führt der Kanal in einem fast rechtwinkligen Knick geradeaus nach Norden, zur Elbe. Erst kurz vor dem großen Fluss bogen früher die Lastkähne - beladen mit Holz und Briketts, Dünger, Steinen und Getreide - scharf nach Westen ab und fuhren parallel zum Elbufer in den Otterndorfer Hafen ein. Die größeren Kähne wagten sich hochgeschleust auf die breite Elbe hinaus und schipperten flussaufwärts in Richtung Hamburg.

Für das tatsächliche Zustandekommen des Kanals hatte eine wesentliche Rolle Heinrich Böse gespielt, ein Zuckermillionär aus Bremen, wichtige Gestalt des Widerstands gegen die französische Besatzung in der Region. Er hatte seine Anteile am Familienunternehmen verkauft und sich unmittelbar nach der Februarflut von 1825 nach Bederkesa auf einen Landsitz zurückgezogen. Dort erlebte er Jahr um Jahr die Wassernot dieser Gegend, ließ des Öfteren Fleisch und Getreide an die hungernde Bevölkerung im Sietland verteilen und wurde 1848 demokratischer Abgeordneter dieses Wahlkreises in Hannover. Dort regte er an, das Grundübel der alljährlichen Winterüberschwemmungen an der Wurzel zu packen und eine bessere Entwässerung zu bewerkstelligen. Die bisherigen Gräben und Kanäle mit ihren hölzernen Schleusen vor der Elbe genügten ganz offensichtlich nicht mehr.

Allerdings wurde bereits einige Jahrzehnte an der Problematik der Entwässerung laboriert. Schon 1832 hatte ein Wasserbauinspektor namens Ernst die ersten Planungen vorgelegt, die höheren Orts sogar genehmigt wurden. 1836 gründete sich ein Hadelner Kanalverband, aber mehrere Zurückweisungen durch die Hadelner Stände blockierten den Bau. Weder die Marschbauern des Hochlands noch die Einwohner der Kreisstadt Otterndorf wollten sich beteiligen. Da das Wasser immer zum tiefsten Punkt lief, würde vor allem das Sietland die Vorteile eines Kanals genießen, also sollten die dortigen Bauern zahlen. Aber eben weil die Sietländer immer schon durch Überschwemmungen behindert wurden, konnten sie nicht erfolgreich wirtschaften, und gerade sie konnten kein Geld für den Kanalbau aufbringen.

Der Streit hatte sich schon lange hingezogen.

Aber dann änderte sich etwas.

Eine Zeitung erschien in Hadeln. Sie kam anfangs noch nicht täglich heraus, aber immerhin zweimal die Woche. Gegründet im Revolutionsjahr 1848 unter dem Motto »Für Wahrheit, Licht und Recht« stand ihre Chefredaktion unmissverständlich aufseiten der weniger Privilegierten. Im August 1850 erschien auf der ersten Seite ein Artikel mit dem Titel »Hadelnsche Kanal-Angelegenheit«. Dort wird berichtet über einen Vorschlag des »Königlich-Hannoverschen Gesammt-Ministeriums«, unter welchen Bedingungen nun endlich der Bau eines Kanals vor sich gehen solle. Der Berichterstatter bedauerte, dass und wie bei der Beratung der Stände auch in diesem Jahr wieder keine Zustimmung erfolgt sei. So werde sich »leider das Hadelnsche Sietland bis dahin«, also in einem Jahr, wenn die jetzt eingesetzte Kommission ihr Resultat vorlegte, »mit der Hoffnung« auf die Entwässerung »trösten müssen«.

Das Ministerium in Hannover hatte dem Kanalbau zugestimmt und beschlossen, die Landeskasse solle den Sietländern einen günstigen Kredit auf siebzig Jahre anbieten. Wieder erhoben die Marschbauern Einspruch und setzten schnell eine Kommission ein, die erst einmal – und erst in einem Jahr – über den Vorschlag der Regierung beraten sollte.

Aber die Zeitung drängte, ließ in den folgenden Monaten in- und ausländische Hydrologen und Hydrotechniker auf ihren Seiten darlegen, wie man einen Kanal anlegen könnte, und Ökonomen rechneten Gewinne und Verluste durch eine bessere Entwässerung vor.

Endlich konnten im Mai 1852 die Bauarbeiten an dem Jahrhundertwerk beginnen. In nur drei Jahren schafften es 1.150 Arbeiter, die etwas mehr als 31 Kilometer des Kanals mit einer Sohlenbreite von bis zu vierzehn Metern auszuschachten und zu befestigen. Mit Handkarren, Spaten und Pferdegespannen bewegten sie nahezu anderthalb Millionen Kubikmeter Erde, und sie legten rechts und links Deiche an. Für ein paar Jahre gab es bezahlte Arbeit in der Gegend – und auch einige Unruhe, davon zeugen Gerichtsakten in den Archiven. Die Zusammenballung so vieler junger Männer führte zu Schlägereien, unbezahlten Rechnungen in Gasthäusern und auch einem gewissen Anstieg unehelicher Geburten.

Aber 1854 war der Kanal endlich fertig. Mit dem ein paar Jahre später hinzugefügten Teilstück zwischen Bederkesaer See und der westlich von hier verlaufenden Weser war auch ein für die Binnenschifffahrt interessanter Wasserweg zwischen Weser und Elbe entstanden. Für die Anrainer war das Wichtigste, dass die Wasserstände tatsächlich sanken, die ewig drohende Überschwemmungsgefahr war gebannt. Der Schriftsteller Hermann Allmers[1] schrieb ein paar Jahre später über das Sietland: »Bis auf die letzte Zeit bot es jeden Winter nur eine unabsehbare Wasserfläche dar, weil alles Land weit und breit ringsum von den ausgetretenen Seen so überfluthet wurde, daß nur die höher gelegenen Häuser und Dörfer aus der Wasserfläche ragten. Aller Verkehr im Lande fand also durch Boote statt; und Leichenzüge in solchen Bootflottillen. Hatte es aber gefroren und wollte das Eis weder halten noch brechen, dann war auch der letzte Verkehr im Innern aufgehoben. An die Aussaat des Winterkorns war natürlich nicht zu denken, nur Gerste und namentlich Hafer säete man in's feuchte Land. – Jetzt ist das alles ein überwundener Standpunkt. Seit einigen Jahren zieht sich nämlich ein breiter Abwässerungskanal, von jenen Sümpfen und Seen beginnend, mitten durch's niedere Land und mündet vermittelst einer mächtigen Schleuse unweit Otterndorf in die Elbe. Damit ist denn die alte Wassernatur des armen Landes wie mit einemmale aufgehoben, so daß jetzt im Winter nur noch ein verhältnismäßig kleiner

Theil davon unter Wasser steht, die meisten Aecker aber im Werthe auf's Doppelte und Dreifache gestiegen sind.«

Zu dem »verhältnismäßig kleinen Theil davon«, das weiterhin im Winter oft unter Wasser stand, gehörte allerdings unser Dorf – und erst im 20. Jahrhundert wurde das große Schöpfwerk an der Medem gebaut, mit dem größten dieselgetriebenen Pumpwerk Europas, und der dann schon siebzig Jahre alte Kanal wurde mit einem Durchstich zum Medemschöpfwerk mit diesem verbunden. Der Hadelner Kanal selbst wurde vertieft und verbreitert, und mehrere neue Randkanäle wurden gegraben, noch mehr Schleusen und Schöpfwerke eingesetzt.

Nach der Maisernte bin ich mit Waldemar in die alte Kreisstadt gefahren, um mir das Schöpfwerk anzusehen. Wir fahren die schmalen Straßen, über die Kanäle und an Deichen entlang, rechts und links liegen meist abgeerntete Felder, manchmal kommen uns noch Trecker mit Maishäcksel auf dem Anhänger entgegen. Es ist ein typischer trüb-grauer Herbsttag, unaufhörlich fällt leichter Regen, über den Himmel ziehen fast ununterbrochen Wildgänse und Kraniche in langen Reihen.

Waldemar hat Vorstandsitzung im Unterhaltungsverband Hadeln, ›Unterhaltung‹ meint Erhaltung und Pflege der Gräben und Kanäle, ihrer Deiche, Schleusen und Pumpen. Während der stundenlangen Sitzung zeigt mir der Schleusenmeister das große Schöpfwerk. Zuerst ist da der Kontrollraum, das Herzstück der Anlage, an der Wand eine Schalttafel mit vielen Lämpchen, in die Karte des Weser-Elbe-Dreiecks ist das Entwässerungsgebiet eingetragen, es zieht sich vom Elbufer im Norden bis zum Sietland im Süden. In seiner südlichsten Spitze liegt Neubachenbruch; westlich und östlich wird es durch Geestrücken begrenzt, durch die Hohe Lieth, die vor der Weser im Westen liegt, und die Wingst und den Westerberg vor der Elbe. Diese bewaldeten und nicht sehr hohen Höhen bezeichnen die Wasserscheiden – und sind dadurch Teil des traditionellen Wasserproblems im Sietland, das zwischen ihnen liegt wie der Boden einer Schüssel.

Der Schleusenmeister schaltet nacheinander die vier Ebenen der kleinen Lämpchen an, die über die Tafel des Entwässerungsgebiets verteilt sind. Grün, gelb, rot, und blau leuchten sie auf und markieren die Positionen kleiner, mittelgroßer und größerer Wasserbauwerke. Sämtliche Stauwerke, Schleusen und Schöpfwerke sind auf diese Weise im Blick. Seit ein paar Jahren können sie sogar zentral von diesem Raum aus elektronisch gesteuert werden.

Um unser Dorf herum leuchten viele grüne Lämpchen auf. Sie markieren die niedrigste Stufe der Regelung in den Kanälen, hier werden Staus geöffnet und geschlossen, wird Wasser durch Aue, Gösche und Mühe – für uns: ›die Kanäle‹ – gelassen, von hier aus weitergeschleust in Richtung Ihlienworth, dort durch ein weiteres Schöpfwerk auf die nächste Stufe gehoben und von da zum großen Schöpfwerk nach Otterndorf befördert. Nur so wird überhaupt noch ein gewisses Fließen in Richtung Elbe erzeugt. Denn die Elbe liegt hier höher als das Land, durch das sie fließt. Je tiefer die Fahrrinne der Elbe Richtung Hamburg ausgehoben wurde, desto rascher und höher drückt sich Nordseewasser bei Flut und zusätzlichem Sturm in die Elbmündung. Elbdeiche mussten weiter erhöht werden, gleichzeitig sackte das Sietland immer tiefer – durch Torfabbau und Entwässerung. Die Differenz zwischen dem Wasserspiegel der Elbe und dem der Flüsse und Kanäle, die ihr Wasser zu ihr führen, wird größer.

»Setzt sich das Absacken des Sietlands fort?«

»Natürlich«, sagt der Schleusenmeister. »Solange wir pumpen, hört das nicht auf.«

Wir gehen im Nieselregen zum Deich. Dort steht an der Straße ein unauffälliger Schaltkasten, der Schleusenmeister kontrolliert, ob man mehr Wasser in das Becken lassen könnte, bevor es von dort durch den Deich in die Elbe geführt wird.

»Nein«, beschließt er, die Einstellungen müssen im Moment so bleiben.

Dann gehen wir zu den beiden Schöpfwerkshallen, die ältere mit einem Dieselmotor ausgestattet, die neuere daneben mit einer völlig unabhängig arbeitenden Elektropumpe. Während ich auf dem Weg dorthin das übervolle Becken des hochgepumpten Wassers bestaune, erzählt der Schleusenmeister Uwe von See von seiner Arbeit. Es gebe verschiedene Interessen, die er bei seiner Arbeit beachten muss – die der Fischer und Gartenbesitzer, der Landwirte und Naturschützer. Und er werde auch direkt angerufen, wenn Anrainer finden, das Wasser stünde in ihren Kanälen oder Gräben zu hoch oder zu niedrig. Oder wenn ein Landwirt meint, sein Weide- oder Ackerland würde durch zu vieles Pumpen zu trocken oder es bliebe zu feucht und es müsse mal wieder gepumpt werden.

»Das ist ganz in Ordnung so«, sagt der Schleusenmeister. Schließlich werden die Entwässerungs- und Deicharbeiten zu einem großen Teil von den Verbandsmitgliedern finanziert.

Hier also, im Doppel-Schöpfwerk von Otterndorf, wird der letzte, entscheidende Schritt in der Entwässerung des Sietlands getan: das Hochpumpen des Wassers auf das Level der Elbe, die es dann zur Nordsee bringt. Schon bei seiner Einweihung 1928 war dies eines der größten Wasserbauwerke weltweit. Bei entsprechenden Jahrestagen wird in den lokalen Zeitungen immer wieder jenes Foto abgedruckt, das zur Verdeutlichung der Dimension einen Reiter auf seinem Pferd in der Röhre zeigt, durch die das Wasser in die Elbe gepumpt wird. 24.000 Liter pro Sekunde kann die alte Dieselpumpe in die Elbe befördern. Seit 1953 steht ihr die Elektropumpe zur Seite, die ihrerseits weitere 20.000 Liter pro Sekunde hochschafft.

Der Schleusenmeister weist mich auf die Kunst am Bau hin. Auf den Stirnseiten der Hallen sind Inschriften angebracht. Sie bringen das große Drama der Entwässerung zum Ausdruck. Elegant hatte es Goethe im »Faust« benannt: »Kluger Herren kühne Knechte gruben Gräben, dämmten ein, schmälerten des Meeres Rechte, Herrn an seiner Statt zu sein.«

Hier heißt es etwas holpriger: »Des Wassers Gewalt / Des Schicksals Gestalt / sich ändern tut / Drum sei auf der Hut. / Gott schütze die Marsch.« An der Wand des Pumpenraums im Elektroschöpfwerk, das fünfundzwanzig Jahre später, also 1953 gebaut wurde, steht: »Hochland und Sietland / Beide vereint im Kampf mit dem Wasser / Des Bauern Feind. / Es gedeihe die Marsch!«

Wer die Geschichte der hiesigen Entwässerung und die sozialen Unterschiede zwischen Hoch- und Sietland kennt, kann über die Entwicklung hin zum »vereinten Kampf« fein lächeln. Und besonders über die letzte Zeile, in der am Ende dann doch wieder nur an die Marsch gedacht wird.

Waldemar ist mit der Sitzung des Unterhaltungsverbands zufrieden. Auf unserer Rückfahrt denke ich daran, wie lange ich hier gelebt habe, ohne auch nur das Geringste von der Entwässerung zu verstehen. Seit anderthalb Jahrhunderten tun die Deich- und Wasserverantwortlichen hier ihre Arbeit, haupt- und ehrenamtlich, unaufgeregt und stetig.

DRITTES ZWISCHENSPIEL

Von Brueghel bis Worpswede, Romantik statt Düngung. Was Bauer Allmers in der Stadt suchte.

FÜR DIE BILDER PIETER BRUEGHELS sind wir sogar nach Brüssel und Wien gefahren. Wir sahen die »Volkszählung zu Bethlehem« mit der Kuh, die neben dem Esel, auf dem die schwangere Maria reitet, hertrottet, und sehen das Tier uns als einzige von über achtzig Figuren mit großen Augen anschauen. Wir sahen den Bauern mit dem Gaul ungerührt Furchen durch den Acker ziehen, während im Hintergrund ein junger Mann im »Ikarussturz« im Meer versinkt. In Wien betrachteten wir »Jäger im Schnee«, »Der düstere Tag«, »Die Heimkehr der Herde«, »Bauernhochzeit« und »Bauerntanz«, richteten den Blick auf die Weite der Landschaften und die bäuerliche Arbeit. Brueghel ist wirklich Erbe der Darstellungen ländlicher Arbeit im Jahreszyklus, wie sie in den Stundenbüchern der Adligen gemalt wurden.

Fünfzig Jahre nach ihm malte Adriaen Brouwer[1] die Bauern ohne ihre Arbeit und ohne das Land. Sie sitzen in Gastwirtschaften, höchst realistische, individuelle Gestalten, oft prügeln sie sich, trinken zu viel – wir kennen das schon. Aber es gibt von ihm auch wunderbare Porträts alter Männer, mal genüsslich rauchend, mal erschöpft am Tisch einschlafend.

Dabei ist Brouwer schon fast eine Ausnahme, denn tatsächlich verschwinden die Bauern zu dieser Zeit aus den Gemälden. Eine Weile bieten ihre Landschaften noch eine dramatische oder idyllische Bühne für religiöse und mythologische Szenen, dann verschwindet auch dieses Personal. Was bleibt, sind die Landschaften selbst, Wälder, Flüsse und Berge, mehr oder weniger wilde Natur, die den Betrachter zur Einkehr einlädt, zum Innehalten.

In Berlin gehen wir in die Alte Nationalgalerie zur europäischen Malerei des 19. Jahrhunderts, und stehen vor den großen Landschaften der Gemälde von Caspar David Friedrich[2]. Mit ihren weiten Himmeln, den Küsten und Meeren im Abendlicht, entfernten oder nahen Schiffen, ihren Nebeln und Ruinen wirken sie wie Träume. In ihnen kommen manchmal und nur sehr klein ein paar Menschen vor, die ebenfalls zu träumen scheinen oder sich vor diesen endlosen Himmel-, Berg- oder Meereslandschaften ein anderes Leben zu wünschen, sich nach anderen Orten zu sehnen scheinen. Ein paar Mal treten wir näher an die Bilder heran. Da sind der »Mönch am Meer« und die Rückenansichten von Männern und Frauen in altdeutscher Tracht, auf großen Steinen sitzen sie am Meer. Auf dem Bild »Der einsame Baum« ist es, als wären selbst der winzige Hirte und sogar einige seiner Schafe in die Betrachtung der Natur versunken.

»Der Agrarreformer und Wollschafzüchter Albrecht Daniel Thaer war Caspar David Friedrichs Zeitgenosse«, sage ich. Das klingt, als wollte ich unbedingt, dass wenigstens schon eine moderne Fruchtfolge in diesen Bildern vorkäme, oder die Schafe wenigstens bessere Wolle tragen müssten. Als hätte ich je etwas über Wollschafe gewusst.

Krischan fasst es noch ein bisschen ungerechter zusammen.

»Melancholie statt Mineraldünger«, sagt er.

Wir wissen, dass das blödsinnig ist – zumal die Mineraldüngung erst eine Generation später kam. Aber wenigstens dieses eine Mal wollen wir so vor diesen Bildern stehen, mit diesem ungerechten, unpassenden Bauernblick.

Später habe ich auch eines jener Museen besucht, die in Norddeutschland an die Moorkolonisierung erinnern. Es war ein Freilichtmuseum, genannt Museum der Armut, das die Urbarmachung der Hochmoore im damals preußischen Emsland darstellt. Sie fand zur selben Zeit statt wie die Teufelsmoorkolonisierung durch das

Kurfürstentum Hannover. Das preußische Urbarmachungsedikt von 1765 läutete dort, jenseits der Weser, jedoch eine Phase planloser Besiedlung der Moore zwischen Leer, Aurich und Emden ein. Man legte keine Entwässerungsgräben an, man teilte den Siedlern viel zu kleine Parzellen zu und ließ ihnen kaum staatliche Hilfe zukommen. Die Moorbevölkerung versank schnell in Elend, und das katastrophal durchgeführte Projekt sorgte nicht für die Mehrproduktion von Nahrungsmitteln oder gar höhere Steuereinnahmen. Vielmehr führte es zu einem gewaltigen Zuwachs der bettelnden Bevölkerung in den nahe gelegenen Landstädten.

Entlang des Besichtigungswegs stehen hier die Behausungen, die einen langsamen Fortschritt des Dorfs markieren, zuerst die dunkle, von Grassoden bedeckte Höhle, darin Stroh als Lager für Menschen und Vieh, dann Holzhütten, deren Außenwände aus einem Weidenflechtwerk bestehen, verschmiert mit Lehm und Mist, die Fußböden aus gestampftem Lehm. Und weiterhin musste man, wie in den Erdhöhlen, im Inneren den Kopf beugen, konnte nicht aufrecht in diesen Räumen stehen. Bald wurden zwei Schlafkammern mit Holzwänden vom Kochbereich, der Küche mit dem offenen Feuer, abgetrennt, während der immer noch in Kuh- und Schafstall überging; als Nächstes hatte man Schränke in die Wände eingelassen – als kurze Betten, Alkoven genannt; in ihnen schliefen die Menschen, sitzend und von chronischem Husten geplagt. Schornsteine gab es nicht, man war dem Rauch des offenen Feuers ausgesetzt, es war die einzige Wärmequelle – außer den eigenen Körpern und denen des Viehs. Man denke an das Ungeziefer, die Fliegen, Läuse, Flöhe und Würmer, die von den Tieren ins Haus gebracht wurden, die verschiedenen Gerüche des kostbaren Dungs von Schaf und Huhn, Schwein und Kuh. In der dritten und vierten Generation der Kolonie sind die Tiere endlich in eigene Ställe gesperrt, Kochen und Essen findet in der Diele und endlich ohne sie statt, und der Tisch steht schon auf einem mit Steinen belegten Boden. Am meisten rührt mich die kleine Schule am Ende des Wegs, ein rohes Brett als Schreibunterlage der Kinder, an der Bank vor ihnen angebracht, sie müssen es hochklappen, um aufstehen zu können. Im Schulgarten sind die historischen Pflanzen der damaligen Selbstversorgung angebaut: Kohl und Rote Bete, Tabak und Sellerie.

Zur Zeit der Erdhöhlen 1791 komponierte Mozart »Die Zauberflöte«, dreißig Jahre später Ludwig van Beethoven seine Neunte Symphonie, und Caspar David Friedrich malte in seinem Dresdner Atelier das Gemälde »Der einsame Baum«. In Frankreich zogen bald die ersten Maler in den Wald von Fontainebleau und fingen an, ›nach der Natur‹ zu malen; in der Berliner Nationalgalerie sieht man auch ihre Bilder.

Das Dorf Barbizon wurde 1832 zur ersten Künstlerkolonie in Europa, die neue Mode der Landschaftsmalerei vor dem Objekt, das heißt draußen, begann, immer mehr Maler und bald auch Malerinnen kamen aus ihren Ateliers in München oder Düsseldorf, Paris, Budapest und Kopenhagen heraus ins Freie. Dank des Ausbaus der Eisenbahnen und einer Vielzahl ländlicher Bahnhöfe – zum Transport ländlicher Güter gebaut – konnte man jetzt an zuvor unerreichbare Orte gelangen, und auch die Erfindung von Metalltuben für Ölfarben machte das Reisen und die Arbeit im Freien möglich. Da landeten dann also die Künstler mit ihren Staffeleien, Sonnenschirmen und faltbaren Hockern in Fischerdörfern und an Stränden, in Tälern, an Seen und in Bergdörfern, lebten in kleinen Hotels und Pensionen, und einige von ihnen entdeckten die Fischer und Bauern als Motive ihrer Malerei, auch Netzflicker und Leineweber.

Zu diesen Künstlerkolonien, bald fünfzig Jahre nach Barbizon gegründet, gehörte bald auch Worpswede, ein Geestdorf mitten im Torfabbaugebiet des Teufelsmoores östlich von Bremen. In ihren Gemälden kann man die besondere norddeutsche Landschaft kennenlernen, das Flache und die weiten Himmel darüber, die Torfgräben und weißen Birken, Moorkaten, Windmühlen samt Abendlicht und Mondenschein.

Eigentlich aber sei es doch zum Staunen, meint Krischan, wie sorgfältig auch sie zum größten Teil vorbeigesehen haben an den

Menschen, die das Land bearbeiteten. Als Künstler haben sie sich naturgemäß mehr für die Lichteffekte einer tief stehenden Sonne oder für das Strahlen einer weißen oder roten Bluse inmitten einer grünen Wiese interessiert als für das Leben der Menschen, die hier mühselig Landwirtschaft zu betreiben versuchten.

Unser Gemecker.

Der berühmteste Barbizoner, Jean-François Millet, der viele Menschen bei bäuerlich-schwerer Arbeit gemalt hat, war sogar Bauernsohn. Aber seine Eltern waren wohlhabend, mitzuarbeiten brauchte der Sohn nicht. Vielleicht sehen die Bauern bei ihm auch deshalb eher aus wie Schauspieler und nicht wie wirkliche Bauern. Vincent van Gogh hat Millet trotzdem geliebt – und eigentlich kennt man den Franzosen beinahe nur noch wegen van Gogh, der Millets Bilder variiert hat.

Aber auch van Gogh wird gesehen haben, was in Millets Bildern fehlte, eben die Arbeit selbst. Und genau das hatte sich der Niederländer zur Aufgabe gemacht, die Arbeit selbst zu malen. Er begab sich dazu tief in die bäuerliche Umgebung, in die Hütten und Ställe der Bauern – und wurde dort schmutzig und stank selber wie sie, wie es hieß. An seinen Bruder Theo schrieb Vincent, dass er dies als Teil seiner Arbeit sah: »Nämlich in den Hütten sich aufhalten, tagaus, tagein, genau wie die Bauern auf dem Felde sein, im Sommer die Sonnenhitze und im Winter Schnee und Frost aushalten, nicht in der Stube, sondern draußen, und nicht auf einem Spaziergang, sondern tagein, tagaus, wie die Bauern selber.« Und er schrieb über Gerüche, die an seinen Bildern und auch an ihm hingen: »Wenn ein Bauernbild nach Speck, Rauch und Kartoffeldunst riecht, gut, das ist nicht ungesund; wenn ein Stall nach Mist riecht, gut, dafür ist er ein Stall; wenn das Feld einen Geruch nach reifem Korn oder Kartoffeln oder nach Guano oder Mist hat, das ist gerade gesund, besonders für Stadtleute ... Aber parfümiert darf ein Bauernbild nicht werden.«

Van Gogh hat sich womöglich als einziger Maler zutiefst mit den Bauern identifiziert, vielleicht sogar mehr mit ihrer oft so ausweglos erscheinenden Lage als mit der Arbeit selbst. Er schrieb: »Ich denke so oft daran, dass die Bauern eine Welt für sich sind ...«, und er hat sich gefragt, »woher nehmen sie ihre Kraft? Und diese armen Frauen, was ist die Stütze ihres Lebens?« Freiwillig ging er in die Moorlandschaft der nordöstlichen Niederlande und wünschte sich für seine Arbeit eine »weltverlassene Gegend, die schon in jeder Hinsicht ernst stimmen würde«, wie er an seinen Bruder schrieb.

Einen ganz anderen Bauern und seine Texte haben wir aus dieser Zeit gefunden, den Marschbauern Hermann Allmers, dessen Hof in Rechtenfleth am Weserdeich nahe Bremerhaven als Museum ausgebaut wurde. Wer sich auf der Suche nach Texten über die norddeutschen Moore in Allmers' »Marschenbuch« vertieft, wird immer wieder mit sehr konkreten Beschreibungen belohnt – und mit dem Blick des Landwirts. »Der Getreidebau hat sich seit Kurzem in allen Mooren sehr gehoben«, schrieb Allmers 1858. »Namentlich wird Roggen und Hafer, aber auch Buchweizen und sogar Sommerraps gebaut, die Letzteren beiden meist nach dem üblichen Brennen des Moores. Dieses Brennen, wonach der Boden mild und entsäuert wird, geschieht, indem man die obere Schichte dünn abpflügt, diese Schollen sodann zum Trocknen in Haufen oder Reihen zusammenstellt und im April oder Mai anzündet. Noch ehe alles zu Asche gebrannt ist, wirft man sie auseinander und pflügt nun den Acker noch einmal dünn um. In den Mooren Hollands, Ostfrieslands, Oldenburgs, Hannovers und Westphalens hat das Moorbrennen im Laufe des gegenwärtigen Jahrhunderts in großartigem Maßstabe zugenommen, freilich zu argem und gerechtem Leidwesen des übrigen Deutschlands, dem jene ungeheuren Rauchmassen nur allzu oft die schönsten Frühlingstage verderben, die Luft verpestend, manchen heißersehnten Regen aufhaltend, ja selbst die liebe Sonne ihrer Strahlen beraubend.«

Tatsächlich gehörten die Rauchschwaden des Moorbrennens zu den frühen Umweltbelastungen durch eine intensivierte Landwirtschaft, und es wurde Anfang des 20. Jahrhunderts verboten. Offenbar war das Düngen schon früh ein schwieriges Thema.

Aber Allmers hat auch eindrücklich über das Moor vor der Kolonisierung geschrieben. »Im Moor endlich findet die tiefste Melancholie ihren Ausdruck«, schrieb er, »welchen der köstlichste Frühlingsmorgen und der sonnigblauste Sommertag nicht ganz verscheuchen können, der aber bei trübem, wolkigem Himmel, im Spätherbst und zur Winterzeit wahrhaft grauenerregend auf die Seele zu wirken vermag. Nie wird man von diesem Eindrucke so mächtig berührt, als wenn man kaum noch die Wiesen der Marsch durchwanderte und nun plötzlich das Moor betritt. Mit einem Male ist man in einer anderen Welt. Alles heitere Grün ist verschwunden, Nichts zu erblicken als ödes schwarzbraunes Land von unheimlichem, verbranntem Ansehen, begrenzt von einer ernsten tiefblauen Ferne. Einzig schwarze Torfhaufen, oder hie und da die einsame, armselige Hütte eines Torfbauern von einigen weißstämmigen Birken umgeben, sind die alleinige Unterbrechung der traurigen Ebene. Da und dort wallt eine graue Rauchmasse still zum Himmel, sodass man sich oft in einer vulkanischen Gegend glauben könnte, und ringsum herrscht eine Stille, ein Todesschweigen, welche das Herz mit Grauen erfüllt.«

Für die Jahrhundertwende vom 19. zum 20. Jahrhundert – als sich Allmers, nach vielen Reisen und während sein Verwalter den Hof bewirtschaftete, schon mit den Worpsweder Malern befreundet hatte – wollen wir festhalten, dass die Trennung von Stadt und Land größer geworden ist.

Immer mehr Menschen lebten inzwischen ohne jeden Kontakt zur Landarbeit.

Die Städter wussten immer weniger vom Land und die Bauern kaum noch etwas von der Stadt. Zuvor hat es noch viele Stadtbewohner gegeben, die im Sommer zu Onkel und Tante oder zu den Großeltern aufs Land fuhren, die sahen, wie Kühe gemolken, Heu gemacht und Kartoffeln geerntet wurden, und die als Kinder vielleicht mit Begeisterung dabei halfen. Und Bauern und Fischer wussten auch noch etwas von der Stadt – durch den Markt, auf dem sie ihre Produkte verkauften.

Aber auch damit war es am Ende des Jahrhunderts, zumindest in den Großstädten, bald vorbei. Der Handel brachte die Produkte in die Stadt. Wer sich eine Sommerfrische leisten konnte, suchte auf dem Land oder am Meer keine Nahrungsmittel, sondern Erholung von der Stadt. Der wollte frische Kuhmilch und frisch gefangenen Fisch genießen und sich nicht mit den Härten und Begrenzungen des ›einfachen Lebens‹ befassen. Vielmehr beerbte der Bürger in Sachen Landliebe jetzt den römischen Schriftsteller Horaz, der sein Landgut liebte, weil es, wie er schrieb, »mich mir selbst wieder schenkt«.

Jene Bauern, ihre Kinder, Nichten und Neffen aber, die weder erbten noch einheirateten, auch nicht Knecht oder Magd werden oder auswandern wollten, suchten in der Stadt eine Freiheit, die ihnen das Land verwehrte. In der Stadt oder als Auswanderer waren sie in die doppelt freie Lohnarbeit entlassen, wie Karl Marx es definiert hatte: frei von den Fesseln des Feudalismus und frei von Besitz. Aber worauf sie wirklich hofften, war etwas anderes – die Freiheit von den Zuschreibungen der Standesregeln und Dorfsitten.

4. WELTMÄRKTE UND WELTKRIEGE

32. KAPITEL
DAMALS
Mit dem Bus zur Schule.

LÄNDLICHE ZWERGSCHULEN WIE UNSERE wurden Mitte der 1960er-Jahre aufgelöst, jetzt fuhren wir mit dem Bus zur Schule. Morgens um kurz vor sieben sahen wir vom Küchenfenster aus den großen gelben Postbus durchs Dorf fahren, das Signal, sofort loszurennen.

Jetzt aber dalli, sagte unsere Mutter.

Im Winter starrten wir minutenlang nach dem Frühstück und mit der Schulmappe zu Füßen, die Jacke oder den Mantel in der Hand, durch das Dunkel, immer wieder verunsichert durch die Spiegelung der Kücheneinrichtung im Küchenfenster, dann knipste ich auch die Lampe aus. Würde ich sonst den Bus überhaupt sehen? Aber wir sahen ihn immer, diesen von rechts nach links, Süd nach Nord durch die vollständige Dunkelheit des Dorfs fahrenden Lichtbehälter. Zunächst fuhr der Busfahrer bis ans Ende des Dorfs, wendete dort, nahm die ersten Schulkinder auf und kam dann zur Bushaltestelle an unserem Ende des Dorfs. Viele Jahre gab es keinen Unterstand für uns Kinder, weshalb wir bei Regen, Dunkelheit oder Kälte auch keine Lust hatten, zur Haltestelle zu gehen, bevor der Bus nicht durchs Dorf gefahren war.

Nur im Sommer war es anders, da gingen wir gerne früh los, hüpften durch die große Diele an den Kühen vorbei, die gerade gemolken wurden, und riefen manchmal nach unserem Vater, weil wir Geld für neue Schulhefte brauchten, traten zu ihm ans Ende des Mistgangs, wohin er dann kam und mit gerade an den Hosen abgewischten Händen das Portemonnaie aufknöpfte und nach Silbermünzen suchte, immer noch die beiden Kühe im Blick, denen er gerade das Melkgeschirr angelegt hatte oder an deren Eutern die Zitzenbecher schon bedenklich umsonst saugten und dringend abgenommen werden mussten.

Dann trödelten wir weiter auf der alten Dorfstraße, mit Nachbarkindern ein Stück die Wettern entlang, und trafen nicht selten genau am Haltestellenschild ein, wenn der Busfahrer an der davor liegenden Kurve abbremste.

Bald wurde die Haltestelle verlegt und ein bedachter Unterstand aus dunkel gebeizten Brettern gebaut, in den wir oft nur unsere Taschen hineinpfefferten, damit die trocken und sauber blieben und wir von ihnen unbeschwert noch ein bisschen herumspringen konnten. Denn danach begann das stundenlange Stillsitzen. Erst im Bus und dann in der Schule – und dann noch einmal im Bus.

Bevor ich die Prüfung zum Gymnasium machen durfte – eine Woche Probeunterricht nannte man es –, war ich einmal dort zu Besuch gewesen.

Ich erinnere mich an die Helligkeit der Räume, an die großen Fenster, sogar Türen waren aus Glas. Im Eingangsbereich stand ein Aquarium mit bunten Fischen, im hinteren Teil des Gebäudes lag der Flur, von dem aus man Zugang hatte zu den Räumen für den Werk- und Kunstunterricht, zu Chemie und Physik.

Die Helligkeit und Größe beeindruckten mich tief und ich kam mir umso kleiner vor, düster und unbeholfen.

Bald lernte ich die besondere Sorgfalt kennen, mit der sich ein Bauernkind die Hände und Nägel bürstet. Einmal hatte ein Lehrer verbittert gesagt, er sei hier ja in einer Gegend gelandet, in der man Hochzeitssuppe für Kultur hielte und die Eltern mancher Kinder noch unter der Kuh säßen. Erschrocken, aber auch schon ein bisschen aufsässig, sah ich ihn an. Roch ich etwa nach Kuhstall? Hatte ich mir beim Melken das Kopftuch nicht fest genug umgebunden oder hatten meine Haare den Geruch angenommen und mich verraten?

Unser Bus war der einzige Bus des Tages, er brachte uns am frühen Nachmittag um halb zwei wieder zurück. Es war ein langer Übergang von unserem Dorf in die weitere Welt, anderthalb Stunden war ich unterwegs.

Ich erinnere mich, dass ich vom Bus aus einmal etwas sah, das der Welt entsprach, aus der ich allmorgendlich kam. Da hatte an einer Anhöhe eine Kuh auf der Weide gestanden, die offensichtlich gerade gekalbt hatte. Sie senkte ihren Kopf zu dem noch liegenden, nassen Kalb und muhte es leise an – ich erkannte es an ihren sich hebenden Flanken. Und ich wusste, dass der Bauer später, wenn er zur Weide kam und nach ihr sah, eine Überraschung und Schrecksekunde erleben würde, weil das Kalb inzwischen an einen anderen Platz gelaufen wäre und er es vielleicht nicht gleich finden würde. Und doch würde er an dem von Schleimfäden verklebten Hinterteil und dem zum Platzen geschwollenen Euter der Kuh sehen, dass sie gekalbt hatte.

Bis heute erinnere ich mich an meine Empfindung, wenn ich an dieser kleinen Anhöhe vorbeifahre. Es war die eines Getrenntseins von dem körperlichen Wissen der Bäuerlichkeit – jedenfalls für die Dauer der Schulstunden, auf die ich in diesem Moment zufuhr.

33. KAPITEL

BEGINN 20. JAHRHUNDERT
*Grot-Emma und die Weltmarktpreise,
Großagrarier in den USA und Russland*

ES GIBT EINEN HOF, nicht weit von unserem entfernt, der liegt auf der anderen Seite des Kanals und gehört eigentlich schon zum Nachbardorf Moorausmoor, das sich kurz nach Neubachenbruch entwickelt hat. Sieht man sich die Anfänge des Hofs und seine Geschichte an, gehörte er allerdings immer schon mehr zu unserem Dorf. Nicht nur stammte der erste Siedler dort aus Neubachenbruch, sondern fast jeder der folgenden Bauern heiratete ein Mädchen aus dem Dorf der Vorfahren.

Als ich Kind war, gab es auf diesem Hof zwei Emmas, die Ehefrau und die Mutter des Bauern. Zur Unterscheidung nannte man die Ehefrau Lütt-Emma, wörtlich die kleine oder jüngere, und die ältere Grot-Emma.

Grot-Emma kam aus Neubachenbruch, ihr Geburtsjahr war 1890, das Jahr der Entlassung von Reichskanzler Bismarck.

Ich erinnere mich an eine große, wortkarge Frau, ihre hagere Gestalt, erst im hohen Alter ein wenig gebeugt durch lebenslange schwere Arbeit, ihr Gesicht ernst, zerrunzelt und wie gegerbt. Im tief liegenden Auge schimmerten Intelligenz und Witz, in ihrer Haltung drückte sie die Würde eines großen Hofes aus. Gesprochen hat sie nicht viel – aber vielleicht sprach sie auch nur mit mir nicht, einem Kind von Flüchtlingen, bei denen man ja nicht wissen konnte, aus was für Familien die kamen und ob sie bleiben würden. Wir waren erst einmal, glaube ich, unter ihrer Würde. Nur mit harter Arbeit konnte man sich ihre Anerkennung verdienen und das dauerte ein paar Jahrzehnte.

Zwanzig Jahre alt war Grot-Emma, als sie 1910 den Witwer Amandus Voltmann heiratete. Er war achtzehn Jahre älter als sie, seine halbwüchsigen Söhne und seine alte Mutter heiratete sie sozusagen mit. Nach zwei Jahre Ehe waren neben Feld- und Stallarbeit ein eigenes Kind zu versorgen, dann starb die Schwiegermutter, die beiden Stiefsöhne waren vierzehn und sechzehn Jahre alt.

Das bäuerliche Leben unserer Gegend hatte sich am Ende des 19. Jahrhunderts langsam verbessert. Zu einer friedlichen, stetigen Entwicklung trugen landwirtschaftliche Vereine und Genossenschaften bei, Kanal- und Wegebau hatten ihren Anteil daran und schließlich auch die Reichsgründung mit ihrem wirtschaftlichen Aufschwung. Hinzu kamen der medizinische Fortschritt und die Verbesserung der Schulen. Es wurde weiter Torf gestochen, mit dem man die Kachelöfen der Wohnstuben und Schlafkammern und den Herd in der Küche beheizte. Torf konnte man außerdem verkaufen und bekam dadurch etwas Bargeld in die Hand. Jeder hielt vielleicht ein paar mehr Kühe als früher, fütterte mit der Milch die Kälber, und die eigenen Kinder und die Frauen butterten gern noch selbst – auch wenn die Männer wegen des Hofeinkommens darauf drängten, mehr Milch an die neu gegründete Genossenschaftsmolkerei abzuliefern, die es seit 1899 gab. Alle bauten ein wenig Hafer für die Pferde an, Roggen für sich selbst und als Viehfutter für Kühe, Schweine und Geflügel. Dazu kamen Rüben und Kartoffeln für den Eigengebrauch. Schafe und Schweine, Hühner und Gänse grasten, wühlten und pickten ums Haus herum und fraßen Gemüseabfälle. Zu Felde fuhr man mit Pferd und Wagen, brachte Saatgut auf die Äcker, das einer per Hand aussäte, und holte im Herbst mit Kindern, Knechten und Nachbarn die Ernte ein. Man fuhr Säcke voller Roggen zu nahe gelegenen Windmühlen und ließ dort das Mehl zum Brotbacken ausmahlen, und die Bauersfrauen lieferten den lokalen Geschäften ein paar Stiegen Eier pro Woche, im Frühjahr bestellten sie frisch ausgeschlüpfte Küken bei der Nachbarin mit dem Händchen für brütendes Federvieh, um den eigenen Gänse-, Enten- und Hühnerstall neu zu füllen. Wenn Viehaufwuchs und Ernte einmal sehr gut gelungen waren, vermarkteten die Bauern durch den lokalen Landhandel im Herbst ein paar Rinder, Schweine und ein paar Zentner Roggen mehr als sonst, und die Alten erinnerten die Jungen daran, dass Geld an sich schon ein Wert war, man konnte fällige Steuern zahlen und diverse Rechnungen für Reparaturen begleichen. Die Jüngeren sahen schon etwas kritischer hin, verglichen das Geldeinkommen des einen Jahres mit dem des vorherigen, murrten über fallende Preise und nahmen den selten stattfindenden Anstieg der Preise eher stumm zur Kenntnis. Die meisten Höfe ernährten inzwischen ganz gut die Familien ihrer Besitzer, zur Ernährung der wachsenden Stadtbevölkerung trugen so kleine Höfe wie der von Grot-Emma und Amandus noch immer wenig bei. Allerdings muss gesagt werden, dass auch die großen ostelbischen Güter schon lange nicht mehr die Ernährung der Bevölkerung des Deutschen Reichs sicherten. Dabei arbeiteten sie inzwischen ganz und gar nach den thaerschen Grundsätzen einer rationalen, effektiven Landwirtschaft, und der Absatz ihres Weizens war durch bismarcksche Schutzzölle lange gefördert worden. Brot- und Futtergetreide mussten dennoch zusätzlich eingeführt werden, Roggen seit 1852, Gerste seit 1867, 1871 war es der Hafer und ein Jahr später auch Weizen.

1899 begann der damalige Lehrer von Neubachenbruch eine Schulchronik zu führen. Jahr um Jahr schrieb Heinrich Offermann die Anzahl der Schulkinder in sein Buch, berichtete von Bauarbeiten an der Schule, verzeichnete die Anschaffungen von Möbeln und Lehrmitteln und umriss unter »Verschiedenes« immer auch die Situation des Dorfs – Wetterverhältnisse, Ernten, Preise.

»Im vergangenen Herbste herrschte Hochwasser«, schrieb er über das Schuljahr von Ostern 1899 bis Ostern 1900. Da ging die kleine Grot-Emma bei ihm in die fünfte Klasse. »Die Kartoffeln waren billig, aber das Rindvieh sehr teuer.« Im nächsten Jahr hieß es, der Torf sei teuer verkauft worden und man habe im Herbst viel

Obst ernten können. 1902 berichtete er: »Der letzte Winter brachte uns einen sehr hohen Wasserstand.« Schon vor Weihnachten haben Wiesen und Weiden und teilweise auch Ackerland unter Wasser gestanden. Immer wieder sind Überschwemmungen zu berichten. »Der Sommer 1903 war ein sehr nasser Sommer. Im Juli begannen die ersten Regenschauer. Sehr oft gingen die Wiesen und Weiden unter. Die Bewohner mussten teilweise ihr Vieh nach Ankelohe und Lintig [höher gelegene, benachbarte Dörfer] in Grasung tun. Unter der Nässe hat das Korn, besonders haben die Kartoffeln sehr gelitten.«

In diesem Jahr schrieb der Dorflehrer erfreut von der Entscheidung der Gemeinde, ein neues Schulhaus zu bauen, das ganze Dorf würde sich mit Hand- und Spanndiensten beteiligen, unter anderem sollen 400 Fuder Sand von den Bauern aus einer viele Kilometer entfernten Sandkuhle mit Pferd und Wagen herangefahren werden. Zur Einweihung des neuen Schulgebäudes im Oktober 1907 kamen Pastor, Kreisschulinspektor und Landrat, die Kinder sangen »Allein Gott in der Höh' sei Ehr«, und der Pastor hielt eine Einweihungsrede. Es gab siebenundzwanzig Kinder in der Schule, darunter inzwischen schon Grot-Emmas jüngere Schwester Elisa, die im darauffolgenden Jahr mit einem sehr guten Zeugnis entlassen wurde. Anders als das »Betragen« ihrer drei Jahre älteren Schwester war ihres »sehr gut«. Emma hatte dagegen in ihrem Abschlusszeugnis nur ein »genügend« aufzuweisen gehabt, eine Note, die Lehrer Offermann selten vergab, und kaum je an ein Mädchen. Offenbar hatte schon die kleine Grot-Emma ihren sehr eigenen Kopf gehabt.

Auch nach dem Umzug in das neue Schulhaus setzte Lehrer Offermann seine alljährlichen Eintragungen fort. »Am 15. Juni 1908 wurde die hiesige Gemeinde von einem sehr schweren Hagelwetter heimgesucht«, schrieb er. »Dasselbe hat einen sehr großen Schaden angerichtet. Roggen und Hafer haben sehr gelitten, die Halme standen alle eingeknickt da. Das Getreide gewährte einen traurigen Anblick. Der darauf folgende anhaltende Regen brachte der Gemeinde eine große Überschwemmung.« Und wieder mussten einige Bauern »ihr Vieh nach dem nahen Ankelohe in Grasung tun«, und die guten Heuwiesen »an der Aue« konnten wieder einmal wegen Hochwassers nicht gemäht werden.

Einmal im Jahr fanden Schulausflüge statt. Da reiste die ganze Schule zu den Häfen in Cuxhaven und Bremerhaven, nicht selten schlossen sich auch Eltern an, die sich einen freien Tag gönnten und mitfuhren in die Stadt. 1909 berichtete Heinrich Offermann ausführlicher. »Um 4 Uhr morgens wurden die Kinder [mit Pferd und Wagen] nach dem Bahnhofe Bederkesa gebracht. Da viele Kinder noch keinen Zug, keine Stadt usw. gesehen hatten, so war die Fahrt von großem Interesse. Vom Bahnhof Geestemünde ging es zum gr[oßen] Wochenmarkt nach Bremerhaven ...Von hier ging es zum alten Hafen und dann nach dem neuen Reisehafen. Die vielen großen und kleinen Schiffe erfreuten die Kinder ... Mit der elektrischen Bahn ging es nach Speckenbüttel. In dem großen Garten amüsierten sich die Kinder, fuhren in dem Karussell. Der Zug brachte um 6 Uhr die Kinder wieder nach Bederkesa.« Die Häfen und Hafenstädte der Umgebung waren wichtig für Fischfang und Handel gleichermaßen – und als Arbeitsplätze für die Region.

Im selben Jahr verregnete den Bauern wieder einmal die Heuernte, und auch im Spätherbst gab es Überschwemmungen. »Es musste viel der Kahn zur Beförderung benutzt werden.«

Manchmal begnügte sich Lehrer Offermann mit kurzen Notizen, aber wenn die Zustände dramatisch waren, schreibt er ausführlich. So heißt es für 1910: »Das Frühjahr war sehr trocken und so konnte die Aussaat rechtzeitig vorgenommen werden. Im Juli und August kam anhaltendes Regenwetter. Das Wasser stieg sehr hoch. Es wurde sehr viel Heugras vernichtet. Die Weiden gingen unter Wasser ... Das Jungvieh wurde von vielen Bewohnern nach Ankelohe in Grasung getan. Einige hatten die Kühe 8–14 Tage im Stalle. Das Wasser hatte solche Höhe, dass Kartoffel und Roggen zum Teile im Wasser waren. Der gesamte Schaden des Wassers beläuft sich auf 3–4.000 M[ark]. – Die Entwässerung ist eine sehr schlechte, besonders ist der Stinstedter See verschlammt und verkrautet. Die hiesigen Einwohner haben eine Baggerung des Sees beschlossen. Die Kosten der Baggerung von 2.600 cbm betragen ca. 3.000 M[ark]. Es werden 1.500 M[ark] von der Königl. Regierung [= Preußen] hergegeben.« Eine Firma aus Hamburg-Altona soll im Laufe des Sommers 1911 das Ausbaggern übernehmen. – Wir erfahren aus diesen Bemerkungen, dass die Sietländer tatsächlich durch den Bau des Hadelner Kanals immer noch nicht von ihrer Wassernot erlöst waren. Als im folgenden Jahr ein trockenes Frühjahr und ein ebensolcher Sommer herrschten, verzeichnet der Dorflehrer endlich einmal gute Getreide- und Kartoffelernten und bemerkt lakonisch: »Der trockene Sommer ist für die hiesigen Bewohner am besten.«

In jenem trockenen Frühjahr brachte Grot-Emma auf dem Hof jenseits des Kanals ihr erstes Kind zur Welt, einen Sohn, den sie Richard tauften. Grot-Emmas Schwester Wilhelmine übernahm gleichzeitig mit ihrem Mann Heinrich im Herbst den elterlichen Hof in Neubachenbruch. Während seine Schülerinnen schon zu Bäuerinnen wurden, berichtete der Lehrer weiter vom Fortgang der Ausbaggerungsarbeiten und erwähnt, dass er selbst der Gemeinde 1.500 Mark auf acht Jahre geliehen hat, und meint, man habe den Nutzen dieser Maßnahmen bereits im Winter »deutlich verspürt«.

Ein Jahr vor dem Ersten Weltkrieg, 1913, machten die Schulkinder den letzten Schulausflug für lange Zeit in die Hafenstädte.

»Im Reisehafen lag der große Dampfer Wilhelm II. Dieser wurde besichtigt.«

In diesem Jahr musste bereits die Hälfte des nationalen Bedarfs an Getreide nach Deutschland importiert werden, das Land gehörte inzwischen zu den größten Getreideimporteuren der Welt. Die größten Lieferanten dagegen waren Russland und Amerika. Sie bestimmten die – immer niedriger werdenden – Preise auf dem Weltmarkt, und es ist hilfreich, sich die Produktionsbedingungen für ihr Getreide anzusehen.

Im Russischen Reich herrschte noch der Zar - und damit jene Verhältnisse, die in Frankreich mit der Französischen Revolution bereits vor über hundert Jahren abgeschafft worden waren. Dort aber gab es weiterhin leibeigene Bauern, die unter kärglichsten Lebensumständen die landwirtschaftliche Arbeit auf den riesigen Gütern der adligen Familien leisteten. Das Beispiel des russischen Fürsten Lew Tolstoi ist bezeichnend - er hatte bereits als Kind knapp 2.000 Hektar Land, fünf Dörfer und 350 Leibeigene und deren Familien geerbt, die er als junger Offizier zunächst fast gänzlich verspielte. Als die russischen Bauern 1861 aus der Leibeigenschaft entlassen wurden, waren sie damit meistens noch nicht zu Landbesitzern geworden, denn in vielen russischen Dörfern existierte von alters her neben dem Privateigentum der Adligen für die Bauern eine Zwangsmitgliedschaft in der Gemeindefeldwirtschaft, also eine kollektive Feldbestellung, die dem spätmittelalterlichen Flurzwang in Nordhannover gleichkam. Er bedeutete, dass die Bauern Dutzende von schmalen, über die ganze Dorfdomäne verstreuten Ackerstreifen bearbeiten mussten, die Äcker waren so schmal, dass moderne Pflüge und Eggen auf ihnen nicht benutzt werden konnten, manche kaum mehr als einen Meter breit. Zudem wurden diese Ackerstreifen immer wieder umverteilt, sodass kein Bauer seine Böden besonders düngte oder pflegte. Es herrschten, mit anderen Worten, Zustände einer heruntergekommenen Allmende, wie sie Albrecht Daniel Thaer schon hundert Jahre zuvor im Hannoverschen angeprangert hatte. Zudem waren die Bauern Analphabeten, also weit entfernt von landwirtschaftlichen Kenntnissen über ihr Dorf und die Traditionen hinaus. Gegenüber Reformbestrebungen von oben reagierten sie äußerst misstrauisch. Tolstoi, inzwischen ein berühmter Schriftsteller, hat diese Haltung der Bauern in der Erzählung »Der Morgen eines Gutsbesitzers« resigniert beschrieben.

Allerdings hatte sich auch der landbesitzende Adel im zaristischen Russland traditionell nicht besonders für Agrarwirtschaft interessiert und seine riesigen Güter durch Pächter verwalten lassen, nicht selten Polen oder Deutsche, die in ihren Ländern bereits gute landwirtschaftliche Ausbildungen genossen hatten. Nach dem Verlust ihrer Leibeigenen verließen viele adlige Familien ihr Land, zumal die Erzeugerpreise für Agrarprodukte zwischen 1878 und 1896 weltweit gefallen waren. Einige verkauften ihre Güter, andere wirtschafteten mit Verwaltern weiter, die ihre Betriebe entweder modernisierten oder das Land zu hohen Preisen an die Bauern verpachteten. Als dann die Getreidepreise kurz vor der Jahrhundertwende weltweit anstiegen, sah man doch wieder einen Wert im Land, ließ einige Söhne im westlichen Ausland eine Landwirtschaftsausbildung machen und zog zurück aufs Land. Der Aufbau kommerziell lohnender Betriebe entzog dann vielen Bauern, die ebenfalls langsam gelernt hatten, selbstständig zu wirtschaften, ihr Pachtland, und sie mussten sich notgedrungen der nach Hunderten zählenden Mäh- und Drescherkolonne auf den riesigen Feldern der Güter anschließen. Bald tauchten auf modernisierten russischen Gütern bessere Pflüge, Sä- und Erntemaschinen auf - meist britischer Bauart und von mehreren Pferden gezogen, während von den Bauern nur ein Drittel überhaupt ein einziges Pferd besaß. Die meisten pflügten auf schmalen Gemeindefluren im Frühjahr mit einem Ochsen vor dem hölzernen Hakenpflug und mähten im Herbst mit der Handsichel ihr Getreide.

Aber es hatte in der Landwirtschaft in den letzten Jahren vor dem Ersten Weltkrieg in Russland auch Reformbestrebungen gegeben - durch den zaristischen Innenminister Stolypin[1] und den Bauernpionier Semjonow[2].

Stolypins Vorbild war der deutsche Reichskanzler Otto von Bismarck, Semjonow hingegen bewunderte Lew Tolstoi, der in seinem Landbesitz und in den Problemen der befreiten Bauern das Thema seines Lebens und Schreibens gefunden hatte. Semjonow war ein Bauer, der sich selbst das Lesen beigebracht und sogar mit dem Schreiben kleiner Lebenserzählungen begonnen hatte. Er stammte von einem ärmlichen Hof in einem Dorf südlich von Moskau, sein Vater war schwer alkoholkrank, die Mutter in Arbeit versunken. Als Zehnjähriger ging er in die Stadt, um der Familie mit Geld auszuhelfen, lebte bis zu seinem achtzehnten Lebensjahr als Wanderarbeiter und arbeitete, wo immer sich Arbeit fand, auch in Fabriken. Er befreundete sich mit Tolstoi und kehrte als Zwanzigjähriger zurück in sein Dorf, heiratete und übernahm die elterliche Wirtschaft. Aber er war ein ›denkender Landwirt‹, so hätte Albrecht Daniel Thaer ihn wohl genannt, las landwirtschaftliche Lehrbücher, pachtete Land von Adligen hinzu, baute Flachs an und brachte seine Produkte erfolgreich selbst auf den Markt. Er setzte sich für eine weitergehende Landreform ein und richtete mit anderen Agronomen und Bauern des Bezirks Leseklubs ein, in denen man gemeinsam landwirtschaftliche Literatur las und diskutierte – ganz wie es in den Landwirtschaftsvereinen vor einem halben Jahrhundert im Hannoverschen üblich gewesen war. Aus diesen Gruppierungen gingen Bauernvereinigungen hervor, die sich aus dem Zwang des Flurgemeinschaftssystems zu befreien suchten. Erst nach einer zweiten Haft als Rebell und einigen Jahren Exil in Polen kehrte Semjonow 1908 wieder zurück. Seine Auffassung von einer modernen Landwirtschaft hatte sich nur noch verstärkt, und er wurde zum Pionier der neuen zaristischen Regierungspolitik unter Stolypin. Der wollte – ebenfalls nach gründlicher landwirtschaftlicher Erfahrung auf polnischen Gütern – die russischen Flurgemeinschaften auflösen und bäuerlichen Landbesitz schaffen. Eigener Besitz, so sein Gedanke, würde die Bauern zur Achtung vor dem Besitz auch der Adligen bewegen, und man könnte aus ihnen eine neue Mittelklasse machen und damit zu einer Stütze der bestehenden Ordnung. Bauernkreditbanken wurden eingerichtet, viel staatliches Geld floss in den Umbau des Landwirtschaftswesens; Landvermesser, Agronomen, Statistiker und Ingenieure wurden eingestellt, Beamte drängten die Bauern, sich auf die Ablösung der Feldgemeinschaft und auf Einzelwirtschaften einzulassen. Auch Semjonow unterstützte diese Politik. Trotz massiver Einschüchterung durch Adel und Kirche gelang es in einer Region nahe Moskau, den Lebensstandard der Bauern durch Einführung von modernen Fruchtfolgen, Saatzucht und Gründung von genossenschaftlichen Molkereien wirklich anzuheben. Dennoch hatten bis zum Ersten Weltkrieg nur 15 Prozent der Bauern im westlichen Russland ihr Land verkoppeln, also zusammenlegen und neu einteilen lassen. Die Ärmeren verkauften anschließend sofort ihr Land und zogen in die Städte, die besser ausgebildeten, engagierten Bauern wie Semjonow ließen sich auf Zusammenlegung und Ablösung ein, wandten neue agrarische Methoden an und schlossen sich zur Vermarktung zusammen. Mit anderen Worten, sie gingen einen sehr ähnlichen Weg wie ihre Berufskollegen in Westeuropa. Das Ergebnis der zaristischen Landreform, die in den Jahren zwischen 1907 bis 1911 durchgesetzt wurde, war am Ende eher kläglich. Im Januar 1915 besaßen nur etwa 2,7 Millionen Bauernhaushalte ihr Land in Privatbesitz, das betraf gerade einmal 23 Prozent der landwirtschaftlichen Nutzfläche des Landes. Es zeigte sich, dass Pjotr Stolypin und seine Landreformer die Menschen falsch eingeschätzt hatten. Bauern waren für sie Erzeuger von Lebensmitteln, die in der Stadt gebraucht wurden. Für die meisten Bauern und ihre Familien jedoch war ihr dörfliches Leben ein schweres Schicksal, das es gemeinsam zu tragen galt. So wusste ein großer Teil der Bauern nicht zu wirtschaften, war finanziell und mental überfordert, blieb abhängig von Dorfältesten und Popen, und die zaristische Landreform traf bald nicht nur auf die Feindschaft von Adel und Kirche, sondern auch auf die aggressive Ablehnung der Kleinbauern und ihrer Frauen.

Als es 1891 in Russland durch Missernten zu einer verheerenden Hungersnot gekommen war, hatten sich die russischen Großgrundbesitzer den Weltmarkt noch mit den amerikanischen Großbetrieben geteilt. Tatsächlich empörte sich die russische liberale Presse darüber, dass trotz der hungernden Massen in Stadt und Land weiterhin Weizen exportiert wurde – wie schon im Irland der 1850er-Jahre. Die Losung der Regierung war: »Und wenn wir hungern – wir werden Getreide exportieren.« Bekannte Schriftsteller legten ihre literarische Arbeit nieder und schlossen sich den Hilfsaktionen für die Hungernden an, Fürst Tolstoi half in einer Suppenküche aus, der Arzt Anton Tschechow arbeitete unentgeltlich als Revierarzt unter cholerakranken Bauern.

Etwa eine Million Bauern, besonders aus der vom Hunger schwer betroffenen Ukraine, nahmen damals das Angebot staatlicher Hilfe für die sibirische Kolonisierung an, zogen in die Tundra - eine Landschaftsparallele zu den amerikanischen Prärien - und machten dort das Land urbar. Die meisten schlossen sich der landesweiten Binnenmigration landloser Bauern an, die von Einsaat zu Einsaat und von Ernte zu Ernte durch das riesige Land streiften, von einer Klimazone zur anderen und zurück. Es heißt, dass um 1900 nicht weniger als neun Millionen Menschen in Russland auf Wanderschaft waren - auf der Suche nach Arbeit. Sie arbeiteten auch im Eisenbahnbau, legten Schienen, bauten Schiffe in neuen Großwerften und legten Bergwerke an, um Kohle und Erze zu fördern. Eine gewisse Industrialisierung war durchaus in Gang gekommen - obgleich sich Zar und Hochadel weiterhin auf die Herrschaft einer absoluten, uneingeschränkten Monarchie versteiften und Verfassung und Parlament weiterhin ablehnten. Auch dies war durchaus eine Parallele zur Entwicklung in Westeuropa.

Die Anfangsjahre des 20. Jahrhunderts wurden im Zarenreich zu einer Zeit wüster Unterdrückung. Schriftsteller und Studenten gingen zu den Bauern in die Dörfer und agitierten, es wurden Geheimbünde gegründet, Attentate durchgeführt und Todesurteile gefällt. Demokratisch gesinnte Oppositionelle wurden nach Sibirien verbannt, darunter Dostojewski, dessen Todesurteil umgewandelt, und Lenins Bruder, dessen Todesurteil vollstreckt wurde. Landesweit kam es zu gewaltsamen Aufständen von Bauern, die sich besonders radikalisierten nach dem Blutsonntag im Januar 1905, als in St. Petersburg zaristische Soldaten ohne Warnung in eine Menge friedlicher Demonstranten schossen; die Menschen waren an diesem Sonntag mit dem Zeichen des Kreuzes und betend zum Sitz des Zaren gezogen, um ihn direkt um eine Verbesserung ihrer Situation zu bitten. 200 Tote und 800 Verletzte blieben auf den Straßen der Hauptstadt zurück.

Von nun an endeten Hunderte von Bauernaufständen immer öfter in spontanen Enteignungen, Bauern begannen, brach liegendes, im Besitz des Adels befindliches Land zu bearbeiten. 1906 wurde endlich das erste Parlament, die Staatsduma, zusammengerufen, vier Monate später löste der Zar sie wieder auf. Gleichzeitig nahmen die zaristische Polizei und Justiz verheerende Rache an den Bauern, führten Sammelprozesse und Massenerschießungen durch, Historiker sprechen von 60.000 Hinrichtungen ohne Gerichtsurteil.

Während 1907 in Neubachenbruch unter tätiger Mithilfe der Bauern ein neues Schulhaus errichtet wurde, rief in der zweiten Duma 1907 ein Bauerndelegierter einem Adligen zu, der seinen Besitz beschreiben wollte: »Wir kennen Euern Besitz, denn wir selbst waren einst Euer Besitz. Mein Onkel wurde für ein Windspiel eingetauscht.«

An der amerikanischen Getreidebörse machten einige derweil Millionen beim Wetten auf Ernten und Preise. In den USA hatte bei der Erreichung eines niedrigen Erzeugerpreises geholfen, dass es im Westen immer wieder neues Land gab, das urbar gemacht werden konnte. Teilweise geschah das durch höchst spektakuläre Kampagnen und Aktionen – beispielsweise im April 1889, kurz vor Grot-Emmas Geburt, als buchstäblich ein Startschuss für das Rennen der Weißen um eigenes Land im Mittleren Westen abgegeben wurde. Die Bundesregierung von Oklahoma verschenkte Land an weiße Siedler und brach ein weiteres Mal die Verträge mit der indigenen Bevölkerung. Schon eine Woche nach dem Rennen um Land campierten bereits 50.000 neue Einwohner auf der dürren Prärie, hatten ihre ›claims‹ abgesteckt und begannen, Farmen, Geschäfte und ganze Städte aufzubauen. 65 Hektar bekam man als Farmer umsonst von der Regierung. Bald waren in Oklahoma 16 Millionen Hektar mehr unter den Pflug genommen und die indigenen Amerikaner stetig weiter in kümmerliche Reservate abgedrängt worden, im Dezember 1890 wurden sie durch ein Massaker in Wounded Knee, South Dakota, auch militärisch endgültig geschlagen.

Die Weizenanbaugebiete Amerikas wuchsen und die Produktion stieg, der Weizenanbau für den Export wurde zur Normalität.

Bald wurde dort auf unvorstellbar großen Feldern Weizen angebaut.

»Die Pflüge, fünfunddreißig, jeder mit zehn Pferden bespannt, standen in unabsehbarer Reihe in staffelförmiger Ordnung, fast einen halben Kilometer weit vor und hinter Vanamee [Romangestalt] – nicht einer hinter dem anderen, sondern jeder Pflug seitlich um eine Gespannlänge von seinem Vordermann«, so beschrieb es der amerikanische Schriftsteller Frank Norris. »Jeder Pflug hatte fünf Eisen, sodass hundertfünfundsiebzig Furchen zugleich gezogen wurden, wenn die ganze Kolonne in Bewegung war … Der Verwalter galoppierte jetzt vom Ende der gestaffelten Pflugkolonne an die Spitze. Erwartungsvolle Stille herrschte. Ein Gefühl der Bereitschaft ging durch die ganze Linie. Alles war in Ordnung und jeder auf seinem Platz … Dann schrillte ein Pfiff von der Spitze her. Der nächste Vormann gab das Signal weiter, indem er sich nach den Pflügern hinter sich umwandte und mit dem erhobenen Arm winkte; Pfiff folgte auf Pfiff, bis der letzte in der Ferne verhallte … Die Pferde legten sich in die Stränge … Schnallen und Gebisse klirrten, angespanntes Lederzeug knarrte, Spannketten und eiserne Räder rasselten dumpf, Peitschen knallten, über dem tiefen Atmen und Schnaufen von fast vierhundert Pferden tönten die harten, hellen Zurufe der Lenker, und den Grundton gab das ununterbrochene leise Rauschen und Knirschen des von zahllosen Eisen zerschnittenen und aufgeworfenen Erdreichs.«[3] So sah es aus und hörte es sich an, wenn am Anfang des 20. Jahrhunderts in Kalifornien der Boden vorbereitet wurde für die Weizeneinsaat.

Der Markt für den Weizen schien unersättlich. Große Anbau-, Ernte- und Transporttrusts entstanden, die auf den Ländereien entweder Pachtbauern einsetzten oder überhaupt nur noch mit Lohnarbeitern und großen Maschinen arbeiteten. Das hervorstechendste Merkmal dieser Landbewirtschaftung war hoher Kapitaleinsatz und Großflächigkeit. Und bald wurden die Flächen der Großgrundbesitzer nicht mehr mit Pferden bearbeitet, sondern mit Dampfmaschinen.

Frank Norris hat auch das Bild einer Ernte mit dampfbetriebenen Maschinen gezeichnet. »Eines Morgens, Anfang August, der Weizen auf Abteilung drei von [der Großfarm] Los Muertos war bereits gemäht, fuhr S. Behrman [der Besitzer] in seinem Wägelchen über das offene Stoppelfeld. Seine Augen suchten den Horizont nach dem Rauch der Dampf-, Mäh- und Dreschmaschine ab, der sich irgendwo zeigen musste; er konnte aber nichts entdecken. Das leere Stoppelfeld schien bis an den Rand der Welt zu reichen.« Erst nach einer »reichlichen Stunde holpriger Fahrt über das knisternde Stoppelfeld« lässt der Autor den Großfarmer die Dreschmaschine erreichen. Die war soeben repariert worden und nahm gerade wieder ihren Dienst auf: »Der Heizer schürte das Feuer, die beiden Sackbinder setzten ihre Schutzbrillen auf und nahmen ihre Posten auf der Plattform ein; die Männer an der Staubmühle und den Mähern griffen zu ihren Hebeln. Die Maschine spie eine dicke Rauchsäule in die Luft und setzte sich, zitternd bis zum Schornsteinrand, zischend und rasselnd in Bewegung. Alle Teile begannen zugleich zu arbeiten: die knirschenden Schneidemesser, die den Weizen mit einer Reichweite von zwölf Metern schnitten, die geschmeidig gleitenden Treibriemen, die schwirrende Staubmühle, der knarrende Dreschsatz – es war ein einziges Rascheln, Klappen, Fauchen und Rauschen, der Erdboden dröhnte dumpf, und vom Feld verschwand rauschend der Weizen in den Eingeweiden des gierigen Ungeheuers.«

Damals überflügelte der Weizenimport aus den USA ins Deutsche Reich zum ersten Mal den russischen. Das amerikanische Getreide war von hoher Qualität, und durch das wachsende Netz von kohle- bzw. dampfbetriebenen Eisenbahnen und Frachtschiffen beschleunigte und verbilligte sich der Transport. Selbst über große Strecken brachte der Export noch riesige Gewinne für die Großhändler und Transportunternehmen. Eine Tonne Weizen von New York nach Mannheim zu befördern, kostete schon 1902 nur noch 8,14 Mark; in Deutschland entsprach das den Beförderungskosten für dieselbe Menge von Berlin nach Kassel. Gleichzeitig wurden die Erzeugerpreise von den Handelsunternehmern stetig gedrückt, es entstanden immer größere Farmen. Die kleinen Weizenbauern in den USA, wie sie erst seit ein oder zwei Generationen wirtschafteten, zudem oft nur in Erbpacht, mussten aufgeben.

Auch die Hadelner Marschbauern hörten langsam auf, Weizen anzubauen. Mit dem billigen amerikanischen Weizen konnten sie nicht konkurrieren, und kein Schutzzoll wertete nach Bismarcks Entlassung mehr ihren Weizen auf. Die Weitsichtigen unter ihnen kauften Vieh und mästeten von nun an Ochsen – so stiegen sie nicht nur ins Fleischgeschäft, sondern auch ins Milchgeschäft ein, denn die dafür nötigen Mutterkühe mussten gemolken werden. Immer mehr Sahne und Butter aus den Marschen strömten in den Verkauf. – Und auf diese Weise wurden die amerikanischen Großfarmen letztlich auch zu einem Problem für die Moorbauern des Sietlands. Ihre sich langsam entwickelnde Milchwirtschaft wurde mehr und mehr in eine Konkurrenz mit den großen Marschbetrieben gedrängt.

Der jungen Grot-Emma und ihrem Mann Amandus wären die Ochsen vor den hölzernen Hakenpflügen in Russland wohl ebenso fremd gewesen wie die Streitmacht zehnspänniger, fünfschariger Eisenpflüge auf kilometerbreiten, amerikanischen Feldstücken und eine dampfbetriebene Dreschmaschine auf dem Weizenfeld. Von so etwas las man an der Niederelbe höchstens in der Zeitung.

Sowieso war hier nicht Kalifornien. Hier waren die Sommer kurz, und sobald das Wetter es erlaubte, musste gesät, gehackt, Gras gemäht und Heu gefahren, Getreide geerntet und eingefahren, mussten Kartoffeln gesetzt und gehäufelt, gerodet und eingemietet werden – auch an Sonn- und Feiertagen. Im Herbst begann das Schlachten, und die Winter brachten zusätzliche Arbeiten – das Heizen im Haus und Auftauen der Viehtränken, Dreschen des Korns und Schneiden des Häcksels. Nach Feierabend ging es für die Frauen und Mädchen beim Schein der Petroleumlampe weiter mit dem Spinnen und Stricken, mit Web- und Stopfarbeiten, Nähen und Besticken von Tischdecken und Geschirrtüchern als Beitrag zur Aussteuer irgendeiner Cousine, Schwester oder Nichte.

Dann begann im Sommer 1914 der Erste Weltkrieg.

34. KAPITEL

1914 – 1918

Von Krieg, Revolution und Weizenboom.
Inflation in Deutschland.

DER DORFLEHRER HEINRICH OFFERMANN war am Beginn des Ersten Weltkriegs zweiundfünfzig Jahre alt und damit weder wehr- noch landsturmpflichtig. Unter der Extraüberschrift, mithilfe eines Lineals akkurat unterstrichen, »Der große Krieg«, verzeichnete er in der Neubachenbrucher Schulchronik: »Das größte Ereignis des Jahres 1914 ist, dass Deutschland in den Krieg ziehen musste.« Und man liest die Kriegspropaganda heraus, wenn er fortfährt: »Man hoffte hier noch immer bis zum letzten Augenblicke, dass noch Friede bleiben würde, denn schon so oft war es nah daran, und immer wusste unser Kaiser uns den Frieden zu erhalten. Frankreich, England und Russland sind es besonders, die uns den großen Weltkrieg aufgezwungen haben.« Mobilmachung war am 2. August, mitten in der Ernte.

»Die Reservisten Hinrich Kück, Christian Bartenhagen, Wilhelm Bartels und Heinrich Wöhst mussten am 4. August ausrücken. Man glaubte nicht, dass sie auf so lange die Heimat verließen. Der Landsturmpflichtige Georg Dock musste auch schon gleich fort und Mitte August der Gemeindevorsteher J. Wehber.«

Zwei der Genannten sind Mitte zwanzig, Christian Bartenhagen ist Sohn des Bauern und Musikers Jacob Bartenhagen, der die ländliche »Kapelle Stockfisch« mitbegründet hatte, Heinrich Wöhst ist Grot-Emmas Schwager, Ehemann ihrer älteren Schwester Wilhelmine. Georg Dock ist als Vierzigjähriger schon Betriebsleiter und jetzt »landsturmpflichtig«, sein Vater war einmal kurz der Bürgermeister des Dorfs. Auch Johann Wehber ist beinahe vierzig und führt seit sechzehn Jahren den väterlichen Hof.

Offermann schreibt weiter: »Schon nach einigen Wochen kam die traurige Nachricht, dass Christian Bartenhagen zwei Kugeln im Oberschenkel erhalten hätte. Derselbe kam nach dem Lazarette zu Wattenscheid. Zum Glück besserte er sich bald immer mehr. Sehr hart wurde am 13. Dezember die Familie Wöhst betroffen, denn H. Wöhst war von mehreren Schrappnellkugeln tödlich verwundet worden. Er hinterlässt eine Frau und ein kleines Kind.«

Die junge Witwe Wöhst ist Grot-Emmas Schwester Wilhelmine. Sie hatte zu diesem Zeitpunkt einen zweijährigen Sohn und kam kurz nach der Todesnachricht mit Zwillingen nieder, die beide nicht überlebten.

Offermann zeigt sich der Kriegspropaganda der Zeit verhaftet. Viele Feldpostbriefe erreichten die Verwandten, schreibt er. »Sie alle zeigen das starke Vertrauen auf Gottes Hilfe: ›Gott mit uns‹.« Von Begeisterung ist jedoch keine Spur zu finden.

Zweimal hatten auch »Pferdeaushebungen« stattgefunden. Es war wie 1803 vor der napoleonischen Besetzung: Zuerst holte man die Pferde ab, dann die Männer. Nur desertierten im jungen 20. Jahrhundert die Männer nicht mehr; ein allgemeines Kriegsdienstgesetz und der inzwischen zur Staatsräson gehörende Patriotismus machten jeden Gedanken daran unmöglich. Insgesamt lieferte das Dorf sechs Pferde ab und ebenso viele Männer. Für die Pferde hat das Militär gezahlt, sogar einen recht hohen Preis, notierte Offermann.

Bald kündigt sich eine Teuerung an. Offermann macht es an den Mehlpreisen fest, im zweiten Kriegsjahr kosten pro Zentner Roggenmehl 21 Mark, Weizenmehl 24 Mark, am höchsten sind die Preise für Gersten- und Maismehl, sie kosten 30-40 Mark. Tatsächlich aber funktionierte der Markt schon nicht mehr. Der Chronist berichtet, am 1. Februar 1915 habe eine Kornzählung stattgefunden. »Jeder konnte von seinem Korn 117 Pfund bis Mitte August behalten. Das andere wurde später nach Otterndorf an die Getreidegesellschaft geliefert. Es sind hier alle Selbstversorger.« Als sogenannte Selbstversorger durfte kein Bauer, weder seine Frau, seine Eltern noch seine Kinder irgendwo Mehl oder Brot kaufen. Die offizielle Begründung: Alle müssen mit dem Brot sorgsam umgehen, »damit England uns nicht aushungern« kann. Kein Wort schreibt der Beamte dazu, dass eine Familie mit einem Zentner und ein paar Kilo Korn ganz gewiss nicht ein halbes Jahr auskommen konnte, dass also, mit anderen Worten, der Roggen, Weizen, Hafer für das Brot ›gestreckt‹ werden musste – anfangs mit Kleie, später mit Rübenschnitzeln und Eichelmehl. So war es in der Stadt, und so war es bald auch auf dem Lande – jedenfalls bei allen, die kein Korn oder Mehl versteckten. Es begann eine Schattenökonomie des Schwarzschlachtens und Schwarzhandelns, die zur weiteren Verteuerung aller Lebensmittel führte.

Auch Amandus, Grot-Emmas Mann, war sofort eingezogen worden. Seine Söhne, Grot-Emmas Stiefsöhne, waren inzwischen vierzehn und sechzehn Jahre alt und hätten den Hof zu Arbeit und Ausbildung verlassen können. Jetzt mussten sie zu Hause bleiben und die gesamte Kriegszeit über der Stiefmutter zur Hand gehen. Vier Jahre musste die junge Frau mit den halb erwachsenen Söhnen und ohne ihren Mann den Hof bewirtschaften.

Haben Verwandte geholfen? Bekam sie russische Kriegsgefangene zugeteilt – so wie die russischen Frauen deutsche Kriegsgefangene für ihre Höfe bekamen?

Denn auch in Russland führten natürlich die Bauersfrauen die Höfe während des Krieges weiter – in einigen Gegenden war es ein Drittel aller Wirtschaften, und auch in Russland setzten Teuerungen ein. Die ärmsten Bauern hatten schon lange die russischen Städte bevölkert und die neuen Industrien mit ihrer Arbeitskraft versorgt, aber im Sommer kehrten die meisten zu den Erntearbeiten in ihre Dörfer zurück. Dasselbe versuchten sie als Soldaten.

Dass sie ihre vorgesetzten Offiziere an der Front Monat für Monat und Jahr um Jahr als schikanierende Herren und arrogante Adlige erlebten – wie sie sie ohnehin schon von zu Hause kannten –, verstärkte die allsommerliche Desertion. Je schwieriger die Lage an der

Front wurde und je hungriger sie und ihre Familien zu Hause waren, desto weniger Disziplin wurde eingehalten.

Obwohl inzwischen die Getreideausfuhr eingestellt war, konnte das alte Exportland seine Bevölkerung nicht mehr ernähren. Man rechnete, dass eine Petersburger Hausfrau vierzig Stunden in der Woche damit verbrachte, für Lebensmittel anzustehen.

1915 und 1916 wurden aus Neubachenbruch weitere Männer zum Militär einberufen und die Preise stiegen weiter.

Unter den neu einberufenen Soldaten war Hermann Lütjen, dreiunddreißig Jahre alt. Erst vor einem guten Jahr hatte er, aus dem Nachbardorf kommend, hier einen Hof gekauft. Sein Vorgänger Hermann Tiedemann hatte keinen Erben gehabt und deshalb verkauft. Lütjens Frau Anni blieb mit vier Kindern alleine auf dem Hof.

Ebenfalls eingezogen wurde August Heitmann, auch er war dreiunddreißig Jahre alt und hatte erst kürzlich den Hof von seinem Vater übernommen; er wird schon im folgenden Jahr fallen.

Mittlerweile meldete der Chronist auch Verwundete, Vermisste und Tote, der Sohn des Gastwirts war verwundet, der knapp dreißigjährige Georg Monsees vom Hof Onkel Edus wurde vermisst. Er wird nicht mehr zurückkehren. Im Lazarett gestorben ist der fünfundzwanzigjährige Karl Beck, der zwei Jahre zuvor den Hof seines Vaters geerbt hatte; zurück blieb seine Frau Christine mit dem knapp zweijährigen Sohn Johannes.

Lehrer Offermann gibt viele Beispiele für die Preisanstiege und die wachsende Knappheit der Güter, er verweist auf die Zwangswirtschaft – zum Beispiel die Abgabe nur kleiner Mengen von Petroleum –, und man kann sich gleich die Dunkelheit in den Stuben vorstellen, in denen abends keine Lampen mehr brannten.

Zu all der Verzweiflung und Härte des Lebens gesellte sich, wie immer hier, das Wetter.

»Nach Weihnachten kam ein furchtbares Regenwetter. Das Wasser stieg sehr. Es wurde noch höher als in 1888. Vor dem Hause und auch hinter dem Hause war ein See. Der Weg war fast ganz unter Wasser. Man konnte an dem Hause auf den Ackerstücken mit dem Kahn fahren. In einigen Häusern stand das Wasser auf der Diele und war in den Scheunen, unter Heu und Torf. Es konnten die Kinder aus Altbachenbruch 14 Tage lang nicht zur Schule kommen ... Das Wasser kam in die Kartoffelmieten und machte vielen Schaden ... Das Wasser stand etwa bis Ende Januar sehr hoch.«

1917 desertierten russische Soldaten massenhaft, insbesondere kehrten sie nach dem Osterurlaub – Feldbestellungszeit! – nicht mehr zu ihren Einheiten zurück. Ihre Waffen hatten sie oft mitgenommen, und auf diese Weise waren die Aufständischen und Streikenden im Hinterland bewaffnet. Im März 1917 wurde der Zar zum Rücktritt gezwungen, eine provisorische Regierung übernahm die Geschäfte. Aber für eine bürgerliche Regierung war es schon zu spät, die Radikalisierung nicht mehr aufzuhalten.

Auf dem Land wurden die Dorfgemeinden zur organisierenden Kraft der Revolution. »Unser war der Herr, unser ist das Land«, hieß die Parole. Von Politikern, Städtern oder Staatsbeamten ließ man sich nichts mehr sagen. Glocken wurden geläutet, Bauern zogen los mit Gewehren, Forken, Äxten, Sicheln und Spaten gegen das Herrenhaus. Bis in den Mai waren ihre Forderungen noch maßvoll, es ging um Senkung der Pachtpreise, Neuverteilung der Kriegsgefangenen, faire Preise für Saatgetreide, landwirtschaftliches Gerät und Zuchtvieh. Aber mit der massenhaften Heimkehr desertierender Soldaten steigerte sich nicht nur in der Stadt, sondern auch auf dem Lande die Militanz. Der Schriftsteller Maxim Gorki hat beschrieben, wie Bäuerinnen unter Tränen plünderten und Feuer legten. »Wir werden dafür büßen müssen. Aber wenn wir es ihnen nicht zerstören, werden sie wiederkommen und sich rächen«, weinten sie, denn das war ihre Erfahrung nach der Revolution von 1905.

Seit der Ernennung des Sozialrevolutionärs Tschernow zum Landwirtschaftsminister im Mai 1917 nahm die Brutalität zu. In einem Dorf wurde ein Fürst gestellt und mit Äxten und Messern umgebracht; sein Sohn hatte 1906 als Landeshauptmann – so Zeugenaussagen aus den staatlichen Archiven, die Orlando Figes in seinem Buch über die russische Revolution zitiert – zwölf rebellische Bauern »vor den Augen ihrer schreienden Frauen und Kinder aufhängen lassen«. Anschließend wurde das Herrenhaus mit einer »der erlesensten Privatbibliotheken Russlands« in Brand gesteckt. Landwirtschaftliche Maschinen wurden zerstört – denn die hatten ja den Bauern ihrer Empfindung nach die Arbeit auf den Gütern weggenommen.

Premierminister Fürst Lwow sprach von der »Rache der Leibeigenen« und sagte, die Revolution sei das »Ergebnis unserer – und jetzt spreche ich als Gutsbesitzer –, unserer ureigensten Sünde«. »Hätten wir«, so fuhr er fort, »die Bauern als Menschen und nicht wie Hunde behandelt, dann vielleicht wäre alles anders verlaufen«, so weiter bei Figes. Auf einer Allrussischen Bauernversammlung verabschiedete die Mehrheit der Delegierten radikale Resolutionen zur Enteignung, und die Bauern begriffen sie als Gesetz. Immer öfter nahmen sie die Enteignung des Adels und die Aufteilung des Bodens in die eigenen Hände. Schließlich wurde im Oktober gegen die provisorische Regierung geputscht, Lenin war im April 1917 mithilfe der feindlichen deutschen Regierung ins Land zurückgekehrt und übernahm jetzt mit den Bolschewiki die Macht. Der erste Satz des ersten Dekrets der Russischen Revolution lautete: »Das Eigentum der Gutsbesitzer an Grund und Boden wird unverzüglich ohne Entschädigungszahlungen aufgehoben.«

Die USA produzierten und exportierten dagegen immer mehr Weizen. Im ersten Jahrzehnt des 20. Jahrhunderts hatte es im Mittleren Westen von Nordamerika viel geregnet, den Farmern dort ging es gut. Aus Millionen Hektar Prärieland waren kilometerweite Getreidefelder geworden, und mit Beginn des Ersten Weltkriegs hatte der Getreidepreis noch einmal angezogen – große und kleine Farmer nahmen so viel Land unter den Pflug, wie sie konnten.

Einige Wissenschaftler, meist Geologen, warnten früh vor drohenden Bodenerosionen. Schon 1902 war man zu dem Ergebnis gekommen, dass die Prärien in erster Linie von ihrer Grasnarbe gehalten würden. Sei die Grasnarbe aber gänzlich abgetragen, würden Trockenheit und Wind, aber auch die hart aufschlagenden, von nichts mehr gebremsten Regenfälle auf den weiten Hochebenen den feinen Lössboden bald davongetragen und ausgewaschen haben.

Gegen Bodenspekulation und hohe Getreidepreise kamen die Geologen jedoch nicht an. Das Pflügen ging weiter. Schon 1909 waren wegen Erosionsschäden viereinhalb Millionen Hektar landwirtschaftlicher Nutzfläche stillgelegt worden, und 1914 stand über eines der Gebiete im Jahrbuch des Landwirtschaftsministeriums zu lesen, »Regen fiel wie tausend kleine Hämmer, die auf den Boden schlugen«, und schwemmte den Boden in kleinen Bächen ab. 1916 schätzte eine Forschergruppe des Landwirtschaftsministeriums, dass bereits »die Hälfte des kultivierbaren Bodens von Wisconsin so stark von Erosion betroffen [ist], dass die wirtschaftliche Aktivität dadurch beeinträchtigt wurde«.

Natürlich merkten auch die Farmer, dass die Fruchtbarkeit ihrer Felder abnahm. Aber etwas dagegen zu unternehmen war dem Einzelnen zu teuer. Noch konnte man stattdessen weiter gen Westen ziehen und neues Land urbar machen. Sollte sich doch der Staat etwas einfallen lassen, um den Boden zu retten.

Solange der Weltkrieg andauerte, in den im April 1917 auch die USA eintraten, war dort vor allem der Getreideexport patriotische Pflicht. Immer mehr Farmer kauften sich Traktoren. Damit konnten sie tiefer pflügen und mehr Getreide anbauen. Die Preise stiegen weiter, und 1917 war es auch, dass Henry Ford – der aus der Fleischindustrie das Fließband abgekupfert und inzwischen mit der Massenproduktion von Autos begonnen hatte – eine praktische Anhängerkupplung entwickelte. An sie konnte man allerlei Gerät zur Bodenbearbeitung anhängen. Jetzt mussten Schmiede und Sattler keine Anschirrung, Schnallen, Gebisse und Spannketten für zehn, zwanzig oder sogar dreißig Pferde schmieden und nähen und zu einem komplizierten Netz zusammenfügen, dessen Zügel am Ende nur ein einziger Pferdelenker hielt. Die Pferdestärken saßen jetzt unter der Motorhaube.

Während Europa auf eine Zwischenkriegszeit zusteuerte, die bald Faschismus und Nationalsozialismus auf die Weltbühne schleppen würde, bahnte sich auf den amerikanischen Getreidefarmen die erste ökologische Katastrophe des 20. Jahrhunderts an – die Staubstürme, die den Boden der ehemaligen Prärien im Mittleren Westen davontrugen.

Dem Dorfchronisten von Neubachenbruch blieb im letzten Jahr des Krieges nichts anderes, als die Toten zu verzeichnen – und vom Regen zu berichten, der weiter zu Überschwemmungen führte, und davon, dass späte Fröste gute Ernten verhinderten und die Preise weiter stiegen. Dann war endlich der Krieg zu Ende.

»Im Sommer 1918 hat der furchtbare Weltkrieg noch fortgetobt. Ende Juni 1918 wurde Amandus Offermann gefangen genommen. Vier Wochen später geriet auch Willi Kück in französische Gefangenschaft. Im November kam der Waffenstillstand« – mit diesen Worten leitet der Dorflehrer die Nachricht vom Ende des Krieges ein.

Und er berichtet, dass die nach und nach zurückkehrenden Männer vom Staat »einen vollständigen Anzug und 50 Mark« erhielten.

Was war ein Anzug wert, was 50 Mark?

Der Dorflehrer wusste es.

»Ein Anzug kostete 300 Mark«, schrieb er, und die Preise für alles andere stiegen weiter. »Eine gute Kuh kostet 2.500 Mark, eine Sterke* ca. 1.800 Mark. Auch die Schafe waren teuer 5–600 Mark, ein Lamm 120 Mark. Die Ferkel kosteten über 100 Mark.«

So beendeten die zurückkehrenden Soldaten den Krieg mit 50 Mark, von denen sie sich nicht einmal mehr ein Ferkel kaufen konnten, und einem neuen Anzug. Von physischen und seelischen Schäden war nicht die Rede und wird auch nie die Rede sein. Der alte Beamte fand in der Schulchronik keine Worte für Abdankung und Flucht des deutschen Kaisers – und auch nicht für den Beginn der Republik, die man später die Weimarer nennen würde.

Die jetzt achtundzwanzigjährige Grot-Emma hatte Glück, ihr Mann Amandus kehrte zurück. Die Mutter unseres Nachbarn zur Rechten, Hilda von Rüsten, wurde Ostern nach Kriegsende eingeschult, und auf der anderen Seite des Dorfs wohnend, wurde Berta von Seth, Tochter des immer noch reichsten Hofs von Neubachenbruch, in diesem Jahr achtzehn Jahre alt.

35. KAPITEL
HEUTE
Erinnerung an Beschädigungen. Klauenpflege heute.

DIE BÄUME WURDEN VON TAG ZU TAG durchsichtiger, unter ihrem Stamm lag Laub – wie ein Mantel, den man fallen gelassen hat. Dazu der feuchte, würzig-muffige Erdgeruch in den Parks. Er erinnerte an Laub- und Krautfeuer, an frühes Dunkelwerden, an Grün- und Rosenkohl, die lange noch in den Gärten standen, wenn alles andere schon geerntet war, und erst nach dem ersten Frost mit eisigen Fingern geschnitten oder von den Strünken gepflückt wurden. Erinnerung auch an das Aufstallen der Kühe, die, so schien es uns Kindern, abends nach dem Melken wie erleichtert im Stall blieben – dafür aber jetzt abends gefüttert und morgens abgemistet werden mussten. Ab jetzt roch es – und rochen wir – stärker nach Mist, wurde es im Stall durch die vielen großen Tiere und ihre Körperwärme nie so kalt, wie es draußen war. Noch mehr Arbeit gab es und noch stärker wurde der Geruch, wenn das Jungvieh hinzukam, dem man noch ein paar Wochen lang abends und morgens Stroh als zusätzliches Futter auf die Moorweiden gebracht hatte, wo sie in Dunkelheit und Kälte standen, mit hochgezogenen Schultern, wiederkäuend, weißen Atem rhythmisch aus den Nasenlöchern stoßend.

In Berlin flogen jetzt morgens die Krähenschwärme von rechts nach links durch den Himmelsausschnitt vor meinem Fenster, von Nordost nach Südwest. Am Abend flogen sie bei untergehender Sonne zu ihren Schlafbäumen zurück. Als ich Ende Juli nach ein paar Reisetagen in die Stadt zurückgekommen war, hatte ich erleichtert wahrgenommen, dass die Mauersegler noch da waren. Aber eine Woche später kurvten doch nur noch zwei von ihnen morgens am

Himmel vor meinem Fenster. Es waren die letzten, die in den nächsten Tagen gen Süden zogen. Zwei Tage lang zeichneten sie noch ihre Bahnen, sehr weit oben, sehr weit entfernt. Dann waren sie endgültig verschwunden und der Himmel gehörte wieder den Krähen.

Ich war spät losgekommen, vor den Fenstern des Zugs dunkelte es bald, der Blick, der draußen nichts mehr fand, ging nach innen, zu den Menschen im IC. Man las Zeitung, sah Filme auf kleinen Bildschirmen, spielte Spiele. Was für ein Unterschied zu den harten, verschlossenen Gesichtern und Körpern der Erwachsenen in meiner Dorfkindheit. Ich erinnerte mich an das Gesicht eines Mannes, der gerne andere über den Tisch zog, eines anderen, der meist spöttisch grinste und auf harte Weise immer seinen Vorteil suchte. Oder an einen, der eher hilflos die Späße der anderen über sich ergehen ließ – und wie er dann den Kopf zur Seite drehte, auf dem Kutschbock sitzend dem Pferd leicht die Zügel aufklatsche und nach Hause fuhr oder aufs Feld, zurück zu seiner schweren, aber auch friedlichen Arbeit. Ich sehe auch Frauen vor mir, früh resigniert und verstummt, dann als Alte gebückt und keifend über den Hof humpelnd.

Es gab da ein deutliches Beschädigtsein, ein Hinken und Stottern, verdickte Gelenke, rheumatisch verbogene Finger, chronischen Husten. Mir kam auch das Gesicht einer Nachbarin in den Sinn, verletzlich und gehetzt. Immer ging sie eilig und geduckt, ihre Körperhaltung eine tiefe Unsicherheit. Manchmal lächelte sie, ganz für sich, das Gesicht zu Boden gewandt. Sie stotterte, es war ein Sprechen mit einem unkontrollierbaren Einatmer, der sich mitten ins Wort drängte und wie ein Schluckauf eine Leerstelle schuf und die nächste Silbe zu einem Seufzer machte, als wäre ohnehin immer Grund zum Seufzen.

Irgendwann war ich auf eines dieser Schulfotos gestoßen, wie man sie kennt: Schulkinder zusammen mit dem Lehrer an der Schulwand aufgebaut, sitzend, stehend, kniend und liegend, damit alle auf das Foto passen. Die Schulkinder unseres Dorfs von 1920, die Jungens mit kurz geschorenen Köpfen über dünnen Drillichjacken, die Mädchen mit Schleifen im Haar und in karierten Kleidchen, deren aufgesetzte weiße Kragen sie zu Sonntagskleidern machten. Sie sind für den Schulfotografen hübsch gemacht worden, aber sie lächeln nicht. Ernst und skeptisch blicken sie in die Kamera. Sie wissen schon zu viel von schwerer Arbeit in Nässe und Dreck. Sie kennen die Geburten bei Schweinen, Kühen und Pferden und können dabei zur Hand gehen. Sie wissen, wie man gegen die Körperschwere der Tiere, mit denen sie früh zu arbeiten gelernt haben und die viel größer sind als sie, das Gewicht des eigenen Körpers setzt, um etwas zu erreichen. Sie kennen das Schlachten, können früh etwas umrühren und säubern, schneiden und schälen. Sie wissen, wie sich Felle und Borsten und Federn anfühlen, kennen den Gebrauch von Daunen, Schweineblase und Gänseflügel. Und im Frühling draußen im Moor haben sie das Gewicht von frisch gestochenem Torf kennengelernt, der sich nur durch Heben, Reißen, Ziehen und Schieben bewegen lässt – mit anderen zusammen und mit dem Pferd. Sie kennen die scharfen Laugen, mit denen man Milchbottiche und Eimer und Kannen auswäscht. Und wenn sie mäkeln oder sich drücken wollen, sitzt immer irgendwo die Hand eines Erwachsenen locker, die man schnell im Gesicht hatte – und dazu den Spruch in den Ohren, dass sie, die Erwachsenen, es als Kinder viel schwerer gehabt hatten. Was natürlich auch stimmte.

In ihren Leben war es – neben unbehandelten oder schlecht ausgeheilten Krankheiten – die Arbeit, jetzt und später, die für Blessuren sorgte, für ein hinkendes Gehen, weil ein Bulle sie getreten, einen verkürzten Finger, weil ein mechanisches Messer in die Hand gefahren war, Narben an den Lippen, weil eine Kuh beim Anketten den Kopf hochgerissen und einem den Zahn ausgeschlagen hat, eine ausgerenkte und nie wieder eingerenkte Hüfte, weil ein Pferd durchgegangen war.

Im Alter dann schmerzten die vom Rheuma verkrümmten Glieder, arthritischen Hände, verdickten Gelenke. Und von all den Schmerzen die Gesichter verzogen und verhärtet.

Jetzt war ich unterwegs ins Dorf, um zu sehen, wie heutzutage die Klauenpflege der Kühe vonstattengeht. Denn wie wir unsere Finger- und Zehennägel schneiden und pflegen müssen, so ist es auch bei den Kühen. Wenn eine Kuh nur mehr unter Schmerzen gehen kann, frisst und säuft sie nur wenig und fällt in der Milchleistung ab.

Früher sagte man, wenn eine Kuh zu lahmen begann, einem Klauenschmied Bescheid. Die Kuh wurde angebunden, unser Vater lehnte sich gegen ihren Hals, bog ihr den Kopf zur Seite, griff beherzt mit kräftiger Hand in die Nasenlöcher, sodass jede Kopfbewegung ihr wehtat und sie sich nicht mehr bewegte. Oft floss ihr vor Angst der Speichel aus dem Maul, selbst wenn man ihr gut zuredete. Der Klauenschmied hob mit dem Rücken zum Kopf des Tieres das Bein mit dem schmerzenden Fuß nach hinten an und begann, mit seinen gebogenen Klingen zuerst den Dreck abzuschaben und dann die Klaue zu beschneiden. Nicht selten stützte sich das Tier nach kurzer Zeit auf seinen Rücken anstatt auf das angehobene Bein, und der Klauenschmied musste das aushalten, hatte sich vielleicht mit einem guten Schluck, oder auch zwei, aus der Schnapsflasche gekräftigt, hielt während der Arbeit eine Zigarette zwischen den Lippen, die er höchstens zum Fluchen ausspuckte – wenn zum Beispiel die Kuh zu pinkeln und zu misten anfing und ihm Urin und Mist in den Kragen fuhren. Selbst dann ließ er das Bein erst los, wenn er mit dem Fuß fertig war.

Auch jetzt ist es bei den Kühen wieder so. Sie misten und pinkeln, aus den Mäulern tropft Speichel, bei manchen ist das Fell nass vor Angst.

Aber heute wird die ganze Herde an einem Tag versorgt, ein Klauenschmied-Unternehmen kommt mit zwei Mann in einem Lkw, darauf sind Gitter geladen, die man zu Gängen zusammenstellt, und dem Tausende Euro teuren, hydraulischen Klauenpflegestand.

Gegen acht Uhr morgens sind alle Kühe gemolken und so umgetrieben, dass die Behandelten sich nicht mehr mit den noch nicht Behandelten mischen können, die Gittergänge sind aufgebaut, ebenso der Behandlungsstand. Und so stehen die Kühe da, durch den engen

Gang aus Gittern gehend, hören sie ein paar Kuhlängen vor sich das Kreischen der Flex, dem sie immer näher kommen. Dort am Ende des Ganges werden sie in den Behandlungsstand getrieben, und wenn sie das Licht am Ende des Tunnels sehen und darauf zueilen, geht die Falle zu, zwei Bügel rechts und links, Texastüren genannt, halten sie an den Schultern fest, zwei Bauchgurte heben dann das ganze Tier in die Luft, der Stand fährt hydraulisch auf Arbeitshöhe hoch, und währenddessen wird vom ersten Mann schon das linke Hinterbein hochgenommen und befestigt, dann das rechte, dann ein Vorderbein nach dem anderen, und noch bevor das letzte Bein oben ist, beginnt der zweite Mann mit der kreischenden Flex an den Klauen des ersten Fußes zu arbeiten. Die Kühe stehen nicht mehr, sie hängen in der Luft, als würden sie stehen. Manche versuchen noch zu zappeln, aber selbst das geht eigentlich nicht. Nur den Kopf können sie noch heftig hoch und seitlich schwenken und sehr tief brummen, heiser, überschnappend muhen, den Hals vorstrecken. Die älteren Tiere geben schnell auf und lassen die Zwangspediküre über sich ergehen. Und nach zwei Minuten ist alles vorbei. Ein Vorderbein hängt als Erstes frei, wenn es den Boden erreicht, fängt das Zappeln bei einigen wieder an, dann wird die Kuh per Bauchgurt von einem der beiden Männer, die um sie herumarbeiten, wieder angehoben, das Bein verlässt wieder den Boden, hängt bewegungslos, schließlich werden die hinteren Beine heruntergelassen, die Hydraulik fährt die ganze Kuh wieder nach unten. So kommt sie langsam wieder auf die Füße. Und wenn die Bauchgurte sich senken und auch das letzte Vorderbein fest am Boden steht, wird die Kuh von den Texastüren, die sie an den Schultern vom Ausbruch nach vorne abgehalten haben, zuerst ein wenig nach hinten gedrückt – und dann nach vorne hin freigelassen. Kaum eine stürmt aus dem Stand, die meisten steigen vorsichtig und steifbeinig aus, ein bisschen wie betäubt. Eine halbe Stunde später stehen oder liegen die behandelten Kühe wiederkäuend in ihren Boxen. Es ist wie eine Operation bei uns: zuerst das Warten, die Aufregung und Angst, die betäubte Ruhe danach.

Sechs Stunden wurde gefräst und geschnitten, wurden Verbände angelegt, Klötze unter gesunde Klauen geklebt, damit die kranken Klauen entlastet sind, ein blau färbendes Spray gesprüht. Nur selten floss einmal Blut.

In der Kaffeepause mit Annas Apfelkuchen frage ich, wie man die Klauen der Kühe besser pflegen könnte. Es gebe neuartige Klauenwaschanlagen, Unterboden-Düsen am Melkroboter, Klauenbäder – einige seien altbekannte, andere neue Mittel. Aber jeder weiß, dass nichts einen regelmäßigen Weidegang ersetzen kann – wegen der Elastizität des Bodens und der Durchblutung der Klauen. Jeder weiß auch, dass keiner das Geld hat, um die Arbeitskräfte einzustellen, die eine solche Viehhaltung erfordert. Überhaupt wollten ja immer weniger junge Leute mit Vieh arbeiten, denn das Vieh zwingt einem seinen Rhythmus auf – und seine Gerüche.

»Ich habe nichts davon gehört«, sagt Waldemar, »dass sich die Freunde des Latte macchiato und der Weidehaltung zum Hüten der Kühe bei uns gemeldet hätten.«

36. KAPITEL

1918

Grot-Emma, Berta und Hilda erleben die Weimarer Republik.

DAS LAND UND DIE BAUERN waren nirgendwo eine selbstverständliche Einheit. Überall hatten Bauern um Land kämpfen müssen, buchstäblich Grund und Grundlage ihrer Existenz. In Europa wurde im 19. Jahrhundert die Ablösung erreicht, die Bauern zahlten dafür – mit Geld und einem Teil des von ihnen in Erbpacht seit Generationen bewirtschafteten Landes. Auch die Bauernbefreiung 1861 im zaristischen Russland läutete keine glückliche Zeit ein für die Bauern, und die Russische Revolution gab ihnen zwar anfangs mehr Land, entzog es ihnen jedoch gleich wieder durch die Kollektivierung. Und auf den nordamerikanischen Prärien betrieben viele Generationen von Pächtern kleine Getreidefarmen, während das Land großen Banken gehörte – die ihnen die Pachtverträge kündigten, sobald wegen der Dürre die Ernten ausblieben und die Pachten nicht mehr bezahlt werden konnten.

Am Ende des Ersten Weltkriegs war der von-sethsche Hof immer noch der reichste im Dorf, jedenfalls behauptete das sein Eigentümer, Nicolaus Peter von Seth. Aber die beiden älteren Söhne waren aus dem Krieg nicht zurückgekommen, 1916 wurde Peter Nikolaus' und nur ein paar Wochen später Heinrich Wilhelms Tod in Frankreich gemeldet, der eine war zwanzig, der andere achtzehn Jahre alt. Als Bauer und Getreidehändler war Vater Nicolaus Peter stolz auf seine vielen Hunderte – oder sind es Tausende? – von Mark, die er irgendwo im Haus versteckt hatte. Er war ein rechthaberischer

Mensch, der sich gern mit Geschäftspartnern stritt und wenn nötig auch Prozesse führte. Am frühen Abend kehrte er von seinen Geschäften zurück auf den Hof, übergab den Knechten das Pferd und vergewisserte sich kurz, ob alle Arbeiten zu seiner Zufriedenheit ausgeführt worden waren. Dann ging er in sein Büro und setzte sich, umgeben von den schönen alten Möbeln, die sein Vater einmal bei der Versteigerung eines Marschhofs gekauft hat. Er zündete sich eine Feierabendzigarre an, zählte die Einnahmen des Tages und verstaute das Geld im Geheimfach seines hohen Sekretärschranks aus Eschenholz. Selbst seiner Ehefrau hatte er nicht verraten, wie man es öffnet. Dann las er vielleicht noch in der Zeitung, bevor er sich zum gemeinsamen Abendbrot setzte. Er ließ seine Familie gerne auf sich warten, so machte es später der überlebende Sohn auch wieder, mit der Schwester Berta, dem einzigen anderen Familienmitglied des späteren Haushalts, denn er blieb unverheiratet.

Berta war immer so alt wie das Jahrhundert, sie war im Jahre 1900 geboren worden.

Ihre Oma Anna starb, als Berta fünf Jahre alt war, der Opa fünf Jahre später. Ihr Opa war eines von elf Kindern des Urgroßvaters gewesen, die er in zwei Ehen gezeugt hatte, als das letzte Kind kam, war der Urgroßvater zweiundsechzig Jahre alt.

Alle Bauern dieses Hofes waren stur, langlebig und hießen seit Generationen Peter Nikolaus – oder auch mal Nikolaus Peter. Die erstgeborenen Jungen wurden schon durch diesen Namen zum Hoferben bestimmt. Jetzt aber war der nächste Peter Nikolaus vor dem Antritt seines Erbes im Krieg gefallen und der zweitgeborene Bruder Heinrich Wilhelm auch – obwohl der Krieg sich doch gut angelassen hatte, denn Getreide war teuer und man hatte Geld verdient.

Berta hatte, als die Nachrichten eintrafen, gerade erst ihren sechzehnten Geburtstag gefeiert. Die Schule hatte sie mit einem sehr guten Zeugnis verlassen – ein braves Dorfmädchen mit Bestnoten in Betragen und Fleiß, aber auch in Rechnen, Naturkunde und Geschichte – so ist es im Archivbuch der Schule verzeichnet.

Was konnte Berta von Seth, was konnte ein Mädchen vom Lande

mit einer nicht unerheblichen Aussteuer 1919 mit ihrem guten Schulabschlusszeugnis anfangen?

Wenn sie nicht die Tochter eines reichen Bauern gewesen und wenn sie mutiger gewesen wäre, hätte sie weggehen können – als Dienstmädchen nach Hamburg oder Bremen, sogar nach Amerika. Oder sie hätte, wenn der Vater es erlaubt und finanziert hätte, zu einer Haushaltsschule gehen können, um sich zur Wirtschafterin auf größeren Höfen ausbilden zu lassen. Und wenn sie überhaupt kein Interesse an der Landwirtschaft aufgebracht hätte, wäre sogar ein Handwerk für sie infrage gekommen. Womöglich hat sie sogar davon geträumt, Schneiderin, Köchin oder etwas ganz Modernes wie ein Bürofräulein zu werden. Oder, wie gesagt, auszuwandern, wie es so viele junge Leute aus den Nachbardörfern schon seit Jahrzehnten taten, darunter auch junge Frauen. In New York gab es inzwischen einen Steinauer Klub, eine gute Adresse zum Einstieg ins Netzwerk der norddeutschen Emigranten in Amerika, Zugang zu Arbeitsstellen und Bekanntschaften mit Heiratskandidaten.

Selbst die Vorbereitung als Hausfrau eines großen Hofs wäre durch Ausbildung möglich gewesen – wenn sie in einen solchen hätte einheiraten können. Aber während des Krieges hatte man nicht einmal tanzen gehen können. Stattdessen hatten die jungen Frauen ihrer Generation Jahre zu Hause verbracht und an den Laken und Tischtüchern und Servietten ihrer Aussteuer genäht und gestickt.

Der jungen Berta von Seth war wahrscheinlich kaum bewusst, dass nach dem Ende des Krieges der Kaiser abgedankt hatte und die Republik ausgerufen worden war, dass auch sie als Frau, sobald sie mündig wäre, eine Stimme abgeben konnte bei den Reichstagswahlen, dass es mehr Berufe gab als je zuvor, die eine Frau ergreifen konnte.

Aber ein Dorfmädchen folgte der Tradition, ob mit einem guten oder einem schlechten Zeugnis. Sie hatte zu warten, dass einer um ihre Hand anhielt, und sich ansonsten nützlich zu machen in Küche, Stall und Hof. Ohnehin fielen durch den Tod der beiden ältesten Brüder zwei Arbeitskräfte weg, und so viele Männer kamen gar nicht oder schwer beschädigt zurück, dass es ohnehin knapp war mit Heiratskandidaten und Arbeitskräften. So blieb ihr nur die Arbeit auf dem Hof. Auch als die ältere Schwester geheiratet hatte und die Eltern schon gestorben waren, ging sie dem letzten Bruder, der den Hof auf alleraltmodischste Weise bewirtschaftete, in Küche, Garten und Stall zur Hand, viele Jahrzehnte lang.

Kurz nach der Russischen Revolution ging ein kleines Mädchen namens Hilda von Rüsten in Neubachenbruch das erste Mal in die Schule. Auch für sie war ihr Schulweg der Weg durch das halbe Dorf. Noch lag bei den Holzbrücken hinüber zu jedem Gehöft ein flacher Kahn im Wasser. Die Kähne taten während der jährlichen Überschwemmungen immer noch gute Dienste beim Hin-und-her-Kommen und Transportieren von Stroh und Milch, Kartoffeln und Torf. Auch zu Ostern 1918 tummelten sich gewiss Enten und Gänse mit ihren Küken auf den Wettern, an Grabenrändern wuchsen Schilf und gelbe Iris, auf einigen Grenzgräben zwischen den Gehöften sammelten sich Wasserlinsen. Bis ins Frühjahr hinein hatte die Winterüberschwemmung das Schlittschuhlaufen auf den Weiden entlang des Wegs erlaubt, aber zu Ostern kamen am Wegrand ein paar zaghafte Blüten zwischen den Gräsern und Binsen hervor.

Bis auf das letzte Jahr hat Hilda ihre Schulzeit bei dem alt gewordenen Dorflehrer Offermann verbracht – wie auch schon ihre Nachbarin über dem Kanal, die zwanzig Jahre ältere Grot-Emma. Ein neues Schulgebäude gab es inzwischen, der Lehrer hielt weiterhin Vieh, und als Teil des Lehrergehalts fuhren die Bauern alljährlich je ein Fuder Torf, Stroh und Heu zum Schulhaus. Hilda war die zweite Tochter des Bauern Wilhelm von Rüsten, der eine Erbin der Schlichtings geheiratet hatte. Die Schlichtings sind die Nachfolgefamilie gewesen jenes Jürgen Tiedemann und seiner Margaretha Adelheit – Tochter jenes Soldaten, der unter Napoleons Kommando in den Weiten Russlands verschwunden ist. Tiedemann war der stellvertretende Bürgermeister, dessen langer Klage- und Bittbrief von 1846 uns die elenden Verhältnisse im Dorf vor Augen geführt hatte und der nach dem Tod des Sohnes 1847 mit seiner Frau das Pachtverhältnis aufgekündigt und ins Nachbardorf gezogen war. Übernommen hatte den Meyerbrief Claus Johann Schlichting mit seiner Frau Anna Sophia. Deren älteste Tochter Metta heiratete Heinrich von Rüsten aus Bülkau, die Schlichtings übergaben den Hof, inzwischen Eigentümer und nicht mehr Pächter, an Tochter und Schwiegersohn von Rüsten und zogen sich ebenfalls ins Nachbardorf zurück.

Hildas Vater war Wilhelm, eines von elf Kindern von Heinrich und Metta. Vier seiner Geschwister wanderten nach Amerika aus. Er selbst war als Kind vom Baum gefallen und konnte seither seinen rechten Arm nur eingeschränkt gebrauchen. Das war nicht einfach für einen Bauern und vielleicht der Grund für seine späte Heirat, er war schon Mitte dreißig. Seine Braut war jene Elise, die vierzehn Jahre als Dienstmädchen in New York gearbeitet und von dort, wie ihr Enkel in seiner Hofchronik schrieb, »Dollars mitgebracht« hatte. Denn ihr Mann Wilhelm konnte später Land hinzukaufen und sogar anderen Geld leihen. Jedenfalls ging es dem Hof gut – kein Vergleich mehr mit jenen verzweifelten Verhältnissen, die Jürgen Tiedemann drei Generationen zuvor beschrieben hatte.

Vom Dorflehrer Offermann gab es in den ersten Friedensjahren keine Notizen über das Gutgehen und auch nicht über Wetter und Ernten. Pflichtschuldig standen da die Angaben über die Schulkinder. Dann jedoch schrieb er Jahr für Jahr und mit wachsender Besorgnis über die immer weiter steigenden Preise. »Man hoffte, dass nach dem Kriege sich die Preise für Kleidung und Lebensmittel erniedrigen würden. [Aber] Es verteuerte sich noch alles. Ein guter Anzug kostet 1.000–1.200 Mark ... Am Ende des Jahres 1923 kostete ein guter Anzug 80.000 Mark, ebenso viel bezahlte man für ein Pfund Butter; ein Paar Schuhe gab es für 50.000 Mark.«

Eine groteske Inflation hatte eingesetzt, keiner der Bauern konnte sich noch Hilfen leisten. Selbsterzeugte Lebensmittel waren das Wertvollste überhaupt, und wer als Knecht oder Mädchen vom heimischen Hof hatte weggehen müssen, lebte weniger vom Lohn als von ›Kost und Logis‹, immer noch Teil ländlicher Arbeitsverträge. Nicht wenige kehrten in dieser Zeit nach Hause zurück, krochen bei

Verwandten unter oder teilten sich als Schlafburschen in den Großstädten mit anderen ein Bett.

Im Frühjahr 1924, zwei Jahre vor seiner Pensionierung, berichtete Heinrich Offermann aus dem Rückblick und nach der Einführung der Goldmark: »Im Sommer 1923 stiegen die Preise ungeheuer hoch. Die Leute mussten eilen, um für ihr Geld etwas zu kaufen. Es stiegen die Preise von Tag zu Tage. Wenn die Landleute Vieh verkauften, so mussten sie schon immer danach sehen, dass sie sofort etwas dafür kauften. Das Geld wurde gänzlich wertlos.«

Unser Nachbar zur Rechten, Hildas Sohn Egon, zeigte mir das Bild der Schulklasse, auf dem seine Mutter als achtjähriges Kind mit hoch erhobenem Kopf und wachen Augen zu sehen ist, ein ernstes Kind, eingeordnet in die fünf Reihen der insgesamt sechsunddreißig Kinder. Die älteren stehen oder sitzen auf Bänken und Kisten nach Alter und Größe sortiert, die jüngeren knien am Boden, die vier Kleinsten sitzen. Hildas Schwester Aline, drei Jahre älter als sie, steht in der obersten Reihe, in der untersten fassen sich zwei kleine Mädchen um die Schultern, eines von ihnen Hildas zukünftige Schwägerin Ella. Sie sind duftig weiß gekleidet und halten eine Schiefertafel mit dem Namen des Dorfs und der Jahreszahl in der Hand, das eine fasst mit seiner rechten, das andere mit der linken Hand zu: Neubachenbruch 1920.

Keines der Kinder lächelt. Bei vielen von ihnen gab es zu Hause keinen Vater mehr, zum Beispiel bei den Monsees-Kindern. Sie wuchsen auf dem Hof auf, in den später Onkel Edu eingeheiratet hat: Johannes und Amandus, Ella und Herta – die jüngste Schwester Emma war noch nicht dabei. Die fünf hatten nach dem Tod ihres Vaters bald einen Stiefvater – und drei kleine Stiefschwestern.

Auch Lehrer Offermann lächelt nicht auf diesem Foto. Er steht an der Hauswand vor einem spitzengardinenbehängten Fenster, trägt ein bis zu den Knien reichendes, schwarzes Jackett, das man fast noch einen Rock nennen möchte, der steife Hemdkragen ist hochgeschlagen und mit einer dunklen Krawatte eng umschlungen.

Hildas zukünftiger Schwager Johannes wird vier Jahre später zur Schulentlassung das erste Kind sein, dessen Vater Georg im Archivbuch der Schule mit einem verschämten »verst.« versehen wird, d. h. verstorben. Erst 1928 und 1929 schrieb ein neuer Lehrer in die Rubrik für den Vater der jüngeren Monsees-Kinder: »Der Vater ist tot«, und benennt den zweiten Mann von Mutter Wilhelmine deutlich als Stiefvater der Kinder. Viele Väter oder eben Stiefväter auch anderer Kinder tragen jetzt solche Vermerke. Denn im Sommer 1925 hatte ein junger Lehrer namens Ludwig Breuer seine Arbeit in der Schule von Neubachenbruch aufgenommen, der klarere Worte wählte. Er führte die Schulchronik in lateinischer Schrift statt Sütterlin fort und begann, wie seinerzeit auch Heinrich Offermann, mit sich selbst.

»Nach 3¼ Jahren berufsfremder Arbeit«, schrieb Breuer, »kam ich endlich in meinen Beruf. Ich habe von 1919 – 1922 das Seminar in Bederkesa besucht, war ½ Jahr auf dem Versorgungsamt in Stade, 1¾ Jahr in einem Hamburger Ex- und Importgeschäft als Buchhalter und Disponent tätig und fuhr 1 Jahr als Matrose auf einem Segelschiff nach Dänemark und Schweden ... Die Lage der jungen Lehrer ist trostlos.«

Das war unverblümt – und mit Ludwig Breuer schien endlich das Kaiserreich auch in der Schule von Neubachenbruch zu Ende gegangen und ein kritischer Geist eingezogen zu sein. Die Weimarer Republik begann auch hier, nicht ohne Widerspruch. »Einen kleinen Kampf gab es wegen der Anschaffung der vorgeschriebenen Lehrmittel«, schrieb Breuer, und im Anschluss folgt eine lange Liste neuer Lehrmittel, die er für die Schule hatte ankaufen müssen. Und er führte eine neue Lehrmethode ein, an die sich die Kinder, wie er schrieb, bald gewöhnten.

»Es wurde von mir erstrebt, in jeder Disziplin das Prinzip der selbsttätigen Erarbeitung des Unterrichtsstoffes durch die Kinder durchzusetzen. Eigentätigkeit und Selbstständigkeit versuchte ich in jeder Weise zu fördern.«

›Dunnerslag‹, mögen die Bauern und Bäuerinnen gedacht haben. Eigentätigkeit und Selbstständigkeit. Seit wann konnte man das in der Schule lernen?

Der junge Lehrer bemühte sich nicht nur um die Kinder, sondern um das ganze Dorf. Er hielt nicht nur die traditionelle Weihnachtsfeier ab, bei der sich seit Bestehen der Schule das ganze Dorf auf dem Saal der Gastwirtschaft einfand. Er besorgte nicht nur neue Bücher, sondern regte darüber hinaus einen »Familienabend« in der kückschen Gastwirtschaft an. »Kinder und junge Leute aus dem Dorf sangen alte, fast vergessene Volkslieder. (Spinnstubenlieder) Es besuchten die Feier ca. 150 Erwachsene und 70 Kinder.« Die gesamte Einwohnerschaft des Dorfes muss da gewesen sein, und womöglich einige Verwandtschaft aus Nachbardörfern.

Es war Hildas letztes Schuljahr.

Ich stelle mir vor, wie sie in den neuen Büchern blätterte, wie sie mit einem Stück Kreide neue Wörter auf die neue Wandtafel schrieb – vielleicht ›Reichspräsident Friedrich Ebert‹ oder ›föderative Republik‹ – und wie sie neben einer Deutschlandkarte stand und mit einem dünnen Stock die seit Ende des Krieges neuen Grenzen des Landes im Westen nachfuhr. Wie sie auf den neuen Ton horchte, den dieser junge Lehrer anschlug.

Ludwig Breuer wird während seiner Neubachenbrucher Jahre gewusst haben, dass die Dorfleute skeptisch waren, dass sie sich vermutlich über alles andere mehr Sorgen machten – das Wetter, das Vieh, die Schulden – als darüber, was ihre Kinder mit welcher Methode in der Schule lernten. Er wusste, dass die Gemeinde im Zweifelsfall die zusätzlichen Ausgaben fürchtete und ihren Sinn schon deshalb nicht einsehen wollte.

Nach dem von ihm organisierten Spinnstubenlieder-Abend schrieb er: »Die Gemeinschaft zwischen Elternhaus und Schule, die ich mit allen Mitteln zu festigen versuche, wurde durch diesen Abend sehr gefördert«, und setzte hinzu: »Die Gemeinde ist für einige fröhliche Stunden sehr dankbar.«

Breuer spürte die Bedrückung der Bauern und möchte ihnen guttun – aber doch vor allem ihren Kindern. Er ließ einen Vogel für den Naturkundeunterricht präparieren und hätte auch gern ein Aquarium angeschafft. Er berichtete, dass acht Kinder die Schule abgeschlossen haben, ein starker Jahrgang: »5 Knaben und 3 Mädchen. 2 Knaben wollen ein Handwerk erlernen und haben beide durch die Vermittlung der Schule einen Lehrmeister gefunden.«

War der Mann etwa ein Sozi?

Immerhin fiel ihm am Ende der Eintragung doch auch noch etwas zum Wetter ein. Selbst hier war er jedoch weniger am Stand des Roggens interessiert als an den Auswirkungen, die das Hochwasser auf seine Schülerinnen und Schüler hatte, denn von »September bis März war die Feldmark unter Wasser«, und einige Kinder konnten im Januar wegen der Überschwemmung sogar nicht zur Schule kommen. Im folgenden Jahr setzte er zur Nachricht über die »Hochwasserschäden des Jahres 1925« hinzu: »Es ist kein Roggen geerntet worden. Die Maul- und Klauenseuche war in allen Ställen ... Man klagt wohl, aber man verzagt doch nicht.«

Redete er sich die Verhältnisse schön?

Seine Eintragungen blieben so: Alles war schwirig, aber man packte die Dinge an. Immer wieder beschrieb der junge Lehrer Vorhaben und Aktivitäten, die auf einen allzu langen Aufschub hindeuteten. Der Spiel- und Sportplatz wurde endlich vergrößert, die regelmäßige Säuberung des Unterrichtsraums ins Werk gesetzt, ein neues Toilettenhäuschen gebaut. Sein Versuch, die Trinkwasserversorgung zu verbessern, scheiterte zunächst an den Finanzen der Gemeinde, wurde aber im folgenden Jahr doch angegangen – sicher nur, weil Ludwig Breuer bei den Gesundheitsbehörden für den Bau eines Wasserkellers eingetreten war. Voller Empörung hatte er geschrieben: »Das sogenannte Trinkwasser hat einen jaucheähnlichen Charakter. Die Fische sterben in dem Wasser, aber die Menschen glauben, es ohne Schaden genießen zu können.« Manchmal muss er verzweifelt gewesen sein.

Aber er machte weiter und begann im November 1927 gemeinsam mit dem Lehrer des Nachbardorfs ein Jahr des »ländlichen Fortbildungsschulunterrichts«. Die beiden Lehrer teilten sich den nachmittäglichen Unterricht auf, ein Jahr lang unterrichten sie dienstags und freitags je in der eigenen Schule Erwachsene und Jugendliche in den Fächern Staatsbürgerkunde, Naturkunde, Deutsch, Rechnen und Buchführung. Am Ende kam sogar das Kino ins Dorf, im Herbst 1928 wurden über die »Hadler Lichtspiele« der Kreisstadt Filmvorführungen mit einem kleinen Vorführgerät organisiert – was uns nebenbei zeigt, dass das Dorf inzwischen mit Elektrizität versorgt ist.

Auch aus Ludwig Breuers Jahren im Dorf habe ich eine Fotografie der Kinder mit ihrem Lehrer gefunden. Wieder ist das Bild im Freien aufgenommen, rechts ein Teil des neu erbauten Klohäuschens zu sehen; es diente auch uns noch in den 1960er-Jahren – inzwischen als abenteuerlich altertümliches Plumpsklo.

Die Kinder sind nicht mehr nach Alter geordnet, sie sitzen und stehen lässig an den fest im Boden verankerten Turngeräten, einer Stange, einem Reck. Mädchen und Jungen halten lange und kurze Stöcke und große Bälle in den Händen. Verschwunden sind die Schleifen im Haar der Mädchen und auch die Spitzenkrägelchen an den Blusen. Die Jungen sind in derbe Joppen gekleidet, nur einer hat ein weißes Hemd an. Auch hier lächeln die Kinder nicht – aber ihre Körperhaltung verrät Lockerheit. Auch Ludwig Breuer ist im Bild. Wir sehen sein helles Jackett mit dunklem Revers, den gestreiften Schlips und über dem weißen Hemdkragen ein junges, bartloses Gesicht, welliges dunkles Haar. Selbstbewusst blickt er in die Kamera, ohne Lächeln, aber mit Freundlichkeit.

Wie diese Schulkinder und ihr Lehrer sich präsentieren im Gegensatz zu Lehrer Offermann mit Hilda und den Nachbarskindern einige Jahre zuvor, zeigt den Unterschied zwischen Untertanen und Bürgern.

Lehrer Breuer wurde 1929 an eine Mittelschule im Kreis Verden versetzt. Seine letzte Eintragung lautet: »Ich habe die Schule liebgewonnen und scheide mit traurigem Herzen.«

Grot-Emma war zu diesem Zeitpunkt schon vierzig Jahre alt, Berta von Seth hatte ihren neunundzwanzigsten Geburtstag hinter sich; die Jüngste von ihnen, erst ein Teenager, war Hilda mit ihren siebzehn Jahren.

37. KAPITEL

1920 – 1930

Kolchosen und Kulaken, der amerikanische Weizenkönig und das Bauernbild der Nazis.

DAS BOLSCHEWISTISCHE »DEKRET ÜBER GRUND UND BODEN« im Oktober 1917 sollte die Forderungen der Bauern nach Land erfüllen. »Das Eigentum der Gutsbesitzer an Grund und Boden wird unverzüglich ohne Entschädigungszahlungen aufgehoben«, hieß es da. Und das Programm der Partei Lenins forderte noch mehr. Das Recht auf Privateigentum an Grund und Boden solle »für immer aufgehoben« sein und der Boden »weder verkauft noch gekauft, verpachtet, verpfändet oder auf irgendeine andere Weise veräußert werden«, vielmehr solle er in Volkseigentum übergehen. Zudem sollte es, wie Friedrich Engels 1894 zur Bauernfrage geschrieben hatte, für die Landwirtschaft einen »genossenschaftlichen Besitz und Betrieb« geben. Aber Lenins Leute konnten mit den Bauern nicht wirklich etwas anfangen. Sie wollten von ihrem Wissen nichts wissen, wussten alles besser und bezweifelten die Erkenntnisse und Erfahrungen der fortschrittlich gestimmten russischen Agronomen, wie etwa des Vaters von Lew Kopelew, dem russischen Schriftsteller. Die Agronomen plädierten für Landeigentum, Verbesserung von Bodenbearbeitung, Saat und Viehzucht, damit die Erträge erhöht würden. Für die bolschewistische Partei lag das Ziel sozialistischer Landwirtschaft in der Produktion von Lebensmitteln im volkseigenen Großbetrieb, dem Kolchos. Man stellte sich vor, dass die Bauern freiwillig und begeistert Boden und Arbeitskraft in die Kolchose einbringen würden.

Die Realität sah anders aus.

Der Schriftsteller Lew Kopelew gibt in seinen Erinnerungen ein Gespräch mit seinem Vater über die Revolution und das Ende des Krieges wieder, in dem der seinem Sohn, dem Jungkommunisten, vorwirft: »Alle wollten Korn. Haben die Bauern geschüttelt wie die Birnen vom Baum. Nur, dass ihr Roten die schlimmsten wart. Weißt du nicht mehr, wie sie in den Dörfern sangen: ›Als noch Zar und Zarin lebten, gab es Brot und Speck zuhauf; als die Kommunisten kamen, hörte es mit allem auf.‹ Damals nahmen die verdammten Beschaffungstrupps Getreide und Vieh weg.«

Mit der Landwirtschaftspolitik des Kriegskommunismus, wie diese Zeit später entschuldigend genannt wurde, konnten weder das Land noch die Städte ernährt werden. Erst als Lenin die neue ökonomische Politik, die NEP[1], gegen den Widerstand in der eigenen Partei durchsetzte, verbesserte sich die Versorgung der Städte, bemühten sich die Bauern wieder um Qualität beim Saatgut, zogen Jungvieh für ihre Milchvieh- und Schafherden auf, die Produktion von Getreide, Fleisch und Milch stieg an. Aus dem Verkauf von Lebensmitteln konnten auch russische Bauern in diesen wenigen Jahren endlich einen Gewinn erzielen, der sich in die Verbesserung von Böden, Vieh und Maschinen investieren ließ.

Aber mit Stalin kam schnell der radikale Umschlag.

Man fing an, gegen die ›Kulaken‹ zu agitieren, die ›Großbauern‹ und ›Ausbeuter‹. Wer als Kulake galt, definierte die Partei. Bald war einer Kulake, der mehr als fünf Kühe besaß oder mehr als zwanzig Schafe, bald einer, der einen Knecht hatte – oder doch früher mal einen gehabt hatte. Schließlich galt jeder als Kulake, der sich gegen die Kollektivierung wehrte.

Kulaken mussten höhere Steuern zahlen, ihnen wurden Kredite verweigert, Saatgut, Ersatzteile. Als Reaktion darauf verkleinerten die Betroffenen massenhaft ihre Anbauflächen und Viehbestände. Es war so, wie bei Hochwasser, Dürre oder Krieg überall und zu jeder Zeit, dass Bauern versuchten, durch Schrumpfung zu überleben. Die russischen Bauern verarmten lieber, als Land und Leben in den Kolchos einzubringen, sie hielten an den Höfen fest, die ihnen nach

Jahrhunderten der Ausbeutung erst seit Kurzem gehörten. Einige gaben aber auch auf und beantragten die Umsiedlung in die Steppe. Lieber wollten sie sich an der Urbarmachung von dürrem Tundraboden beteiligen als auf dem reichen Kulturboden der Schwarzerde wieder ein Kommando über sich dulden. Die Kolchosen wurden anfangs tatsächlich mit Saatgut und Geräten reichhaltig ausgestattet und mit Traktoren aus Amerika. Es sollte auch auf dem Lande modern und effektiv zugehen. Und es sollten immer größere Mengen an Brotgetreide, Fleisch und Milch geliefert werden – für eine wachsende Bevölkerung in den wachsenden Industriestädten und auch für den Export, denn schließlich brauchte man Devisen für Maschinen und Werkzeuge.

Die Tausende aus den USA gelieferten Traktoren der Marke Fordson wurden von sowjetischen Ingenieuren zerlegt und nachgebaut. Bald liefen im Traktorenwerk »Stalingrad« täglich 120 Schlepper vom Band. Als der junge Parteiaktivist Lew Kopelew davon hörte, so erinnerte er sich später, »durchpulste« ihn, wie er schrieb, eine »heiße Freude«. »Vom Kampf an der Getreidefront berichteten ebenfalls Zahlen, Tabellen, Erfolgsmeldungen. Im Rechnungsjahr 1926/27 hatte die Ukraine 197 Millionen Pud [ca. 3,2 Millionen Tonnen] geliefert, 1927/28 schon 261 Millionen. Doch das genügte bei Weitem noch nicht.« Und als es 1931 sogar zu einem Rückgang der Getreidemengen kam, ging es Schlag auf Schlag. Im Februar erschien der Erlass »Über das Kontraktsystem zur Getreideerfassung der neuen Ernte«, im August wurde das »Gesetz über den Schutz des staatlichen Eigentums« veröffentlicht. Die Präambel definierte: »Alle, die sich an gesellschaftlichem Eigentum vergreifen, sind als Volksfeinde zu betrachten.« Fast gleichzeitig gerieten jetzt die eigenen Leute, Kolchosleiter und Parteisekretäre, ins Visier. So begann die Liquidierung der Kulaken als Klasse gleichzeitig mit den Strafkampagnen und Verfolgungen der Parteizentrale gegen ihre eigenen Funktionäre.

Das Modell Säuberung wurde von Landwirtschaftsfunktionären erfunden.

1932 waren offiziell bereits 200.000 ›Kulakenwirtschaften‹, also Höfe, liquidiert. Man hatte Saatgut und Vieh der Bauern zu Volkseigentum deklariert; wenn sie nicht freiwillig ablieferten, wurde es ihnen gewaltsam genommen, und sie selbst wurden als Volksfeinde verjagt.

Lew Kopelew hat in den 1930er-Jahren selbst zu jenen Parteiaktivisten gehört, die bei der Zwangskollektivierung halfen. In seinem Lebensbericht ließ er seinen erbitterten Vater, den Agronomen, sagen: »Es gibt auf dem Dorf kein Getreide! Nicht etwa bloß im städtischen Genossenschaftsladen fehlt das Mehl. Nein, es fehlt im Dorf, in der Ukraine. Die Bauern sterben vor Hunger, verstehst du? Das sind keine obdachlosen Bettler, keine amerikanischen Arbeitslosen. Ukrainische Bauern sterben, weil kein Korn da ist. Hier, mein lieber Sohn hat mitgeholfen, ihnen das Getreide wegzunehmen.«

Nach seinem Agitationseinsatz für die Herausgabe des Korns war Lew Kopelew im Herbst 1933 schwer erkrankt. »Freunde, die mich während meiner Krankheit besuchten, erzählten, die Bahnhöfe seien vollgestopft mit Bauern. Ganze Familien mit Greisen und Kindern versuchten wegzufahren, einerlei wohin, vor dem Hunger zu fliehen. Viele strichen durch die Straßen und bettelten. Jede Nacht wurden mit besonderen Autos auf den Bahnhöfen, unter den Brücken, in Torwegen und Einfahrten die Leichen eingesammelt. Diese mit Leinwandplanen zugedeckten Lastwagen fuhren in den späten Nachtstunden herum, wenn niemand das Haus verließ. Andere Autos sammelten die Obdachlosen ein, die Kranken und völlig Entkräfteten wurden in Krankenhäuser eingeliefert. Alle Kliniken der Stadt, ebenso alle Leichenschauhäuser waren überfüllt. Elternlos gewordene Kinder wurden in Waisenhäuser gebracht. Erwachsene, die noch halbwegs bei Kräften waren, fuhr man einfach aus der Stadt hinaus und überließ sie sich selbst.«

Das russische Dorf, die russische Bauernkultur wurde vernichtet.

Die Kolchosen schafften es nicht, die Ernährung der Städte zu gewährleisten.

Ein kleines Landwirtschaftmuseum in Hardin, Montana, in den USA ist den Anfängen des industrialisierten Ackerbaus in Amerika gewidmet. Dort sind Fotografien von Anfang der 1930er-Jahre ausgestellt, auf denen sowjetische Agronomen beim Mittagessen mit ihren amerikanischen Kollegen zu sehen sind. In den Jahren der Kulakenvernichtung waren sie zu Besuch bei Thomas D. Campbell, dem amerikanischen ›Weizenkönig‹, und wollten von ihm lernen, wie man riesige Flächen mit hoch entwickelter Technik schnell und effektiv urbar macht. Den Kolchos-Neusiedlern in der sibirischen Steppe sollte das Beste vom Besten geboten werden, und Campbell reiste mehrmals selbst in die Sowjetunion; er traf sowohl Lenin als auch später Stalin und beriet seine sowjetischen Gesprächspartner beim ersten Fünfjahresplan von 1928 bis 1933 und bis in die 1950er-Jahre darüber, wie man unberührtes Land zu Ackerland macht.

Wie Thomas D. Campbell zum Weizenkönig geworden ist, war eine eigene Geschichte.

Als nämlich während des Ersten Weltkriegs die amerikanischen Handels- und Warenwege gefährdet waren, begann auch die amerikanische Regierung, über landwirtschaftliche Autarkie-Programme nachzudenken. Der Staat sollte möglichst von jeder Einfuhr unabhängig gemacht werden. Auf Initiative von Thomas D. Campbell, eines umtriebigen Ingenieurs, wurde der staatliche Betrieb Montana Farming Corporation (MFC) auf 8.000 Hektar gegründet. Campbell wurde sein Generaldirektor und es war seine Idee, mit staatlichen Sondergenehmigungen indigenes Reservationsland urbar zu machen. Er setzte als einer der Ersten auf eine vollständige Mechanisierung agrarischer Arbeit und bekam für dieses Projekt den Boden zur Verfügung gestellt plus zwei Millionen Dollar.

Campbell kleckerte nicht, er klotzte. Er bestellte fünfunddreißig große Traktoren – damals war ein Schlepper mit 35 PS groß –, und immerhin konnten die schon damals Pflug, Grubber, Drillmaschine und Packer* gleichzeitig ziehen und so das Pflügen und Säen in einem Arbeitsgang meistern. Zur Erstausstattung kamen noch einige kleinere Traktoren, ein paar Raupen, 40 Binder, 10 Dreschmaschinen, 4 Mähdrescher, 100 Kipper, 60 Drillmaschinen, 50 Grubber, 50 Pflüge und 10 Lastwagen hinzu. Dazu gab es Stacheldraht für über 11.000 km zur Einfriedung der Felder. An vier verschiedenen Stationen baute man Getreidespeicher, setzte Baracken auf als einfache Wohnstätten, Kantinen und Küchen für die Lohnarbeiter, und mitten dahinein kamen eine Tankstelle und ein Gebäude für die Hauptverwaltung. Auf dem Einkaufszettel für Campbell standen außerdem Diesel, Saatgut und der Lohn für die Arbeiter. Es wurde in verschiedenen Bundesstaaten und in verschiedenen Wettergebieten Prärieland umbrochen, man probierte Winter- und Sommersaatgut auf unterschiedlichen Böden aus, bevor man sich für bestimmte Regionen entschied.

Trotz dieser großzügigen Anfangsfinanzierung machte das staatliche Unternehmen in den drei Jahren seiner Existenz keinen Gewinn. Aber am Ende des Krieges war der größte Teil dieses Landes umbrochen, und die hohen Kosten der Urbarmachung hatten die amerikanischen Steuerzahler beglichen. Campbell kaufte mithilfe einiger Banken den größten Teil des Landes auf und führte das Unternehmen privat weiter. 1927 säten seine Arbeiter bereits 25.000 Hektar Weizen ein. Nicht selten arbeiteten ehemalige Farmer für ihn, die bis vor Kurzem noch ihre eigene kleine Farm mit der Familie und ein paar Pferden beackert hatten.

Bald fegten die ersten schweren Sandstürme über die ehemaligen Prärien des Mittleren Westens. Nach einigen Dürrejahren auf mehrfach tief umgepflügter Steppe, die jetzt schon viele Jahre ausschließlich Weizen und Baumwolle getragen hatte, hoben starke Winde den Oberboden auf und verwehten ihn über Tausende Kilometer. Die Tragödie der Dust Bowl, der Staubstürme und Bodenerosion in der zur ›Staubschüssel‹ gewordenen Prärie, die insbesondere von 1935 bis 1938 stattfand, nahm jetzt ihren Anfang. Die Pächter auf den nordamerikanischen Prärien hatten seit drei Generationen kleine Getreidefarmen bewirtschaftet, jetzt konnten sie ihre Pachten nicht zahlen. Es gab keine Ernte mehr. Am Ende mussten sie gehen, denn die Land besitzenden Banken gaben das Land auf, und die Bauern gingen auf langen Trecks nach Westen. Dort schafften es nur wenige, als Saisonkräfte in der Obsternte Kaliforniens zu arbeiten. Man unterbot sich gegenseitig um den Lohn, verschuldete sich, hungerte.

Der Schriftsteller John Steinbeck hat die ›Staubschüssel‹ beschrieben. »Jedes sich bewegende Ding hob den Staub in die Luft: bei einem Menschen hob er sich bis zu den Hüften, bei einem Wagen bis über die Plane, und ein Auto wirbelte eine mächtige Wolke hinter sich auf. Es dauerte lange, bis der Staub sich wieder gelegt hatte ... Es kam die Dämmerung, aber es kam kein Tag. Am grauen Himmel erschien eine rote Sonne, eine verschwommene rote Scheibe, die wenig Licht gab, und als der Tag vorrückte, wurde aus der Dämmerung wieder Dunkelheit, und der Wind heulte über das gefallene Korn hinweg. – Die Männer und Frauen drängten sich in ihre Häuser, und wenn sie hinausgingen, banden sie sich Taschentücher um die Nasen und trugen Brillen, um ihre Augen zu schützen.«

Tatsächlich gelangte der Staub in hohen Luftschichten bis an die Städte der Ostküste.

»Die Leute wischten ihn sich von den Schultern. Kleine Wälle von Staub lagen auf den Türschwellen.«

Die Welt befand sich in der Großen Depression, der Weltwirtschaftskrise der späten 1920er-Jahre, Arbeitslosigkeit und Verschuldung wuchsen, Menschen hungerten – in den Städten und auf dem Land.

Auch in unserem Dorf hatten viele Bauern aufgegeben. Ludwig Breuer hatte für 1929 in die Chronik eingetragen, dass einige Hofstellen leer stünden. Der Schriftsteller Hans Fallada[2] beschrieb in mehreren Romanen die Zustände jener Jahre auf dem Land. »Manchmal hat der Bauer ein Pferd, manchmal hat er keines«, schrieb er in »Bauern, Bonzen und Bomben« von 1931 und erzählte vom Zustand einer Familie auf dem Lande. »Dann werden Frau und Kinder vor Pflug, Egge und Kartoffelhäufler gespannt. All so etwas gibt es noch. – Zur Schule kommen die Kinder fast nie. Welches Kind kann vierzehn Kilometer Schulweg gehen? Aber einmal vor anderthalb Jahren fand ein Vollstreckungsbeamter den Weg nach Stolpermünde-Abbau: Seitdem gibt es dort auch nicht mehr periodisch ein Pferd. Damals verschwand auch der Bauer für einige Zeit, es war nicht glatt abgegangen bei der Pfändung, so durfte er sich ausruhen ein paar Monate im Gefängnis.«

Die in diesen Jahren im Deutschen Reich aufstrebende Hitler-Partei machte für die Weltwirtschaftskrise, für die unbezahlbaren Schulden und die Notverordnungen der Weimarer Kanzler, »jüdisch-kapitalistische und jüdisch-bolschewistische Machenschaften« verantwortlich. Die Lösung der Krise, schrieb ein gewisser Walther Darré, geboren in Argentinien und gelernter Kolonial-Landwirt, seien die Bauern – als die »genetische Quelle des deutschen Volkes«.

1933 wurde Darré, inzwischen Mitglied der SS, Reichsminister für Ernährung und Landwirtschaft und damit zum Verantwortlichen für die rassistische und koloniale Agrar- und Bevölkerungspolitik des Nationalsozialismus. Die Bauern sollten für den von nun an herrschenden aggressiven Rassismus herhalten.

»Bauer kann nur sein, wer deutschen oder stammesgleichen Blutes ist. Deutschen oder stammesgleichen Blutes ist nicht, wer unter seinen Vorfahren väterlicher- oder mütterlicherseits jüdisches oder farbiges Blut hat ... Bauer ist, wer in erblicher Verwurzelung seines Geschlechtes mit Grund und Boden sein Land bestellt und seine Tätigkeit als eine Aufgabe an seinem Geschlecht und Volk betrachtet. Landwirt ist, wer ohne erbliche Verwurzelung ... sein Land bestellt und in dieser Tätigkeit nur eine rein wirtschaftliche Aufgabe des Geldverdienens erblickt.«

Über eine solche Unterscheidung zwischen archaischem Bauerntum und gewerblich denkendem Landwirt hätte schon Albrecht Daniel Thaer angewidert den Kopf geschüttelt. Bereits im 18. Jahrhundert hatte er die Landwirtschaft zu einem »Gewerbe« erklärt, von dessen Ertrag ein Landwirt mit seiner Familie leben können sollte.

»Das Dritte Reich wird ein Bauernreich sein oder es wird vergehen wie die Reiche der Hohenstaufen und Hohenzollern«, tönte Adolf Hitler.

Ein Trecker für jeden wäre den Bauern bestimmt lieber gewesen. Aber man nimmt wohl, was man kriegt. Auch große Worte.

So haben am Ende viele Bauern ihre Stimmen denen gegeben, die so viel versprachen. Und mit den Stöcken und Bällen tanzten die nächsten Schülerjahrgänge schon auf den neu erfundenen Reichserntedankfesten in Bückeburg und den Parteitagen in Nürnberg.

38. KAPITEL
HEUTE UND DAMALS
Grot-Emmas Enkel erzählt mir was über die Wölfe, und ein Cadillac begegnet mir im Moor gleich zweimal.

ES SIND KALTE TAGE und sie sind kürzer geworden.
Die Feldarbeit ruht, Zeit für Besuche.

Als Erstes gehe ich zu Erwin, dem Enkel von Grot-Emma, spaziere über das Süderende des Dorfes hinaus über den Kanal zum ersten Hof auf der anderen Seite.

In meiner Kindheitserinnerung taucht Erwin vor allem als Jäger auf. Man sah ihn häufig mit Hund und Flinte im Feld gehen, manchmal mit einem Hasen im Rucksack zurückkehren. Einmal im Jahr kam er zu uns und lieferte zum Geburtstag unseres Vaters im November den bestellten Hasen ab. Wir Kinder sahen das Tier am nächsten Morgen kopfüber an einem Haken hängen und fanden es bald in der Speisekammer wieder, inzwischen ohne sein Fell, lag es mit bläulichem Fleisch in blutig gewordener Buttermilch. Am Ende schmeckte das Fleisch auch uns, selbst wenn uns der Weg bis zum Braten nicht ganz geheuer war.

Jetzt will ich Erwin nach den Wölfen fragen, denn als Jäger ist er für sie auf besondere Weise zuständig.

Erwins Hof war immer einer der größten, ist es vielleicht auch heute noch, aber die Äcker und Weiden sind inzwischen verpachtet, eine eigene Landwirtschaft wird hier schon viele Jahre lang nicht mehr betrieben. Vater Richard, Grot-Emmas Sohn, war ein sehr traditioneller Bauer. Er hat sich vor allem mit Viehzucht und vielleicht auch ein wenig Viehhandel beschäftigt – er konnte, erzählte Erwin mir, vom reinen Hingucken das Gewicht einer Kuh genau bis aufs Kilogramm schätzen. Richard saß in den Vorständen der wichtigsten Verbände und Genossenschaften, der Spar- und Darlehnskasse, dem Schützen- und Rindviehzuchtverein und dem Wasserverband. Außerdem war er – solange noch Deckbullen in den Dörfern gehalten wurden – Vorsitzender des Stierhaltungsverbands und über dreißig Jahre lang im Gemeinderat. Er rauchte schwere Zigarren und fuhr jahrzehntelang ein schweres Auto, einen Mercedes nach dem anderen, mit Viehanhänger. Die körperliche Arbeit, das Rübenhacken und Melken, Heuwenden und Ausmisten, überließ er gerne anderen, vor allem seiner Mutter Grot-Emma und seiner Frau, Lütt-Emma. Die jungen Leute nannten ihn, als er alt geworden war, Havanna-Ritchie.

Das Bewusstsein patriarchaler Machtvollkommenheit hatte ihn, wie so manch anderen Bauern, daran gehindert, seinem Sohn den Hof rechtzeitig zu übergeben. Als es endlich so weit war, war der Hof ins Hintertreffen geraten, waren Entscheidungen zu Spezialisierung, Ausbau und Veränderungen in der Feldbestellung um ein, zwei Jahrzehnte versäumt worden. In der bald darauf folgenden nächsten Generation, der des Enkels von Richard, wurde die Landwirtschaft am Ende ganz aufgegeben.

Jetzt wohnten auf dem Hof drei Erwachsene, Erwin mit seiner Frau Elisabeth und ihr Sohn. Aber im ersten Moment wirkte auch dieser Hof leer auf mich. Zu meiner Kindheitserinnerung an die Gehöfte gehört immer das Vieh dazu, die Kühe auf den Weiden und die Schweine in ihren Ställen und das Rumoren der Hühner und Enten, Hunde und Katzen um die Höfe herum.

Jetzt hat Erwin selbst den Vorstehhund abgeschafft. Nur ein Terrier, ein quirliges, lebhaftes Tier, springt um uns herum.

Auf der alten Diele zeigen mir Erwin und Elisabeth die frühere Anbindung für Pferde und Kühe. Schlagartig erinnerte ich mich wieder an den Draht, der früher hier oberhalb der Kuhhintern den ganzen Mistgang entlang gespannt war. Da hatte man Bindergarn – also eigentlich Garn zum Binden der Getreidegarben – an die Schwanzspitzen der Kühe gebunden und an Metallösen am oberen Draht befestigt. So konnten die Kühe ihren Schwanz trotz der Anbindung ein wenig hin- und herschwenken, doch landeten die Schwanzquasten nicht im Mist, wenn die Kühe sich hinlegten. Wer hier melkte, kriegte keinen saftigen oder klütigen, mit hart getrocknetem Mist behängten Kuhschwanz um die Ohren gehauen.

Als ich ihnen von meiner Erinnerung erzähle, lächeln sie. Tatsächlich sind ihre Kühe sogar täglich mit Bürsten gestriegelt worden, wie Pferde, denn sie wurden regelmäßig auf Ausstellungen des Herdbuchverbands im Ring vorgeführt und preisgekrönt.

Wir gehen in die Küche, es gibt Kaffee und dazu das traditionelle norddeutsche Kaffeebrot, eine Art ovalen Zwieback mit Streuselzucker oder weißem Zuckerguss. Der Terrier legt sich gehorsam in die Ecke.

Schon der erste Siedler auf dieser Hofstelle kam aus Neubachenbruch, 1824 war es ein Berthold Lafrenz gewesen, Neffe des alten und Sohn des mit vierzig Jahren verstorbenen Claus Lafrenz, des ersten Siedlers auf unserem Nachbarhof zur Linken, der später Georg Monsees und am Ende Onkel Edu gehört hatte. Vier Generationen lang hatten die hiesigen Erben Frauen aus Neubachenbruch geheiratet. Da war die erste Frau von Erwins Großvater Amandus, die erste Emma auf diesem Hof. Sie starb mit zweiundzwanzig Jahren nach der Geburt ihres zweiten Kindes. Auch die zweite Emma, später Grot-Emma, hatte Amandus sich aus Neubachenbruch geholt.

Bis ins hohe Alter hatte sie zusammen mit ihrer Schwiegertochter Lütt-Emma, der dritten Emma des Hofs, schwer gearbeitet – in Haus und Garten, Stall und Feld. Als junge Frau und während ihr Mann im Krieg war, hatte Grot-Emma einige Jahre lang den Hof als Chefin geführt, das Säen im Frühjahr und das Ernten im Herbst angeleitet, Vieh angekauft und verkauft, den Kirchgang der Familie angeführt. Noch als alte Frau fühlte sie sich mit Stall- und Feldarbeit wohler als mit allem Häuslichen, kaute Tabak und spuckte ihn aus dem Mundwinkel aus wie sonst nur die Männer.

Erwin und Elisabeth zeigen mir ein Foto, Grot-Emma beim Stopfen eines alten Jutesacks. Sie ist da so hager und groß, wie ich sie in Erinnerung hatte.

»Das Sackstopfen haben alle Bauersfrauen im Winter gemacht.« Da wurde ein Korn- und Kartoffelsack nach dem anderen leer, die Ernte in Stall und Haus verbraucht. Und die Jutesäcke, mal von Mäusen oder Ratten angeknabbert, mal in den Nähten beim Transport geplatzt, mussten fürs nächste Jahr, die nächste Ernte wieder hergerichtet werden. Bald hatte man diese Arbeit nicht mehr nötig, denn es wurden schon starke Säcke aus Papier benutzt, die nach Gebrauch verbrannt wurden. Aber Grot-Emma behielt ihre Winterarbeit bei. Nur so war Winter, nur so war Ordnung.

Auch beim Fotografiertwerden sieht sie nicht auf, lächelt höchstens ein bisschen in sich hinein, so undurchdringlich, wie die Alten für die Jungen oft sind.

Für Grot-Emma ging es immer nur um Arbeit, um die, die gemacht werden musste – und um die, die noch immer nicht gemacht war. Ihr Enkel erzählt, wie er einmal als Junge mit dem Nachbarjungen an der Straße stand und sich unterhielt.

»Das dauerte ihr wohl zu lange. Da hat sie uns quer übers Feld zugerufen: ›Schall ik ju wol nen Staul holn?‹« Soll ich euch vielleicht einen Stuhl holen?

Als sie nach ein oder zwei Schlaganfällen schon bettlägerig geworden war und der Arzt ihren Sohn auf der Diele beiseitegenommen und ihm zugeflüstert hatte, dass es jetzt nicht mehr lange dauern würde, stand sie am folgenden Tag plötzlich wieder in der Küche und meinte, zum Kartoffelschälen würde sie ja wohl noch taugen – und lebte noch ein paar Jahre weiter.

Erwin erzählt gerne von den Alten, ihrem Einfallsreichtum, ihrem Durchhaltevermögen. Da gab es den Uropa Hinck, dessen Hof zu klein war, um von der Landwirtschaft die Familie zu ernähren. »Da hat er Pferdeholzschuhe gemacht und damit vierzehn Kinder großgezogen«. Außerdem hatten alle Familien Spinnräder und alle hielten Schafe. Man spann und verstrickte ihre Wolle zu Socken und

Fäustlingen und die Frauen verkauften sie über Läden, Märkte und Händler. Bis in die 1950er-Jahre hat man hier auf dem Hof noch gesponnen, dann wurde das Spinnen wie das Stopfen der Säcke erst unmodern, dann überflüssig. Wolle zu kaufen, später gleich fertige Socken, war billiger und weniger Arbeit, als Schafe zu halten. Die Spinnräder und Schafe waren nur noch im Weg.

Für Erwin als Vertreter der nächsten Generation war ohnehin bald alles interessanter, was einen Motor hatte, vor allem Fortbewegungsmittel aller Art – Trecker, Mopeds, Autos. Ihm imponierte, dass der Bruder seines Steinauer Opas – Lütt-Emma kam aus Steinau –, der aus den USA zu Besuch kam, seinen Cadillac mitgebracht hatte. Anfang der 1960er-Jahre kam man nicht per Flugzeug, sondern fuhr mit dem Schiff über den Atlantik. Das amerikanische Auto war in Bremerhaven ausgeladen und nach kurzer Fahrt ins Heimatdorf von der Jugend mehrerer Dörfer wochenlang ausführlich umlagert und bestaunt worden. Der Auswanderer hatte es zur Hochzeit seines Neffen mitgebracht, dem es als Brautauto dienen sollte. Mit ihm holte der als Bräutigam seine Braut ab und wurde mit ihr zur Kirche gefahren, Motorhaube und Heck mit üppigen Blumenkränzen geschmückt, im Inneren baumelten an den Haltegriffen zwei ineinandergeschlungene Ringe aus Buchsbaum und weißer Schleife. So schaukelte der Cadillac mit seinen schnittigen Heckflossen und gut gefedert über die schmalen, kaum befestigten Wege, an den Kanälen entlang durch die flache Landschaft. Bei seiner Rückkehr in die Staaten hat Erwins Großonkel das Auto dann leider wieder mitgenommen. In Bremerhaven war es im Rumpf des Schiffes auf Nimmerwiedersehen verschwunden.

Endlich nähern wir uns dem Thema Jagd.

Erwin hat viele Jahre lang Jagdhunde ausgebildet und war später Mitglied in Jurys, die die Prüfungen abnahmen.

»Du musst einen jungen Hund dazu erziehen, eine geschossene Ente zu finden und dem Jäger zu bringen. Das macht so ein Hund ja nicht von alleine.« Es gebe Vorsteh- und Stöberhunde, Erd- und Meute- und Apportierhunde. Bestimmte Rassen brächten durch die

Zucht schon bestimmte Voraussetzungen mit, aber ohne Ausbildung geht es nicht.

Dann frage ich ihn nach seiner Meinung über die Wölfe. Er zieht die Augenbrauen hoch und schweigt einen Moment.

»Ich bin seit dreiundfünfzig Jahren Jäger und Jagdpächter. Ich habe immer einmal im Jahr einen oder auch mal zwei Rehböcke geschossen. In diesem Jahr keinen einzigen. Die Wölfe waren schneller.« Inzwischen könne man die Reviere nicht mehr gut verpachten, weil es keine Böcke mehr zu schießen gebe. Man könne sich natürlich fragen, fuhr er fort, was daran so schlimm sei. Dann würden eben die Wölfe die Rehe fressen. Aber so einfach sei das nicht. Das Erlegen des Wilds sei ja nur ein winziger Teil der Aufgabe der Jäger. Viele Stunden brächte man zu mit der Beobachtung des Wilds, mit der Feststellung von Zahl und Art, Verhalten und Fehlverhalten, mit der Hege, d. h. ob im Winter vielleicht Fütterung nötig ist, ob es Anzeichen für übertragbare Krankheiten bei Wildgeflügel und Wildschweinen gäbe. Wenn aber keiner mehr die Jagden pachten wolle – denn man pachtet natürlich auch für die Abschussmöglichkeiten –, dann würde all das andere auch keiner mehr tun. Insofern störten die Wölfe das komplexe Gefüge, wie es sich in den letzten hundert Jahren herausgebildet habe.

Kürzlich sei er auf einer Versammlung von Jagdpächtern gewesen, ein kanadischer Landwirt und Pferdezüchter war zu Gast, auch in Kanada sind die Wölfe geschützt. Der Kanadier habe gesagt, Elektrozäune nützten gar nichts, selbst über mannshohe Zäune, also bis ein Meter siebzig, sprängen Wölfe locker hinweg.

»Wie wird das enden?«, frage ich – und als er mich wortlos ansieht, gebe ich mir selbst die Antwort: »Die illegalen Abschüsse werden zunehmen.«

»Ja, und sie ›nützen‹ gar nichts. Das beweist wieder eine kanadische Studie. Bei einer Bedrohung des Rudels erhöht sich sofort die Trächtigkeitsrate der Fähen – so wie sich die Trächtigkeit bei Nahrungsentzug sofort verringert, indem z. B. die Föten absterben.«

Wölfe wachsen schnell und werden schnell geschlechtsreif.

Viele Paare haben Würfe von drei bis vier Welpen, die nach einem Jahr wieder geschlechtsreif seien. Ohne natürliche Feinde und ohne kontrollierte Bejagung würden sie überhandnehmen. Frei laufende Rinder so stark einzuzäunen, dass sie für die Wölfe unerreichbar werden, sei kaum möglich und auch nicht mehr wirtschaftlich.

»Für die Wölfe ist der Tisch hier reich gedeckt. Deshalb sind sie gekommen. Deshalb werden sie bleiben und sich vermehren.«

Ihm ist bewusst, dass es um Bilder geht, also darum, wer mit welchen Bildern öffentliche Gefühle erzeugt. Während die Organisationen der Wolfsfreunde ihre Webseiten mit niedlichen Wolfswelpen zieren, will keiner die Fotos von angegriffenen und getöteten Rindern und Schafen sehen. Nicht einmal die örtlichen Zeitungen trauten sich mehr, blutige Bilder von getöteten Rindern und Schafen zu veröffentlichen – nachdem sich das Lesepublikum beschwert hat. Ohnehin sind die Zeitungsredaktionen gehalten, erst vom ›Täter‹ Wolf zu schreiben, wenn der DNA-Nachweis geführt ist. Das dauere naturgemäß Wochen und würde publiziert, wenn es niemanden mehr interessiere. Den Widerspruch zwischen ökologisch gewollter Weidehaltung und der Bedrohung des Viehs durch ökologisch gewollte Wölfe thematisieren die Medien nicht. Außerdem stellt sich aus Angst vor Sanktionen des Landkreises mancher Bauer inzwischen nicht mehr als kritischer Interviewpartner zu Verfügung. Denn der Kreis würde ihm womöglich wegen irgendwelcher nicht hundertprozentig eingehaltener Bau- oder Öko-Auflagen in Stall, Feld oder Futterbeschaffung das Leben schwer machen. Für die Behörden sei das einfach, weil es fast alle halbe Jahre neue Regeln gibt, und gerade die bäuerlichen Familienbetriebe haben oft nur eine geringe Finanzkraft für zusätzliche, teure Schutzmaßnahmen – und würden auch auf diese Weise zum Schweigen gebracht.

Erwin seufzt.

Man könne es den Leuten gar nicht übel nehmen, die für die ungebremste Ansiedlung der Wölfe seien. Sie lebten zu weit entfernt von der ländlichen Realität, um zu verstehen, was das für die Landbevölkerung bedeute.

Mein nächster Besuch war wieder einer über die Dorfgrenze hinaus. Ich hatte eine Verabredung mit unserem ehemaligen Postboten, der auch als Hochzeitsbitter gearbeitet hatte. Über dieses ausgestorbene Gewerbe wollte ich gerne mehr erfahren, denn auch als es längst schon Zeitungen gab, in die man seine Familienanzeigen setzte, luden Hochzeits- und Beerdigungsbitter, plattdeutsch Inbitter (Einlader) genannt, auf den Dörfern weiterhin persönlich zu Hochzeiten und Beerdigungen ein.

Waldemar beschrieb mir den Weg.

»Und achte mal auf den Hof nebenan. Das ist der kücksche Hof, von dem stammt Lütt-Emma, Erwins Mutter.« Wieder einmal sind alle miteinander verwandt.

Mein Gastgeber ist ein lebhafter alter Mann mit einem feinen Lächeln. Er war natürlich nicht jener Inbitter, an den ich mich vage erinnern konnte als einen kleinen, dürren Mann, der eines Tages in Frack und Zylinder angeradelt gekommen war. Das war an einem Sommertag gewesen, und ich weiß noch, dass ich barfuß im warmen Sand vor der Küchentür stand, und dass auch meine Eltern und Geschwister draußen waren – vielleicht waren wir gerade vom Mittagessen aufgestanden und hinausgegangen, um gleich wieder aufs Feld und zur Heuernte zu fahren. Der Mann stieg vom Fahrrad und nahm eine unnahbar-offizielle Haltung an, tat, als ob er uns nicht kennt. Wie ein Gesang hörte sich an, was er uns aufsagte, mit dem Zylinder in der Hand, in den er hineinsah, während er den plattdeutschen Text sprach, die Einladung zu einer Beerdigung. Erst als er fertig war, veränderte er seine Körperhaltung, sprach mit seiner gewöhnlichen Stimme und gab auf Nachfragen noch einmal Auskunft, wer da nun eigentlich gestorben war und wann und wo die Beerdigung stattfinden würde.

Dieser Mann war, wie sich heute herausstellte, sein Vorgänger, ein schlanker, knochiger Mann, klein und flink, was ihm den Namen Heini Schlankfuß eingebracht hatte. Wie alle Inbitter, so werde ich jetzt aufgeklärt, hatte er in den abgenommenen Zylinder hineingesehen, weil er dort im Boden einen Zettel mit dem Namen der einladenden Familie befestigt hatte – für den Fall, dass er ihn mal vergaß. In manchen Dörfern hatte der Inbitter einen Stock bei sich, an den er entweder einen Blumenstrauß, für eine Hochzeit, oder ein schwarzes Band, für eine Beerdigung, gebunden hatte, sodass die Eingeladenen gleich wussten, ob sie eine fröhliche oder eine traurige Nachricht hören würden.

So oder so war es üblich, dass dem Inbitter ein Schnaps ausgeschenkt wurde. Wer nicht zu irgendwelchen Tricks griff, sondern den Köhm wirklich trank, dessen Fahrt über die Dörfer wurde immer langsamer und wackeliger. Zum Schluss hatte Heini Schlankfuß sein Fahrrad oft nur noch schieben können, wenn er nicht auf dem Rückweg überhaupt ganz am Wegrand liegen blieb. Nicht selten hat ihn am Ende eine barmherzige Seele in die Schubkarre gepackt und seiner Frau nach Hause gebracht.

Mein Gesprächspartner übergibt mir den Einladungsspruch des Inbitters zum Hochzeitsfest, um den ich ihn gebeten hatte.

Wir haben einfach irgendwelche Namen und Daten eingesetzt.

»Godn Dach! – Ik hew'n fründlich Kompliment von de veel ehr- und achtborn Brut Frow Stüven un de veel ehr- und achtborn Brügam Herrn Tiedemann. Disse beiden Lüe lood Herrn Mangels und Fruu un Kinner un Öllern fründlichst in to ehre an iersten Mai stattfind'nde Hochtidsfier. Un ji muchn so fründlich ween un stellt sich juch an den scheunen Dach mit in. Eeten givt dat üm söben'ner Klock.«[1]

Bezahlt wurde der Inbitter vom Hochzeitspaar pro eingeladenem Haus, etwa 50 Pfennig gab es pro Haus. Manchmal kamen sogar 50 Mark dabei raus.

»Aber man muss auch bedenken«, sagt er, »dass die Wege damals noch sehr schlecht waren.« Es habe sehr lange gedauert, bis er hundert Häuser und Höfe mit dem Fahrrad, ab Anfang der 1960er-Jahre mit seinem Goggomobil, einem kleinen Zweitakter, abgefahren hatte.

Zur Aufgabe des Inbitters gehörte auch, am Hochzeitstag den Festsaal zu schmücken und die Tische zu decken. Und während des

Auftragens der traditionellen Hadelner Hochzeitssuppe dirigierte er außerdem die jungen Leute, die das Essen auftrugen, nachfüllten und schließlich abräumten.

Mein Gesprächspartner kannte die Wege über Land und die Menschen in den Dörfern gut, er hatte gleichzeitig auch fast dreißig Jahre lang die Post ausgetragen. Zu seiner Zeit wurden die Renten per Bargeld noch von den Postboten gebracht, und mit einer Mischung aus Stolz und Schauder denkt er daran, was für ein leichtes Ziel er für Diebe auf seinen stundenlangen, einsamen Wegen über die Dörfer gewesen ist, in der großen Posttasche manchmal 10.000 DM in bar. Er hat diese Arbeit immer gerne getan. Aber richtig anstrengend wurde es zu Weihnachten, wenn er in Schnee- und Regenwetter auf matschigen oder zugefrorenen Wegen die Pakete ausfahren musste.

»Beinahe Hof bei Hof gab es ja die nach Amerika ausgewanderten Verwandten. Deren Pakete waren besonders schwer.«

Da ist er frühmorgens im Dunkeln mit der ersten Fuhre losgefahren, ist mittags zurückgefahren und hat neu aufgeladen. Erst abends spät war er im Dunkeln wieder zu Hause.

Hatte er selbst denn auch Verwandte in Amerika?

Aber ja! Zwei Brüder und zwei Schwestern seines Vaters waren gegen Ende der 1920er-Jahre nach Amerika ausgewandert. Zu seiner Hochzeit 1952 ist einer seiner Onkel aus Amerika in die alte Heimat gekommen. Und er hatte sein großes Auto auf dem Schiff mitgebracht.

»Ach nee«, sage ich.

»Ja, mein amerikanischer Onkel hat uns damit zur Kirche gefahren.«

Er also ist der Bräutigam in jenem Cadillac gewesen, der hier einige Wochen lang durch das Moor gefahren ist.

An einem der Abende fahre ich nach dem Melken mit Waldemar zu einer »Solidaritätsmahnwache« gegen Wölfe, auf einem Hof etwa zehn Kilometer von hier Richtung Elbe abgehalten wird. Hier wurden im Sommer, wenn das Vieh draußen ist, nahezu täglich irgendwo Rinder oder Schafe von Wölfen gerissen. Die wenigen Rinder, die noch auf die Weide gebracht werden, drohen zu verschwinden. Kaum einer traut sich mehr, sie der Gefahr durch die Wolfsrudel auszusetzen.

Tatsächlich haben sich die Wölfe als sehr viel weniger scheu erwiesen, als von Experten vorhergesagt, und sie haben sich auch schneller vermehrt. Die Zahlenschätzungen von Naturschützern und Jagdverbänden liegen extrem weit auseinander, die einen meinen, es gebe dreihundert erwachsene Tiere, die anderen zählen auch die Welpen mit und sprechen von einer für 2020 erwartbaren Zahl von 1.800 Tieren in Deutschland; einig ist man sich nur bei der Schätzung einer jährlichen Zuwachsrate von 30 Prozent.

Ein bisschen fühlen sich die Leute hier wie Versuchskaninchen, als würden ›die da oben‹ mal sehen wollen, wie weit man in einem so dünn besiedelten Landstrich gehen kann, bevor Schlimmeres passiert. Einige Familien sind mit ihren Kindern gekommen. In der Marsch liegen die Höfe weit voneinander entfernt, da ängstigt sich manche Mutter eines Kleinkindes, dass ein Wolf zugreifen könnte. In einem nahe gelegenen Ausflugsgebiet haben die ersten Familien mit kleinen Kindern ihre Buchungen abgesagt, heißt es. Am Ende sind auf dem Hof zweihundert Menschen versammelt, Milchbauern und Zugezogene, die Pferde und Schafe auf ihren Weiden halten. Ein Redner klettert auf einen Wagen und sagt, dass die Politik sich mit der Gefahr durch Wölfe noch einmal beschäftigen muss. Es wird gutmütig geklatscht. Wütend ist hier jeder, fanatisch keiner. Unterschriftenlisten liegen aus, es gibt Bier, Bratwurst und zwei offene Feuer, an denen sich vor allem die Kinder vergnügen. Zu unserer Gruppe stößt ein junger Landwirt, der mit Hannes zusammen vor ein paar Jahren die Meisterprüfung gemacht hat. Er erklärt uns, was an den Deichen besonders kritisch ist. Wenn sich die Hirten mit ihren Schafherden von den Deichen zurückzögen, würde es kritisch für die Elbmarschen, die nur durch gut gepflegte Deiche geschützt sind. Die von den Behörden empfohlenen Zäune seien hier sinnlos, weil die Herden ja die Deiche entlangwandern sollen, und auch

Hütehunde und Esel schützten nur ein deutlich definiertes Territorium. Ohne sogenannte Wolfsschutzmaßnahmen zahlt das Land keine Kompensation für verletzte oder getötete Tiere. Für verletztes und verängstigtes Vieh, das von Wölfen durch alle Zäune und in den Straßenverkehr getrieben wurde, kriegt man sowieso nichts.

»Kann ja keiner nachweisen.«

»Spuren sichern?«

Er schnaubt.

»Wenn du vierzig oder fünfzig aufgeregte Tiere von je acht bis zehn Zentnern mit Schnappatmung auf fremden Weiden oder Bundesstraßen rumrennen hast, suchst du nicht nach Spuren im Matsch! Selbst wenn du ein paar Tage später vielleicht doch mal dazu kommst, musst du fotografieren, vermerken, wo das ist, die Fotos an Wolfsexperten schicken, und die sagen dir dann: Es könnte auch ein Hund gewesen sein, warten wir mal auf die DNA-Untersuchung ...«

Er winkt ab.

Ich sage, ich fände erstaunlich, dass so viele Leute hier sind.

»Dank WhatsApp und Facebook!«, sagt er.

Sie leben hier zwar bei den Wölfen, aber gewiss nicht hinter dem Mond.

39. KAPITEL

1933 – 1939

Das Führerprinzip auf dem Land, aus Moorbauern werden Erbhofbauern.

1933 HAT MAN SICH AUF DEM LANDE ERZÄHLT, der Reichsbauernführer und Landwirtschaftsminister Walther Darré[1] sei ein Wunderkind gewesen. Er habe schon als Vierjähriger so viel von der Landwirtschaft verstanden wie jetzt. Darüber haben die Bauern laut und herzlich gelacht. Aber mit den Jahren ist ihr Lachen leiser geworden. Und bald lachten sie, wie alle, nur noch hinter vorgehaltener Hand.

Anfangs war man den Nazis auf dem Lande wohlgesinnt. Die wirtschaftliche Lage der meisten norddeutschen Bauern hatte sich nach den Jahren der Inflation nicht verbessert. Wer ihnen versprach, ihnen ihre Schulden zu erlassen, dem glaubten sie gerne. Im August 1929 hatte es im allmonatlichen Lagebericht der Polizeidirektion Wesermünde, die hier zuständig war, in Bezug auf die NSDAP geheißen: »Ihr Hauptanhang besteht aus Landwirten und dem Mittelstand. Das Auftreten der Redner ist äußerst radikal und die Angriffe gegen den Staat und seine Einrichtungen bilden fast das gesamte Programm. Sie wissen die Not der Landleute und des Mittelstandes geschickt für ihre Interessen auszunutzen, und die Versprechungen auf Besserung der Notlage bewirken, dass der Anhang der Nationalsozialisten von Tag zu Tag wächst.«

In Neubachenbruch spiegelten sich die Zustände in der Schulchronik.

Nach dem Weggang von Lehrer Breuer hatten sich einige Junglehrer in schneller Folge abgewechselt – nach Jahren in der Warteschleife der Arbeitslosigkeit oder berufsfremder Arbeit. Als Erster kam im April 1929 ein Hans Duncker, der nach seiner Ausbildung drei Jahre »im Kontor einer Cuxhavener Fischdampfer-Reederei« gearbeitet hatte, der Nächste, Adolf Osterloh, begann 1930, er hatte drei Jahre »als Hilfsarbeiter beim Finanzamt Hannover III, als Magazinverwalter im Kurhaus Schlangenbad und als Reisender« verbracht.

Auch diese Junglehrer waren Unzufriedene.

Dass sie in einer einklassigen Volksschule gelandet waren, stieß ihnen übel auf. Duncker ärgerte, dass den Bauern die Kartoffelernte wichtiger war als die Schule ihrer Kinder. Im Kreis Land Hadeln wurden die Ferienzeiten von jeder Gemeinde individuell festgelegt, und wegen der Kartoffelernte gab es im Dorf nur zwei Wochen Sommerferien, dafür aber vier Wochen Ferien im Herbst – zur Ernte. Duncker erreichte eine Änderung, bald waren die Ferien wenigstens je drei Wochen lang. Wütend kommentierte er, die Eltern sähen in den Ferien eine Bringschuld der Schule gegenüber der landwirtschaftlichen Arbeit, nicht aber »die für die Kinder notwendige Erholungszeit«.

Die Wahrheit ist, dass Bauern, ihre Frauen und Kinder von Erholung überhaupt keine Vorstellung hatten – und auch noch lange nicht haben würden. Es gab für sie eine Unterbrechung der Arbeit nur bei familiären und dörflichen Feiern, mit Erholung hatte das nicht unbedingt etwas zu tun, vor allem nicht für die Frauen.

Nach einem Jahr wurde der junge Lehrer wieder versetzt, und man kann sich seine Erleichterung vorstellen. Die Arbeit in so einer armen Gemeinde strengte an. Ständig musste man um Geld bitten – für notwendige Lehrmittel, Reparaturen von Gebäudeschäden, Renovierung der Innenräume. Die vorgeschriebenen Tagesausflüge mit den Kindern gingen nur noch bis in die Nachbarorte, und wegen der Überschwemmungen oft nur mit Kähnen. Dazu kamen die Extraarbeiten für die Weihnachtsfeiern, das Einüben von Liedern und Theaterszenen, das Nähen der Kostüme und Basteln der Kulissen. Alles musste hier selbst gemacht werden – mit Kindern, deren Gesundheitszustand nicht gut war, die nicht selten fiebrig und hustend im Klassenzimmer saßen, mit nackten Füßen in Holzpantinen, während ihre nassen Socken am Ofen dampften. Es war nicht jedermanns Sache, in solch einem Dorf zu leben. Vor allem, wenn man selbst der Fremde war, den die Bauern ungeniert beäugten, wenn sich ihre Gespanne auf dem morastigen Weg am Schulhaus vorbeiquälten.

Als Adolf Osterloh die Stelle in Neubachenbruch antrat, liest man in seinen Aufzeichnungen, wenn auch mehr zwischen den Zeilen, wie fassungslos ihn die Armut der Gemeinde und der erbärmliche Zustand der öffentlichen Wege machten, seine Möbel mussten beispielsweise »auf Ackerwagen bei schlechten Wegverhältnissen« transportiert werden. Das klang tatsächlich nicht viel besser als die Erzählung zweihundert Jahre zuvor von Johann Heinrich Voß, dessen Hausstand bei gefährlich hohem Wellengang über die Elbe nach Otterndorf gelangte.

Wie immer ging es bei den Einträgen des Lehrers auch um das Wetter.

Im Sommer 1931 war noch einmal ein »außergewöhnliches Hochwasser«, eine fast zweimonatige Überschwemmung folgte, die Ernte fiel aus. Geholfen wurde dem Dorf jetzt nicht mehr von einem paternalistischen Bürgerverein, und auch der Staat schien dazu nicht in der Lage zu sein. Sondern es war eine politische Organisation, der »Stahlhelm«, ein Zusammenschluss ehemaliger Soldaten aus dem Ersten Weltkrieg, die half, das Dorf mit »notwendigsten Lebens- und Futtermitteln« zu versorgen. Dennoch musste das meiste Vieh wieder »in Nachbardörfern in Futter gegeben werden«.

Der Lehrer verzeichnet, dass »sich die Wahlberechtigten der hiesigen Gemeinde sehr rege an den Wahlen« von 1932 beteiligten: »Die Verteilung der Stimmen war: 30 für D.N.V.P. [Deutschnationale Volkspartei] u. 32 für N.S.D.A.P. [Nationalsozialistische Deutsche Arbeiterpartei]. Mit Ende des Jahres änderte sich das Verhältnis zu Gunsten der N.S.D.A.P. Als am 31.1.1933 Hitler die Regierung übernahm, war die Begeisterung auch hier groß.«

Was sich die Bauern in Neubachenbruch von der NS-Regierung

erwartet haben, würde man heute Strukturmaßnahmen nennen: Entschuldung, Verbesserung von Verkehrswegen und Marktanbindung, Hilfe bei der Verbesserung von Böden und Produktionsmitteln – Saatgut und Düngung, Modernisierung von Geräten und Gebäuden. Und eine bessere, für alle zugängliche Ausbildung für Landwirte, nicht nur für die Erben großer Güter, die sich leisten konnten, den Betrieben eine Zeit lang fernzubleiben.

Für die Machthaber war entscheidend, dass nicht mehr viele Menschen freiwillig in der Armut und Überarbeitung, der Rückständigkeit und Enge des Dorfs leben wollten. Man drängte in die Stadt, sobald wieder Arbeit zu finden war, die sogenannte Leutenot auf dem Lande verschärfte sich.

Die Erneuerung zeigte sich auch in der Sprache, man »zog alles neu auf«. Für die jetzt folgenden »Erzeugungsschlachten« der ersten Phase der nationalsozialistischen Agrarpolitik von 1933–36 war das Vorbild die Battaglia del Grano, die Weizenschlacht des Faschistenführers Benito Mussolini in Italien. So sollte die landwirtschaftliche Produktion gesteigert werden, das Land unabhängig werden von Lebensmittelimporten. Knappe Devisen sollten nicht für Weizen, sondern für Rüstungsgüter ausgegeben werden. Keiner sprach von Waffen, vielmehr war von nationalem Aufbruch und »Ernährungsfreiheit des deutschen Volkes« die Rede. Eine Autarkie sollte wiederhergestellt werden – die es im Deutschen Reich, wie wir wissen, nie gegeben hatte.

Eine der wichtigsten Maßnahmen, um eine lückenlose Kommandokette von oben bis unten zu erreichen, war, wie in anderen Bereichen der Gesellschaft auch, die Gleichschaltung. Seit Albrecht Daniel Thaers Zeiten und besonders während des gesamten 19. Jahrhunderts hatten sich viele ländliche Organisationen gebildet, um die Landwirtschaft, ihre Produktivität und die Arbeitsbedingungen auf den Höfen zu verbessern. Im 18. Jahrhundert hatte es begonnen mit den örtlichen Landwirtschaftsvereinen, die mit gemeinsamer Fachlektüre, dem Nachbau von englischen Geräten, mit Tausch und Züchtung von immer besserem Saatgut, Wollschafen und Kühen der Produktion aufhalfen. Im 19. Jahrhundert drängte schon eine breite Basis gut ausgebildeter Landwirte zur politischen Interessenvertretung, Gutsbesitzer und Hofeigentümer hatten sich ebenso vereint wie Landarbeiter und die Beschäftigten der verschiedenen Verarbeitungszweige – der Molkereien, Schlachthöfe und Mühlen. Im jungen 20. Jahrhundert existierte schon eine hohe Dichte von Beratungs-, Vermarktungs- und Verarbeitungsunternehmen, erste Lebensmittelunternehmen waren entstanden – wie das bereits 1900 gegründete Unternehmen des Apothekers und Botanikers Dr. Oetker in Bielefeld, dazu Genossenschaften in Vieh- und Futtermittelhandel.

Sie alle wurden jetzt radikal gleichgeschaltet und gingen im sogenannten Reichsnährstand* auf. Auf der Vermarktungs- und Verarbeitungsseite hatten bisher Eigentümer und Beschäftigte von Landmaschinen-, Düngemittel- und Lebensmittelunternehmen gestanden, die sich in Unternehmerverbänden und Gewerkschaften organisierten. Jetzt wurden alle, die auch nur im Entferntesten mit der Ernährungsindustrie verbunden waren, in die neue Organisation des Reichsnährstands gezwungen. Durch Zwangsmitgliedschaft entstand so eine 17 Millionen Mitglieder umfassende Wirtschaftsorganisation, an ihrer Spitze stand Walther Darré. In der bäuerlichen Produktion setzten seine Funktionäre, Landes- und Kreisbauernführer genannt, die Anordnungen des Ministeriums nach dem sogenannten Führerprinzip, also von oben nach unten durch. Vor Ort bestimmten die Ortsbauernführer.

Es ging der Regierung mit großer Dringlichkeit um die massive Erhöhung der landwirtschaftlichen Produktion. Um die Bauern aber nicht zu verprellen, ließ man ihnen auf lokaler Ebene ihre angestammten Interessenvertreter, selbst wenn sie nicht Parteigenossen waren. Nur ganz entschiedene Sozialdemokraten oder Anti-Nazis wurden verdrängt. Alle Bürgermeister, Orts- und Kreisbauernführer waren der Partei recht, solange sie sich für die Erzeugungsschlachten einsetzten und mit ihren Bauern die Produktion von Getreide und Kartoffeln, Fleisch, Milch und Eiern ankurbelten.

Die Bauern waren skeptisch gegenüber der parallel dazu angelaufenen Propaganda voller agrar-romantischer Rhetorik. Ihnen bedeutete die Rede von einer ewigen Harmonie mit der Natur nichts, den rabiaten Antisemitismus ignorierten sie, solange sie konnten, und arbeiteten weiter mit jüdischen Viehhändlern, die wenigstens bar bezahlten, und die ihnen späterhin vorgegaukelten Zukunftsaussichten als Siedler im Osten ließen sie kalt. Anfangs haben sich Bauernsöhne und -töchter durch die neu eingeführten Reichserntedankfeste auf dem Bückeberg in Hameln vielleicht begeistern lassen. Vielleicht hat sie die propagandistische Inszenierung zu noch längeren Arbeitstagen motivieren und die Vorstellung von ihrer eigenen Bedeutung zur Hingabe an das Neue bewegen können. Und ein paar Jahre mögen sie ihre Mütter gebeten haben, in die Brote das Hakenkreuz einzubacken, und haben selbst gelernt, ihre Ähren- und Erntekränze in Hakenkreuzform zu binden. Aber es ist zu bezweifeln, dass sie interessiert hat, wenn in den Zeitungen das Bäuerliche großmundig gegen das Großstädtische in Stellung gebracht wurde, die Seele gegen den Intellekt ausgespielt und die bäuerliche Sesshaftigkeit gegen die angeblich »wurzellose Masse der Stadt«. Mehr beeindruckt waren die Bauern ganz bestimmt von den jetzt eingeführten Absatzgarantien für Weizen, Fleisch und Milch, von den festgesetzten Mindestpreisen und der Möglichkeit, durch den neu eingeführten Arbeitsdienst kostenlose Erntehelfer gestellt zu bekommen.

Noch mehr musste die Bauern interessieren, dass für das ganze Land dasselbe Erbrecht eingeführt wurde, die Pflicht zur ungeteilten Übergabe an den ältesten Sohn. Der Erbe sollte seinen Geschwistern nur so viel auszahlen, dass der Hof dadurch nicht gefährdet würde. In Niedersachsen hatte diese Erbfolge eine lange Tradition. Aber in Gebieten mit Realerbteilung – wie der Pfalz und Hessen – war es Brauch, dass alle Kinder ein Stück Land erhielten. Was zu einer Zersplitterung der Flächen geführt hatte, ließ immerhin früh eine Leichtindustrie aufkommen, da mit einem Stück Land im Rücken junge Erwachsene in eine Selbstversorgerwirtschaft eintreten und gleichzeitig in einem erlernten Beruf arbeiten konnten. Solche

Verhältnisse aber waren der totalitär ausgerichteten Partei ein Gräuel.

Vielmehr wurden im ganzen Reich amtlicherseits alle Höfe über 7,5 und bis 125 Hektar als Erbhöfe in die Erbhöferolle eingetragen – jedenfalls wenn nichts Nachteiliges gegen die Eigentümer vorlag, sie nicht allzu hoch verschuldet waren und der Hof und seine Bewirtschaftung die Gewähr boten, dass er sich in kürzester Zeit zu einem produktiven Betrieb entwickeln würde. Und sie ›arische‹ Vorfahren nachweisen konnten.

Zum großen Ärger der Bauern waren sie jedoch nach dieser vorgeblichen Erhöhung ihres Status nicht mehr Herr über ihren Grund und Boden, denn ein Erbhof war »grundsätzlich unveräußerlich«. Auch durften sie das Land nicht verpachten oder beleihen. Sie durften Land und Hof im Todesfall nicht einmal ihren Witwen hinterlassen, keiner Schwester oder Tochter, Frauen sollten aus der Erbfolge verdrängt werden.

Die Herausnahme der Böden aus dem Kreditsystem und die festgelegte Erbfolge, in der ›die Sippe‹ vor der Familie stand, führten zur Unruhe in der Bauerschaft – und übrigens auch bei den Banken. Immer wieder zogen anfangs Mutige vor Gericht, um ihre Höfe aus diesem System herauszunehmen. Noch häufiger waren es die Gläubiger, die klagten, denn nur wenn ein Hof nicht als Erbhof zugelassen würde, hätten sie Aussicht auf ihr Geld. Die meisten Höfe waren seit den 1920er-Jahren hoch verschuldet. Das neue Gesetz der neuen Herren entschuldete die Bauern tatsächlich auf Kosten und zulasten der Kreditgeber, der lokalen Raiffeisenbanken und Sparkassen.

In den sechs Jahren, die es noch bis zum Krieg dauerte, hat sich der Gesetzgeber auf mehrere Änderungen des Erbhofgesetzes einlassen müssen, nahegelegt durch Urteile der sogenannten Anerbengerichte, die den Amtsgerichten beigesetzt waren. Sie sorgten öfters dafür, dass eine Witwe den Erbhof ihres verstorbenen Mannes eben doch weiterführen durfte, oder dass man ein Stück Land verkaufen konnte, damit ein Hof wirtschaftlich überlebte.

Aber bald beantragten immer weniger Bauern, ihre Höfe aus der

Erbhöferolle zu löschen, sie hätten damit ihre Aussichten auf den Erlass von Schulden verschlechtert und ihren Zugang zu Dünge- und Futtermitteln erschwert. Überall saßen Parteileute in den Gremien.

Es gab weitere Maßnahmen, die Bauern gleichzuschalten. Kleinere Verarbeitungs- und Vermarktungsstellen wurden aufgelöst, darunter viele kleine Molkereien. So erhielten die Behörden eine bessere Übersicht – und die Bauern ärgerten sich, weil die Ablieferungswege länger wurden, denn es war ihre Zeit, die dabei draufging.

Wenn der Staat mit der einen Hand gab, dann nahm er mit der anderen. 1934 wurde die Selbstvermarktung komplett verboten. Keiner durfte Eier oder Milch, Kartoffeln oder gar Fleisch ab Hof verkaufen oder seinen Stammkunden in die nahe gelegene Kleinstadt liefern. Er sollte seine Produkte, wie man jetzt sagte, der »Volksgemeinschaft« zur Verfügung stellen. Im Gegenzug wurden die Erzeugerpreise erhöht und die Düngemittelpreise gesenkt.

Das Ganze schien so lange ein guter Handel, als die Verbote sich nicht allzu sehr häuften. Aber genau das geschah von Jahr zu Jahr mehr.

Langsam und mit großer Beharrlichkeit wurde ein festes Netz von Vorschriften, Verboten und Kontrollen geknüpft und über die Dörfer geworfen, in dem sich jeder schnell verheddern konnte – und in dem zunehmend das Denunziantentum gedeihen konnte.

Da war z. B. die Milchablieferungspflicht, der man sich entzog, indem man bei den Viehzählungen Tiere zu verstecken suchte – nach der Zahl der Tiere wurde ja die Ablieferung zu Festpreisen festgelegt. 1935 im Mai meldete die zuständige Stelle, inzwischen Gestapo Wesermünde, »dass viele Besitzer von Kleinbetrieben sich weigern, ihre Milcherzeugnisse an die Molkereien abzuliefern. Sie verarbeiten ihre Milch im eigenen Betrieb und stellen Butter und Käse her. Diese Erzeugnisse werden dann im Schleichhandel abgesetzt.« Schleichhandel hieß nun, was früher der freie Verkauf an Händler und auf Märkten war. Auch im Herbst 1935 notierte die Gestapo Wesermünde wieder: »Die Milchablieferungen der Bauern an die Molkereien entsprechen in vielen Fällen nicht dem Milchviehbestande. Als Grund hierfür wird meistens die Kälberaufzucht angegeben.« Tatsächlich war der feste Erzeugerpreis zu gering geworden im Vergleich mit den außerhalb der Landwirtschaft jetzt schnell ansteigenden Preisen – für Maschinen, Düngemittel und besonders landwirtschaftliche Arbeitskräfte. Also verdiente man sich etwas Bargeld an den Kontrollen vorbei.

Aber man konnte den simplen Neid auf Nachbarn und Nachbarinnen oder die Hoffnung auf einen eigenen Vorteil jetzt verbergen unter dem Mantel einer besonders glühenden Begeisterung für den Nationalsozialismus. Man konnte die Nachbarn auch denunzieren, weil sie weiter mit jüdischen Viehhändlern handelten – die wegen ihrer Barzahlungen bei den Bauern weiter beliebt waren. Es kam vor, dass Bürgermeister ihr Amt so verstanden, dass sie Bauern bei der Kreisbauernschaft meldeten wegen unerlaubten Vermahlens von Brotgetreide, Nichterfüllung der Kartoffelablieferungspflicht, Unterschlagung von Vieh im Rahmen der Viehzählungen oder in Fragen der Behandlung von Landarbeitern.

Denunzianten hatten nicht einmal immer alle Funktionäre hinter sich. Verbürgt ist ein Fall im benachbarten Kreis Stade, in dem mehrere Familien von einem Ortsbauernführer besonders drangsaliert wurden. Dort hatte in einem Kirchenbuch aus dem Anfang des 19. Jahrhunderts die Bemerkung gestanden, der uneheliche Vater eines Neugeborenen sei ein jüdischer Schlachter. Aufgrund dieser Vaterschaft, die zu bestreiten weder der Schlachter noch das Bauernmädchen für nötig erachtet hatten, konnten jetzt mehrere Bauern nicht mehr ihre ›arische‹ Abstammung beweisen und hätten daher kein Land mehr besitzen dürfen. Hier griff der nächsthöhere Funktionär ein, der Kreisbauernführer. Er sorgte dafür, dass die entsprechende Bemerkung im Kirchenbuch gestrichen wurde – immerhin eine Dokumentenfälschung.

Zu Ostern 1936 setzte in unserem Dorf ein neuer Lehrer namens Eckhoff die Schulchronik fort. An den datierten Abzeichnungen höherer Beamter am Rand seiner Eintragungen sieht man, dass die Schulbehörde die Eintragungen der Lehrer sehr viel häufiger als früher kontrollierte.

1936 begann die zweite Phase der Agrarpolitik: Die Landwirtschaft wurde in den Vierjahresplan der Regierung Hitler einbezogen.

Zunächst änderte sich nicht sehr viel, aber es wurden in allen Bereichen die Schrauben angezogen, Vorschriften und Verbote mehrten sich, Kontrollen wurden verschärft – und auch die Strafen. Wo früher Abmahnung oder Geldstrafe hingereicht hatte, drohte man jetzt mit Gefängnis. Das Verfüttern von Roggen und das Schnapsbrennen wurden gänzlich verboten, außer dem Saatgut musste alles Getreide vollständig abgeliefert werden. Zudem wurde eine Hofkarte eingeführt, auf der die Hofeigentümer Angaben über die Größe, die Beschäftigten und die Bewirtschaftung ihres Hofes eintragen mussten. Solche Zwänge wurden flankiert von zweckgebundenen Finanzhilfen. Zuschüsse gab es für Flurbereinigung und Entwässerung, für die Anschaffung von Maschinen und den Ausbau von Landarbeiterwohnungen. Denn das allergrößte Problem war und blieb der Arbeitskräftemangel auf dem Land. Jetzt hieß es: »Landflucht ist Fahnenflucht«, aber das half nicht, Arbeitskräfte aufs Land zu locken. Die den Bauern immer wieder im Zuge irgendwelcher Kampagnen zugeführten Arbeitsdienstmänner und Erntehelfer, Arbeitsmaiden und Pflichtjahrmädel waren kein ernst zu nehmender Ersatz für die traditionell aus Polen und Jugoslawien stammenden Saisonarbeitskräfte beispielsweise in der Zuckerrübenernte im Braunschweigischen oder gar für qualifiziertes Personal wie Melker und Schweinemeister, Pferdeführer oder Traktoristen, wie sie auf großen Betrieben gebraucht wurden. Die Bauern beklagten sich, die Städter seien körperlich und mental nicht für die Landarbeit geeignet, sie könnten sich weder an die langen Arbeitsstunden noch an die schlechten Wohnverhältnisse anpassen – und sie waren ja auch nicht freiwillig da. Wegen der dringend benötigten Arbeitskräfte und ihrer Qualifizierung wurde 1936 der Landarbeiterberuf zum

Lehrberuf gemacht. Man stellte nach einer Lehrzeit »Landarbeiterbriefe« aus – Gesellenbriefen gleichgeordnet –, und es wurden Landwirtschaftsklassen für Jungen und Mädchen eingerichtet. Betriebsberater besuchten die Höfe, von manchen als Kontrollinstanzen gefürchtet, von anderen durchaus geschätzt als helfende Hand für die Kommunikation mit den Behörden.

Aber die Aufrüstungs- und Bauprogramme der Regierung hatten seit 1936 zur Vollbeschäftigung geführt. Man fand in den Städten bessere Arbeit und Wohnung als auf dem Land.

Immerhin gab es die seit 1933 geforderten Zuwächse in der landwirtschaftlichen Produktion, längst jedoch nicht im geforderten Maß. Von einer Nahrungsautarkie des Landes konnte überhaupt keine Rede sein. Besonders im Bereich Fette für den menschlichen Verzehr und Futtermittel für Tiere bestanden große Mängel, obwohl Staatsgüter aufgesiedelt und ganze Dörfer neu gegründet worden waren, um die Nahrungsmittelproduktion zu erhöhen. Inzwischen experimentierten landwirtschaftliche Versuchsanstalten zunehmend mit stark eiweißhaltigem Futter, besonders mit Mais, um die Nahrungsautarkie doch noch zu erreichen – so lange, bis der »Raum im Osten« erobert wäre und man die großen Getreidegebiete Russlands bzw. der Ukraine kontrollierte; von den inzwischen desaströsen Zuständen dort hatte man keine Vorstellung.

Die Bauernfamilien, die auf kleineren Höfen saßen, versuchten auf ihre Weise, mit der Situation fertigzuwerden. Sie schafften das Milchvieh ab, weil zu wenig Futter da war und keiner mehr für die Arbeit gefunden wurde. Sie versuchten, ihre Wirtschaft zu verkleinern oder umzustellen. Viele Erben fanden keine Frauen mehr, und die Bauersfrauen und -kinder waren notorisch überarbeitet und erschöpft. 1937 stellten Landärzte fest, dass mehr als die Hälfte aller Landfrauen schon im Alter von vierzig Jahren nicht mehr im eigentlichen Sinne voll erwerbsfähig waren. Sie litten an Herzkrankheiten und nervöser Erschöpfung, an Fehlgeburten, Gebärmuttersenkungen und Erkrankungen des Bewegungsapparats.

Der »Neuadel aus Blut und Boden« war natürlich immer nur

eine rassistische Sprachfigur gewesen. Aber jetzt sahen sogar die NS-Agrarpolitiker ein, dass nur eine Vielzahl großer und mechanisierter Betriebe in der Lage sein würden, genug Lebensmittel zu erwirtschaften; man stellte die Aufsiedlungspolitik ein und löste die Siedlungsgesellschaften auf.

Kehren wir für eine Weile in unser Dorf zurück und zu dem, was die Lehrer notieren, bevor mit dem Krieg die nächste, die letzte Phase beginnt.

Wieder ließ ein neuer Lehrer »notwendige Ausbesserungen« am Gebäude vornehmen, notierte ansonsten das Übliche, die Weihnachtsfeier in dem Saal des Gastwirts, die österliche Entlassung der Konfirmanden und Konfirmandinnen, die Einschulung der Sechsjährigen. In der heitmannschen Dorfchronik fand ich eine Fotografie aus den frühen 1930er-Jahren. Da steht der Lehrer mit einigen Kindern auf den Eingangsstufen zur Schule. Einer der Schüler hat eine HJ-Uniform an, keiner der etwa Zehn- bis Vierzehnjährigen lächelt. Einer der Jungen hatte eine Gaumenspalte und wurde, so erzählte mit einer, von seinem Lehrer besonders beschützt; denn schon ab 1933 wurde mit der Sterilisation und Tötung von Menschen begonnen, die als geistig oder körperlich behindert galten. Eines der Mädchen auf der Fotografie erkenne ich als unsere spätere Nachbarin Alwine, genannt Wine. Sie wurde Onkel Edus Frau, ihr Vater war der zweite Ehemann der Mutter, der erste war 1915 in Russland gefallen. Wines Vater fand man Mitte der 1930er-Jahre, kurz nachdem dieses Foto gemacht wurde, erhängt in seiner Scheune. Es hieß, er habe in wirtschaftlichen Schwierigkeiten gesteckt und sei überhaupt gemütskrank gewesen.

Als ich Erwin und Elisabeth besuchte und in unserem Gespräch die Nazi-Zeit berührte, hatte Erwin in seiner ruhigen Art gesagt: »Ja, wenn man davon spricht, ist da immer ein schwarzes Loch.«

Nur die Alten im Dorf, damals auch nur Kinder, wissen manchmal noch, wer was getan und was erlitten hat, aber sie geben ihr Wissen nicht gerne weiter.

Für 1936 notierte der Lehrer, dass auf einem mehrtägigen Ausflug keines der Kinder »schlapp gemacht« habe. Unter anderem hatte man eine Militäranlage besucht, den »Fliegerhorst in Stade«.

1937 hielt der Lehrer für erwähnenswert, dass »ein neues Wohnhaus entsteht«. Wohnhäuser gab es nicht im Dorf, und so fährt er auch fort: »Der Bauer Wilhelm Strunk lässt neben dem alten Niedersachsenhaus eine kleine Villa erbauen. Es wird das schönste Haus des Dorfes sein. Das Gesamtbild des Ortes wird gestört.« Ein modernes Haus also entstand hier, womöglich mit Badezimmer und Wasserklosett – aber eine Störung für das Ortsbild. Das Dorf sollte nach Meinung des Lehrers wohl darauf abonniert bleiben, dass der Bauer mit seinem Vieh unterm Strohdach wohnte.

Am Ende seiner Eintragung für dieses Jahr steht wie ein schlechtes Omen die Bemerkung: »Für die Schulklasse wurde endlich von der Gemeinde ein Bild des Führers (Adolf Hitler) angeschafft.«

Immerhin hatte es vier Jahre gedauert.

40. KAPITEL

1939 – 1945

Landwirtschaft wird Kriegswirtschaft.
Zwangsarbeiter und Denunzianten.

SEIT 1938 HATTEN DIE JÜDISCHEN VIEHHÄNDLER ihre Handelserlaubnis verloren. Mancher Bauer hatte sein Vieh weiterhin an sie verkauft, solange es noch ging, auch wenn Nachbarn sie scheel ansahen. Aber dann kamen die alten Handelspartner gar nicht mehr ins Dorf und keiner schien zu wissen, wo sie geblieben waren. Es hat, so heißt es, im Dorf immerhin einen Bauern gegeben, der sich getraut hatte hinzusehen, als im November 1938 auch in Bremerhaven SA-Männer die Synagogen und Geschäfte der Juden angriffen, als sie die Schaufensterscheiben einschlugen, Ware plünderten und Geräte zerschlugen, in den Synagogen Feuer legten und Menschen offen misshandelten. Seitdem hatte er zu denen gehört, die nicht mehr mitjubelten und auch den inzwischen vorgeschriebenen Gruß vermieden, dieses Hochreißen des rechten Arms, das abgehackte laute Grüßen, Brüllen, Bellen.

Beide Lehrer, die im letzten Jahr vor dem Krieg in Neubachenbruch noch Dienst taten, wurden nach wenigen Monaten in den Wehrdienst und zur Wehrmacht beordert, Ende August 1939 wurde die Schule für die Dauer des Krieges geschlossen.

In der Chronik von Moorausmoor, in dessen Schule die Kinder von Neubachenbruch jetzt gehen mussten, heißt es: »Am 1. September 1939 werfen englische Flugzeuge Flugblätter ab. Die Flugblätter werden eingesammelt und abgeliefert.« Jedenfalls, so möchte man hinzufügen, sollten sie abgeliefert werden. Und weiter: »Um die

Kinder vor feindlichen Luftangriffen zu schützen, wurde neben der Schule ein Schützengraben ausgehoben. Leider steht er dauernd voll Wasser.« Dass Gräben als Luftschutz in einer Moorgegend sinnlos sind, wusste eigentlich jeder Einheimische, denn schließlich ist hier noch jeder Graben voll Wasser gelaufen. Aber man gehorchte wohl den Anordnungen – und tatsächlich fielen im folgenden Jahr in einigen Dörfern der Umgebung nicht nur Flugblätter vom Himmel, sondern auch Bomben.

In der Chronik von Moorausmoor hieß es: »Der Weg nach Neubachenbruch sollte im letzten Jahr ausgebaut werden. Granit und Bordsteine wurden angefahren. Dann kam plötzlich vom Landratsamt die Anweisung, dass jegliche Planungen für die Straße einzustellen seien. Die Bordsteine wurden wieder abgefahren. Es geht das Gerücht um, dass hier mehrere Dörfer von der Bildfläche verschwinden sollen.« Die gleichgeschaltete, zensierte Presse führte dazu, dass Gerüchte blühten, man hielt alles für möglich – aber im süd-niedersächsischen Bergen war kürzlich wirklich ein fast 25.000 Hektar umfassender Truppenübungsplatz gebaut und das Dorf Belsen mit über hundert Menschen geräumt worden.[1]

Mit Kriegsbeginn war die Landwirtschaft zu einem Teil der Kriegswirtschaft erklärt worden. Verstöße gegen Ablieferungszwänge galten als Sabotage, selbst wer nur einigermaßen blöd-harmlose Witze erzählte – »Lieber zehn Jahre Dürre als ein Jahr Darré« –, machte sich schon »staatsgefährdender Hetze« schuldig.

Noch bevor offiziell der Krieg erklärt war, wurden im ganzen Land Lebensmittelkarten ausgegeben, Fleisch rationiert ebenso wie Benzin und Briketts. Der Druck auf die Landwirtschaft wuchs. Es musste Heu an die Wehrmacht geliefert werden – für die Pferde –, Futter für Milchvieh wurde auf diese Weise noch knapper. Und weil natürlich auch die Pferde in mehreren Wellen zwangsweise an die Wehrmacht gingen, spannte man wieder Kühe vor Pflug und Erntewagen. Viel Milch gaben sie dann nicht mehr.

Bei den Viehzählungen hatten die meisten Dörfer schon lange

falsche Angaben gemacht, denn je geringer die Viehzahl, desto weniger musste man zu niedrigen Preisen abliefern. Alle Milch darüber hinaus verkaufte man unter der Hand und natürlich wesentlich teurer. Selbst beim kleinteiligen Geflügel lohnte sich das. Pro Henne rechnete man offiziell sechzig Eier im Jahr, ab 1942 dann siebzig Eier. Wenn die Erfasser kamen, versteckten die meisten Bauersfrauen einen Teil ihres Federviehs, denn für jedes Huhn, das nicht mitgezählt wurde, konnte man die nicht erfassten Eier schwarz verkaufen, konnte daraus Küken ausbrüten lassen, die als Brathühnchen weggingen – und zum Schluss kamen die alten illegalen Hennen noch als Suppenhühner in den Topf. Das Hennenverstecken wurde nachgerade ein ›Volkssport‹ – zum Ärger der Orts- und Kreisbauernführer. Auch ein überzähliges Schwein zur Schwarzschlachtung zu halten, war eigentlich nicht so schwer. Nur die Schlachtung, das Zerlegen und Wurstmachen erforderten immer ein paar mehr Mitwisser – und verschwiegene Nachbarn. Wollte man die heiße Ware zu höheren Preisen verkaufen, gehörte dazu auch ein einigermaßen funktionierendes Verteilungsnetz. Hier war eine Logistik gefragt, die vielen am Ende – beim Mangel an Pferden und rationiertem Kraftstoff – zu kompliziert und zu gefährlich wurde. Die Sache lohnte nicht mehr. Umso höher waren die Gewinne für die, die es weiterhin wagten.

Die sogenannte Fettlücke, die mangelnde Versorgung der Bevölkerung mit Fett, vergrößerte sich. 1940 erhöhte man in der »Milcherzeugungsschlacht« die Ablieferungspreise für Vollmilch um 2 Pfennig, für ein Pfund Butter um 20 Pfennig, ab 1942 zahlten die Molkereien sogar Prämien für die Übererfüllung des Solls. Dennoch wurde überall schwarzgebuttert, Vollmilch und Sahne zurückgehalten. »Man fand gar nichts dabei, mit der Buttermaschine unter dem Arm am hellen Tag über die Dorfstraße zu laufen, um sie beim Nachbarn abzuliefern. Man scheute sich nicht, trotz der Ermahnungen der Molkereivorstände weiterhin seine Schlagsahnetorten zu essen ... Eines Tages war die Anzeige da. Und bei der Vernehmung durch die Polizei riss der eine den anderen rein. ›Och, dat hebbt se jo all doon‹ [Ach, das haben doch alle gemacht], so hieß es dann ...

›Ja, de und de und de. Do wört rut! De Schandarmen kunnen gor nicht so gau schrieben. (Ja, der und der und der. Da war's raus. Die Gendarmen konnten gar nicht so schnell schreiben)«, heißt es in einem Bericht aus dem Nachbarbezirk Stade.

In Neubachenbruch aß im Winter 1940 wohl kaum einer Sahnetorte. Die Schulchronik des Nachbardorfs notierte: »Der Winter 40/41 setzte mit strengem Frost und sehr viel Schnee ein. Im Februar kam Tauwetter. Das Wasser stieg an.« Wieder verwandelte ein Hochwasser das ganze Dorf und seine Felder in einen See, Straßen wurden unterspült, wieder gingen allernotwendigste Transporte nur mit Kähnen. Der folgende Sommer war heiß und trocken, aber im Oktober fielen die ersten Brandbomben – wohl von englischen Bombern ausgeklinkt auf dem Rückweg von Hamburg nach Südengland. Der Schaden war gering, heißt es, aber ein paar Monate später wird doch endlich eine freiwillige Feuerwehr gegründet.

Je mehr sich die Zwangsablieferungen erhöhten, desto strenger wurden sie überwacht und die Strafen verschärft. Auf »kriegsschädliches Verhalten« stand Gefängnis, Zuchthaus, in besonders schweren Fällen die Todesstrafe. Hatte früher das Schwarzschlachten nur ein paar Hundert Reichsmark gekostet, drohten jetzt schon einige Monate Gefängnis – wenn auch die Haftstrafen dann oft wegen Arbeitskräftemangel auf dem Lande ausgesetzt blieben. Als schließlich immer mehr Sondergerichte[2] zu arbeiten begannen, verschärften sich die Urteile weiter. Ein Schlachter wurde wegen Schwarzschlachten 1942 mit vier Jahren Zuchthaus bestraft – und man wusste, dass Zuchthausgefangene wegen der obligatorischen Zwangsarbeit ihre Strafzeit häufig nicht überlebten.

Die selbst in der Weimarer Republik noch privatkapitalistisch funktionierende Wirtschaft hatte sich seit dem ersten Vierjahresplan von 1939 in eine staatliche Kommandowirtschaft verwandelt, war darin dem sowjetischen System immer ähnlicher geworden. Walther Darré wurde 1942 beurlaubt, wie es hieß, offenbar war er in internen Machtkämpfen unterlegen. Sein Stellvertreter Herbert Backe übernahm das Ministerium, er verschärfte noch einmal alle

Zwangsmaßnahmen. Zunächst forderte er das Übliche: höhere Ernten und überhaupt von allem mehr, als da waren Hackfrüchte, wirtschaftseigenes Viehfutter, Ölpflanzenanbau – also Raps und Sonnenblumen –, des Weiteren Hanf und Lein für eine »notwendige Eigenversorgung« im Textilbereich, sowieso Gemüse und Vieh, besonders Milchvieh, dazu Kleintierzucht und Obst. Solange es keine ausbeutbaren besetzten Gebiete gab, hatte der Krieg die Nahrungsautarkie einerseits dringlicher gemacht, andererseits unmöglich. Denn die Einstellung des internationalen Handels stoppte die Einfuhr sowohl von Düngemitteln als auch von Viehfutter. Am Ende sicherte nur die brutale Ausbeutung der besetzten Länder die Ernährung im Deutschen Reich.

Die daraus entstehende Hungerpolitik war dabei insbesondere von Minister Backe gewollt. Wie der größte Teil der hohen Funktionäre des Reichsnährstands war auch er ein glühender Vertreter der Überlegenheit der »nordischen Rasse«. Dass die osteuropäischen Völker verhungerten, war dieser Auffassung nach in Ordnung, denn so würden die entleerten Gebiete des Ostens von siegreichen deutschen Wehrbauern besiedelt werden. Die Besiedlungsidee blieb weitgehend Propaganda und war für Bauern wenig attraktiv. Aber der Hunger der anderen wurde Realität. Schon 1943 kam die Hälfte des Getreides, das im Deutschen Reich von Mensch und Tier verzehrt wurde, aus Polen.

Auch Menschen kamen aus den besetzten Ländern, zuerst zivile Zwangsarbeiter, Männer und Frauen aus Holland, Frankreich und Belgien, aus Polen und der Ukraine, aus Jugoslawien, Griechenland und Russland. Sie wurden in allen Arbeitsbereichen eingesetzt, vor allem aber in der Rüstungsindustrie und der Landwirtschaft.

Selbst in den kleinsten Dörfern bekam nun jeder Hof einen Mann oder auch eine Frau als Helfer zugeteilt. 1940 zählte das Arbeitsamt Stade – der Zählbezirk umfasste auch den Kreis Land Hadeln – fast 4.000 Kriegsgefangene in der hiesigen Landwirtschaft. Ab 1941 gehörten auch Russen dazu, und im Frühjahr 1944 gab es bereits 5.500 sogenannte Fremdarbeiter im Bezirk. Die meisten waren jetzt »Ostarbeiter«, d. h. Polen, die als Landarbeiter eingesetzt wurden. Organisiert wurden die Gefangenen über das Stalag XB Sandbostel, Außenstellen waren mehrere »Arbeitskommandolager«. Auf diese Weise versuchte man, die Unterbringung auf den Höfen zu vermeiden, menschliche Beziehungen wurden als Gefahr gesehen.

In den ehemaligen Moorkolonien wohnten die Zwangsarbeiter allerdings mit auf den Höfen, denn es gab weder einen Transport, der sie morgens rechtzeitig zur Stallarbeit hätte bringen können, noch gab es irgendwelche Wohnungen außerhalb der Bauernhöfe. Es war verboten, mit ihnen am selben Tisch zu essen – nur machten die meisten Bauern es trotzdem. Wohl nur Funktionsträger, Bürgermeister und Bauernführer taten, wie das Gesetz es befahl, und stellten ihren ukrainischen Mädchen oder polnischen Männern einen Esstisch in den Flur. Mancher tat dann, auch in unserem Dorf, noch ein Übriges und ging immer mal zur Essenszeit zum Nachbarn rüber, um sie bei ungesetzlicher Freundlichkeit zu erwischen und denunzieren zu können. Gleichzeitig befreundete sich hier ein fünfzehnjähriges Mädchen beim Torfstechen im tiefsten Moor mit der gleichaltrigen Zwangsarbeiterin Maria aus Polen, und das deutsche Mädchen gab dem polnischen zu essen.

Geschichten, die man hört, und die bis heute keiner beschwören will.

1943 waren in Neubachenbruch siebzehn Bauernsöhne zum Militär eingezogen, fünf waren bereits tot. Einer war mit seiner Einheit beteiligt an der Blockade von Leningrad, seine drei Brüder waren ebenfalls in Russland als Soldaten eingesetzt, ebenso wie mehrere Nachbarsöhne, auf die er dort traf, mit denen er Nahrungsmittel und Nachrichten von zu Hause austauschte. So lese ich es in seinem Tagebuch, das der damals vierundzwanzigjährige Otto geschrieben hat und das mir seine Familie zur Verfügung stellte.

Lange hatte der junge Mann den Sinn dieses Krieges und seiner Aufgabe nicht infrage gestellt, hatte an die Behauptung der Landesverteidigung geglaubt – auch wenn es, möchte man meinen, für jemanden, der mit hunderttausend anderen und schweren Waffen einige Tausend Kilometer in ein fremdes Land vorgedrungen ist, eigentlich greifbar sein müsste, dass dies keine Verteidigung mehr sein kann, sondern dass es ein Angriff ist.

Aber so standen die Dinge. Die Sprache bedeutete das Gegenteil von dem, was sie sagte. Und darüber, wie es in der belagerten Stadt aussah, wird keine Vermutung angestellt, mindestens nicht schriftlich.

Als im Februar 1943 die 6. Armee in Stalingrad kapitulierte, liest man aus Ottos Eintragungen seine Verunsicherung heraus. »Jedem gehen diese Nachrichten wie ein schwerer Schlag ans Herz«, schreibt er.

Immer wieder hofft er auf Heimaturlaub. Aber zunächst verrichtet er weiter seinen Dienst, repariert Leitungen, hält mit den anderen die Höhe, wie es heißt, auf der sie in ihrem Bunker festsitzen. Er freut sich über den Frühling und das erste Grün, rettet einen kleinen Singvogel vor dem Ertrinken, beobachtet das Nordlicht, sorgt sich um seine Brüder und flucht über den Wanzenbefall.

Im Oktober 1943 begreift er: »Der Krieg hat inzwischen Formen angenommen, die in keinster Weise nach Sieg ausschauen. Der Russe rennt nach wie vor ununterbrochen gegen unsere Linie an mit einer ungeheuren Macht von Menschen und Material. Langsam, aber stetig müssen wir die Linie zurücknehmen.«

Wenig später bricht das Tagebuch ab. Vermutlich ist Otto tatsächlich noch einmal in den Heimaturlaub gefahren und hat dieses Heft zu Hause deponieren können. Er selbst kehrte erst im Herbst 1949 aus der Kriegsgefangenschaft zurück, sein ältester Bruder verunglückte in russischer Gefangenschaft, und der aus dem Nachbardorf stammende Soldat ist kurz nach der Begegnung mit Otto und nur ein paar Wochen nach seinem Bruder in Russland gefallen.

41. KAPITEL

HEUTE

Besuch bei Luci und meine Erinnerung an alte Frauen.

LUCI IST INZWISCHEN DIE ÄLTESTE IM DORF.
Zu Beginn ihres Altenteils lebte sie noch mit ihrem Otto im Bungalow auf der Vorweide, gegenüber dem Hof, den sie lange bewirtschaftet hatten. Jetzt wohnt sie alleine dort. Auch Sohn und Schwiegertochter, die ihnen das Haus einst bauten, sind inzwischen auf dem Altenteil, der Hof an einen Enkel übertragen.

Otto hatte sich nach dem Krieg wie schon sein Vater im Gemeinderat engagiert, ist in Vorständen wie dem des Entwässerungsverbands, des Rinderzucht- und Schützenvereins und im Aufsichtsrat der Molkereigenossenschaft gewesen. Sein Hof war dann einer der ersten, die sich schon in den 1970er-Jahren auf Milchwirtschaft spezialisiert hatten, man hatte einen Boxenlaufstall und einen modernen Melkstand für die Kühe gebaut. In den 1980er-Jahren hat der älteste Sohn den Hof übernommen, wie Waldemar und Anna den unsrigen, und hatte den Eltern den Bungalow als Altenteilerhaus errichtet.

Luci geht inzwischen nur noch mühsam, daran sind das Alter schuld und eine schmerzhafte Hüfte. Außerhalb des Hauses nimmt sie den Rollator. Trotzdem ist die alte Luci nicht zu vergleichen mit den alten Frauen des Dorfs, wie ich sie früher kannte. Die alten Frauen waren damals nicht freundlich. Sie hatten kaum noch Zähne im Mund und sie gingen viel krummer als die heutigen alten Frauen, humpelten nur mithilfe eines Stocks bis zur Nachbarin oder schoben im Haus einen Stuhl vor sich her, auf den sie sich stützten. Man konnte ihr Gebrummel nur schlecht verstehen, das aus verkniffenen Mündern kam, und wich ihrem Blick lieber aus, den misstrauischen Augen, mit denen sie den Torfeimer wegschoben, der ihnen im Weg stand. Überhaupt stand ihnen alles im Weg, eine Kiste mit Küken, ein Kind, es störten sie jeder Ton und jeder Anblick.

So war es mit Oma Hass. Sie war die alte Frau auf dem Hof von Onkel Edu gewesen, und als Kind dachte ich, dass Oma Hass kleine Mädchen nicht mochte. Jedenfalls traf das auf meine Schwester und mich zu. Wenn wir bei Onkel Edu waren und ›weißes Wasser‹ holten, das nämlich klar aus dem Wasserhahn kam und nicht moorigbraun wie bei uns am Anfang, saß sie meist in der Küche, schälte Kartoffeln oder putzte Gemüse. Wir waren froh, wenn sie uns gar nicht ansah oder ansprach. Wenn wir dort standen und versuchten, den großen Wasserhahn mit unseren kleinen Händen so zu bedienen, dass die großen, schweren Milchkannen, eine nach der anderen, möglichst schnell volllliefen und dass beim Wechsel von der vollen zur leeren Kanne möglichst kein einziger Spritzer auf dem Fußboden landete, konnten wir ihre missbilligenden Blicke im Rücken fühlen.

Zu unserem Glück war Tante Wine auch in der Küche, Onkel Edus Frau. Sie war freundlich, und ihr kleiner brauner Hund Molly beschnupperte uns aufgeregt. Dass Tante Wine die älteste von Oma Hass' drei Töchtern aus zweiter Ehe war, wusste ich natürlich nicht. Und ich wusste nicht, dass Oma Hass Wilhelmine hieß und vom anderen Ende des Dorfs kam. 1909 hatte sie auf diesem Hof eingeheiratet und dann in ihrer sechsjährigen Ehe jedes Jahr ein Kind bekommen, bis ihr Mann 1915 im Ersten Weltkrieg in Russland umkam. Zehn Jahre nach ihrer ersten Hochzeit schloss die junge Witwe ihre zweite Ehe, bekam mit dem neuen Mann drei Mädchen und pflegte ihre Schwiegereltern bis zu deren Tod. Sie war keine fünfzig Jahre alt, als ihr Mann sich 1936 erhängte und sie ein zweites Mal zur Witwe wurde. Sie war Mitte fünfzig, als die Telegramme ins Haus kamen und meldeten, dass ihre Söhne Johannes und Amandus in Russland umgekommen waren.

Nach dem Ende des Krieges lebte Wilhelmine, für uns Oma Hass, noch fast zwanzig Jahre als Altenteilerin auf dem Hof, den sie an Tochter Wine und deren Mann Edu übergab. Bald hat es im Haus wieder zwei kleine Jungen gegeben, ihre Enkel, über die sie sich ärgerte, weil sie ständig bei uns waren, bei dem neuen Nachbarn aus dem Osten. Denn der hatte gleich einen Trecker, und Wilhelmine beobachtete aus dem Stubenfenster, dass ihre Jungs schon wieder mit dem Trecker die nachbarliche Trift hochfuhren. Oder sie sah es auch manchmal nicht. Aber am Ende roch sie es, denn dann stanken die Enkel abends nach Diesel und sie schimpfte mit ihnen.

Dieses Schimpfen und diesen Missmut fürchteten wir als Kinder, und so waren für uns die meisten alten Frauen des Dorfs. Welches Leben und welche schrecklichen Verluste hinter ihnen lagen, davon ahnten wir nichts.

Luci war, als ich sie besuchte, älter, als Wilhelmine geworden war. Neubachenbruch hat sie erst durch ihren Otto kennengelernt, der damals noch nicht lange aus der russischen Gefangenschaft zurück war. Er hatte bis 1949 in Ufa, einer Stadt südlich des Ural, Holzhäuser gebaut. Der Hof, von dem sie selbst stammte, lag in Bederkesa, dem seit Jahrhunderten wichtigen Amts- und Marktflecken. Wo Bederkesa ist, wusste immer schon jeder.

»Hier«, sagt sie jetzt und meint unser Dorf, »hat es ja immer nur sehr kleine Höfe gegeben, die kaum zum Überleben reichten.« Damit fasst sie auf nüchterne Weise zusammen, was ich erst langsam verstanden habe.

Otto ist vierzehn Jahre älter gewesen als Luci und schon vor vielen Jahren gestorben. Nach seiner Rückkehr hatte er als Zweiter in der Erbfolge den Hof übernommen, da sein älterer Bruder in Russland umgekommen war. Sein dritter Bruder Willi hatte bis zu seiner Rückkehr auf dem Hof gewirtschaftet – und die Tochter einer Flüchtlingsfamilie aus Sachsen geheiratet.

»Es gab sehr viele Flüchtlinge hier«, sagt Luci, die Anfang der 1950er-Jahre kam. Tatsächlich verdoppelten sie die Einwohnerzahl des Dorfs. Alle Bauern mussten ein oder zwei Zimmer, die Abseiten der Dächer und die Kornböden frei machen, um sie unterzubringen. Seit 1943 waren Ausgebombte nach Neubachenbruch gekommen, ab 1944 hatte die Gemeinde die Schulwohnung vermietet, am Ende des Krieges kamen immer mehr Menschen aus dem Osten – allein im Schulgebäude lebten fünfzehn Personen. Neubachenbruch musste insgesamt achtzig Flüchtlinge aufnehmen.

Begeistert war anfangs sicher keiner. Aber wer bei der Arbeit kräftig zupackte und außer Kost und Logis nichts forderte, war gern gesehen. Außerdem meinten die Bauern damals: »Juche Deerns künnt högstens unsre Jungs heuraten, dat is över ok alens.« (Eure Mädchen können höchstens unsere Jungen heiraten. Das ist aber auch alles.) Am Ende haben tatsächlich nicht wenige der plattdeutschen Jungs ein Flüchtlingsmädchen geheiratet – Frauen, die heute die Großmütter der jungen Erwachsenen sind.

Luci kann sich gut an die damaligen Flüchtlinge erinnern, zum Beispiel an eine Rumäniendeutsche, die zu Hause noch mit getrocknetem Kuhmist geheizt hatte. Man hörte durch sie von anderen Welten, ließ sich gerne auch bestätigen, wie viel weiter man selbst doch entwickelt war als die aus Pommern oder Ostpreußen. Es waren meist unvollständige Familien, junge Frauen mit einem alten Elternteil oder nur einem von mehreren Kindern, auch ältere Leute mit wenig Hoffnung auf Arbeit, die auf Nachricht von erwachsenen Kindern warteten, zu denen sie vielleicht ziehen könnten, sobald es wieder Wohnungen gab.

Die aus dem Osten Geflohenen hatten mit der Flucht nicht nur ihre Wohnung und ihr Dorf und einen Teil ihrer Familien verloren. Ihnen war auch ihr gesellschaftlicher Status verloren gegangen. Sie waren jetzt diejenigen, die in den einfachsten Stellungen landeten und Knechte werden mussten. In vielen westdeutschen Dörfern haben sie noch ein knappes Jahrzehnt die große Mechanisierung in der Landwirtschaft aufgehalten, indem sie den Bauern bei der Frühjahrsbestellung und in der Ernte zur Hand gingen.

In dem alfschen Haus, daran könne ich mich ja vielleicht auch noch erinnern, sagt Luci, lebte doch die alte Frau Zühlke aus Ostpreußen. Sie ist am Ende zu ihrem Sohn ins Ruhrgebiet gezogen, der war, wie die meisten jüngeren Menschen, dorthin gegangen, wo es gut bezahlte und sichere Arbeitsplätze gab. Manchmal zogen die Eltern nach.

»Und dann haben drei Flüchtlingsfamilien«, sagt Luci, »hier ja auch Höfe übernommen: 1953 die Lemkes aus Ostpreußen, 1956 Bewersdorff aus Hinterpommern und 1957 dann ihr.«

Warum wir alle hier gelandet sind, hatte ich mich noch nie gefragt. Aber es war wohl so, dass es in dieser armen Gegend auch in den 1950er-Jahren noch freie Höfe gab, deren Erben gefallen waren. Und in jenen Wirtschaftswunderjahren wollte sicher auch keiner mehr in eine so dünn besiedelte, arme Gegend ziehen. Mit den staatlichen Hilfsprogrammen für Landwirte aus dem Osten kauften Flüchtlinge jene Höfe, die keinen Nachfolger mehr hatten.

Luci ist müde geworden, das Erinnern hat sie angestrengt.

Auf meinem Rückweg durchs Dorf muss ich bei jedem Hof, an dem ich vorübergehe, an die vielen Flüchtlinge denken, die in diesem halb verwaisten Dorf einmal gewohnt haben.

42. KAPITEL
DAMALS
Vom Torfstechen und Autofahren.
Oder: Elvis auf dem Dorfe.

DASS HIER ALLE MIT FAST ALLEN verwandt waren, zeigt sich mal wieder, als ich Manfred und seine Frau Heike auf ihrem Hof am anderen Ende des Dorfs treffe. Wir sitzen in der Stube, an der Wand hängt ein großes Foto seiner Mutter Anna; sie und unser Vater waren ein paar Jahre lang die Ältesten im Dorf, beide starben vor ein paar Jahren über neunzigjährig.

Als ich zur Schule kam, war Manfred gerade mit ihr fertig. Er ist der Bauer dieses Hofes in der achten Generation seiner Familie. Oder er war es, denn inzwischen sind seine Frau und er auf dem Altenteil. Das Haus, das sie bewohnen, ist ein bisschen zu groß für sie geworden. Seit sie den Hof 1981 übernommen hatten, ist er für eine nachfolgende Familie nicht mehr ausgebaut worden. Die Spezialisierung auf einen reinen Milchviehbetrieb, wie es seit den 1980er-Jahren üblich war, hat noch stattgefunden, der Neubau eines Boxenlaufstalls für sechzig Kühe wurde ausgeführt. Aber dann kam der Hoferbe, ihr jüngster Sohn Dirk, bei einem Autounfall als Neunzehnjähriger ums Leben. Mittlerweile sind die Ländereien verpachtet.

Manfred erzählt aus seiner Kindheit. An seinen Opa Rudolf kann er sich gut erinnern. 1886 ist der in einem der Nachbardörfer geboren worden und hat 1919 auf diesem Hof eingeheiratet. Beide waren schon verwitwet, seine junge Frau und er, und beide hatten einen kleinen Sohn. Die beiden Jungs, August und Richard, wuchsen miteinander auf. Oma Mine, so nannte Manfred sie als Kind, war Grot-

Emmas Schwester Wilhelmine, deren erster Mann Heinrich Wöhst gleich im ersten Jahr des Kriegs 1914 gefallen war.

Manfred erinnert sich, dass Oma Mine oft krank gewesen sei, und häufig habe der Arzt kommen müssen. Eines Pfingsttags hatte sie einen kleinen Schlaganfall – und danach sei es ihr wieder besser gegangen. Manfred lacht. War so etwas denn möglich? Jedenfalls hatte sie wieder den Besen in die Hand genommen und die Diele ausgefegt. Und wenn sie wütend war, warf sie einem den Besen auch mal ins Kreuz. Ein neuer Arzt hat ihr dann einmal gesagt, dass mit ihr eigentlich alles in Ordnung sei. Nur müsse sie unbedingt jeden Morgen ein kleines Glas Chantré trinken.

Wir müssen alle drei lachen.

»Ja«, sagt er, »das hat sie gerne getan und noch lange gelebt.«

Manfred war das einzige Kind auf dem Hof und der Liebling seines Opas. Der war von 1914 bis 1918 Soldat gewesen. Die Kinder seines ersten Sohns Richard aus erster Ehe lebten mit ihren Eltern in einem anderen Haus, das auf dem gegenüberliegenden Stück Land gebaut worden ist. Richard ist Schlachter geworden, half aber oft auch bei ihnen mit.

Oma Mine und Opa Rudolf haben einunddreißig Jahre lang den Hof bewirtschaftet.

Neben Opa Rudolf ist der kleine Junge Manfred den ganzen Tag lang hergelaufen. Der erklärte ihm nämlich, was er gerade machte, und zeigte ihm, wie die Dinge funktionierten, vor allem das Anschirren der Pferde.

»So konnte ich schon als Zehnjähriger pflügen«, sagt Manfred.

Bargeld war immer knapp. Einmal fuhr er mit dem Opa zum Markt nach Bederkesa. Gleich vornean im Ort war damals ein Schuster, bei dem man, weil der auch Pferdegeschirr reparierte, eine Ausspannung hatte, d.h. das Pferd konnte bei ihm abgestellt werden. Das tat der Opa, und die beiden gingen los über den Markt. Nun zogen natürlich von überallher die wunderbarsten und unbekanntesten Gerüche in die Nase des Kindes. Vor allem eine Bratwurst ›im Brötchen‹ wollte der Kleine essen, denn so etwas hatte er noch nie gesehen, geschweige denn kosten dürfen. Aber diese feine Speise war viel zu teuer. Da ging der Opa mit ihm zum Schlachter und kaufte ein Stück Bierschinken und ein Brötchen. Das aßen sie gemeinsam und hatten auf diese Weise auch etwas ›im Brötchen‹. Nur sollte er von diesem Luxus bloß der Oma nichts erzählen – und natürlich war dies das Erste, was Oma Mine zu hören kriegte.

Oma Mine und Opa Rudolf hatten zwei gemeinsame Kinder. Ihr Sohn August erbte den Hof und wurde Manfreds Vater. Tochter Amanda wanderte in die USA aus; ihr Halbbruder Adolf, Sohn von Mine und ihrem ersten Mann, war schon vor ihr nach Amerika gegangen, hatte sich dort Eddi genannt und war Bäcker geworden. Jetzt bürgte er für seine Halbschwester, sodass sie nachkommen konnte; später hat sie einen Auswanderer aus dem Geburtsort ihres Vaters geheiratet.

Hat Manfred seine Tante und seine amerikanischen Cousinen kennengelernt?

Aber ja! Tante Amanda und ihre Kinder sind viel gereist und haben auch sie besucht. Sie waren in Amerika zu Geld gekommen.

Der kleine Manfred hat, wenn die Eltern nicht da waren, bei seinem Opa im Bett geschlafen. Und auch an einem bestimmten Abend, als die Eltern in der Nachbarschaft auf Visiten waren, hat der Opa mit ihm vor dem Zubettgehen noch Karten gespielt. Als sie fertig waren, ist der Junge zu seinem Opa ins Bett gekrabbelt. Nachts hat der Alte den Zehnjährigen geweckt und gesagt, ihm sei nicht so gut und der Enkel solle mal in sein eigenes Bett gehen. Der Junge stand auf und ging in sein Bett. In jener Nacht ist der Opa gestorben, und sein Enkel ist bis heute voller Bewunderung für den alten Mann, der das Kind vor seinem Sterben geschützt hatte.

Am nächsten Tag kamen Nachbarinnen mit Kuchen und Milch ins Haus, sie besorgten den Haushalt, wuschen den Toten und kleideten ihn ein. Der Zimmermann brachte den Sarg und die Nachbarn legten ihn hinein. Der Sarg wurde offen in die Diele gestellt und stand dort bis zur Trauerfeier, sodass sich Nachbarn und Verwandte verabschieden konnten. Über dem Sarg wurde, wie im Dorf üblich, ein weißes Leinentuch an der Decke der Diele befestigt. Der Pastor hielt die Andacht, und als der Sarg ausgesegnet und aus der Diele herausgetragen wurde, so erinnert sich der Enkel, wieherten hinter der hölzernen Abtrennung die Pferde. Die hatte der Opa bis zuletzt selbst gefüttert.

Wir sitzen einen Moment und schweigen in Gedanken an den alten Mann und den Abschied, den ihm Familie und Nachbarn bereitet haben. Und dass auch die Tiere Abschied nahmen.

Dann frage ich nach dem Torfstechen. Vor allem das hatten uns die einheimischen Dorfkinder ja immer vorausgehabt, denn unsere Eltern hatten auf das Torfstück des Hofs verzichtet; sie verstanden nichts vom Torf und haben die hohen Kachelöfen lieber gleich mit Holz und Briketts geheizt.

Die Arbeit im Torf begann im Mai. Morgens um fünf Uhr stand man auf, Oma Mine buk Pfannkuchen zum Frühstück, dann fuhren die Männer mit Pferd und Wagen raus ins Lange Moor, da hatte jeder im Dorf zwei Hektar Torfstich – ihnen übrigens erst 1860 zugewiesen, nachdem die »Ober Landes Oeconomie Commissairs« ihnen gerade erst 1857 eine »Beschränkung des Torfbetriebes auf das Maaß« geraten hatten, »welches die Colonisten ohne Beeinträchtigung ihrer Landwirtschaften mit dem Wirtschaftspersonale und der Kuh- und Ochsenbespannung einzuhalten im Stande sind«. Irgendjemand hatte die landwirtschaftlichen Obrigkeiten wohl überzeugen können, dass die Situation der Moorbauern ohne den Torf noch um einiges schwieriger werden würde.

Die Stücke lagen in derselben Reihenfolge hintereinander am Weg wie die Höfe an der Dorfstraße. Natürlich fuhr Manfred schon als Kind mit den Männern mit.

Die Frauen des Hofes haben in diesen Tagen alleine gemolken und das übrige Kleinvieh, die Schweine und Hühner besorgt, dann haben sie gekocht und zum Mittag das Essen zu den Männern herausgebracht. Manfreds Mutter Anna fuhr gerne mit dem Motorrad ihres Mannes los, das Pferd war ja unterwegs, und mit dem Fahrrad dauerte es ihr zu lange.

Wer war mit ihnen zusammen im Moor?

Da war natürlich zuerst sein Vater August. Dann kam auch oft Onkel Richard mit. Im Sommer hat er viel bei ihnen mitgearbeitet, im Winter machte er als gelernter Schlachter die Hausschlachtungen im Dorf.

Ja, wer fuhr noch mit? Sie waren doch zu dritt. Manfred denkt nach. Ach ja, manchmal kam der Schwager der ausgewanderten Tante Amanda aus dem Nachbardorf, auch der hatte schon ein Motorrad! Und manchmal war eine Frau dabei. War es eine entfernte Tante, oder eine Flüchtlingsfrau? Er weiß es nicht mehr genau.

Wenn sie im Moor ankamen, wurde das Pferd vor eine Rüsche gespannt. Das war eigentlich nur ein sehr breites Brett, auf das die nassen, frisch gestochenen Torfstücke gelegt wurden, das Pferd schleppte – plattdeutsch: rüschte – das Brett zu einem trockenen Platz, auf dem die Torfstücke zum Trocknen aufgebaut wurden. Auch auf den Nachbarstücken wurde Torf gestochen. Die Männer standen unten im Torfgraben, stachen die schwarze Masse mit ihren schmalen Spaten so ab, dass brikettartige Stücke, die Soden, entstanden. Die warfen sie hoch auf die Kante, dort kamen sie auf die Rüsche und das Pferd schleppte sie zu einer trockenen Stelle, auf der die nassen, schweren Soden abgesetzt und am besten gleich zu kreisförmigen, etwa mannshohen Bauten zum Trocknen aufgestapelt wurden. Nach ein paar Stunden hat man dann draußen gefrühstückt. Es gab auch Hütten im Moor, erzählt Manfred. Die baute man auf, wo man sie brauchte, und brach sie wieder ab, wenn sie überflüssig geworden waren, setzte sie woanders wieder auf. Sie bestanden aus Holzbrettern und Stroh, man schützte sich in ihnen vor Regen und Sonne.

Wenn mittags das Essen kam, waren alle schon wieder mächtig hungrig, die Arbeit war schwer.

»Was habt ihr gegessen?«, frage ich.

»Klüten«, sagt Manfred, »die nannten wir Ochsenaugen.«

Und seine Frau Heike erklärt mir, dass Ochsenaugen einfache Mehl- oder Hefeklöße mit Rosinen waren, die in Fett gebacken und dann in Zucker oder dicken Obstsaft gestippt wurden.

Nach einer kurzen Pause ging es nach dem Essen noch ein paar Stunden weiter. Den ganzen Sommer über fuhren Frauen und wohl auch Kinder mit Fahrrädern ins Moor, um die langsam trocknenden Torfbriketts so umzupacken, dass Wind und Sonne sie von allen Seiten erreichten. Die bisher nach innen gerichteten Seiten mussten dann nach außen zeigen. Man nannte diese Arbeit Ringeln, denn die kleinen Aufbauten wurden ja als geschlossene Kreise, als Ringe angelegt, auf die dann ein Brikettring nach dem anderen gelegt wurde, immer um ein Torfstück versetzt, so hoch, wie man eben reichen konnte.

Dazudenken muss man sich das Kreischen der Kiebitze und das Summen der Bienen und Hummeln, das Sirren der Mücken und den Anblick riesiger, fast lautloser Libellen mit durchsichtigen Flügeln, blauen oder gelben Leibern und den modrigen Geruch der voll schwarzen Wassers stehenden Torfkuhlen. Vielleicht verströmte auch der Gagel, ein typischer niedriger Busch im Moor, bei heißem Sonnenschein seinen zitronig-pfeffrigen Geruch. Die Frauen sammelten früher gerne seine Blätter, die sie in die Wäscheschränke legten.

Wenn der Torf in einem trockenen Sommer einmal vor dem Abfahren trocken war, wurde er noch in Mieten gesetzt, sogenannte Schoben. Da gab es keine Zwischenräume zwischen den Torfbriketts mehr, dafür Schrägen an den Seiten, sodass bei Regen das Wasser von ihnen ablief. Im späten August holte man mit Pferdewagen den Torf aus dem Moor.

»Wir hatten«, sagt Manfred, »einen Verwandten in Cadenberge (eine 20 km entfernte Gemeinde), der die Torfbestellungen von Leuten aufnahm. Da war unser Torf, wenn wir ankamen, praktisch schon verkauft, und wir brauchten nur noch bei den verschiedenen Bestellern vorfahren und abladen. Und wenn die Leute mal nicht gleich bezahlen konnten, was ja auch vorkam, dann hat der Verwandte im Laufe des Jahres das Geld bei ihnen eingesammelt.«

Dann hat das Torfgraben irgendwann aufgehört.

»Wann war das?«, frage ich. »Und warum hörte man damit auf?«

Während Manfred noch überlegt, meint seine Frau Heike, dass man, als sie 1966 auf den Hof heiratete, noch ein oder zwei Jahre Torf gestochen hat.

»Man grub ja bis auf den Sand herunter«, sagt Manfred, »und Jahr um Jahr kam man dem Weg näher. Die Torfschicht wurde da immer flacher und der Torf schlechter.« Die Schicht des wertvollen Schwarztorfs lag in der Tiefe, und je dünner die Schicht wurde, desto öfter gab es nur noch den nahe der Oberfläche liegenden Braun- und Weißtorf. Der Brennwert nahm mit der mangelnden Dichte ab.

»Verkaufen konnte man eigentlich nur Schwarztorf.«

»Und selbst hat man bestimmt nur den Weiß- und Brauntorf verheizt«, sage ich.

Manfred nickt.

»Klar, was Geld einbrachte, musste für den Verkauf bleiben – und im Herbst war oft der Torf das Einzige, was man verkaufen konnte.«

»Warum war das im Herbst das Einzige?«, frage ich.

»Weil das bisschen Roggen als Brotgetreide für den Eigenbedarf genommen wurde.« Man ließ in einer Windmühle den Roggen zu Mehl mahlen, Hafer und Gerste wurden geschrotet und als Viehfutter verbraucht. Auch die Kartoffeln reichten nur für die Familie, vielleicht noch ein bisschen für die Verwandtschaft. Das Schwein hielt man sowieso nur zum Selberschlachten.

»Später dann«, sagt Manfred, »hat das Torfgraben auch eigentlich keinen Spaß mehr gemacht. Wir hatten alle schon zu viel Vieh und mussten vor und nach dem Torfgraben noch melken. Früher war der Tag für die Männer mit dieser Arbeit fertig gewesen.«

Gemolken und das Vieh besorgt hatten morgens und abends die Frauen.

Am Ende gab es immer weniger Menschen, die diese schwere Arbeit machen wollten. Und auch der Verkauf wurde schwieriger, selbst hier in dieser Torfgegend heizten die Leute zunehmend mit Kohle, die inzwischen über nahe gelegene Güterbahnhöfe herantransportiert werden konnte.

Manfred war einer der Ersten im Dorf, die den Auto-Führerschein machten. 1963 war er achtzehn geworden. Aber ein eigenes Auto hatte er nicht. Am anderen Ende des Dorfs besaß Onkel Edu eines – ein Geschenk von August von Seth, dem grämlichen Bruder von Berta –, aber keinen Führerschein. So durfte Manfred sich das Auto ausleihen, wenn Vaters Auto unterwegs war und er zum Beispiel seine Freundin Heike besuchen wollte. Dafür musste der junge Mann jedoch oft für Onkel Edu und auch andere fahren. Wenn die Tante des einen zum Arzt gebracht oder die Oma des Nächsten im Krankenhaus besucht werden musste, wenn eine Cousine trockenen Fußes zur Konfirmation und der Onkel wegen eines Pachtvertrags zum Notar gebracht werden wollte, wandte man sich an Manfred. Und wenn einer mit ihm fuhr, dann konnten ja gleich noch ein paar mehr mitfahren und auf dem Weg auch noch Onkel Hinni abholen, der da zwar nichts weiter zu tun hatte und auch nicht verwandt war, aber vielleicht brauchten die Männer einen Vierten zum Kartenspiel.

So kutschierte Manfred mit einem manchmal gefährlich überladenen Gefährt sonntags zur Kreisstadt und zurück. Und hat dafür am Samstagabend seine Freundin Heike zum Tanzen abholen dürfen.

Ich denke mir einen hellen, warmen Sommerabend, die runtergedrehten Autoscheiben, den jungen Mann am Steuer – mit Koteletten und Elvis-Tolle. Mit der Höchstgeschwindigkeit von 80 km/h rast oder holpert er über schlechte Straßen. Aus dem Autoradio tönt, so stelle ich mir vor, in voller Lautstärke Elvis Presleys »Kiss me quick«.

43. KAPITEL

1940ER- UND 1950ER-JAHRE

Sicco Mansholt und seine Lohnerhöhung für Bauern. Bodenrecht und -unrecht.

DIE GROSSEN MARSCHBAUERN an der Nordostküste der Niederlande hat man immer schon Herrenbauern genannt. Ihr Gebiet begann von Emden aus gesehen auf der anderen Seite des Dollart, das sind 150 Kilometer Luftlinie südwestlich unseres Dorfs. Dazwischen liegen allerdings die breite Weser und die nicht ganz so breite Ems mit ihren weiten Mündungsgebieten. Und natürlich auch die Grenze zwischen Deutschland und den Niederlanden.

Die Groninger Herrenbauern bewirtschafteten Land, das seit dem 17. Jahrhundert Stück für Stück dem Meer abgerungen wurde. Ihr Boden ist der Dollartklei, ein salziger, feiner, bläulich schimmernder Schlick, der so fruchtbar ist, dass angeblich schon die erste Rapsernte nach der Trockenlegung die Polderkosten eingebracht hat. Auf dem fetten Boden bauten sie erfolgreich Getreide an, Weizen, Raps und dicke Bohnen, wohnten bald schon in herrschaftlichen kleinen Villen, für deren Zimmerdecken sie Stuckateure aus der Toskana kommen ließen, und trugen zum Kirchgang hohe Zylinder.

Einer ihrer Nachfahren war Sicco Mansholt (1908–1995), später Vizepräsident der Europäischen Kommission, zuständig für die Agrarwirtschaft.

Sicco Mansholt war noch als Herrenbauer geboren, aber sein Vater hatte den Hof durch Erbquerelen verloren. Dennoch lernten Sicco und sein Bruder Dirk Landwirtschaft, und tatsächlich begannen beide wieder auf einem niederländischen Hof zu wirtschaften. Dirk hatte einen Umweg über Kanada gemacht, bekam dann aber einen

Hof im frisch angelegten Poldergebiet des Wieringermeers. Sein Bruder Sicco folgte ihm – nach einem Jahr auf einer Teeplantage im damals noch niederländischen Indonesien. Mit seiner Frau Henny, ursprünglich Leiterin einer Landwirtschaftsschule für Frauen, fing er in den 1930er-Jahren an, einen 50 Hektar großen Pachthof zu bewirtschaften. Die Gebäude stellte der Staat zur Verfügung, aber das Land musste erst einmal noch zu Ackerland gemacht werden. Die neuen Höfe lagen knappe 150 Kilometer südwestlich ihres alten Familienhofs, zwischen dem alten und dem neuen breitete sich fast 40 Kilometer das Ijsselmeer aus, und Amsterdam lag nur 30 Kilometer südlich des neuen Polder.

Untypisch für eine reiche Bauernfamilie wie die Mansholts war, dass sich schon Großvater, Vater und Mutter sozialdemokratisch engagiert hatten. So auch Sicco Mansholt. Als die Deutschen 1940 das Land besetzten, war er ganz selbstverständlich in den Widerstand gegangen – was umso schwieriger war, als das auch bedeutete, verfolgten Menschen Unterschlupf zu bieten. Aber wie versteckt man Menschen in einem Poldergebiet, in dem noch kein Baum steht und kein Strauch wächst? Die Mansholts hoben im Rübenfeld eine fünf Meter breite und fünfzehn Meter lange Grube aus und deckten sie mit Balken und Stroh ab. Darüber schoben sie den Ackerboden, der dann zusammen mit dem umliegenden Feld bepflanzt wurde. Am Grabenrand im Vorgewende bedeckten Grassoden die Einstiegsluke. Drei Verfolgte, die man als Knechte und Magd ausgab, lebten auf dem Hof.

Sicco Mansholts Hauptaufgabe war es, Lebensmittel für die Versteckten zu organisieren. In großen Mengen wurden Weizen, Kartoffeln, Kohl und Leinöl herangebracht, in den Scheunen des Hofs oder unter der Erde gelagert, umgepackt und von dort auf Frachtkähne geladen, die doppelte Böden hatten. Die meisten Kähne waren für Amsterdam bestimmt, einige gingen nach Utrecht und Den Haag, Städte, in deren Anonymität sich Verfolgte leichter verbergen konnten. Waren sie einmal so hoch bepackt, dass sie nicht unter allen Brücken hindurchkamen, telefonierte man mit den Schleusenmeistern. Die warfen ihre Pumpen an und senkten den Wasserstand.

Auch Waffen für den niederländischen Widerstand, von englischen Piloten abgeworfen, wurden heimlich zum mansholtschen Hof gebracht. Wenn die Gestapo-Männer den Hof durchsuchten, drangsalierten sie Mansholts Familie und fragten nach Sicco, aber der lebte inzwischen selbst im Untergrund und ließ sich nur noch selten blicken. Nachts schipperte er mit den anderen die Waffen zu den Widerstandszellen im ganzen Land; gut verpackt lagen englische Granaten und Pistolen verborgen unter Torf und Holz, Käse und Kohl.

Nach dem Krieg traten viele der im Widerstand tätigen Frauen und Männer in die neue Regierung der Niederlande ein, Sicco Mansholt übernahm das Landwirtschaftsministerium.

Währenddessen waren viele junge Bauern aus Neubachenbruch bei Kriegsende noch in Gefangenschaft. Im November 1945 konnte immerhin die Dorfschule wieder öffnen. Ein Jahr lang unterrichtete der heil aus dem Krieg zurückgekehrte Lehrer Lange, dann kam wieder ein neuer, ein Flüchtling aus dem Osten. Auch die Hälfte der Schulkinder waren Flüchtlinge. Ihre Zahl wuchs in den nächsten Jahren noch, denn die geflüchteten Menschen wurden erst allmählich aus den Massenunterkünften entlassen und den Gemeinden zugeteilt – bevor sie am Ende wieder gingen, dorthin, wo es Arbeitsplätze gab.

Immer noch berichten die Aufzeichnungen des Lehrers vom schwierigen Wetter. Über das Schuljahr 1946/47 heißt es, dass der Unterricht trotz des harten Winters aufrechterhalten werden konnte, die Gemeinde habe genügend, nämlich zwanzig Fuder Torf geliefert. Die Rede ist von hohen Schneeverwehungen und dass die Schulwege der Kinder immer wieder freigeschaufelt werden mussten. Aber sie kamen regelmäßig und ihr Gesundheitszustand war gut. Auf eine untypische Sommerdürre folgten die typischen Herbst- und Frühjahrsüberschwemmungen.

Es sind die bekannten Abfolgen aus Weihnachtsfeiern und Sportwettkämpfen, sommerlichen Tagesausflügen nach Bremerhaven und einmal sogar nach dem viel weiter entfernten Hamburg, die wie Jahreszeiten dem Schulleben seinen Rhythmus geben. Neben österlichen Schulentlassungen der Großen und Neueinschulungen der Kleinen finden wieder dringend nötige Ausbesserungen und Renovierungen des Schulgebäudes statt. Einmal erwähnt der Chronist die Hoover-Speisung. Wegen der Lebensmittelknappheit wurden vom damaligen US-Präsidenten Hoover Schulspeisungen 1947 und 1948 für bedürftige und unterernährte Kinder in den Westzonen eingeführt. Im November 1948 werden immerhin achtundzwanzig Kinder des Dorfs einbezogen, vermutlich waren es die Flüchtlingskinder. Ein anderes Mal ist von einer aufwendigen Tuberkulose-Untersuchung die Rede, bei allen kann am Ende der Verdacht ausgeräumt werden.

In dieser Zeit gehörte auch unsere Nachbarin Hilda zum Elternbeirat der Schule. In der Schulchronik steht nach der Wahl hinter ihrem Namen nicht etwa »Bäuerin«, sondern »Witwe«, und hinter dem Namen einer weiteren Frau »Flüchtling«, als wären »Witwe« und »Flüchtling« Berufsbezeichnungen für Frauen.

Hilda war Mitte dreißig und alleinerziehende Mutter. Ihr Sohn begann als Schüler der Landwirtschaftsschule eine Hofgeschichte zu schreiben, als Altenteiler setzte er sie fast fünfzig Jahre später fort. »Meine Mutter war eine gute Bäuerin«, schrieb Egon, »energisch und durchsetzungsstark, dazu sparsam und fleißig.« Über die ersten Jahre nach dem Krieg schrieb er wenig, war selbst gerade erst Schulkind. Aber die Grundbedingungen jener Zeit sind klar. Zum Bau einer Scheune 1949 heißt es. »Die Steine stammen aus dem Schutt von Bremerhaven. Zement wurde gegen Butter und Speck getauscht.« Die größten Bombenschäden hatten an der Küste die Hafenstädte erlitten, und wie viele andere Städte auch verkaufte Bremerhaven seine Trümmer als Material zum Wiederaufbau.

In ganz Europa herrschte Mangel – an Unterkünften, Kleidung, Heizung und Nahrung. In den Niederlanden kostete ein Pfund Butter auf dem Schwarzmarkt 240 Gulden, Weizen 50 und Zucker 150 Gulden. Sicco Mansholt hat einmal erzählt, wie er in den ersten Monaten seiner Amtszeit als Landwirtschaftsminister überall nur Nahrungsmittel einkaufte. »Die Welt war mein Markt, und ich hatte nur ein Ziel: kaufen, kaufen und nochmals kaufen.« Man tauschte allerdings auch. Herrschte etwa in Belgien gerade Zuckerknappheit und konnte man selbst im Moment Zucker entbehren, wurde er gegen Fett oder Weizen getauscht. Aber selbst die Niederlande waren zunächst auf den amerikanischen Weizen der Marshall-Hilfe[1] angewiesen. Die sechzehn am Marshall-Programm teilnehmenden europäischen Länder waren verpflichtet, in der ersten Phase des Hilfsprogramms die landwirtschaftliche Überproduktion der USA aufzunehmen; später wurden eher Treibstoffe, Medikamente, Düngemittel und Maschinen abgenommen.

Landwirtschaftsminister Mansholt jedenfalls begann schleunigst mit dem Aufbau der heimischen Produktion, drängte die niederländischen Bauern durch strenge Kontrollen und Strafen aus dem Schwarzmarktgeschäft, ließ aber gleichzeitig eine Kette von Kühlhäusern im ganzen Land aufbauen – eine große Hilfe für den lukrativen Absatz von Frischgemüse und Fleisch. Wieder einmal war die Frage, wie man die landwirtschaftliche Produktion erhöhen könnte. Mansholt hatte ausführlich die Schriften seines Großvaters Derk studiert, eines äußerst wachen, deutschstämmigen Landwirts von der anderen Seite des Dollart. Der hatte 1896, als der billige amerikanische Exportweizen die Preise in Europa hatte einbrechen lassen, Schutzzölle nach dem Beispiel Bismarcks gefordert. Sein Enkel folgte dem Gedanken. Er legte den Weizenpreis fest und verfügte nach Ende der Marshall-Lieferungen hohe Zölle auf Einfuhren. So entmachtete er die Getreidebörse und brachte die Bauern des Landes auf seine Seite.

Die Produktion stieg an. Allerdings wurden durch die hohen und stabilen Preise viele kleinere Betriebe am Leben erhalten, die am Markt eigentlich keine Chance mehr gehabt hätten. Mansholt griff zu staatlichen Direktivmaßnahmen, erzwang die Mindestgröße von fünf Hektar für einen Betrieb und änderte das Erbrecht, um die Teilung von Betrieben zu verhindern.

Ungewöhnlicher noch war sein weltweit einzigartiges Preissystem: Zugrunde legte er den Selbstkostenpreis, sagen wir für einen Liter Milch, daraufgelegt wurde ein zwanzigprozentiger Lohnanteil für den Bauern. Sobald die Gewerkschaften des Landes Lohnerhöhungen durchsetzten, zahlte der Staat den Bauern entsprechende Zuschläge. Der Sozialdemokrat Mansholt wollte den Lebensstandard auf dem Land auf das Niveau der Stadtbevölkerung heben. Damit begann eine tiefgreifende Veränderung der niederländischen Agrarwirtschaft – und 1953 gab es den ersten Butterberg. Die niederländischen Bauern hatten zu viel Milch produziert. Sicco Mansholt war zufrieden: »Der Mangel hat sich in Überfluss verwandelt.«

Der »rote Herrenbauer«, wie Sicco Mansholt genannt wurde, wird Anfang der 1960er-Jahre sein niederländisches Landwirtschaftswunder auf europäischer Ebene fortsetzen. Von dort aus wird es bald auch unser Dorf erfassen.

Im besetzten Deutschland entwickelten sich die Westzonen und die Ostzone auseinander. Die Alliierten in den Westzonen Deutschlands rührten in Sachen Landwirtschaft nicht am Gegebenen, sie erhielten sogar die Struktur des Reichsnährstands ein paar Jahre lang noch aufrecht und tauschten nur die Personen aus. Anders als in der Ostzone gab es im Westen auch keine Demontagen in der Verarbeitungsindustrie. In der sowjetisch besetzten Zone wurden schon ab dem Herbst 1945 Betriebe über 100 Hektar prinzipiell und andere nach Gutdünken enteignet, im Westen ließ man die Idee einer Bodenreform bald wieder fallen. Mit der Währungsreform 1948 in den drei westlichen Besatzungszonen, die die D-Mark als alleiniges gesetzliches Zahlungsmittel etablierte, war die Teilung Deutschlands in verschiedene Wirtschaftsräume auf den Weg gebracht und der Anfang gemacht für die Gründung der Bundesrepublik Deutschland 1949 als Teil des westlichen Blocks. Der Finanzexperte und Berater der West-Alliierten, ein Münchner Honorarprofessor namens Ludwig Erhard – ab 1949 Bundeswirtschaftsminister und 1963 – 66 Bundeskanzler –, riet, mit dem neuen Geldfluss die Rationierung von Lebensmitteln aufzuheben. Wie ein Wunder muss es den Menschen tatsächlich erschienen sein, als im Juni 1948 über Nacht wieder Schuhe und Kleider, vor allem aber Käse und Butter, Würste und Fleisch in den Schaufenstern lagen.

Die Bevölkerung der sowjetisch besetzten Zone quälte sich zur selben Zeit mit den Folgen einer Politik, die zwar »Junkerland in Bauernhand« versprochen hatte, aber nach den Enteignungen der Großbetriebe die kleinen, oft von nicht-bäuerlichen Flüchtlingen und Vertriebenen geführten Neubetriebe ihrem Schicksal überließ. Viele Neubauern, wie man sie nannte, mussten aus den Steinen abgebrochener Gutshäuser erst einmal Häuser und Ställe bauen. Oft konnten sie dann nur ein paar Schweine, Hühner und Enten halten, weil man sie ohne Zugvieh, Saatgut oder landwirtschaftliche Geräte gelassen hatte. Das war allerdings Absicht. Denn natürlich würden derart schlecht ausgestattete Kleinbetriebe die städtische Bevölkerung nicht ernähren können. So war der nächste Schritt, den Sozialismus auf dem Lande einzuführen, alle Flächen wieder zusammenzulegen und die Arbeit auf Äckern und in Ställen kollektiv zu organisieren. Mit der Parole »Vom Ich zum Wir« begann Anfang der 1950er-Jahre nach dem Vorbild der UdSSR die Kollektivierung der Landwirtschaft in der inzwischen ebenfalls gegründeten Deutschen Demokratischen Republik.

44. KAPITEL

DAMALS

Dorfhandel und Dorfschule, Coca-Cola, Trecker und Melkmaschinen.

IM HANDEL TRIFFT DER BAUER AUF DIE WELT. Denn er muss nicht nur säen und ernten, füttern und melken, Jungvieh aufziehen und mästen – er muss auch verkaufen. Die Zeiten, dass der zu Markte gehende Bauer und seine Frau von Aristokraten lächerlich gemacht wurden, waren lange vorbei, Börsen, genossenschaftliche und staatliche Vermarktung bestimmten den Handel.

Heute, so schrieb unser Nachbar Egon 2010 in seiner Hofchronik, sei der Handel mit wenig Aufwand verbunden. Wer Tiere zum Schlachten verkaufen will, ruft den Händler an, der sieht sich die Tiere an und nennt den Preis – in Euro pro Kilo Schlachtgewicht. Wird man sich einig, holen seine Leute einige Tage später das Vieh ab und bringen es mit dem Lkw direkt zum Schlachthof, nach einer bis zwei Wochen erhält man Abrechnung und Scheck.

»Das war früher [noch nach dem Krieg] ganz anders. Hatte man etwas zu verkaufen, so sagte man dies dem örtlichen ›Opphörer‹, der für einen bestimmten Viehhändler den Kontakt zum Bauern herstellte.« Opphörer sind Umhörer, die sich also umhören, wo es Vieh zu verkaufen gibt.

Weil im Dorf höchstens der Bürgermeister und ein Vertreter der Feuerwehr Telefonanschluss hatten, brauchten die Viehhändler Leute, die in den Dörfern für sie Informationen einholten.

»Auch die Gastwirtschaften, die es ja in jedem Dorf gab, oft auch mit Viehwaagen ausgestattet, waren Informationsquellen für die Händler, denn auch dort wurde oft gesagt: ›Ick hev noch wat to verköpen.‹ (Ich hab noch was zu verkaufen.) Nach dem Krieg fuhren die meisten Händler mit dem Fahrrad durch die Dörfer, Handstock am Lenker, Jacke auf dem Gepäckträger, Ledertasche an der Querstange. Nach Begrüßung und einigen allgemeinen Sätzen kam man dann zur eigentlichen Sache: ›Wust du wat verköpen?‹ (Willst du was verkaufen?), hieß es dann meist. ›Ja, fiev Ossen künnt wech.‹ (Ja, fünf Ochsen können weg.) ›Ja, denn mütt wi de mol bekieken.‹ (Na, dann müssen wir uns die mal ansehen.) Damals lief das Vieh auf der Weide, Stallmast gab es nicht. Also musste man die Ochsen auf der Weide besuchen ...« Man ging vom Hof aus los, kletterte über Zäune und sprang über Gräben. Wenn man dort ankam, stand das Vieh schon am Zaun – Rinder sind neugierig – und wurde nun sehr genau gemustert, »kritisch vom Händler, lobend vom Bauern. Und dann die Frage: ›Wat schüllt se denn kössen?‹« (Was sollen sie denn kosten?)

Seine Mutter Hilda, so Egon, nannte einen Preis, soundso viel D-Mark pro Lebendgewicht.

Ein Aufschrei des Händlers: »›Hilda, wie kummst du dor denn opp? Dat is doch veel to veel!‹ (Hilda, wie kommst du denn darauf? Das ist doch viel zu viel!) So ging das eine Zeit lang hin und her, die Ochsen wurden noch einmal genau in Augenschein genommen, und dann machten sich alle wieder auf den Rückweg zum Hof. Auf dem Hof wurde weiter verhandelt. ›So, Hilda nu sech mol ennig, wat du hemmen wult?‹ ›Ja, dat, wat ick secht heff.‹ ›Nee, dat geiht nicht, is veel to veel. Ick gehf di ...‹ (und dann kam ein Angebot deutlich unter der Forderung meiner Mutter). (›So, Hilda, nun sag mal vernünftig, was du haben willst.‹ ›Na, was ich gesagt hab.‹ ›Nein, das geht nicht, das ist viel zu viel.‹) So ging das eine Zeit lang hin und her, bis man sich fast angenähert hatte.«

Der Opphörer sagte meistens nichts, beobachtete nur, was vor sich ging. »Wenn die beiden Parteien dann nicht recht weiterkamen, raunte er meiner Mutter schon mal zu: ›Hilda, dat is'n goden Pries, schusst man inschlogn.‹ (Hilda, das ist ein guter Preis, da solltest du einschlagen.) Dann zog Eggers [der Händler] die Hand meiner Mutter an sich und schlug ein. ›Dat iss min letzt Wurt, schlog uck in.‹ (Das ist mein letztes Wort, schlag auch ein.) Und so wurde man sich zum Schluss meist einig, aber nicht immer.«

Auch mit der Einigung über den Preis war der Handel noch nicht vorbei. Es folgten die Abmachungen über den Liefertag, der Händler wies streng darauf hin, dass die Tiere nüchtern zu sein hatten, weshalb frühmorgens abgeliefert wurde, wenn die Tiere noch nicht angefangen hatten zu fressen. Jedes Kilo Gras im Magen war für den Händler ein Verlust, denn der ausgehandelte Preis galt per Kilo Lebendgewicht; wenn der Ochse Gras im Magen hatte, zahlte der Händler dies, als wäre es Fleisch.

»Es gab auch unter den Bauern immer wieder schwarze Schafe, die ihre Tiere schon Stunden vor dem Termin hochscheuchten, damit sie zu fressen anfingen. Oder sie wurden abends vorher auf eine Weide mit frischem Gras getrieben, um sich vollzufressen. Aber auch die Händler kannten ihre Pappenheimer und deren Tricks und brachten den vollen Pansen* – das ist einer der Mägen der Kuh – vom Schlachthof mit, um die Betrüger zu entlarven. Oder sie waren schon vor dem Liefertermin auf der Weide, um den Bauern zu kontrollieren.«

Wenn Ablieferung war, mussten die Ochsen von der Weide geholt werden, man ging mit drei oder vier Mann los, um sie einzufangen. Kühe, Bullen und Ochsen mussten mit Halfter abgeliefert werden, sie wurden auf dem Transporter angebunden und nicht wie heute auf den Wagen getrieben. Dann fuhr man zur nächsten Viehwaage, der Wirt oder die Wirtin hatte eine Lizenz für die geeichte Waage.

Einzeln wurden die Ochsen gewogen, beide Parteien, Käufer und Verkäufer, passten höllisch auf, dass weder zu viele noch zu wenige Gewichtstücke auf die Waage gelegt wurden. Erst wenn die Tiere nach dem Wiegen angebunden im Korral* standen, gehörten sie rechtens dem Viehhändler. Man ging gemeinsam zum Berechnen und Bezahlen in die Gaststube, oft wurde sofort und bar bezahlt.

»Wenn die Formalitäten erledigt waren, kam der gemütliche Teil.

Meistens hatten ja mehrere Bauern Vieh geliefert, und so saß man dann in geselliger Runde zusammen«, schreibt Egon und verschweigt auch nicht, dass dazu reichlich Schnaps und Bier gereicht wurde und die Bauern häufig erst am Nachmittag wieder zu Hause waren.

Auch mit der Entwässerung ging es voran, zumindest wollte sich der Staat noch einmal kümmern. Überhaupt geschah Neues – an den Aufzeichnungen der Schulchronik ist es abzulesen.

1952 berichtete der Lehrer über »ein nie da gewesenes Ereignis«. »Ministerpräsident Hinrich Kopf [ein Sozialdemokrat, der aus der Gegend stammte] besuchte mit seinem Gefolge die Gemeinde Stinstedt [Nachbargemeinde, mit der Neubachenbruch 1972 zusammengelegt wurde], um hier den großen Entwässerungsplan mit dem ersten Spatenstich einzuleiten. Auch unsere Schule nahm an dem Festakt teil ... Die Einwohner unseres Dorfes aber gehen seit diesem Tage mit einem viel fröhlicheren Herzen zu Werke; denn die ewigen Überschwemmungen drücken bitter auf das Dasein dieser Menschen. Im Geiste sieht man bereits das Moordorf zu einem blühenden, lebhaften Dorfe werden.«

Allerdings hatte sich der Herr Lehrer da zu früh gefreut. Es ging noch viele Jahre weiter mit den Überschwemmungen, das Leben blieb schwierig.

Neu war immerhin die Anlage des »Versuchs- und Beispielpolders« auf 28 Hektar Land, eine jener Entwässerungsmaßnahmen, deren Beginn der Besuch des Ministerpräsidenten eingeläutet hatte. Der Polder bestand aus Grundstücken dreier Bauern in der Mitte des Dorfs. Otto wurde zum Polderwart ernannt, einige Hektar seines Landes waren im Versuch dabei. Die Ländereien wurden eingedeicht, eine Elektropumpe eingesetzt und die zusätzliche Entwässerung besorgt aus einer Mischung von besonders tiefen offenen Gräben und Dränagerohren. Das Wasser wurde zu einem bestehenden Schöpfwerk geführt und dort auf die Höhe des Hadelner Kanals gehoben, das entwässerte Land teilweise eingesät wie die anderen Flächen auch, teils mit mehr Dünger versehen.

Der Versuch zog viele Besucher an, auch die Herren des Wasserwirtschaftsverbands, die sich hier, am tiefsten Punkt ihres Aufgabengebiets, auch einmal persönlich nasse Füße holen durften. Bald war die Satzung des Verbands geändert, der Wegebau als Aufgabe hinzugekommen. Womöglich würde irgendwann einmal sogar eine Straße durchs Dorf gebaut werden. Aber so weit war es 1953 noch nicht.

Neu war auch, dass die Schulkinder bei ihrem sommerlichen Tagesausflug nicht nur zur Fischauktion in die Bremerhavener Fischhallen gebracht wurden, sondern auch zum Coca-Cola-Werk nach Cuxhaven. »Es wurde ein Film über die Entstehung des Getränks vorgeführt, worauf jedem Kinde eine Flasche zur Probe verabreicht wurde.«

Neu war, ganz passend in diesem Zusammenhang, auch der Besuch des Schulzahnarztes. »Es wurden 70 Prozent der Kinder beanstandet« und zum Zahnarzt bestellt. Wie die Kinder zur Zahnbehandlung und wieder zurück kommen sollten, interessierte offenbar weder Schul- noch Gesundheitsamt. Denn bis zur Einrichtung des neunten Schuljahrs 1962 hat es überhaupt keine Busverbindung mit dem Ort gegeben, an dem Ärzte und Zahnärzte ihre Praxen hatten. Erst dann fuhr ein täglicher Postbus – zumindest vom Nachbardorf aus.

Wie Sicco Mansholt für seine niederländischen Bauern sorgte, so sorgten auch die anderen Landwirtschaftsminister für die ihren, im Hintergrund das amerikanische Geld und die amerikanischen Interessen, einen Markt für ihre Produkte zu schaffen.

Kreditvergünstigungen, Steuererleichterungen und Förderprogramme entwickelten die Dörfer und erfassten auch Gesundheit und Bildung der Bauern und ihrer Kinder. Über einen neuen Protektionismus wurde die Landwirtschaft in das Wirtschaftswunder eingebunden.

Die Flüchtlinge verschwanden aus den Dörfern und wanderten ab in die Städte. Wieder fehlten auf dem Land die Arbeitskräfte. Maschinen mussten her. Als die groß- und kleinstädtischen Bundesbürger anfingen, sich Autos zu kaufen, und ihre ersten Urlaubsreisen nach Österreich und Italien antraten, schafften sich die Bauern Maschinen und Trecker an.

Geradezu liebevoll beschreibt unser Nachbar seinen ersten Trecker, einen McCormick mit 17 PS und angebautem Mähwerk. Er erinnert sich auch an Marke und PS-Zahl des ersten Treckers im Dorf, einen Allgaier, 22 PS, des »Milchfuhrmann und Bauern« Johann Peters, mit Verdampfermotor, der Anlasser lief über eine Drehkurbel, die von Hand bedient wurde. Der nächste Trecker war 1957 der unseres Vaters, ein McCormick mit 12 PS, unser Hof »der erste Hof ganz ohne Pferde«; nach dem Brand der Scheune 1960, bei dem der Schlepper verbrannte, wurde er ersetzt von einem McCormick mit 24 PS mit Hydraulik zum Anhängen für Ackergeräte, später dem ersten Frontlader des Dorfs. Zur Ausrüstung der Schlepper gehörten bei unseren weichen Böden Gitterräder dazu, später sogenannte Zwillingsräder, durch die eine Verbreiterung der Radauflage entstand – so wie Pferde große Holzschuhe getragen hatten, um die Auflage der Hufe zu vergrößern.

»Angehängt wurden zunächst die Geräte, die schon für die Pferde vorhanden waren«, schreibt unser Nachbar. Das waren bald Sä-, Mäh- und Heuwendemaschinen, Dünger- und Miststreuer, Eggen, Pflüge und Walzen, später Kreiselmäher und -wender und Maisleger.

Aber Egon füllt auch Seite um Seite mit der Beschreibung all jener Arbeiten, die vor der Anschaffung der Maschinen mit der Hand gemacht werden mussten. Zum Beispiel das Melken, »eine Hauptarbeit des Bauern«.

»Wir hatten nach dem Krieg 5–6 Kühe, später bis 8. Gemolken wurde in Zinkeimer (Kunststoff war noch unbekannt). Dazu saß der Melker oder die Melkerin auf einem einbeinigen Schemel. Bei unruhigen Kühen oder ungeschicktem Melker wurde der Eimer schon mal umgetreten und die Milch war weg. Im Sommer, wenn die Kühe auf der Weide waren, ging es zu Fuß mit der hölzernen Trage (de Draach) auf der Schulter zur Weide, meistens zu zweit oder zu dritt.

Jeder suchte sich eine Kuh, stellte sie richtig hin und dann ging's los. Wenn man Glück hatte, stand die Kuh bis zum Schluss schön still, aber mitunter wollte sie auch vorher schon weitergrasen oder sie wurde unruhig, wenn viele Fliegen sie plagten, besonders bei schwüler Gewitterluft. Oder sie ging einfach weg, wenn der Melker nach durchzechter Nacht eingeschlafen war.«

In verzinkten Kannen wurde die Milch nach Hause getragen, zu Hause gefiltert und gekühlt – im Sommer über Nacht in einen Kübel mit kaltem Wasser gestellt – und morgens mit Pferd und Wagen abgeholt und zur Molkerei gefahren. Mittags kamen die Kannen zurück, teilweise mit Magermilch gefüllt, die damals oft an die Schweine verfüttert wurde; einmal pro Woche ließ man sich Butter mitbringen.

Aber dann begann auch hier etwas Neues.

1957 kaufte sich der erste Bauer im Dorf eine Melkmaschine, bestehend aus einem Eimer mit Vakuumpumpe, Pulsator, Zitzenbecher und Rohrleitung. Das war der Anfang – über sechzig Jahre vor dem Melkroboter. Ab den 1960er-Jahren hatten im Dorf alle Milchbauern eine Melkmaschine. Manche arbeiteten im Sommer mit einem Melkwagen draußen auf der Weide, andere melkten lieber im Stall und trieben ihre Kühe abends und morgens nach Hause – das ersparte einem die Fliegenplage und das Milchschleppen und außerdem den Umbau der Melkmaschine in Frühjahr und Herbst.

Langsam stiegen Qualität und Produktivität.

45. KAPITEL

1950ER-JAHRE
Eine Straße wird gebaut - und in Brüssel der gemeinsame Agrarmarkt organisiert.

INZWISCHEN HATTE ES SICCO MANSHOLT GESCHAFFT, dass in die Niederlande kein Weizen mehr eingeführt werden musste. In seiner eigenen Partei, den Sozialdemokraten, war seine bauernfreundliche Politik umstritten. Warum sollten Arbeiterfamilien hohe Brotpreise zahlen, nur damit es den Bauern besser ginge?

Mansholt hatte für diese Auffassung nur Verachtung übrig. Seiner Meinung nach bewies das nur, dass die meisten Sozialisten, die aus der Stadt stammten, keine Ahnung von Landwirtschaft hatten. Die Familienauffassung der Mansholts war seit eh und je gewesen, dass der Brotpreis das Zivilisationsniveau eines Landes anzeigte.

So oder so, nach dreizehn Jahren im Ministeramt reichte es ihm. 1957 verließ Sicco Mansholt das niederländische Kabinett und bewarb sich um einen Posten in der belgischen Hauptstadt. Die EU im heutigen Sinn mit Sitz in Brüssel gab es da noch nicht, und der ›rote Herrenbauer‹ sollte überhaupt erst mit dazu beitragen, dass es bald eine Europäische Wirtschaftsgemeinschaft, damals EWG genannt, geben würde. Die Verteilungsinstanz des »European Cooperation Act«, wie der Marshallplan für Europa offiziell geheißen hatte, war Vorläufer der europäischen Zusammenarbeit gewesen. Und auch die von sechs Mitgliedsländern unterzeichnete Montanunion[1] war ein Schritt zum gemeinsamen Markt in Europa - zunächst für Kohle und Stahl. Zwar mussten die europäischen Länder noch Lebensmittel einführen, aber ihre Agrarproduktion nahm zu.

Sicco Mansholt wurde Vizepräsident der Europäischen Kommission und zuständig für die Agrarwirtschaft. Er hatte drei Jahre Zeit, um aus den Grundlagen der Römischen Verträge[2] eine gemeinsame Agrarpolitik zu entwickeln. Die sollte ein erster Schritt sein auf dem Weg zur europäischen Einigung. Erst wenn die Gemeinsame Agrarpolitik, die GAP, gelang, sollte es weitergehen. Mansholt reiste durch alle Länder, hielt Konferenzen mit Agrarexperten ab, fragte und hörte zu. Dann baute er dieselbe Struktur aus Schutzzöllen, Eck- und Interventionspreisen, wie er sie schon als Agrarminister in den Niederlanden konstruiert hatte. Aber jetzt hatte er es nicht mehr nur mit der eigenen Regierung zu tun, sondern mit sechs Agrarministern, die jeder für sich versuchten, mit einem guten Ergebnis zu ihren Bauern und in ihre Kabinette zurückzukehren – ein Muster dessen, was künftig geschehen würde.

Selbst in Neubachenbruch nahm der Fortschritt Fahrt auf – mit dem Bau einer Straße 1956. Nach dem Versuchspolder war dies der nächste Schritt des großen Nachkriegsprojekts, das Sietland und sein am tiefsten gelegenes Dorf endlich und grundsätzlich von Überschwemmungen zu befreien und an die Welt anzuschließen. In die entscheidende Phase der Entwässerung trat man 1960 ein, als ein neues kleines Schöpfwerk fertiggestellt wurde, eine Pumpstation, die mehr Wasser als zuvor auf die Höhe des Hadelner Kanals heben konnte. Zunächst aber wurden in der Schule eifrig Lieder geübt für eine Feier zur Freigabe der Straße am 3. November 1956. Die beiden Dörfer, die durch die Betonstraße neu verbunden wurden, versammelten sich, hinzu kamen der Landrat, Bürgermeister und Vorsitzender des Wasserwirtschaftsverbands. Das Band wurde durchschnitten, und mit »schneidiger Blasmusik«, so der Lehrer, setzte sich der Festzug auf der neuen Straße in Bewegung. Am Festplatz folgten Reden auf Gebete und Lieder, Mädchen knicksten und überreichten Blumensträuße. Am Schluss sangen die Kinder noch »Danket dem Herrn«, bekamen Kaffee und Kuchen und durften nach Hause gehen. Die Erwachsenen feierten weiter – mit 180 Gästen bei Hadelner Hochzeitssuppe und noch mehr Reden, noch mehr Bier und Schnaps und Tanz.

Die Eintragungen der Schulchronik gingen 1956 zu Ende. Auf der letzten Seite des gebundenen Hefts schrieb der letzte Lehrer des Dorfs, man habe auf dem Straßeneinweihungsfest »bis zum frühen Morgen« getanzt. Ein neues Heft hat er nicht mehr angelegt, und nach seiner Pensionierung zehn Jahre später wurde die Dorfschule aufgelöst.

Das von Sicco Mansholt konstruierte Gebäude des gemeinsamen Agrarmarkts war mühsam errichtet worden. Nur durch einen Trick von Mansholt, der die Uhr an Silvester 1962 anhalten ließ, damit man im offiziellen Zeitplan bleiben konnte, war es gelungen. Sechs erschöpfte Agrarminister traten vor die Presse und verkündeten ihre Einigung, der erste Schritt zur Europäischen Union war getan.

Für Mansholt war der Kampf gegen den Hunger ein Kampf für den Frieden in der Welt. 1945 war bei der Gründung der »Food and Agriculture Organisation« der Vereinten Nationen prophezeit worden, dass für jedes afrikanische Kind, dessen Leben von Ärzten gerettet würde, zwei Erwachsene hungers sterben würden. Seither hatte Mansholt in Sachen Bevölkerungswachstum[3] von einem Wettlauf zwischen Arzt und Bauer gesprochen, und dass der Bauer ihn gewinnen müsse. Seine Arbeit als Agrarkommissar, seine die Erhöhung der Produktion antreibende Politik sollte sein Beitrag sein. Zu den Niederungen seines Alltags gehörten die Erlasse um den Eigehalt von Mayonnaise, die verschiedenen Techniken zum Pressen von Schokoladenbohnen für Kakao und das Mindestgewicht von Schlachthähnchen. Überall mussten Kompromisse ausgehandelt, Verarbeitungsverfahren angeglichen, Vergleichbarkeiten für schwer Vergleichbares geschaffen oder auch zugunsten des Handels mit Industriegütern dieses oder jenes eigentlich Nicht-Akzeptable doch akzeptiert werden. Die Agrarüberschüsse wuchsen – wie die Bürokratie zu ihrer Verwaltung auch. 1967 hatte der gemeinsame Agrarmarkt der sechs Mitgliedsländer seinen Sättigungsgrad bereits erreicht. Von 1959 bis 1969 war trotz einer Getreidepreissenkung der Produktionswert alleine der westdeutschen Landwirtschaft von

22 auf 32 Milliarden DM gestiegen. Die erste Milchpreisfestsetzung 1966 wurde auf 39 Pfennig vorgenommen, obwohl zu diesem Zeitpunkt bereits 100.000 Tonnen Butter eingelagert waren.

Die Produktion wurde weiter dadurch gefördert, dass die Bauern ohne Rücksicht auf den Markt produzieren konnten, denn der Agrarfonds kaufte alles. So entstanden Weinseen und Olivenölmeere, Butter- und Zuckerberge. Die Interventionsbürokratie kaufte die Überschüsse zum festen Mindestpreis und lagerte sie in eigenen Kühlhäusern und Silos ein.

Als selbst Mansholt sah, dass es so nicht weitergehen konnte, schrieb er 1968 ein Memorandum zur Reform der europäischen Agrarpolitik, eine Art Zehnjahresplan – später nur noch der Mansholt-Plan genannt. Er wollte das Europa-Budget von den Subventionslasten der Gemeinsamen Agrarpolitik befreien, versprach eine Rückführung der Preise an den Markt. Dafür müsste aber die Hälfte der Bauern Europas, so lautete sein Urteil, in den nächsten zehn Jahren verschwinden. Das würde bedeuten, dass von zehn Millionen europäischen Höfen die Hälfte aufgeben müsste, alte Bauern früher in Rente, die Jüngeren in die Industrie gehen oder sich umschulen lassen. Alle Förderprogramme zur Neukultivierung von Flächen sollten sofort gestoppt werden und große Anteile der europäischen Ländereien in ›Randlagen‹ müssten aus der landwirtschaftlichen Nutzung herausgenommen werden. Übrig bleiben sollten nur große Betriebe. Leitwerte waren 100 Hektar Getreide, 40 bis 60 Milchkühe oder 450 bis 600 Schweine. Große Betriebe sollten in Kooperation mit anderen, ähnlich großen Einheiten zu »modernen landwirtschaftlichen Unternehmen« zusammengefasst werden.

Bis 1980 sollte der Plan umgesetzt sein, und dann sollte es auch für Europas Landwirte freie Wochenenden und Jahresurlaube geben – ebenso wie für die Stadtbevölkerung.

Hatte Mansholt mit dem gerechnet, was jetzt losbrach?

Der Deutsche Bauernverband ließ innerhalb von zwei Tagen wissen, dass nicht fünf Millionen Bauern zu viel seien, sondern ein Agrarkommissar in Brüssel. Nicht ein einziger europäischer Bauernverband war anderer Meinung. Die Empörungsstürme dauerten Monate, sogar Jahre. Es gab Demonstrationen mit aufgespießten Schweineköpfen, Polizisten wurden mit toten Hühnern beworfen. Es hagelte Pfeifkonzerte und Schlägereien in Kongresshallen, in denen Mansholt sprechen sollte, Kuhfladen und Stricke zum Erhängen gingen per Paketpost an den Kommissar. Bei einer Brüsseler Demonstration von 80.000 Bauern, bei der reihenweise Schaufensterscheiben zu Bruch gingen und es zu massiven Plünderungen kam, gab es 1971 sogar zwei Tote.

Die Proteste wurden auch von den nationalen, sogenannten Bauernverbänden im Hintergrund fein orchestriert, die im Interesse der größeren Strippenzieher im Hintergrund, nämlich die Nahrungsmittelindustrie, agierten – Unilever, Bonduelle und Danone, Müllermilch, Dr. Oetker und Birkel. Die konnten nämlich nicht wollen, dass sich die mit hoch subventionierten billigen Rohstoffen gut gefüllten Töpfe leerten.

Die Wut der Bauern aber war verständlich. Denn jeder musste sich ja fragen, ob er selbst zu den fünf Millionen gehören würde, die verschwinden sollten.

46. KAPITEL
DAMALS
Beregnen im Moor.

ABENDS SPIELTEN WIR FEDERBALL, bis es dunkel wurde. Wenn man kaum noch die Federbälle sehen konnte, kamen die Fledermäuse, und manche schnappten nach ihnen, als wären sie vielleicht auch Insekten. Es war Sommer, und ein paar unserer städtischen Cousins waren zu Besuch. Tagsüber hatten sie bei der Arbeit geholfen. Wir hatten überhaupt immer nur Besucher, die mitarbeiten wollten. Was hätten sie sonst den ganzen Tag machen sollen, wir waren beschäftigt, und von hier kam man nicht weg. Die meisten Cousins haben sich bald vor den Besuchen bei uns gedrückt. Einer ging nach ein paar Tagen Kartoffelernte nach Hause mit der Klage: »Ihr habt mir die Freude an der Landwirtschaft verdorben« – später oft von uns grinsend zitiert.

Es gab einen trockenen Sommer, es war schon der zweite oder dritte. Die Grasnarben der Wiesen waren nach der Heuernte derart verbrannt, dass sogar Risse in der Erde erschienen waren, wir fühlten die ungewohnten Krusten des Bodens mit unseren nackten Fußsohlen, und ich erinnere mich, dass unser Vater von der »Kapillarfähigkeit« des Bodens sprach. Das war die Fähigkeit, aus tiefer liegenden Schichten Feuchtigkeit nach oben zu transportieren, wo sie von den Pflanzen gebraucht wurde. Aber jetzt war der Grundwasserspiegel stark gesunken, und das austrocknende Moor begann seine Kapillarfähigkeit zu verlieren.

Der Wasserverband ließ sich nicht überzeugen, das Wasser nicht mehr abzupumpen, sondern aufzustauen. Man hatte immer entwässert, also machte man damit weiter. Die Pumpen liefen und der Wasserspiegel im Kanal sank. Bald konnte man das Wasser unter den Wasserlinsen, den an den Rändern stehenden Rohrkolben und langen Wassergräsern kaum noch sehen.

Im ersten Jahr hatte unser Vater immer wieder beim Schleusenmeister angerufen, dann bei den Herren des Wasserverbands.

Er hatte gebeten, geschimpft, getobt. Aber es hatte nichts genützt.

Im zweiten Jahr suchte er in den Anzeigen der Landwirtschaftszeitung nach einer billigen Beregnungsanlage. Im Dorf hielt man ihn für verrückt – wie damals, als er keine Pferde, sondern gleich einen Trecker gekauft oder es auf dem Pachtland mit dem Zuckerrübenanbau versucht hatte. Der Trecker hatte funktioniert, der Zuckerrübenanbau nicht. Jetzt sah man wieder gespannt zu, was passieren würde.

Dann hatte unser Vater eines Julimorgens gegen vier Uhr gemolken und war mit Trecker, zwei Anhängern und reichlich Proviant aufgebrochen. In einer sandigen Gegend südlich von Hamburg war das Beregnen alltäglicher, da gab es gebrauchte Rohre zu kaufen. Erst spätnachts kam er zurück, das Vieh hatten wir am Abend zusammen mit unserer Mutter besorgt. Am nächsten Tag packten Waldemar und er alte Türen, Bretter und Balken auf den Anhänger zu den Rohren, sie fuhren zum Kanal und bauten mithilfe des Treckerfrontladers eine Holzwand ein, die das Wasser aufstaute. Dann lernten wir das Auslegen der Rohre – wie man sie verteilte, zusammenbaute, auseinandernahm, zur nächsten Stelle brachte und mit den Schritten abmaß, wie weit sie vom bisherigen Beregnungsradius entfernt sein mussten. Ab dann lief die Pumpe, und die Fontänen des Beregnungswassers glitzerten in der Sonne.

Aber wegen des illegalen Staus gab es natürlich Krach mit dem Verband, und in den Kneipen der Dörfer steckte man die Köpfe zusammen, in Küchen und Kammern schüttelte man die Häupter.

Einfach selbst einen Stau anlegen?

Das Moor beregnen?

Davon hatte man ja noch nie gehört.

Mein Vater blieb dabei. Er zahlte als Anlieger gerne seine Gebühren für den Wasserverband – aber nicht dafür, dass sie ihm das Wasser wegpumpten, das er brauchte für das Gras, die Kühe und die Milch. Er regte sich sehr auf. Die anderen waren gelassener. Aber wir mussten Kredite zurückzahlen, waren auf das Milchgeld angewiesen, hatten kein Getreide, keine Kartoffeln, keine Schweine mehr, nur noch Grünland. Außerdem bereiteten wir uns darauf vor, im Herbst die Kuhherde zu vergrößern, hatten aus dem Schweinestall schon einen provisorischen Kuhstall gemacht.

Die anderen konnten eine Zeit lang von der Substanz leben – eine manchmal von unserem Vater beschworene, geheimnisvolle Materie. Aber als Flüchtlinge hatten wir, so schien es, auch nach zwei Jahrzehnten noch nicht genug davon angesammelt.

Unsere erste Beregnungsanlage bestand aus Rohren, auf denen die Sprenger direkt aufsaßen. Man musste immer die Rohre selbst ein Stück weiter verlegen, um die ganze Weide zu beregnen. Später gab es gelbe Schläuche zwischen Rohr und den dreibeinigen Sprengern, die zogen wir an den Schläuchen zum nächsten Standplatz, und die Rohre wurden erst abgebaut, wenn die nächste Weide drankam.

So oder so hatten wir nun alle eine zusätzliche Arbeit.

Unsere Cousins waren begeistert. Man war draußen in der Sonne. Und man konnte den Cousinen imponieren, denn die Rohre waren schwer. Allerdings konnten die Landcousinen die Rohre auch selbst tragen. Und sie zeigten den Stadtcousins, dass es eine gute Idee war, die Rohre erst einmal an einem Ende hochzuheben, sodass am anderen Ende das Wasser abfloss, dann waren sie nämlich nicht mehr ganz so schwer.

Das Weitersetzen der Sprenger wurde zur letzten Arbeit des Tages, lange nach dem Melken, dem Abendbrot und dem Federballspielen. Noch im Dunkeln fuhr man mit dem Trecker zum Kanal und setzte die Sprenger weiter. Gegen Mitternacht wurde die Pumpe ausgeschaltet. In der endlich eintretenden Stille dann der Blick in den hohen, hell besternten Sommernachthimmel.

47. KAPITEL
DAMALS
Zwangsversteigerungen und Arbeitsheldin für einen Tag.

UNSER VATER HATTE DEN ALTEN FRITZ GETROFFEN, den Vater eines Flüchtlingsbauern aus Ostpreußen, und erzählte uns beim Kaffeetrinken, dass der in seinem breiten Ostpreußisch bemerkt hatte, wie klug es sei, jetzt überall Friedhofskapellen zu bauen – rechtzeitig zum Bauernsterben. Wir lachten, so wie auch der alte Fritz und unser Vater gelacht hatten.

Aber zum Lachen war es eigentlich nicht.

Tatsächlich fuhr ich damals mit meinem Vater manchmal zu einer der Hofversteigerungen, die überall in der Gegend stattfanden.

Die Höfe waren leer, Ställe und Scheunen ausgeräumt, Vieh und Arbeitsgeräte draußen, die alten Maschinen, gesäubert und aufgebockt, das unruhige Vieh zur Begutachtung nebenan auf der Weide. Die Kenner sagten – und überall gibt es Schlaumeier, die alles wissen und alles sagen, was sie wissen –, das Beste sei schon vorher verkauft worden, obwohl das bei Zwangsversteigerungen natürlich verboten war. Die meisten Auktionen wurden von Gläubigern mit Argusaugen verfolgt. Nur wenige Bauern hatten ja freiwillig aufgegeben, die meisten waren am Ende von den Raiffeisen- und Spar- und Darlehnskassen gezwungen worden. Auch Schmiede, die sich inzwischen zu Landmaschinenhändlern entwickelt hatten, hofften auf ein paar Tausend Mark aus der Konkursmasse, um wenigstens einen Teil der gestundeten Gelder für ihre neuen Trecker und Sä- und Erntemaschinen zu erhalten.

Die Mitarbeiter des Auktionators hatten provisorisch einen Korral aufgebaut, in dem die Kühe einzeln am Strick vorgeführt wurden, die umstehenden Bauern gaben ihre Gebote ab, der Auktionator wiederholte und rief weiter die Kuh, Alter und Milchleistung aus - in einem irrsinnigen Redetempo, sodass ich kein Wort mehr verstand und mich wunderte, dass die Bauern weiter boten, offenbar verstanden sie, was gesagt worden war. Dann schlug er mit seinem Holzhammer auf das mitgebrachte Rednerpult und das nächste Tier betrat den Ring. Das Jungvieh wurde in Gruppen hereingelassen, fünf oder sechs Einjährige, die sich im Laufen eng aneinanderdrückten und dabei fast zum Stehen kamen, dann wieder angetrieben wurden. Man sah ihre zitternden Flanken.

Wer führte die Kühe, trieb das Jungvieh, achtete darauf, dass sie sich nicht verletzten, wer führte Buch, dass sie am Ende dem ausgehändigt wurden, der sie ersteigert hatte? Der Bauer mutete sich das nicht mehr zu. Vielleicht stand er eine halbe Stunde am Rande dabei und sah zu, wie sein Hof abgeräumt wurde. Vielleicht war er gleich im Haus geblieben.

Und so munter der Auktionator auch seine Sprüche runterrasselte und seinen Mitarbeitern zurief, dass der eine Kuh ruhig mal derber anfassen dürfe, sowenig waren die Bauern, die hier für Vieh und Geräte boten, in der Stimmung, sich von so einem zum Lachen bringen zu lassen. Ich erinnere mich, dass bei diesen Gelegenheiten eine eher grimmige Stimmung herrschte. Dass man mit einem sowohl genauen Blick als auch trüben Gesichtsausdruck - manche Bauern konnten das sehr gut - durch die Reihen der Arbeitsgeräte ging, hier mal mit einem Stock gegenschlug, dort unter der Absperrung durchkroch, um sich eine Mähmaschine von allen Seiten und womöglich auch von unten anzusehen. Alles wurde gekauft wie gesehen und bar bezahlt. Es gab die billigen Sachen, die nur ein paar Mark kosteten, Forken mit drei, vier oder fünf Zinken, große Schaufeln aus Holz, kleinere mit einem Blatt aus Metall, es gab breite und schmalere Besen, Harken mit Holzzähnen, Spaten, darunter sogar noch die schmalen, spitzen Torfspaten. Es standen verschiedene Schubkarren da, Sackwaagen und Rübenschneider, Düngerstreuer und sogar noch Ackerwagen mit eisenbeschlagenen Holzrädern. Manches rief nur noch ein gutmütiges Grinsen hervor, so wie diese Ackerwagen, von denen jeder einen hinterm Haus stehen hatte, wo er vor sich hin rostete. Anderes wurde aufmerksamer angesehen, die Schrotmühle etwa oder ein paar Rollen guten Elektrodrahts oder der Haufen fast neuer Steckpfähle zum täglichen Weitersetzen auf der Weide. Jedes noch von Pferden gezogene Gerät wurde daraufhin untersucht, ob man es vielleicht umbauen könnte für den Trecker, zum Beispiel den gummibereiften Anhänger. Selbst der Kipper müsste dafür taugen, der noch mit Muskelkraft hochgepumpt und zum Abkippen der Last gebracht werden musste. Aber man würde eine neue Gabel unterschweißen müssen – und das konnte man nicht selbst tun. Würden sich da die Arbeitskosten für den Schmied lohnen? Sollte man noch Milchkannen hinzukaufen, oder wurde schon ein viele Hundert Liter fassender Milchkübel angeboten? Unser Milchwagenfahrer hatte kürzlich seinen Spezialwagen mit einem kleinen hydraulischen Kran ausstatten lassen – einige Bauern hatten dafür zusammengelegt –, mit dem er solche Kübel auf die Ladefläche hievte. Bei manchen Versteigerungen war vieles Gerät moderner als auf unserem Hof oder bei unseren Nachbarn – eine ernüchternde Feststellung für alle, die eine Modernisierung vorhatten.

Das Bauernsterben war in vollem Gange.

Und gleichzeitig wurde ausgebaut – mehr Kühe, mehr Milch, mehr Futter, mehr von allem. Auf der Strecke blieben auch alte Geräte, die mit den Mengen nicht mehr fertigwurden.

Ich weiß nicht, zum wievielten Mal mein Vater versucht hatte, mit dem Mähbalken das Gras auf dem obersten Kamp zu mähen. Wo auch immer er den Mähbalken absenkte und zu mähen begann, steckten die Klingen in kürzester Zeit fest, wurde der Schneidemechanismus durch die Grasmenge lahmgelegt, brach eine der Klingen ab, knäuelte sich das Gemähte um den Mähbalken herum, statt sich säuberlich in Schwaden abzulegen, brachte den ganzen Mechanismus zum Erliegen und der Treckermotor lief heiß.

Wenn ihm etwas derartig quer kam, konnte sich unser Vater nur schlecht beherrschen. Bestimmt hat er den Mähbalken laut angebrüllt und - an einer sicheren Stelle - dagegengetreten. So kamen wir zu einem neuen Mäher, und bald darauf auch zu einem neuen Heuwender, genannt Strela. Beide Maschinen wurden hinten auf die Hydraulik des Treckers gesetzt und per Zapfwelle durch seinen Motor angetrieben. Die Klingen beim Mäher und die Harken beim Wender waren in zwei nebeneinanderliegenden Kreisen angeordnet. Gab man auf dem Trecker Vollgas, rasten die Schneiden beziehungsweise die kleinen Harken in ihren Karussellen los und mähten oder harkten in nie da gewesener Geschwindigkeit.

Der dichte Bewuchs auf den Weiden war durch Neuansaat und gute Düngung zustande gekommen. Wo die alten Geräte kapituliert hatten, konnten jetzt die neuen ernten - und zwar in jenen wenigen Tagen, die man brauchte, um das Mähen und Wenden ohne zusätzliche Arbeitskräfte zu bewerkstelligen und Heu in bester Qualität und ohne Feuchtigkeit unter Dach und Fach zu bringen. Dass feuchtes Heu sich selbst entzünden und welchen Schaden das verursachen konnte, wussten wir, seit uns die alte Scheune dadurch abgebrannt war.

Mit dem Kreiselwender, der Strela, wurde ich ein paar Tage lang Heldin des Dorfs, denn unser Vater war zu ungeduldig, um in Ruhe eine Betriebsanleitung zu studieren. Waldemar war in der Lehre, und der Landmaschinenhändler hatte jetzt, mitten in der Erntezeit, wenn bei allen irgendeine Maschine kaputtging und in Windeseile repariert werden musste, nicht genug Leute, um einen Lehrjungen mitzuschicken. Also wurde die Maschine mir überlassen. Ich las mir auf dem Felde stehend durch, wie die Harken gespannt werden mussten, damit sie das Gras zum Trocknen auseinanderwarfen, wie sie eingehakt werden mussten, um das Gras zum Einfahren wieder zusammenzuharken, wie hoch und wie tief sie eingestellt werden mussten, damit sie die Grasnarbe nicht schädigten.

Und los ging es.

Zuerst wendete ich das Gras auf unseren Wiesen. Als ich auf den Hof zurückkam, waren schon einige Nachbarn da gewesen. Ob ich mit dem Kreiselwender auch bei ihnen aushelfen könnte. Das konnte ich, hatte mein Vater beschlossen und so die Gelegenheit ergriffen, Maschine und Mann - in diesem Fall ein Mädchen - an die Nachbarn auszuleihen. Man schrieb sich die beim Nachbarn geleisteten Stunden immer auf, und für meine Arbeit hatten wir dann wieder ein paar Arbeitsstunden bei den Nachbarn gut.

Der erste Nachbar war am Nachmittag der alte Eduard. Er fuhr mit dem Fahrrad vor mir her zu seinen Dubbens, auf denen gewendet werden musste, zeigte mir seine Wiese an und stellte sich dann ein paar Runden hinten auf die Ackerschiene des Treckers, um zu sehen, wie die Maschine funktionierte und ob ich auch an den Grabenrändern sauber arbeitete. Bevor er wieder auf sein Fahrrad stieg, um zurückzuradeln, gab er mir noch den guten Rat, trotz Oberschule doch lieber auf dem Lande zu bleiben und Bäuerin zu werden, ein Haus mit schönen Möbeln und schönem Geschirr würde ich mir auch hier anschaffen können. Ich war siebzehn und lachte ihn fröhlich aus.

Als ich mit seiner Schwemmwiese fertig war, meldete ich mich auf dem Hof ab und fuhr zum nächsten. Dort war eine der Töchter von Eduard die Schwiegertochter des Hofs - und übrigens Nachbarin der von-Seth-Geschwister August und Berta, inzwischen alte Leute, die kaum noch einer je zu Gesicht kriegte.

Schon als ich auf den Hof fuhr, sprangen gleich mehrere Kinder zu mir auf den Trecker, saßen zu beiden Seiten in die Kindersitze gequetscht und fuhren Stunde um Stunde mit.

Über uns flog ein großer Schwarm Möwen, der sich mit den hinter uns herstolzierenden Störchen um Mäuse und Frösche stritt.

48. KAPITEL

1970ER-JAHRE

Mansholt ist gegen seinen eigenen Plan.
Die Bauern werden weniger, die Kühe mehr.

MEINE LETZTEN SOMMERFERIEN nach dem Abitur verbrachte ich beim Bau der Güllekeller. Es entstand ein ganzes Labyrinth von Kellern unter dem neuen Boxenlaufstall für die Kühe. Waldemar hatte seine Lehre fast beendet und würde bald auf den Hof zurückkehren. Ich dagegen würde im Herbst den Hof verlassen und zum Studium in die Stadt ziehen, es gab in jenen Jahren neuerdings staatliche Stipendien, die nicht zurückgezahlt werden mussten. Jetzt stand ich erst einmal an der Betonmischmaschine, die wir zu zweit den ganzen Tag mit Sand und Kies, Wasser und Zement füllten. Röhrend drehte sich der Mischbehälter in den Achsen um sich selbst, wurde angehalten und über Kopf gedreht und entleert. Seinen Inhalt nahm eine Schubkarre auf, die ein dritter Helfer unter die Öffnung hielt und sofort in zunehmendem Tempo mit dem Beton auf schmalen Brettern, die über den Matsch führten, zu einer Stelle an der Baugrube karrte, an der hölzerne Verschalung und Eisenarmierung schon auf die nächste schwungvoll vorgenommene Füllung warteten. Unser Vater und einer seiner Cousins, ein Landwirtschaftsfachmann, kontrollierten das Ganze, mal von unten in der Baugrube, mal von den oberen Rändern aus, rannten hin und her und wiesen die nächsten Schritte an. Wieder waren es die Nachbarn, manchmal ihre Söhne, die beim Bauen des neuen Stalls halfen. Sie hatten vor mehr als zehn Jahren schon beim Bau der neuen Scheune geholfen, nachdem die alte abgebrannt war – und unser Vater hatte auch bei ihren Neubauten und Erweiterungen geholfen. Auch Maurer und Zimmermann waren immer dabei. Ohne sie hätte man sich das Bauen nicht getraut – und es war ja wohl auch so vorgeschrieben. Die meisten Bauern ließen sich gerne von den Fachleuten anleiten und sich ihre Tricks zeigen: wie schnell Beton abbindet, wie man Steine an den Ecken aufeinandersetzt, wie Holz sicher auf Beton ruht, wie man eine Maurerkelle führt. Und sie hatten sich alle schon so oft anleiten lassen, dass sie vieles konnten und ihrerseits den Jüngeren, so wie uns, Bescheid gaben. Einer war geschickter in diesem, ein anderer in jenem Tun, eins griff ins andere, und ein paar Sommerwochen lang gehörte ich zu den Handwerkern dazu – bis wir am Ende allesamt unten in den Kellergängen standen und die Wände mit schwarzer Schutzfarbe anstrichen. Danach wurden die Betonspalten aufgelegt, und man sah nichts mehr von der Arbeit, nur noch das, was sich darüber erhob, das Holzgerüst für Dach und Wände, das Fressgitter zwischen Laufgängen und Futtertisch, die Liegeboxen, die Türen zum Melkstand. Und natürlich den Melkstand selbst, eine Grube, an deren Längsseiten je vier Kühe standen, ihre Euter auf Handhöhe der Melker, darüber und darunter liefen Leitungen entlang für den Strom zur Versorgung der Milchgeschirre und Pulsatoren, und stahlglänzende oder durchsichtige Rohre für Milch und Spülwasser. Die schöne neue Welt des Melkens, hygienischer als je zuvor, ein Melken ohne gebeugte Rücken und ohne das Schleppen schwerer Milcheimer.

Als ich Weihnachten ein erstes Mal von der Uni nach Hause kam, war alles installiert, hatten sich Mensch und Tier an den neuen Stall und seine Geräusche, Gänge und Handhabungen gewöhnt. Es gab jetzt doppelt so viele Kühe wie früher – waren es vierzig? –, und durch gute Zucht und verbesserte Züchtung gaben sie mehr Milch als vor zehn oder zwanzig Jahren.

Die Milch floss in Strömen.

Im selben Jahr, da wir den Stall bauten, hatte unser Nachbar schon begonnen, seine Böden durch Tiefpflügen zu verbessern und ackerfähig zu machen. Ein fast zwei Meter tief pflügender Pflug holte die unter dem Moor liegende Sandschicht nach oben. Der gewaltige Pflug wurde von Planierraupen gezogen, manchmal waren zwei oder drei vorgespannt. Danach folgte das Kalkstreuen, Grubbern, Grassaat-Aussähen, Walzen.

Nach und nach ließen alle Bauern des Dorfs und auch Waldemar eine Fläche nach der anderen tiefpflügen. Mehr als die Hälfte der Kosten für die Bodenverbesserung – Durchmischung von Sand und Moor, größere Festigkeit, mehr Mineralstoffe im Boden und für Pflanzen besser erreichbar – wurde vom Staat getragen und diese Programme liefen vom Beginn der 1970er- bis in die 1980er-Jahre.

Jahr um Jahr sah man in unserer Gegend die Planierraupen ihre Tiefpflüge durch das Moor ziehen.

Jahr um Jahr flossen staatliche Fördergelder.

Der Mansholt-Plan war, obgleich offiziell zunächst zurückgewiesen, am Ende doch umgesetzt worden. Allerdings hatte er erst nach vielen Streichungen, Verwässerungen und Umformulierungen die Kommission passiert. Vor allem hatte man die zwei entscheidenden Paragrafen, durch die Sicco Mansholt eine Eindämmung der Produktion hatte erreichen wollen, ersatzlos gestrichen. Durch den ersten sollten laufende Kultivierungsarbeiten in Wald und Heide gestoppt und Landgewinnungsprojekte in Küstennähe einer »nichtagrarischen Bestimmung« zugeführt werden. Durch den zweiten sollten in Europa insgesamt fünf Millionen Hektar »marginalen Bodens« ganz aus der landwirtschaftlichen Produktion herausgenommen werden. Fünf Millionen Hektar ist die Fläche von Luxemburg und den Niederlanden zusammengenommen; als marginal galten Böden, deren Erträge nicht höher waren als die Investitionen an Dünger, Arbeit und Maschinenkraft, die sie für diese Erträge benötigten.

1972 ist Mansholts Plan in dieser verstümmelten Form und ohne jede Produktionsbeschränkung angenommen worden. Damit war aus der Absicherung der Bauern eine Absicherung der großen Agrarkonzerne geworden, ein Geburtsfehler des europäischen Agrarmarkts.

Es war das Jahr, in dem die Bauern unseres Dorfes ihre Böden durch Tiefpflügen verbesserten und der erste Boxenlaufstall errichtet wurde.

Es war auch das Jahr, in dem ein Expertengremium, das sich Club of Rome nannte, das Buch »Die Grenzen des Wachstums« veröffentlichte. Sicco Mansholt wusste schon bei der Verabschiedung des nach ihm benannten, dramatisch verfälschten Plans, dass »alles falsch« war. Jetzt ließ er sich zusätzlich von der vom Club of Rome vorgelegten Analyse zutiefst erschüttern. Was die Autoren voraussahen, war das Ende der fossilen Energie, eine Bevölkerungsexplosion samt der Erschöpfung aller Ressourcen. Ihm wurde klar, dass seine Politik des permanenten Wachstums nicht die Lösung war, sondern Teil des Problems.

1972 war auch das Jahr, in dem der Niederländer seine letzten sieben Amtsmonate in Brüssel als Kommissionspräsident verbrachte. Er wurde wieder radikaler Sozialist und erstmals auch Umweltschützer, befreundete sich mit dem chilenischen Präsidenten Salvador Allende und begann eine Affäre mit der damals fünfundzwanzigjährigen Petra Kelly, die später die bundesdeutsche Partei »Die Grünen« mitbegründete. Eingeladen zu einer Versammlung des niederländischen Wattenvereins, distanzierte sich Mansholt von der Politik, die in seinem Namen soeben verabschiedet worden war. »Wenn einmal die Geschichte der Periode 1960-1980 geschrieben wird«, so sagte er, »dann wird sie unter dem Zeichen stehen, dass wir uns an dem Kostbarsten vergangen haben, was die Schöpfung bietet: der Harmonie in der Natur.« Er machte sich sogar dafür stark, einen breiten Streifen Naturschutzgebiet an der Küste der Niederlande einzurichten und mit der Landgewinnung aufzuhören.

Das Blatt hatte sich gewendet – auch in dem Land, das seit fünfhundert Jahren sein Staatsgebiet durch einen Polderstreifen nach dem anderen vergrößert, dem Meer neuen Boden abgerungen hatte und dessen Erfahrung im Deich- und Schleusenbau in der ganzen Welt gefragt war. Bisher hatten Könige und Königinnen feierlich Deiche, Schleusen und Schöpfwerke eröffnet. 2005 drehte Königin Beatrix bei Blasmusik und unter dem Beifall der Honoratioren den Hahn auf, um acht Quadratkilometer Kulturland wieder unter Wasser zu setzen. Nicht nur Naturliebhaber und Wasservögel waren begeistert, auch die Wasserbauindustrie und der Wassertourismus sahen neue Chancen. Die Nachkommen der Herrenbauern richteten Bootsanleger hinter ihren ehemaligen Scheunen ein und vermieteten Kajaks zur Fahrt auf ihren ehemaligen Getreidefeldern, die jetzt »der Natur zurückgegeben« waren.

Kurz vor seinem Tod gab Sicco Mansholt in einem Interview 1994 zu, er habe sich geirrt, der Markt lasse sich nicht aushebeln, man müsse Angebot und Nachfrage entscheiden lassen.

Aber würden dann, so gab sein Interviewer zu bedenken, die europäischen Bauern angesichts der Produktionsmethoden und Betriebsgrößen der USA und Russlands nicht hinweggefegt werden?

Ja, das würde geschehen. Und das dürfe nicht geschehen! Deshalb müsse man die kleinen Betriebe schützen, denn die kleinen, die Familienbetriebe seien »die tragende Kraft« des ländlichen Raums.

»Bauern«, sagte der alte Mansholt, »sind für die Gesellschaft mindestens so wertvoll wie Künstler. Es sollte einen kleinen, handwerklich orientierten Bauernstand geben, der auf Kosten der Gemeinschaft leben und arbeiten dürfte.« Er wolle Betriebe, die es schafften, einen Stoffwechselkreislauf einzuhalten, indem also den Böden durch organische Düngung zurückgegeben würde, was man ihm durch Ernten entnommen hatte. Mansholt sprach vom ökologischen Gleichgewicht und dass man den Bauern helfen müsse, keine Umweltzerstörer zu sein. Das klang, als wollte er Frieden schließen mit den kleinen Bauern, denen er zwanzig Jahre zuvor das Existenzrecht abgesprochen hatte.

49. KAPITEL

HEUTE

Weltmarktpreise oder wie teuer kommt billig.
Wasserfragen der einen und der anderen Art.

ES GING IN DER DISKUSSION der europäischen Agrarpolitik häufig um ihre Kosten: Sie sei zu teuer, hieß es, die EU-gestützten Agrarpreise lägen teilweise bis zu 75 Prozent über dem Durchschnitt der Weltmarktpreise. Das stimmte. Aber wie konnten Weltmarktpreise so niedrig sein?

In seinem letzten Interview hatte der alte Mansholt eine interessante Bemerkung gemacht. Er hatte gesagt, wer als junger, gut ausgebildeter Landwirt weiterhin hoch spezialisiert arbeiten wolle, täte gut daran, »eine bankrotte Sowchose irgendwo in Russland« zu übernehmen – ein Verweis auf die großflächige Produktion für den Export, auf den Weltmarkt und die Weltmarktpreise. Ihre Pioniere waren die USA und das zaristische Russland gewesen.

Was ist mittlerweile aus den Farmern geworden, die damals aus den Great Plains Nordamerikas vor den Sandstürmen der Erosion nach Kalifornien geflüchtet sind?

Und was aus den Kolchos- und Sowchosbauern der Ukraine?

Die Pachtbauern von Oakland, die auf den umgepflügten Grasebenen Nordamerikas Getreide angebaut hatten, bis die Sandstürme sie vertrieben, tauchen in John Steinbecks Roman »Früchte des Zorns« als arbeitslose und schlecht bezahlte Saisonkräfte auf kalifornischen Pfirsichplantagen auf. Einige wenige der Nachfahren der »Oakies«, wie sie verächtlich genannt wurden, sind vielleicht wieder Farmer geworden, bauen in Kalifornien heute Salat und Erdbeeren, Avocados und Spargel an. In ihren Plantagen, die künstlich bewässert werden müssen, arbeiten heute mexikanische Saisonkräfte. Deren niedrige Löhne und dass sie jederzeit entlassen werden können, sorgen dafür, dass die Früchte billig bleiben.

Möglicherweise arbeiten einige Oaki-Nachkommen aber auch in der Informatik-Branche, die sich am Ende des 20. Jahrhunderts in Kalifornien neu angesiedelt hat – im Hinterland von San Francisco, auf dem inzwischen vollständig betonierten und versiegelten Land, das früher Pfirsich- und Orangenplantagen trug und jetzt Silicon Valley heißt, weil dort die auf das Element Silicium gestützte IT- und Hightech-Branche zu Hause ist.

Die großen kalifornischen Weizenfelder sind fast alle verschwunden. Die wenigen Felder, die geblieben sind, müssen künstlich bewässert werden wie Salat- und Erdbeerfelder – was sich bei Weizen und auch Baumwolle weniger rentiert.

Seit den 1960er-Jahren sind in Kalifornien große Wasserbausysteme entstanden, dazu riesige Stauseen und Wasserreservoirs, Kraftwerke, Kanäle und Pumpstationen. Hergeleitet wird das Wasser vor allem aus dem niederschlagsreichen, gebirgigen Norden des Landes, der Sierra Nevada. Tatsächlich müssen über 90 Prozent des Ackerlandes in Kalifornien künstlich bewässert werden. Nur so konnte sich Kalifornien zum führenden Bundesstaat für hochpreisige pflanzliche Agrarprodukte entwickeln, besonders für Gemüse und Obst, Nüsse, Mandeln und Wein. Auch die Geflügel- und Milchproduktion hat aufgeholt.

Die Great Plains, in denen in den 1930er-Jahren und noch einmal in den 1950er-Jahren so dramatische Erosionen stattfanden, sind erstaunlicherweise weiterhin die Kornkammer Nordamerikas – und sogar der Welt. Denn der Mittlere Westen ist unvorstellbar riesig. Wo Boden zerstört ist, gibt man ihn auf und zieht weiter, überlässt es dem Staat, mit Steuergeldern Bodenprogramme aufzulegen, die in jahrzehntelanger Arbeit versuchen, die Wunden zu heilen. Die weggewehte Erde kommt dadurch nicht wieder. Aber man hat auf riesigen Flächen wieder Grasland angesät und zu Weideflächen gemacht. Auf ihnen werden – Ironie der Geschichte – wieder Büffel gehalten, Nutztier und Totem der amerikanischen Urbevölkerung.

Auf den neu urbar gemachten Flächen der Plains ist dann wieder Weizen angebaut worden – dieses Mal künstlich bewässert. Ermöglicht wurde das durch den Ogallala-Aquifer, eine grundwasserführende geologische Schicht unter den Plains. Der Ogallala-Aquifer zieht sich mit einer ursprünglichen Fläche von 450.000 Quadratkilometer unter acht Bundesstaaten hindurch – von Süddakota, einem Nachbarstaat Kanadas, bis in den Norden von Texas. Der Grundwasserleiter ist ein Reservoir von stark wassergesättigtem Kies, eine Art fossiles Wasservorkommen, das sich, wie Kohle oder Erdöl, in Jahrmillionen gebildet hat. Man hat mittlerweile festgestellt, dass es sich nur extrem langsam wieder auffüllt. Das heißt, es ist endlich. Schon früher hat man von diesem Reservoir gewusst, aber erst seit der Mitte des 20. Jahrhunderts standen Materialien und Techniken zur Wassergewinnung bereit, die eine permanente Bewässerung der Anbaugebiete möglich machten.

Inzwischen hat sich durch die künstliche Beregnung von 80 Prozent der agrarisch genutzten Flächen in den Plains der Ogallala-Aquifer enorm verkleinert. Es gibt mittlerweile staatliche Beschränkungen für die Wasserentnahme, um die Senkung des Grundwasserspiegels zu stoppen. Auch die Zucht von dürre-resistentem Getreide und eine Kultivierung ohne Pflug sollen die drohende Versteppung aufhalten. Die Verteuerung des Wassers hat dazu geführt, dass in manchen Gegenden mehr Mais als Weizen angebaut wird, denn Mais bietet pro Quadratmeter eine höhere Eiweißproduktion und damit Umwandlung in Biomasse. So konnte sich neben dem Maisanbau auch die Rindermast in den Staaten des Mittleren Westens etablieren. Das dortige Wetter erlaubt, die Tiere unter freiem Himmel zu halten. Sie stehen eingezäunt in riesigen, graslosen Koppeln, sogenannten Feedlots, und fressen dort ihr Kraft- und Ballastfutter, eine Silagemischung aus Heu, Mais, Hirse, Sojabohnen und Rübenschnitzeln. Investitionen für Gebäude und Entmistung fallen fast ganz weg. Die kleineren Feedlots vermarkten im Jahr 10.000 Rinder, die größten 150.000.

So entstehen Weltmarktpreise für Rindfleisch.

Was geschah in der Sowjetunion – was geschieht heute in der Russischen Föderation?

Tatsächlich war schon die Sowjetunion seit ihrem Bestehen von Getreideeinfuhren abhängig. Als die Kolchosbauern ein paar Hektar Privatland selbst bebauen durften, produzierten sie auf diesen nur zwei bis drei Prozent des gesamten agrarisch genutzten Bodens unglaubliche 30 bis 40 Prozent des gesamten Gemüsebedarf, des Obstes und auch der tierischen Produkte wie Fleisch, Eier und Milch. Die sozialistische Auffassung von einer landwirtschaftlich-kollektiven Arbeitsweise wurde täglich widerlegt.

Nicht nur Stalin, auch Chruschtschow hatte neue Flächen urbar machen lassen, man wollte vom Getreideimport unabhängig werden. 35 Millionen Hektar wurden hinzugewonnen, allerdings in, wie es hieß, schwierigen klimatischen Gebieten. Dort entstanden Kolchosen und Sowchosen – Landeigentümer war der Staat – von mehreren Zehntausend Hektar. Dazu gehörten auch jene usbekischen Gebiete, die ihren Obst- und Gemüseanbau, vor allem aber Reis und Baumwolle durch Staudämme und Kanäle aus dem Wasser der Flüsse bewässerten, die zuvor den Aralsee gespeist hatten. Genützt hat es in Sachen Versorgung wenig, die Sowjetunion blieb Getreideimportland. Aber es führte zur fast völligen Austrocknung des Aralsees, des bis dahin viertgrößten Binnensees der Welt, und in der Folge zu einer gewaltigen Klimakatastrophe in Kasachstan. Die kasachische Stadt Aral, die am Ufer des Sees gelegen hatte, war 2005 schon über 100 Kilometer vom Ufer entfernt. Laut einiger sowjetischer Wissenschaftler hatte der Aral geopfert werden müssen, weil er ohnehin nur von »lokaler Bedeutung« gewesen sei. Er habe nur ein paar Fischereikolchosen an seinem Ufer ernährt, während der schlammige Grund des Sees nach der Austrocknung zu einem fruchtbaren Boden werden würde, auf dem

»Baumwolle, Reis und andere fortschrittliche, ertragreiche Kulturen« angebaut werden könnten. In dem Roman »Der sterbende See« des kasachischen Autors Äbdischämil Nurpeissow sagt der Protagonist, Vorsitzender einer Fischereikolchose: »Wer sagt euch, dass der Boden fruchtbar ist? Der wird schlechter als Salzerde sein! Salz könnt ihr da gewinnen, aber keine Baumwolle anbauen!« Und er wird recht behalten mit seiner Wutrede gegen einen verantwortlichen Politiker: »Was werden unsere Nachkommen angesichts des toten Salzes sagen? Du willst, dass sie uns noch dankbar sind und uns Denkmäler setzen? Nein, mein Lieber, mach dir nichts vor. Verfluchen werden sie uns, ja verfluchen.« Als dieser Roman in den 1960er-Jahren in Russland erschien, begannen die Menschen, die zuvor vom Aral gelebt hatten, bereits wegzugehen. Wer dort blieb, wurde krank von den ewig wehenden, salzigen Winden der neuen Wüste.

Immerhin lebten in anderen Sowjetrepubliken, ehemaligen Wüstengebieten, jetzt Tausende von Menschen an den neuen, künstlich angelegten Seen und Kanälen von den Feldfrüchten und der Baumwolle, die jetzt dort wuchsen. Vielleicht wurde diese Politik in den 1980er-Jahren auch deshalb fortgesetzt – mit weiteren 16 Millionen Hektar Urbarmachung. Zuvor waren Wüsten bewässert worden, jetzt legte man Feuchtgebiete trocken. Erst unter Gorbatschow hat man dann das gigantische Dawydow-Projekt zu den Akten gelegt, durch das sibirische Flüsse in ihrem Lauf umgekehrt werden sollten, um die Aralo-Kaspische Niederung zu bewässern und auch dort neue agrarische Gebiete zu schaffen.

In Ostdeutschland überlebten derweil unter dem Druck der »Vom Ich zum Wir«-Kampagne schon in den 1960er-Jahren nur sehr wenige private Betriebe. Die Landwirtschaftlichen Produktionsgenossenschaften (LPGs) erreichten Größen von 300–400 Hektar, das entsprach den Agrarflächen von vier oder fünf Dörfern. Bald legte man die LPGs zusammen, sodass Einheiten von 5.000 Hektar entstanden. Als man zusätzlich noch Pflanzenbau und Tierhaltung voneinander trennte, führte das zu einer konstanten Verschlechterung der Qualität. Die Pflanzenbetriebe, die ja das Viehfutter gewannen, hatten keinen Anreiz mehr, gute Arbeit zu leisten, denn die Folgen – weniger Milch, Eier und Fleisch – spiegelten sich nicht in ihrem Einkommen. Gleichzeitig entstanden Stallungen mit 2.000 Kühen, die Produktionseinheiten waren mit dreiundsiebzig Arbeitskräften in acht Berufen besetzt, etwa Melkern, Elektrikern, Veterinären und Buchhaltern. Die landwirtschaftlichen Arbeitsplätze glichen auf diese Weise immer mehr den industriellen Fertigungsprozessen; es war eingetreten, was man unter dem »Sozialismus auf dem Lande« verstanden hatte. Stadt und Land hatten sich insofern angenähert, als in beiden eine gut verdienende Schicht von Organisatoren die Betriebe leitete, ein schmaler Mittelbau die Aufgaben verteilte und kontrollierte, und auf der Ebene der Arbeiter und Bauern monotone Abläufe mit den immer gleichen Handgriffen bei geringer Bezahlung herrschten. Wirklich effektiv waren die riesigen Landwirtschaftsbetriebe der DDR nicht, und ihr Subventionsniveau lag noch weit über dem der EU-geförderten, westdeutschen Landwirtschaft.

Als Mansholt sein letztes Interview gab, existierte seit zehn Jahren die sogenannte Mitverantwortungsabgabe. Um die Überproduktion zu drosseln, hatte man Quoten festgesetzt, wer darüber hinaus produzierte, bekam einen geringeren Preis ausgezahlt. Das hatte dann wieder einige kleinere Getreide-, Schweine- und Milchproduzenten, aber auch Oliven- und Weinanbauern die Existenz gekostet. Die anderen hatten umso mehr produziert. Zwanzig Jahre nach Mansholts Tod – er starb 1995 – wurden die Quoten wieder abgeschafft. Jetzt sollte wieder der Weltmarkt regieren. Noch einmal gab ein großer Teil der Bauern ihre Höfe auf.

Inzwischen wurde in den 2000er-Jahren in der Russischen Föderation zwar kein niederländischer, sondern tatsächlich ein aus Deutschland stammender Landwirt zum größten Agrarunternehmer. Er organisierte die landwirtschaftliche Produktion auf 130.000 Hektar Land und ließ 27.000 Kühe melken. Ein anderer baute in Ostdeutschland und Litauen mit seinen Arbeitern auf 20.000 Hektar Getreide an, inklusive Bio-Weizen; ganze Dörfer haben ihre Ländereien an ihn verpachtet oder gleich verkauft.

Weltmarktpreise sind das Geld, das die Produzenten für ihr Produkt bekommen. Meistens sinken sie, selten einmal steigen sie - wegen einer Dürre in Australien oder in Kalifornien, wegen des chinesischen Appetits auf Fleisch oder einer erhöhten Nachfrage nach mit Bioethanol versetztem Kraftstoff. Die Preise für Lebensmittel, inklusive Bio, sind stetig gesunken - Discounter und Supermärkte haben mit ihrer Verhandlungsmacht dafür gesorgt. So ist es möglich, dass die Preise für Lebensmittel in Deutschland nur noch 16 Prozent eines durchschnittlichen Haushaltseinkommens ausmachen. In der Mitte des letzten Jahrhunderts waren es 46 Prozent.

Die EU-Agrarpolitik hält vielleicht wirklich ein paar mittlere bäuerliche Betriebe noch am Leben, so wie die in Neubachenbruch. Aber entscheidend hat sie dabei geholfen, den Großunternehmern und Inhabern des Agrobusiness die Taschen zu füllen.

50. KAPITEL

DAMALS UND HEUTE
Was ich beim Reisen sah.
Unsere ersten Gräber im Moor.

REISEN WAR LUXUS UND PRIVILEG. Als Familie machten wir gemeinsam immer nur Besuche bei Verwandten, die noch nahe genug wohnten, sodass man am Abend desselben Tages zurückkehren konnte. Im Morgengrauen standen wir auf, die Eltern besorgten das Vieh, packten uns, Reiseproviant und Getränke ins Auto und fuhren los. Dabei konnte man froh sein, wenn morgens nicht noch schnell – was heißt schnell, natürlich langsam! – eine Kuh kalben wollte. Bei der Rückkehr am späten Abend war es oft schon dunkel, das unruhig gewordene Vieh wartete auf uns und begann empört zu brüllen, sobald es das Auto und das Türschlagen und schließlich unsere Stimmen und Schritte hörte. Wir waren alle müde. Trotzdem ging es im Laufschritt zum Umziehen und in den Stall. Feierabend war kurz vor Mitternacht.

Nachdem ich aber in meinem letzten Dorfsommer noch geholfen hatte, die Güllekeller mit schwarzer Schutzfarbe zu streichen, fing das Reisen für mich an.

Zuerst ging es nach Hessen in die Universitätsstadt Marburg. Schon auf dem Weg dorthin sah ich, wie die Farbe der Äcker, ihrer Erde, anders wurde, von einem tiefen Schwarz zu einem immer leichteren Braun, sich schließlich wandelte zu einem erdig-rostigen Rot. Die Landschaft zog sich hinter den Zugfenstern nicht mehr flach und weit hin, sondern wurde enger, die Felder breiteten sich schlank und lang gezogen über Bodenwellen und Hügel, in den Dörfern standen schmalbrüstige Häuser, ihre Dächer spitz und mit dunklem Schiefer gedeckt, die Balken im Mauerwerk des Fachwerks nicht mehr weiß gestrichen, sondern rotbraun wie die Erde. In Marburg sah ich an der Elisabethkirche auf einem Wochenmarkt Bäuerinnen sitzen, in hessische Tracht gekleidet, vor ihnen standen Eimer mit Blumen, flache Schüsseln mit Tomaten, Radieschen und Frühlingszwiebeln, daneben ein paar Tragen Eier. Als BAföG-Studentin kaufte ich natürlich im Discounter ein. Die Tracht der Bäuerinnen fand ich ganz hübsch – nur ein bisschen peinlich vielleicht, wie eine Kostümierung für die Städter.

Jahre später kam ich mit Freunden auf dem Weg in mein erstes Ausland, nach Italien, zunächst durch Bayern. Ich wunderte mich über die großen Steine, beinahe schon Felsbrocken, die auf den Dächern der einsam an Berghängen stehenden Schuppen und Ställe lagen. Ein Bergunwetter, vor dem die Dächer mit diesen Brocken vor dem Wegfliegen geschützt werden mussten, konnte ich mir gar nicht vorstellen.

Anfang der 80er-Jahre fuhren ein Freund und ich mit einem alten VW-Bus nach Griechenland. Auf dem Peloponnes angekommen, ging es durch die frühsommerliche Landschaft, zur Nacht hielten wir, wo wir gerade waren, stellten den Bus ab, um zu essen, zu trinken und zu übernachten. Aber die Wahl des Standplatzes war schwierig. Immer wieder protestierte ich gegen einen vom Freund ausgewählten Platz. Wo er eine freie Fläche am Rande der Straße sah, schien mir der Beginn eines Wirtschaftswegs zu sein, den wir nicht einfach blockieren dürften, da er sicher als Durchfahrt zu den weiter hinten liegenden Feldern diente. Der Freund aus der Stadt machte sich lustig. Sobald er einen geeigneten Platz sah, fragte er spöttisch: Wirtschaftsweg? Mich dagegen erstaunte, wie selbstverständlich er jeden Ort als geeignet ansah, wenn er nur vor den Blicken der Dorfbewohner geschützt war. Er tat, als gehörte das Land uns und nicht ihnen. Als wäre es die Aufgabe des Landes, uns zu Gefallen zu sein. Wenn es wenig Reiz hatte fürs Auge, wurde es schnell durchfahren.

Der Anblick der vielen schwarz gekleideten Frauen, die einsam auf den Feldern unter sengender Sonne arbeiteten und an denen wir Tag für Tag vorbeifuhren, machte mich traurig. Es war der erste Urlaub, der mich ahnen ließ, dass ich zum Urlaubmachen auf dem Land nicht gut taugen würde.

In der Toskana – ein weiterer Urlaubsversuch – sah ich Landarbeiter am Ersten Mai auf einer Kundgebung unter kommunistischen Fahnen auf dem Marktplatz stehen. Ich empfand, dass ihre Gesichter und Hände und Blicke mehr gemeinsam hatten mit ihren Herren, den bäuerlichen Besitzern der Olivenpressen und Weinkeller, als mit den Genossen aus der Stadt. Als ich dies den Freunden mitteilte, mit denen ich nach Italien gefahren war – weil ich gerne mit ihnen beraten hätte, was das bedeutete –, widersprachen sie barsch.

Bald zog ich für ein paar Jahre nach London. Jenseits von Cambridge interessierte mich an der Kathedrale von Ely vor allem das sie umgebende, seit dem 16. Jahrhundert schon entwässerte Moor. Ich durchfuhr es im späten Herbst. Die flache Landschaft, kreuz und quer durchzogen von tiefen Gräben, mutete heimatlich an, fremd höchstens die Schwäne, die über die Kanäle glitten, ihre elegant geschwungenen Hälse durch die Kartoffelkrautreihen gleitend. Die Bahntrasse führte durch abgeerntete Kohl- und Rübenfelder, darauf riesenhafte Raupenschlepper mit sechsscharigen Drehpflügen. Am Bahnhof von Ely dann, unterhalb der Kathedrale liegend, der riesige Parkplatz vollgestellt mit einer Wochenproduktion frisch lackierter Kartoffelroder aus der lokalen Landmaschinenfabrik »Standen«, die auf ihren Transport warteten.

Bei einer Recherchereise in den Norden Englands für eine Reportage über das Kernkraftwerk von Sellafield fielen mir die Reste der fünf oder sechs Bauernhöfe des ursprünglichen Dorfs namens Sellafield auf, ihre eingesackten Dächer wie gebrochene Rücken, die zerschlagenen Fenster wie leere Augenhöhlen gerichtet auf jene Industriebauten, die ihre Bewohner und deren Lebensweise vertrieben hatten.

In Israel irritierte mich die Landschaft, bis ich begriff, was ich sah. Da hatte sich über einen alten, traditionellen Landbau ein neuer gelegt. Zum alten gehörten kleine Tomaten- und Auberginenfelder, Haine mit Oliven- und Mandelbäumen, dazu Schaf- und Ziegenherden, die über die mageren Hügel zogen, Esel und Kamele als Transportmittel. Das existierte weiterhin. Aber daneben und dazwischen gab es eine neue Schicht aus Orangen- und Zitronenplantagen, großen Feldern mit Weizen, Gerste und Mais samt ihren Beregnungsanlagen, modernen Kuh- und Hühnerställen samt Futtersilos, und weite Flächen mit sorgsam ausgerichteten, kleinen Arbeitsbäumchen, Kiwi- und Avocadofrüchten. Zum ersten Mal sah ich eine Landschaft, die in sich einen Zeit- und Kultursprung trug. Das schnelle und großflächige Neue war hier nicht aus dem langsamen und kleinteiligen Alten hervorgegangen. Die alte Form schien mit einfachen Geräten fast nur für den heimischen Markt zu produzieren, die neue zielte von Anfang an auf eine urbane Bevölkerung und den Export. Und ich wusste bei diesem Anblick aus eigener Erfahrung, dass die Schaf- und Ziegenhirten die anderen um ihre Raupenschlepper und Bewässerungspumpen beneideten.

In den Pyrenäen – inzwischen in den 2000er-Jahren – traf ich auf jene gesamt-europäischen Aussteiger, die sich verlassene Bauernhöfe gekauft und wieder aufgebaut hatten. Von digitaler Arbeit oder Renten aus ihrer vorherigen Existenz lebend, hielten sie jetzt Hühner, Ziegen und Schafe, verkauften Eier, Käse und Fleisch auf den lokalen Biomärkten an Ihresgleichen. Einmal wanderte ich dort mit Freunden am Berg empor und wunderte mich über die auffallend jungen, ungepflegten Wälder, bis wir in ihnen auf Mauerreste trafen und sich die jungen Wälder als Verbuschung entpuppten. Mittendrin standen überwachsene Ruinen von Bauernhöfen, aufgegeben, als die Erben aus dem Ersten und dann auch dem Zweiten Weltkrieg nicht mehr zurückkehrten. Irgendwann hatten die Alten nicht mehr genug Kraft gehabt für die Pflege der Terrassen, die frühere Bauerngenerationen auf den steilen Hängen einmal angelegt hatten. Die Höfe wurden verlassen und starben. Kniehohe Mäuerchen, die das Erdreich viele Jahrzehnte vor dem Abrutschen und das Land vor der Erosion bewahrt hatten, waren zerstört, die Kulturlandschaft gesprengt von den Wurzeln wild wachsender Büsche und Bäume.

Am Ende unserer ersten Moorbauerngeneration dann der Tod. Unsere Eltern wurden von den Nachbarn zu Grabe getragen, wie es sich für Moorbauern gehörte.

Zuerst traf es unsere Mutter. Gemeinsam mit unserem Vater und Onkel Edu suchten wir eine Grabstelle auf dem Friedhof aus, neben der Schule, die schon lange keine Schule mehr war. Es war unser erstes Grab. Ich plädierte für einen Platz unter den Linden, ein paar stark beschnittenen Bäumen, die am Rande des Friedhofs standen und in deren Laub wir geschaut hatten, wenn wir von unseren Schiefertafeln aufgeblickt und aus den Fenstern gesehen hatten. »Dat is doch veel to nat«, sagte Onkel Edu. Viel zu nass sei es da. Und ewig würde man sich mit den fallenden Bättern herumschlagen müssen. So kamen wir zu einem trockeneren Platz für eine etwas größere Grabstelle, die auch für unseren Vater noch reichen sollte.

Onkel Edu war mit uns gekommen, weil es zur traditionellen Aufgabe der Nachbarn gehörte, den Angehörigen bei den Formalitäten beizustehen, zwei weitere Nachbarn hoben das Grab aus und wurden vom Hof der trauernden Familie mit Getränken versorgt, darunter Schnaps, denn nicht selten trafen sie beim Graben auf alte Knochen.

Die Trauerfeier fand in einer jener neuen Friedhofskapellen statt, über die der alte Fritz gelästert hatte. Der Pastor hielt die Predigt, wir sangen, standen auf, die Sargträger traten barhäuptig an den Sarg heran, sie waren die Bauern von den jeweils dritten, vierten und fünften Höfen zur Rechten und zur Linken. Sie hoben den Sarg auf ein kleines Wägelchen, begleiteten ihn zum Kombi des Beerdigungsunternehmers, dann stiegen sie wie alle anderen in ihre Autos und reihten sich in den Korso hinter den großen schwarzen Wagen mit dem Sarg ein, und wir machten uns auf den Weg zum alten Dorffriedhof. Früher hatten Pferd und Wagen den Trauerzug angeführt, dahinter die Gehenden, jetzt war es ein Autokorso, der sich in langsamem Tempo durchs Dorf bewegte.

Bei strahlender Sonne, es war August. Auf Telefondrähten die Schwalben.

Wieder halfen in aller Ruhe und Würde einige Nachbarn, jetzt als Ordner auf den Straßen, um den unbeteiligten Verkehr anzuhalten und uns die Querung der schnellen Bundesstraße zu ermöglichen. Auf dem Friedhof dann treten wieder die Nachbarn heran, heben den Sarg aus dem Wagen, begleiten ihn auf dem Wägelchen zur Grabstelle, platzieren ihn auf die Holzplanken, die dann, nachdem die Verstorbene noch einmal eingesegnet worden ist, unter dem leicht angehobenen Sarg herausgezogen werden – und lassen ihn an drei Seilen in die Grube sinken. Dann nehmen sie Aufstellung, verneigen sich und gehen beiseite – meine alt gewordenen Schulkameraden, bei deren Hochzeiten die Frau, die jetzt dort unten in der Erde liegt, Kränze gebunden und Likör ausgeschenkt hat, mit der sie ehrenhalber tanzen mussten und die ihnen manches Mal gern ihre Meinung gesagt hätte, wenn sie sich betrunken danebenbenahmen.

Schließlich ging es zum Kaffeetrinken und Butterkuchen-Essen im Schützenhof. Zurück blieben nur die beiden Männer, die das Grab gegraben hatten und jetzt die Erdgrube wieder auffüllten, Blumen und Kränze mit ihren Schleifen darauf arrangierten. Wenn auch sie zum Kaffee in die Gastwirtschaft kamen, signalisierte es meistens den Aufbruch der Trauergesellschaft. Man fuhr mit den Verwandten zum Friedhof ans geschlossene Grab, las gemeinsam die Aufschriften der Kranzschleifen, dann verabschiedete man die Verwandten, zog sich um und besorgte das Vieh.

Fünfundzwanzig Jahre später geschieht alles noch einmal. Für die Beerdigung unseres Vaters ist es inzwischen schwerer geworden, Nachbarn zu finden, die den alten Pflichten nachkommen. Oft sind sie keine Bauern mehr, sind Angestellte geworden, die nicht mehr einsehen, warum sie einen freien Tag opfern sollten, um ein Grab zu graben oder einen Sarg zu tragen, da sie selbst keine Hilfe mehr brauchen vom Nachbarn – etwa beim Torfgraben oder Heumachen, beim Kuhkalben oder Silofahren, beim Abliefern des Viehs, bei Brand oder Neubau.

Dafür gleitet der Sarg mit unserem Vater, von Neulingen gehalten und herabgelassen, etwas schräg in die Grube und muss ein wenig korrigiert werden, bevor es passt.

Beim Kaffeetrinken erinnern sich die Alten daran, dass auch unser Vater einmal eine kleine Störung verursacht und eine zu kleine Grube gegraben hatte, in der ein Sarg feststeckte. Da hatte Grot-Emma wieder ein bisschen angehoben werden müssen, und erst nach einer kleinen Nachbesserung mit dem Spaten war sie zur ewigen Ruhe gebettet worden.

VIERTES ZWISCHENSPIEL

Die Bauern von Malewitsch – keine Gesichter mehr, keine Hände. Bauernhof mit U-Bahnanschluss und die Milchpreise. Warum Krischan Flüchtling werden wollte.

DER RUSSISCHE MALER KASIMIR MALEWITSCH wurde zur Legende, weil er 1915 auf eine gespannte Leinwand einfach nur schwarze Farbe in Form eines Quadrates auftrug. Das Bild wurde eines der berühmtesten der Kunstgeschichte, das Ende der Malerei sei erreicht, hieß es, jetzt, mitten im Krieg, am Vorabend der Revolution: Das Schwarze Quadrat.

Wenige Monate später malte Malewitsch noch ein Quadrat, dieses Mal mit roter Farbe. Sein Titel: »Rotes Quadrat. Malerischer Realismus einer Bäuerin in zwei Dimensionen.«

Wer sich mit Malewitsch befasst, weiß, dass er sich mit den Bauern seines Landes und ihrer Tragödie beschäftigt hat. Als Sohn polnischer Eltern wuchs er am Rande ukrainischer Rübenfelder auf, sein Vater war technischer Angestellter, vermutlich Chemiker in der Zuckerrübenproduktion, und zog als Kontrolleur des Herstellungsprozesses mit der Familie das ganze Jahr über von einer Zuckerfabrik zur nächsten. Malewitsch machte nach der Schule eine fünfjährige Landwirtschaftsausbildung. »Mein Vater arbeitete in Fabriken zur Herstellung von Zucker aus Zuckerrüben«, schrieb er, »diese wachsen gemeinhin in der tiefsten Einöde, weit entfernt von großen und kleinen Städten.« Malewitsch sehnte sich nach der Stadt, erinnerte sich aber im Rückblick mit Freundlichkeit an die Zuckerrübenfelder seiner Kindheit. »Auf den Plantagen arbeiteten Bauern, groß und klein, fast den ganzen Sommer und Herbst über; ich als Maler freute mich an den Feldern und den ›farbigen‹ Arbeitern, welche jäteten und Rüben ausmachten. Mädchengruppen in bunten Gewändern durchzogen in Reihen das ganze Feld. Das war ein Krieg. Die Heere in bunten Kleidern kämpften mit dem Unkraut und befreiten die Rüben von unnützem Gewächs. Die Rübenpflanzungen zogen sich ins Unendliche, bald gingen sie in dem weiten Horizont auf, bald fielen sie sanft ab oder schwangen sich auf Hügel empor. Dörfer und Weiler in ihren grünen Feldern umschließend, bedeckt von der gleichförmigen Oberflächengestalt der Blätter ...« Und an anderer Stelle schrieb er: »Ich schloss lieber mit Bauernkindern Freundschaft, weil ich sie als ungebundene Wesen empfand, die die freie Weite der Felder, Wälder und Wiesen mit Pferden, Schafen und Schweinen teilten ... Alles am Leben der Bauern hat mich stark angezogen.«

Malewitsch hatte schon vor der Oktoberrevolution Bilder von Männern gemalt, die Getreide mähten, von Frauen, die es in Garben banden und zum Trocknen aufstellten, von Erntearbeiterinnen, die mit ihren Kindern zu Felde gingen. In der Kunstgeschichte wird die Phase seiner Malerei zwischen 1911 und 1913 als die seines ersten Bauernzyklus bezeichnet. Er malte die Menschen mit sehr eigenwilligen Farben, schwungvoll und mit großer Geste. In den verschiedenen, damals ständig neu gegründeten Kunstvereinigungen und Zeitschriften fand der junge Malewitsch schnell Gleichgesinnte. Nachdem er die Gegenstandslosigkeit entdeckte hatte – er nannte sie »malerischer Realismus« –, wurde er zum Anführer seiner Generation.

Was könnte nun »malerischer Realismus einer Bäuerin in zwei Dimensionen« heißen?

Es ist eine zeittypische Provokation, die Reduktion auf das Wesentliche: Nur eine Farbe, wie schon beim Schwarz, als »das Malerische« selbst, das Künstlertum; Rot als die Farbe von Leben, Liebe und Revolution, die er besonders einer Bäuerin, einer mit der Natur arbeitenden Frau, als ihr Element zuordnet; das Quadrat gilt ihm als die demokratischste aller Formen, denn alle vier Seiten sind gleich lang; und weil in einem Bild nur zwei Dimensionen existieren, während die Bäuerin in der dreidimensionalen Realität lebt, hebt der Maler besonders hervor, dass es hier um Malerei geht, nicht mehr um Abbilder.

So könnte es gemeint sein.

Anfangs waren die jungen Künstler Russlands vom gesellschaftlichen Umbruch begeistert, sie malten Transparente, schrieben Theaterstücke, dichteten und fotografierten im Dienste der Revolution. Durch das Schwarze Quadrat von 1915 war Malewitsch schon vor der Revolution berühmt geworden, sein Talent und seine Originalität wurden anerkannt. Nach der Revolution wurde er Professor an den »Freien staatlichen Kunstwerkstätten«, schrieb und hielt Vorträge, experimentierte mit den Grundformen von Rechteck, Quadrat und Kreuz und mit den Grundfarben Rot, Schwarz und Weiß.

Aber bald wurde Malewitsch an den Rand gedrängt. International mehr beachtet als zu Hause, reiste er, traf sich beispielsweise mit den Bauhauskünstlern in Dessau, dann aber kehrte er kurz vor dem ersten Fünfjahresplan 1928 überstürzt nach Hause zurück, und bis heute wird darüber spekuliert, warum er das tat.

Es war die Zeit, als jeder jedem zu misstrauen begann, und jeder gefährdet war durch Denunziation. Immerhin war seine Familie, Frau und Tochter, in Russland geblieben.

1928 begann Malewitsch wieder Menschen zu malen. So entstand im Vorfeld der sogenannten Kulakenliquidierung eine Serie von Bildern, die später als sein zweiter Bauernzyklus bekannt wurde. Da konfrontiert uns der Maler mit Bäuerinnen, mal hängt ein Wassereimer an ihrem Tragejoch, mal ziehen sie mit dem Kind an der Hand aufs Feld hinaus, ein Mann trägt ein Werkzeug. Die Menschen sind massig und schwer, fast quadratisch. Kurz vor der Zerstörung des bäuerlichen Russland ist es auf den Leinwänden noch einmal präsent, bedeutungsschwer, stumm und unbeweglich. 1912 hatten die mähenden und Garben bindenden Figuren wie »aus Eisenrohren herausgehauen« gewirkt. Alles hatte etwas Schweres, die Getreidegarben und das Kornfeld, die ganze Welt um die Menschen herum. Die erdigen Farben waren schon verschwunden, aber die Menschen in seinen Bildern wandten sich noch einander zu – und auch dem Boden, den sie bearbeiteten.

Fünfzehn Jahre später, Ende der 1920er-Jahre, gab es auf seinen Bildern zwar noch Frauen, die zur Ernte gingen, alleine oder auch mit ihren Kindern oder Enkeln, und im Hintergrund standen auf den Farbflächen der Felder immer noch Bäuerinnen, tief zur Erde niedergebückt. Aber die Hauptpersonen haben uns schon den Rücken zugekehrt, sie sind kantiger geworden, maschinenhaft, die Farbflächen für Kopf, Brust und Rock sind symmetrisch in rechts und links geteilt, abwechselnd sind die rechten und linken Seiten von Kopf, Brust und Rock schwarz und weiß, geometrisch bemalte, flache Körper mit Köpfen, Armen und Beinen. Anfangs tragen die Menschen, die Malewitsch beharrlich »Bauern« nennt, noch etwas in den Händen, eine Schnitterin schneidet mit einer Sichel den Roggen, ein Mann hält Sense und Wetzstein.

Aber dann ist es, als ob ihnen ihre Werkzeuge aus den Händen genommen sind.

Da ist beispielsweise diese Bäuerin mit dem schwarzen Gesicht, die Felder im Hintergrund sind gepflügt, aber menschenleer. Sie steht im Vordergrund wie auf einer Bühne, das Gesicht leicht abgewandt und im Halbprofil. Ihr Gesicht ist vollkommen schwarz und leer, ohne Augen, Nase, Mund, auch ihre Hände und Beine sind schwarz, ihr Kleid ist dagegen schneeweiß, ein städtisch geschnittenes Kostüm.

Rätselhaft steht sie da mit einem in die Ferne gerichteten Gesicht, mit leeren Händen, die noch gekrümmt sind, als hätte man ihr gerade erst Bündel oder Kanne, Hacke oder Schaufel genommen. Man könnte das Bild der Bäuerin heroisch finden, so wie es in der Sowjetunion jetzt üblich wurde, monumentale Helden und Heldinnen der Arbeit zu malen. Aber was bedeuteten das weiße Kostüm, das schwarze Gesicht, die leeren Hände?

Geht sie auf eine Reise?

Und wer hat ihr die Dinge aus den Händen genommen?

Die Bauern auf Malewitschs Bildern gehen nicht mehr in die Felder hinein, sie stehen vor ihnen. Dort stehen sie wie an der Rampe einer Bühne und starren auf uns, ihr Publikum, als könnten wir ihnen auf Fragen antworten, die sie selbst nicht mehr beantworten können, als wüssten sie nicht mehr Bescheid auf dem Feld, als wäre ihnen das Feld und sie sich selbst auf dem Feld fremd geworden. Einmal weist die leere, weiße Hand eines gesichtslosen Bauern auf die Erde.

Was will er sagen?

Klagt er jemanden an?

Bald haben die Gestalten auf den Bildern von Malewitsch – und immer noch nennt er sie »Bauern« – nicht nur keine Gesichter mehr, sie besitzen auch keine Arme, sind verstümmelt. Unsicher stehen sie im Sand mit kleinen Füßchen in knallroten Schuhen, während in der Realität der UdSSR die überlebensgroßen Abbilder von Arbeiter und Kolchosbäuerin – er mit Hammer, sie mit der Sichel in der Hand – aufgestellt wurden, siegreich nach vorne stürmend.

Seine Bauern aber stehen vor uns als Geschlagene und Verzweifelte. Am Ende sind auch die Bühnen selbst leer, keine Bauern sind mehr da, nur noch eine Horizontlinie, auf der Häuser stehen, ohne Fenster und Türen.

Manche haben gesagt, dass Malewitsch seine Menschen nur Bauern genannt habe, weil sie traditionell die am wenigsten geachteten, einfachsten Menschen waren. So habe er das Schicksal des Menschen an sich zeigen können. Das hat man auch schon über Brueghel gesagt.

Andere fanden, dass es Malewitsch überhaupt nicht um Menschen ging, sondern nur um die Kunst und ihre Weiterentwicklung.

Möglich ist es.

Aber es würde mich wundern.

Krischan und ich haben uns in Berlin in der Domäne Dahlem verabredet – dem »weltweit einzigen Bauernhof mit U-Bahnanschluss«, wie das Unternehmen sich selbst anpreist. 1841 ist der ehemalige Rittersitz an den Preußischen Domänenfiskus verkauft worden, seit 1883 spezialisierte man sich hier auf die Milcherzeugung; 1911 wurden die über 500 Hektar Land parzelliert und ein großer Teil als Bauland verkauft. Die Dahlemer Vorzugsmilch war im Berliner Umfeld ein Begriff, bis 1973 fand der Verkauf statt. Milchwagen fuhren von Pferden gezogen durch die Straßen der umgebenden Stadtviertel, am Ende war es eine eher museale Vorführung für Alte und Kinder geworden. Eine schöne Ansichtskarte – »Gruss von der Königl. Domäne Dahlem« – zeigt die »Milchkutschenparade« von 1900, fünf mit je zwei Pferden bespannte Milchwagen vor dem Herrenhaus aufgereiht, dazu Männer mit großen weißen Schürzen. Vor den Milchwagen ist für das Foto ein Tisch aufgebaut worden, auf dem stehen Kannen und Milchgeschirre, ein Filtersieb, eine Zentrifuge zum Buttern, daneben die ebenfalls beschürzten Arbeiterinnen. Eingerahmt wird die Parade von zwei Männern in weißen Melkerblusen, die jeder eine Kuh am Strick halten. Die Melker haben Eimer bei sich, einer hat sich neben das Euter seiner Kuh gehockt. Hier wurde also noch mit der Hand gemolken.

Wir haben bei diesem Anblick gleich ganz schwere Hände bekommen. Denn wenn bei einem Gewitter bei uns der Strom ausfiel, mussten auch wir noch per Hand melken.

Von der Milcherzeugung ist in Dahlem nichts mehr übrig.

Vier Kühe gibt es hier noch – damit Stadtkinder einmal echte Kühe angucken können. Geben sie Milch? Haben sie Kälber? Nein, sie werden als Gespannvieh trainiert, es gibt Ansichtskarten mit zwei Kühen vor dem Häufelpflug im Kartoffelbeet. Ein Museumshof eben. Der große Hofplatz, früher umgeben von Viehställen und Scheunen, von Molkerei und Herrenhaus, wird heute dominiert von einem »Landgasthaus«, das in die alte Remise in der Mitte eingepasst wurde.

Der erste Ausstellungsraum im »Kulinarium«, dem alten Pferdestall gegenüber, wirkt erst einmal ganz gemütlich – mit seinem Milchkutschwagen und einer lebensgroßen Plastikkuh mit Gummieuter, an der Kinder ihre Melkkünste ausprobieren können. Aber sobald man zu lesen anfängt, hört der Spaß auf. An der Wand zeigt eine Grafik, wie viele Liter Milch ein Arbeiter mit seinem Stundenlohn kaufen kann. 1910 bekam er dafür anderthalb Liter, 1960 sind es schon sechs Liter, heute bekommt ein Arbeiter für den Lohn einer Arbeitsstunde 25 Liter Milch. Mit anderen Worten: Die Milch ist im Verhältnis zu einem durchschnittlichen Verdienst immer billiger geworden.

Dass Bauern gezwungen waren, mit zunehmend größeren Kuhherden und einem hohen Maß an Technisierung gegen den Preisverfall zu arbeiten, damit sich die Milchkuhhaltung noch lohnte, wird hier nur vorsichtig angedeutet. Aber auf den großwandig aufgezogenen Schwarz-Weiß-Fotos von Heu und Stroh einfahrenden Bauern wird die Ausstellung dann vor allem zu einer Kulturgeschichte der Ernährung von 1850 bis heute. Die Lebensmittel werden von ihrer Gewinnung, von den Entwicklungen in Ackerbau und Viehzucht, immer stärker getrennt. Es gibt stattdessen eine Ernährungsgeschichte, die nur noch Konsumenten kennt, keine Produzenten. Und sie schreitet, wie es hier heißt, vom Hunger zum Überfluss voran, zeigt Vermarktung und Verbrauch – vom Wochenmarkt zum Supermarkt, von der ersten Milchflasche über die Tiefkühlpizza zum fertigen Pfannkuchenteig in der Plastikpackung, zeigt alte Werbefilme für Maggi oder Mitropa-Gaststätten, bietet Mitmachstationen für Kinder, die ihr Wissen testen können: Welche Sorten Obst und Gemüse sind in unseren Breiten in welchen Monaten reif? Das ist sehr hübsch gemacht, aber die Bedingungen, unter denen Nahrungsmittel produziert werden, und die in ihrer Produktion arbeitenden Menschen werden nicht thematisiert.

Bald sind wir beide wieder draußen und spazieren die Rundgänge auf den zwölf Hektar Domänengelände ab. Landwirtschaftliche Geräte aus den 1960er- und 1970er-Jahren sind zu sehen, ein kleiner alter Trecker fährt Kinder und Erwachsene durch die Felder, sie sitzen auf kleinen Strohbunden auf einer offenen Ladefläche. Ziegen und Schafe, Schweine und Ponys stehen eingezäunt in ihren Weiden – alte Nutztierrassen, Museumstiere. Kleine Schilder weisen auf Feldkulturen hin, die Produkte aus Feld und Garten kann man im Hofladen am Eingang zur Domäne kaufen. Irgendwann sind wir auf kleine Automaten gestoßen, kindgerecht niedrig aufgehängt, mit Weizenkörnern aus biologischem Anbau gefüllt. Für ein paar Cent kriegt man eine Handvoll, die man an die hiesigen Hühner verfüttern darf.

Da verlassen wir mit hängenden Köpfen den Hof.

Weil wir die Verniedlichung der Landwirtschaft nicht gut ertragen und weil uns diese Widersprüche in Dahlem ganz sprachlos machen: eine Bioproduktion, die aber nicht von den Einnahmen durch Lebensmittel leben muss; eine ehemalig-gutsherrliche Großlandwirtschaft, die sich in einen kleinteiligen Museumsbauernhof für Stadtkinder verwandelt hat. Mittendrin ein hochpreisiges Restaurant, dessen Küche regionale Bio-Lebensmittel verarbeitet – und daneben die Dauerausstellung über Ernährung, finanziert von der Vermarktungs- und Nahrungsmittelindustrie, z. B. Edeka und Maggi, die hauptsächlich für die billigen Erzeugerpreise verantwortlich ist.

Ich erinnere Krischan an van Gogh und sage, er habe es geschafft, solche Widersprüche in seine Bilder zu bringen, die Schönheit des Landes, aber auch seine Plagen, die schwere Arbeit bei Hitze und Frost, die Einsamkeit. Und dass er überhaupt die Menschen nicht vergessen hat, man denke an den winzigen Schnitter, der in einem Meer von wild wogendem Getreide unter sengender Mittagssonne fast untergeht. Oder auch an das Bild »Lesender Mann an der Feuerstelle«, oft auch »Lesender Bauer« genannt, auf dem ein alter Mann in grober Kleidung und mit Holzschuhen an den Füßen nahe am Feuer sitzt und ein Buch mit knochigen Händen auf seinen Knien hält.

Krischan findet, dass ich van Gogh romantisiere.

»Oder vielleicht hat schon van Gogh die Bauern romantisiert. Ich habe meinen Vater nie ein Buch lesen sehen. Im Gegenteil, wenn ich las, hat er mit mir geschimpft«, sagt er.

Wenigstens habe van Gogh noch Bauern bei der Arbeit gemalt, halte ich dagegen.

»Alle anderen – auch wir, du und ich – haben die Bauern vergessen. Allerdings finde ich, wir hatten bessere Gründe«, sage ich.
»Welche?«
»Erinnere dich, warum du als Kind Flüchtling werden wolltest.«
»Stimmt«, sagt Krischan.

Er hatte immer das Wort »Flüchtlinge« gehört – als Bezeichnung für diejenigen im Dorf, die anders als seine Eltern und ihre Nachbarn Zeit für ihn hatten und mal mit ihm spielten. Deshalb hatte er gerne auch Flüchtling werden wollen.

5. LOB DES AUFHÖRENS UND DES WEITERMACHENS

51. KAPITEL

Drei Bauern auf dem Weg in die Zukunft.

MEINE DREI GESPRÄCHSPARTNER in diesem nasskalten Februar waren drei junge Bauern. Paul, Frank und Hannes sind die drei letzten Milchbauern des Dorfs. Januar und Februar sind die Monate mit der wenigsten Feldarbeit. Zwar durfte man laut Düngeverordnung seit dem 1. Februar wieder Gülle fahren, aber auch da kann man sich nie sicher sein – wenn etwa der permanente Regen die Böden zu stark aufgeweicht hat, kann man es eben doch noch nicht. Alle Geräte und Maschinen waren in Ordnung gebracht, man stand sozusagen in den Startlöchern. Und jetzt sollte es ausgerechnet an diesem Wochenende frieren. Alle wurden nervös, keiner saß mehr ruhig auf dem Hintern. Noch einen Tag und vielleicht noch einen musste man warten, bis der Boden ausreichend gefroren war, aber dann würde man unbedingt wenigstens ein paar Güllefässer aus den Kellern unter dem Vieh herauspumpen und auf die Felder bringen müssen – am besten morgens, noch bevor die Sonne über den Horizont rutschte und womöglich die ohnehin nicht sehr tief gefrorenen Böden wieder auftaute.

Auch das Gülleausbringen auf gefrorenem Boden ist nicht ideal – schließlich sind die Pflanzen noch nicht bereit, die Nährstoffe aufzunehmen. Aber es gibt Zusatzstoffe, die können die Nährstoffabgabe des Dungs an den Boden blockieren und verlangsamen. Denn das Problem ist bekannt – dass der Dung um diese Jahreszeit droht, die Keller zu überfluten. Auch deshalb schreibt eine neue Verordnung vor, dass man Lagerraum für neun Monate vorrätig halten muss.

Abends ging ich unter frostigem Sternenhimmel die Dorfstraße entlang, vorbei an unserer ehemaligen Schule. Zuerst traf ich Paul, den Enkel von Otto und Luci. Seine Frau brachte gerade noch die Kinder ins Bett, sie hatten gewartet und erst noch gucken müssen, wer da zu Besuch kommt. Paul ist Ende dreißig und gelernter Landwirt. Vor sechs Jahren hat er den Hof mit 120 Milchkühen übernommen, da waren gerade der zweite Laufstall gebaut und der erste Melkroboter installiert worden. Zusätzlich hat man noch etwa achtzig Bullen gemästet, aber dieser Produktionszweig wird langsam abgebaut, um weniger Gülle zu haben.

Ich frage, wann ihm klar war, dass er den Hof übernehmen würde.

Immer, sagt er. Als einziger Sohn seiner Eltern ist er fast ein wenig erstaunt über meine Frage. 1981 hat sein Vater den Hof übernommen, da war gerade der erste Laufstall gebaut worden und es gab sechzig Milchkühe. Pauls Frau Isabella kommt dazu. Ich erinnere mich an ihren Opa, den ehemaligen Gärtner aus dem Nachbardorf, selbst hat sie Bankkauffrau gelernt.

»Ich wollte nie einen Landwirt heiraten«, lacht sie. Inzwischen melkt sie mit, versorgt die Kälber und geht seit einiger Zeit sogar wieder zwei Tage in der Woche aushäusig arbeiten. Sie weiß, dass die Großfamilie darüber nicht glücklich ist.

»Aber von vierzehn Melkungen in der Woche mache ich nur zwei nicht mit«, sagt sie angriffslustig. Morgens melkt sie, dann geht es unter die Dusche und los zur Bank. Es ist anstrengend, aber sie will es gerne weiter probieren und sich auch in ihrem gelernten Beruf beweisen. Ihre Tochter geht schon zur Schule, auf den kleinen Bruder muss manchmal eine der Omas aufpassen.

Eine Zeit lang haben die beiden einen selbstständigen Betriebshelfer auf dem Hof beschäftigt – einen geschiedenen Mann, der alle zwei Wochen seine Kinder bei sich hatte und dem es gut zu passen schien, auf Honorarbasis zu arbeiten. Er machte vor allem Stallarbeiten, melkte und fütterte.

»Für den Mindestlohn kriegst du so jemanden nicht«, sagt Paul.

Nach einiger Zeit aber passten die Vorstellungen nicht mehr zusammen, auf eine feste Anstellung konnte man sich nicht einlassen, und jetzt machen sie die Arbeit wieder alleine.

Würden sie gerne weniger Kühe melken?

Nein, aber größer werden müsste der Betrieb nicht unbedingt. Bei den 150 Kühen könnte es gerne bleiben.

»Vielleicht ist es schwer zu glauben, aber ich weiß beim Melken immer noch, welche Kuh ich vor mir habe, wann sie gekalbt hat und wie viel Liter sie ungefähr gibt«, sagt Isabella. »Das ist irgendwann einfach drin.«

Sie dreht sich zu ihrem Mann.

»Du würdest lieber 180 melken als nur 150.«

»Nö, würd' ich gar nicht sagen«, meint er. »Nur ist die jetzige Größe schwierig: Zu klein für einen fest angestellten Helfer, eigentlich zu groß, um es alleine zu machen.«

Der Altenteiler, Pauls Vater, hilft noch kräftig mit. Aber er macht abends inzwischen auch gerne rechtzeitig Schluss.

Dieser Hof war schon in meiner Kindheit einer der größten und modernsten Betriebe des Dorfs, den anderen oft um ein paar Jahre voraus. Inzwischen sind die Flächen vieler Nachbarn, die aufgehört haben, von ihnen hinzugekauft und gepachtet worden.

Ich frage nach dem, was sie als das größte Problem der Landwirtschaft heute ansehen. Ich schlage verschiedene Probleme vor: die niedrigen Erzeugerpreise, die langen Wege zu Kita, Schule und Ärzten, nicht-bäuerliche Nachbarn, die Wölfe.

Sie wägen alles gemeinsam ab. Natürlich seien die Erzeugerpreise schwierig, wenn sie so tief sänken wie der Milchpreis im letzten Jahr auf 22 Cent. Dass Supermärkte, Kitas, Schulen und Ärzte mindestens zehn Kilometer entfernt seien, ist man gewöhnt, wenn man auf dem Lande aufgewachsen ist. Die nicht-bäuerlichen Nachbarn machten ihnen keine Probleme – und sie selbst versuchten, ihnen auch keine zu machen, würden zum Beispiel nie an einem Sonntag Gülle fahren. Dass es immer mehr Wolfsrudel gebe, sei kein angenehmes Gefühl.

Aber das alles ist nicht das größte Problem.

»Nein, das Schwierigste«, sagt Isabella, »sind die politischen Rahmenbedingungen, die vielen, oft absurden Auflagen beim Wirtschaften und Bauen.« Es würde einem nicht mehr zugetraut, dass man seinen Beruf mit Anstand ausübe. Im Gegenteil, die ganze übrige Welt würde offenbar davon ausgehen, dass die Bauern morgens mit dem Vorsatz aufstünden, der Natur und den Menschen so viel Schaden wie möglich zuzufügen.

Tatsächlich empfinden alle jungen Bauern, mit denen ich gesprochen habe, diese Nichtakzeptanz als schwerste Belastung für ihre Zukunft. Das Bild vom Bauern als Verschmutzer und Vergifter, das gesellschaftliche Misstrauen gegenüber ihrer landwirtschaftlichen Praxis, behindert ihre Arbeit. Und es kränkt sie.

Als ich ein paar Tage später mit meinem Neffen Hannes über dieses Thema spreche, sagt er, dass man die äußeren Bedingungen des Wirtschaftens kaum noch berechnen könne und dass jede Einschränkung der landwirtschaftlichen Arbeit inzwischen von der Öffentlichkeit gutgeheißen würde. Er zeigt mir ein Youtube-Video, auf dem eine spazieren gehende Frau einen Bauern anbrüllt, der gerade Gülle ausbringt. Als der sagt, er dünge das Gras, damit seine Kühe Futter hätten und Milch geben könnten, schreit sie den perplexen Mann an: »Kein Mensch braucht Milch!« Man möchte sie fragen: Und was ist mit Butter, Käse, Joghurt – oder Latte macchiato? Auf die Frage des Bauern, was sie denn äße, sagt sie, sie äße Salat – und wieder möchte man ihr gerne etwas sagen. Z. B. dass auch Salat nicht ohne Düngung wächst.

Mein Neffe fährt fort: »Neulich fuhr ich mit dem Treibewagen, da laufen mehrere Tiere unangebunden von einem auf vier Rädern aufgesetzten Metallrahmen weit umfasst hinter dem Trecker her. Ich musste ein paar Jungtiere von einem Stall zum anderen bringen, es ging die Dorfstraße lang. Da überholte mich eine Autofahrerin, fuhr mit mir auf gleicher Höhe, öffnete das Autofenster und brüllte irgendwas rüber von ›Tierschutz Bescheid sagen‹.« Er schüttelt den Kopf. »Früher wurden große Herden ständig die Dorfstraßen entlanggetrieben, ohne ›Einzäunung‹ durch den Treibewagen. Der sorgt ja jetzt immerhin dafür, dass die Tiere den Leuten hier nicht in die Gärten laufen. Damals halfen die Leute beim Treiben mit und schützten ihre Häuser und Höfe selbst durch Zäune und geschlossene Tore. Jetzt passen alle nur noch auf, dass wir die Straßen sofort wieder von den Kuhfladen säubern. – Wir leiden unter dem Jogi-Löw-Syndrom«, sagt er und lächelt etwas schief. »80 Millionen wissen es besser.«

Auch die Medien seien keine Hilfe, vielmehr verstärkten sie diese Situation oft noch. Neulich habe es einen Bericht in der lokalen Zeitung darüber gegeben, dass die Güllelager der Landwirte voll seien, weil die Böden zu nass sind, um die Gülle auszubringen. Unter dem Text stand ein Kasten, in dem fett gedruckt die Sperrfristen für die Gülleausbringung angegeben waren: vom 1. November bis zum 1. Februar. Er habe das – so herausgehoben und nicht als Teil des Artikels, sagt Hannes – als Aufforderung an die Leser empfunden, jeden sofort zur Anzeige zu bringen, den sie innerhalb der Sperrfrist mit dem Güllefass erwischten. Nur gebe es auch Sonderregelungen, Genehmigungen auf Ausbringung von Gülle, die nicht unter diese Frist fielen.

»Aber viele Menschen nehmen es gerne auf sich, die Landwirte zur Ordnung zu rufen«, sagt er. Es hagelt Anzeigen bei Polizei, Ordnungsamt und Landwirtschaftskammer. Letztere habe sich unter diesem Druck der Öffentlichkeit schon zu einem reinen Kontrollorgan gewandelt.

Später bestätigt mir auch Frank, der dritte Milchbauer des Dorfs, dass die örtlichen Behörden ausgelastet seien mit dem Aufarbeiten von Anzeigen. Irgendjemand will gehört haben, dass ein Teil dieser Anzeigen von ehemaligen Landwirten stammten, und meinte, dass vielleicht auch Neid im Spiel sei von all jenen, die aufgeben mussten. Aber an solchen Spekulationen beteiligen sich meine Gesprächspartner nicht. Jedenfalls stimmt, dass einige Betriebe aufgrund von besonders scharfen Kontrollen und teuren Auflagen am Ende aufgeben mussten.

Auch Frank ist, wie die anderen beiden Milchbauern, der einzige Sohn seiner Eltern, Paul und er sind gleichaltrig, er ist ebenfalls gelernter Landwirt, dazu geprüfter Wirtschafter und Landwirtschaftsmeister, seit 2003 arbeitet er im Milchkontrollverein, seit 2005 macht er als Geschäftsführer die Lohn- und Finanzbuchhaltung.

»Was tut ein Milchkontrollverein? Gehört der zur Molkerei?« Nein, der Milchkontrollverein ist eine eigene Organisation, unabhängig von der Molkerei, aber im engen Kontakt mit ihr. Er nimmt die Gütebewertung der Milch vor, d.h. von ihm werden Milchproben jeder einzelnen Kuh genommen, deren Menge, Fett- und Eiweißgehalt ermittelt und an den Bauern rückgemeldet als Parameter für die Gesundheit der Tiere und für die Zucht.

Als Frank mit der Arbeit dort begann, kontrollierte er 204 Milchbauern mit 11.800 Kühen. Zwölf Jahre später sind es 135 Bauern mit 15.500 Kühen. Die typische Entwicklung der letzten Jahrzehnte setzt sich fort: weniger Bauern, mehr Kühe – und damit mehr Milch.

Frank gibt mir noch ein paar Zahlen.

Seit er im Milchkontrollverein arbeitet, haben alleine in unserem Dorf von zehn Milchbetrieben, die alle zuvor Boxenlaufställe und moderne Melkstände gebaut hatten, sieben die Milchviehhaltung aufgegeben. Sechs Betriebe haben ganz mit der Landwirtschaft aufgehört – teils hatten die ›Alten‹ das Rentenalter erreicht und keine Nachfolger, andere gaben vorher auf, fanden Arbeit im Hafen oder im Straßenbau; einer hat sich umgestellt auf Schweinehaltung und betreibt eine Biogasanlage.

Auch Franks Eltern haben ihren Viehbestand in jenen Jahren, als die meisten ihre Milchbetriebe stark erweiterten, entsprechend vergrößert. 1991 ist auf dem elterlichen Betrieb ein Boxenlaufstall für 27 Kühe und ein Fischgrätenmelkstand* gebaut worden, man begann mit 19 Kühen und stockte langsam auf.

Mit 43 bewirtschafteten Hektar Land, das meiste im Eigenbesitz, ist dieser Betrieb der kleinste der drei Milchbetriebe. Franks Eltern melken im Moment 60 Kühe und ziehen die weibliche Nachzucht auf. Von ihrem Betrieb müssen seit mehr als zehn Jahren nur zwei

Personen leben, da Frank ein eigenes Einkommen hat. Ihm ist bewusst, dass sie kurz vor dem Rentenalter gerne wüssten, ob sie den Betrieb nun aufgeben oder für ihn weiter bereithalten sollten.

Er muss sich bald entscheiden – und er würde gerne ganz in die Landwirtschaft wechseln.

»Es wäre mein Traum«, sagt er.

Ob es das Richtige wäre? Wer weiß das schon. In der Krise schien es nicht die richtige Entscheidung. Im Moment, da die Erzeugerpreise wieder angestiegen sind, sieht er es optimistischer.

Der Dritte im Bunde der Milchbauern ist Hannes. Er ist fast zehn Jahre jünger als seine Kollegen, aber durch eine GbR, Gesellschaft bürgerlichen Rechts, zusammen mit seinem Vater Mitbesitzer des Betriebs. Wie Nachbar Frank ist er geprüfter Wirtschafter und Landwirtschaftsmeister, hat seine Meisterarbeit geschrieben über den Vergleich zweier Milchkuh-Gruppen, die eine gemolken im traditionellen Melkstand, die andere vom ersten Melkroboter des Hofs. Seine Fragen: Sind Kuhgesundheit und -leistung verschieden? Wie verhalten sich Arbeits- und Energieaufwand hier im Vergleich mit dem konventionellen Melken? Seine Antworten haben ihn bestärkt, Roboter einzusetzen. Insgesamt werden 120 Hektar bewirtschaftet, ein zweiter Melkroboter ist 2016 in Betrieb gegangen, Arbeitskräfte sind neben ihm seine Eltern – Waldemar und Anna. Zu Ernte und Arbeitsspitzenzeiten werden tageweise Hilfskräfte geholt, oft Jungs aus Dorf und Nachbardorf, Lohnunternehmen werden teilweise für das Maislegen, besonders aber zum Maishäckseln beauftragt. Gemolken werden inzwischen etwa 140 Kühe, aber auch hier lief das Modell aus, nebenbei Bullen zu mästen, obwohl es wirtschaftlich sinnvoll wäre, denn Futter wäre von den selbst bewirtschafteten Flächen genug zu holen. Nur die strengen – und immer strenger werdenden – Düngeverordnungen lassen es nicht zu.

Hannes ist begeisterter Praktiker. Nicht nur achtet er sehr genau auf die Kühe, ihre Gesundheit und ihr Wohlbefinden, er ist auch leidenschaftlich mit Technik befasst, wie Vater Waldemar. Vater und

Sohn sind unermüdliche Bastler, können stundenlang und ohne zu klagen in Hitze und Kälte in der Maschinenhalle arbeiten, aufschrauben, reinigen und zuschrauben, abmontieren, schweißen und anmontieren, auseinanderbauen, in Öl tauchen, reinigen und wieder zusammenbauen. Schon als Teenager hat Waldemar einmal - zum Schrecken unseres Vaters - einen alten Trecker auseinandergenommen, den Motor repariert und wieder zusammengebaut.

»Na ja«, dämpft Hannes meine Begeisterung über ihre Geschicklichkeit. »Wir würden auch gerne mal neue Geräte kaufen, aber wenn die Milchpreise im Keller sind, geht das eben nicht. Die Reparaturarbeiten nehmen viel Zeit in Anspruch, aber sie sparen eben auch viel Geld.«

Nach der möglichen Zukunft des Betriebs gefragt, hatte auch Frank die Probleme mit der Gülle angesprochen. Er würde gerne siebzig bis achtzig Kühe halten, möglichst aber trotzdem kein Land hinzupachten. Stattdessen würde er lieber einen Gülleabnahmevertrag schließen, zum Beispiel mit dem Betreiber einer Biogasanlage oder einem größeren Ackerbaubetrieb. Seiner Meinung nach seien die Kosten von ein paar Hundert Euro Gülleabnahme rationeller als die sonst notwendige Hinzupachtung von Grünland. Frank gefällt die Überschaubarkeit des elterlichen Betriebs besser als eine Expansion, für die er Fremdarbeitskräfte einplanen müsste.

»Wer mit Tieren arbeitet, braucht gute Leute. Die sind teuer.« Für Stoßzeiten bei Saat und Ernte würde man immer genug junge Leute auf dem Dorf finden, die sich mit Treckerfahren Geld verdienen wollten.

Nachdenklich setzt er hinzu, dass in Sachen Energieerzeugung eigentlich auch Biogasanlagen eine eher widersprüchliche, vielleicht sogar fragliche Sache seien.

»Fragt eigentlich mal einer, wie viel Energie in so eine Anlage gesteckt wird, bevor welche rauskommt?« Nimmt man die mit Mais gefütterten Anlagen, so fließt Energie ein 1. in Form von Diesel für die Traktoren bei der Feldbestellung, 2. in Produktion, Transport und Ausbringung von Saat, Pflanzenschutz und Düngung, 3. dann in die Maisernte selbst und 4. noch in die Lagerung und den Transport des Bioguts für die ›Fütterung‹ der Anlage.

Franks Frau Susanne ist Bauerntochter und stammt aus der Gegend, ihr Bruder betreibt den väterlichen Betrieb. Selbst arbeitet sie im Molkereibüro, nach Babypause und Elternzeit jetzt wieder drei Tage die Woche. Sie wäre, das weiß ihr Mann, nicht unbedingt begeistert, wenn er den Hof übernähme.

Am Ende habe ich alle noch nach Urlauben gefragt, nach der Motivation – und ob sie fänden, dass der alte Geist der Moorbauern, die nachbarschaftliche Hilfe, noch lebendig sei.

Davon sind Paul und Isabella überzeugt.

Als ein Beispiel nennen sie spontan Waldemar. Der hat, als der Kauf eines Melkroboters auf seinem Hof anstand, einen Roboter derselben Marke gekauft, wie sie ihn hatten. So kann jeweils der eine beim anderen ›Dienst machen‹. Wenn im Betrieb des Roboters etwas schiefgeht, wird nämlich automatisch die Telefonnummer des Betriebsleiters angewählt und eine Durchsage über das Problem gemacht. Wenn sie also wissen, dass sie an einem bestimmten Abend nicht reagieren können, geben sie die Telefonnummer des jeweils anderen in den Computer ein. Da sie jetzt die gleichen Maschinen haben, kann der andere jeweils den Fehler beheben. Auch über Landkauf und Pachtung gebe es Absprachen, sagen sie. Wenn eine Fläche zum Verkauf steht, die direkt an den Flächen des anderen liegt, tritt man selbst zurück und bietet nicht mit.

Zwar wusste ich von anderen Fällen – und sie gewiss auch –, aber wir ließen das mal so stehen. Beim Land hörte bei den Bauern auch früher schon die Freundschaft auf, und die Gülle- und Düngeverordnungen verschärfen das Problem.

Ich frage nach Urlaub.

Sie gucken etwas gequält.

Ja, sie hätten schon einmal Urlaub zusammen gemacht. Aber es reichte immer nur für ein paar wenige Tage. Eine ganze Woche wäre schon viel. Bevor sie Kinder hatten, waren sie sogar einmal zehn Tage auf Ibiza, sagt Isabella. »Erinnerst du dich?« Paul scheint überrascht, aber dann erinnert er sich. Auch auf Mallorca waren sie schon einmal.

»Doch, ja«, sagt Isabella und guckt ihren Mann liebevoll an. »Eigentlich sind wir zufrieden.«

»Nein, ein Urlaub von mehr als drei Tagen ist nicht drin«, sagt Hannes. »Eine ganze Woche wegzufahren ist undenkbar. Im Grunde bräuchte jeder von uns hier im Dorf eine Arbeitskraft mehr. Bei Arbeitnehmern rechnet man mit 1.800 Stunden Arbeit im Jahr, bei Selbstständigen mit 2.500. Bei Landwirten sind es 3.000. Und weil die Bürokratie fast monatlich zunimmt, kommen immer mehr Arbeitsstunden dazu.«

»Und wieso bleibst du Landwirt?«

Er zuckt die Achseln.

»Ich liebe diesen Beruf, er ist so vielseitig, mal arbeitet man mit Tieren, mal mit Technik, die Jahreszeiten wechseln, man ist draußen auf dem Feld. Jeder Tag ist anders.«

Zur nachbarschaftlichen Hilfe, zum Geist der Moorbauern, höre ich auch von ihm ein volltönendes Ja.

»Zu dritt werden Silage und Maisernte eingebracht, man spricht sich ab, es wird eher locker dokumentiert, wer wie viele Stunden und mit welchen Geräten bei jemandem gearbeitet hat, man trifft sich, vergleicht, selten fließt mal Bargeld. Es gibt eine gegenseitige Rücksichtnahme, man pflegt die Geselligkeit – wie jetzt im Winter, wenn wir zusammen eine Grünkohlwanderung machen und Boßeln. Wenn man nur mit Lohnunternehmen arbeitet, dann fehlt das Miteinander, der Zusammenhalt.« Für Nicht-Norddeutsche: Boßeln bedeutet, eine Kugel mit möglichst wenigen Würfen über eine festgelegte Strecke zu werfen; am Ende der Grünkohlwanderung wartet ein fettes Essen mit Grünkohl, Bier und Schnaps auf die Wanderer.

Fast wütend fügt er hinzu: »Wer will denn so leben, dass alles nur in Geld berechnet wird?«

Habe ich erwähnt, dass alle drei sich ehrenamtlich engagieren? Der eine ist Ratsherr, der andere bei der Feuerwehr und im Schützenverein und fungiert als Jagdpächter, der Nächste sitzt im Aufsichtsrat der Molkerei und ist ebenfalls im Schützenverein. Sie sind, mit anderen Worten, Stützen der Gesellschaft. Und ihre Frauen sind es auch.

Ich habe sie gefragt, was sie sich für die Zukunft wünschen.

Paul hat gelacht und gesagt, er wünsche sich Kühe, die alle zwei Wochen ein Wochenende lang keine Milch geben – und dringend eine bessere Internetverbindung.

Isabella wünscht sich, und das hat mich sehr beeindruckt, dass ihr kleiner Sohn sich eines Tages wird frei entscheiden können, ob er Bauer werden will oder nicht. Und wenn nicht, dann möchte sie den Betrieb rechtzeitig so zurückbauen können, dass ihnen noch etwas vom Leben bliebe.

Frank hat ein Jahr nach unserem Gespräch tatsächlich seinen Geschäftsführerjob aufgegeben und den Hof der Eltern übernommen.

52. KAPITEL

*Der Dürresommer 2018. Magere Felder,
Reparatur eines Staus und Kühe im Luftzug.*

WIE ES HIER AUSSEHEN MÜSSTE, WEISS ICH. Da müsste Ende Juli vor den Zugfenstern ein kräftiges, dunkles Grün herrschen, große Flächen bedeckend, verschwenderisch über die Ränder quellend. Mal ein Grün, das ins Blaue spielt oder zu Gelb tendiert, das die Ränder der Wälder und Felder dunkel markiert und tiefgrün-saftige Grabenränder in die Weiden zeichnet. Nur auf frisch gemähten Flächen dürfte die Grasnarbe hell durchscheinen, sonst müsste überall dichter Bewuchs glänzen wie frisch gewaschen.

Aber so ist es nicht.

Unter strahlend blauem Himmel wirkt das Land wie überstäubt, ausgezehrt und dünn bewachsen. Hier sind lange keine Wolken mehr durchgekommen, und geregnet hat es erst recht nicht.

Ich warte auf die ersten Getreidefelder. Aber alles ist kümmerlich, der Boden schimmert durch Gerste, Weizen, Roggen hindurch, so schlecht sind die Saaten aufgelaufen, so kurz die Halme. Gerste ist auf manchen Feldern schon geerntet. Jedenfalls nehme ich an, es war Gerste, die Zeit würde stimmen, aber in diesem Jahr ist alles anders. Seit dem nassen Frühjahr, als man im März und April kaum die Saaten in den weichen Boden kriegte, hat es kaum noch geregnet. Im Juni und Juli kam eine Hitzewelle, in der 30 Grad im Schatten keine Ausnahme waren, sondern fast alltäglich. Mal sanken die Temperaturen auch auf 24 oder 25 Grad, aber schnell waren sie wieder oben und stiegen südöstlich von hier auch auf in hiesigen Breiten schier unglaubliche 40 Grad. Die Nächte kühlten kaum noch ab, wurden offiziell Tropennächte genannt, weil es nie kühler wurde als 20 Grad. So ist nur wenig gewachsen. Wenig Gras, wenig Getreide. Auch der Mais leidet, er müsste schon wesentlich höher gewachsen sein, aber hier steht er niedrig, am Rand der brandenburgischen und mecklenburgischen Felder hängen müde und gelblich die Blätter herab. Im Inneren mögen sie ja kräftiger sein, denke ich noch, aber wenn die Bahntrasse einmal etwas höher steigt und man ein ganzes Feld übersieht, blickt man auf eine unebene Fläche mal längerer, meist kürzerer Pflanzen und große kahle Stellen, auf denen gar nichts gewachsen ist.

Der Zug rast weiter.

Weniger Heurollen als sonst, kaum Stroh. Das wird, denke ich, in diesem Jahr besonders teuer werden, weil das Angebot klein sein wird. Die Milchbauern werden weit dafür fahren müssen.

Am Telefon hatte mir Waldemar schon erzählt, dass er mit Hannes einen Stau in den Kanal gesetzt hat.

»Oh, schon wieder ein illegaler Stau?«

»Nein, ganz legal dieses Mal.«

Nach vielen Anrufen beim Schleusenmeister, das Wasser nicht weiter abzupumpen, und nachdem der es zugesagt hatte und das Wasser trotzdem weiter abfloss, war schließlich herausgekommen, dass ein Stau beschädigt war und das Wasser nicht zurückhielt. Man würde in den nächsten Wochen nicht zur Reparatur kommen, hieß es. Also hatten Waldemar und Hannes mit Balken und starker Folie ausgerüstet einen langen Tag damit verbracht, die Stauwand behelfsmäßig auszukleiden, damit weniger oder gar kein Wasser mehr durchlief und das Grundwasser nicht noch tiefer sank. Wenigstens dem Mais, der tiefere Wurzeln ausbildet, könnte es nützen. Dem Gras mit seinen kurzen Wurzeln würde wohl nur Regen helfen können.

Draußen vor den Zugfenstern jetzt ein ganzes Feld voller Fotovoltaikmodule. Genau die richtige Ernte in diesem Jahr: Sonne und Licht.

Nie sieht man große Getreidefelder, die sich nebeneinanderliegend in ihren Farben voneinander absetzen, der Roggen bläulich schimmernd, die Gerste schon reif und golden, der Weizen noch grünlichgrau. Alles scheint jetzt gleich gelbgrau, staubig und mager. Selten einmal Rinderherden, rotbunte und schwarzbunte Friesen, helles Mastvieh. Die Tiere drängen sich um die wenigen Schattenplätze unter den Bäumen und neben dem Stall, oder sie stehen wiederkäuend an den Futter- und Wasserplätzen, denn es muss zugefüttert werden, auf den Weiden wächst nicht genug. Nur der Ampfer blüht kräftig rot. Es fällt auf, dass die Stoppelfelder häufig nicht umbrochen sind: Man traut sich nicht, den Boden einer noch stärkeren Austrocknung auszusetzen. Das Einsäen der Zwischenfrüchte, das vorgeschriebene Greening verzögert sich, die Fruchtfolge ist verlangsamt. Selbst die Wälder beruhigen den Blick nicht mehr, stehen zundertrocken und von keinem Wind berührt da wie ein großes Luftanhalten.

Die Gräben sind leer, die Pegelstände der Kanäle und der Elbe, die wir überqueren, niedrig wie selten zuvor.

Alles wartet auf Regen.

In die Obstbäume hinter Hamburg hat man rot-weiße Bänder geflochten als Schutz gegen die Vögel. Wenigstens den Obstbauern im Alten Land geht es gut, die Wurzeln ihrer Bäume reichen tiefer herab, finden noch Feuchtigkeit im Marschboden, die Ernte verspricht gut zu werden, sogar sehr gut. Äpfel, Birnen und Kirschen mögen Wärme und Trockenheit zum Reifen. Und am besten ging es vor zwei Monaten den Erdbeerbauern – zumindest wenn sie genug Arbeitskräfte gefunden haben, aus Polen und der Ukraine. Aber die Gemüse- und Kartoffelbauern hätten ohne Beregnung schon nichts mehr zu verkaufen.

Kurz vor meinem Bahnhof sehe ich einen einsamen Storch auf der Weide. Auch den Störchen spielt die Trockenheit böse mit. Es gibt zu wenige Frösche, und viele der Jungstörche werden am Ende des Sommers zu kraftlos sein, um fliegen zu lernen, und nicht überleben.

Aber dann bin ich angekommen und werde gleich hineingezogen in eine Grillparty, das halbe Dorf ist versammelt, einer nimmt alles mit dem Smartphone auf: Einlösung einer über Facebook verabredeten Wette, die »Grill-Challenge«; das Dorf, das nicht innerhalb einer Woche eine Grillparty organisiert und die Bilder davon ins Netz stellt, muss ein Fass Bier ausgeben.

Nachts um zwei wache ich vom Bellen des Hundes auf, der sich nicht wieder beruhigt. Morgens höre ich, auch Hannes war aufgewacht, hat einen Kontrollgang durch den Stall und über den Hof gemacht. Auch die Hunde auf den anderen Höfen bellten wie verrückt – aber es war nichts zu entdecken. Er vermutet, dass die Hunde ein Rudel Wölfe gewittert haben. Die Hunde fürchten ihre wilden Vorfahren – und übrigens zu Recht, denn wenn Wölfe auf Hunde treffen, haben die Hunde keine Chance.

Mit einem Blumenstrauß für das Grab der Eltern gehe ich durch die Hitze des nächsten Tags zum Friedhof, gieße die Pflanzen, es ist das Einzige, was ich heute tue, drücke mich ansonsten im Schatten des Hauses herum. Die Hitze ist auch dem Hund und den Katzen zu viel, sie liegen nur herum und atmen, zu viel mehr sind auch die Menschen nicht in der Lage, wer arbeitet, braucht viele Pausen.

Dabei gibt es für einige mehr Arbeit als sonst, z. B. für alle, die ihr Vieh nicht im Stall, sondern auf der Weide halten, wie Annas Bruder. Den draußen grasenden Kühen muss sowohl Silage zugefüttert als auch ständig Wasser auf die Weiden gebracht werden. Das Wasser, das aus Gräben und Kanälen hochgepumpt wird, saufen sie nicht mehr. Es hat zu lange gestanden und ist fast schon faulig geworden.

»Und wer weiß, was da an Ungeziefer drin ist«, sagt Anna.

Der Milchpreis ist um einen Cent pro Kilogramm gestiegen, offenbar gibt es wegen der Hitze weniger Milch. Tatsächlich haben manche Landwirte in ihren Herden mit Euterkrankheiten zu kämpfen, bei anderen sind es die Klauen, die Kummer machen. Und wenn das Vieh hinkt, geht es seltener zum Melken, Saufen und Fressen. Das eine zieht das andere nach sich.

»Bei uns im Stall laufen ständig die Ventilatoren«, sagt Anna.

»Die Kühe stellen sich richtig in den Luftzug und meiden die stickigen Ecken.« Natürlich bedeutet das eine höhere Stromrechnung, aber wenn das Vieh leidet, gibt es keine Alternative.

Abends fahre ich mit Waldemar zum notreparierten Stau. Am Kanalufer duftet das Mädesüß, die Mücken stechen wild, ich verkrieche mich wieder ins Auto. Waldemar muss sich stechen lassen, weil er mit dem Zollstock kontrollieren will, ob das Aufstauen funktioniert. Als er wieder zu mir ins Auto steigt, brummt er unzufrieden, und in der folgenden Nacht höre ich die Traktoren spätnachts nach Hause kommen: Nach dem Silofahren beim Schwager sind sie noch zum Stau gefahren und haben bei genauer Kontrolle entdeckt, dass die Folie tatsächlich verrutscht war. Im Licht der Scheinwerfer haben sie das wieder repariert, damit nur das Wasser nicht wegläuft. Als endlich die Motoren schweigen, höre ich sie noch weiter im Stall rumoren und kriege zum Frühstück erzählt, dass eine Kuh gekalbt und eine andere sich so prekär unter ein Trenngitter gedrückt hatte, dass sie nicht mehr aufstehen konnte. Auch so verschiebt sich bei der Hitze dieses Sommers das Tun in die Nacht.

Auch Wochen später, Mitte August, hatte es noch nicht ernsthaft geregnet. Man war mit dem nächsten Schnitt um vier Wochen im Verzug, auf den Wiesen stand nur dünnes, trockenes Gras.
»Wir rechnen mit zwanzig Fudern.«
»Wie viele sind es sonst.«
»Na, fast hundert!« sagt Anna am Telefon – einen Moment lang hellauf empört.
»Aber es nützt ja nichts. Es muss gemäht werden.«
Sie würden ein neues Gerät einsetzen, das auf einer riesigen Breite das Gemähte zusammenrechen kann, so müsste man auf der von der Trockenheit schon geschädigten Grasnarbe nicht allzu oft hin- und herfahren und könnte das Gras mit nur wenigen Fahrten bergen.
Geborgen werden muss es jetzt endlich, die Grünflächen sollen für den Aufwachs des nächsten Schnitts gemäht und gedüngt wer-

den. Sonst bleibt am Schluss nur noch Löwenzahn, das Gras vertrocknet und verdirbt. Womöglich mähte man noch im November den vierten Schnitt, sagt Anna – eine Sekunde hörbar fassungslos bei dem Gedanken.

Aber sie will auch nicht jammern.

»Es geht niemandem gut bei dieser Trockenheit. Wir haben es bisher nicht schlecht überstanden.« Und dann erzählt sie von Landwirten, die mit sandigeren Böden fertigwerden müssen und wesentlich weniger Futter ernten. Schon jetzt haben diese Kollegen die Silage des ersten Schnitts fast vollständig ans Vieh verfüttern müssen. Andere mussten ihre Maisernte ganz und gar aufgeben und schon alles ernten, weil die Pflanzen keine Kolben angesetzt haben – und es sind die Kolben, die mehr als die Hälfte der Energie ausmachen. Bei ihnen ist der Mais dagegen gut geraten, auch wegen des Staus.

Im Bett der Elbe sind wegen der Dürre Steine mit Inschriften sichtbar geworden, eine stammt von 1874 und lautet: »Wer einst mich sah, der hat geweint. Wer jetzt mich sieht, wird weinen.«

53. KAPITEL

Biogas und Urlaubernächte im Stroh. Dreißig Sommer zur Rettung einer Bauernhausruine, Indianerspiele und Husumer Protestschweine.

IM JAHRE 2000 WURDE DAS Erneuerbare-Energien-Gesetz im Bundestag verabschiedet. Seitdem ist die heißeste Ware vom Lande die erneuerbare Energie. Durch Windräder, Solarpaneele und Biogasanlagen werden Wind, Sonne und Methangas in Strom verwandelt. Fast jeder im Dorf hat Haus- und Stalldächer flächendeckend mit Solarpaneelen belegt.

Aber es ist der Hof unseres Nachbarn zur Rechten, der in Sachen Energieerzeugung der modernste des Dorfs ist. Das Herz seines Betriebs ist eine Biogasanlage, ihre Ernte ist der Strom. Bewirtschaftet wird der Hof inzwischen von Hildas Enkel, Sohn jenes Paares, dem ich als Kind zur Hochzeit die Blumen streute. Er ist Landwirtschaftsmeister und hat einen großen Teil der Flächen jener Bauern des Dorfs gepachtet und gekauft, die inzwischen aufgegeben haben. Als Einziger hat er einen fest angestellten Mitarbeiter – und muss einen großen Teil seiner Arbeitszeit im Büro verbringen.

Hildas Enkel ist auch insofern ein Mann unserer Zeit, als er nie Zeit hatte, sich mit mir zu treffen. Wann auch immer ich um einen Termin fragte, er war komplett ausgebucht. Bei meinem letzten Versuch verwies er mich schließlich an die beiden Töchter, elf und acht Jahre alt. Denn in den nächsten Tagen wollte er mit der Familie in Urlaub fahren – und leider sei für den Tag nach der Rückkehr die regelmäßige Sicherheitsüberprüfung der Biogasanlage angesetzt worden. Dafür musste er die Dokumente vorher fertig machen.

Hildas Urenkelinnen also, die elfjährige Clarabel und die achtjährige Leevke: Sie nehmen den Vorschlag ihres Vaters begeistert an, und so setzen wir uns an diesem heißen Julitag in den Schatten hinter das Haus, während der Vater im Büro weiter über den Unterlagen der Biogasanlage sitzt. Auf dem Rasen neben uns mümmeln zwei zahme Kaninchen, ab und zu hören wir ein Schwein grunzen, denn im umgebauten Kuhstall werden inzwischen 200 Muttersauen gehalten. Seit 2005 wird auf dem Hof nicht mehr gemolken. »Damit gingen 152 Jahre Rindviehhaltung zu Ende«, hatte Opa Egon in seiner Hofgeschichte geschrieben. Wenn sie vier bis sechs Wochen alt sind, werden die Ferkel an Mäster verkauft, die Schweinegülle wird als organischer Dünger auf den Äckern ausgebracht. Wenn etwas übrig bleibt – oder man grad keine Gülle ausbringen darf –, wird sie in die Biogasanlange gepumpt, die ansonsten vor allem mit Mais gefüttert wird.

Der Hof ernährt die Altenteiler, Oma und Opa der beiden Mädchen, und ihre eigene Familie. Die Mädchen wohnen mit den Eltern im erweiterten Altenteilerhaus von Uroma Hilda. Es steht an der inzwischen zugeschütteten Wettern. Die früher dort gewachsenen großen Eichen, die einmal den Hof dicht umstanden haben, sind lange schon gefällt worden – wie auf fast allen anderen Hofstellen auch.

Um es gleich zu sagen: Die Biogasanlage muss weg. Clarabel und Leevke würden aus dem Hof nämlich einen Ferienwohnungsbetrieb machen.

»Wo der Schweinestall ist und die alte Diele, da kämen die Wohnungen hin. Und wo die Biogasanlage ist, da würden die Tiere wohnen – fünf Kühe, fünf Schafe und fünf Hühner, dazu vier Kaninchen, drei Ziegen, eine Sau mit Ferkeln und noch drei Katzen und zwei Hunde.«

»Und ein Fußballplatz«, ruft Leevke begeistert. Aber ihre Schwester korrigiert sie schnell. »Nein, das war die alte Planung.«

Ich frage nach der neuen Planung.

»Zwei Spielplätze soll es geben, einen für die Kleinen, wo der Birnbaum steht, und der Spielplatz für die Großen kommt hinter die Hecke.«

Und Fahrradtouren würden sie für ihre Gäste organisieren, dazu auch Mieträder anbieten, ein Kletterbaum muss her und Stroh, damit die Kinder der Gäste mal eine Nacht im Stroh schlafen könnten.

Sie wollen Kartoffeln anbauen und Erdbeeren, damit würden sie zum Verkauf an die Straße gehen und auf die kleinen Märkte der Umgebung, auf denen ihre Mutter mit ihnen einkauft.

Dann würden sie Kinderbetreuung anbieten, damit die Eltern auch mal was ohne ihre Kinder unternehmen könnten, und mit den Kindern würden sie dann basteln.

»Aber immer jeweils nach Jahreszeiten – mal Schmetterlinge, mal Schneemänner.«

»Und Kettcars hätten wir auch, weil für die Jungs ja auch was da sein muss«, setzt eine der beiden ernst hinzu.

Dann denken sie einen Moment nach, um sich an ihre Pläne zu erinnern.

Nachtwanderungen sollte es bei ihnen auch geben, sagt Clarabel.

Aber nicht so gefährliche, meint Leevke.

Clarabel schlägt jetzt noch ein Maislabyrinth vor.

»Aber nicht so, dass man da nicht rausfindet«, sagt die vorsichtige Leevke.

Außerdem würden sie mit einem Unimog die Gästekinder zum Baden fahren.

Einen perfekten Kinderbauernhof würden sie bauen und ich muss denken, dass ihre Urgroßmutter Hilda den vielleicht schon fast ein bisschen peinlich gefunden hätte – mit seinen paar Kühen und Schweinen, Schafen, Ziegen und Hühnern. Aber dafür hatte Hilda noch nichts von Biogas gewusst, und bis ihre beiden Urenkelinnen erwachsen sind, werden sie die Biogasanlage sicher in einem anderen Licht sehen.

Nach einem gemeinsamen Glas Mineralwasser bedanke ich mich für das Interview und spaziere zurück.

Ich finde, dass die Realität des Hofs und die Fantasien der zukünftigen Erbinnen gut zusammenpassten: Erneuerbare Energie, Tourismus und Direktvermarktung. Alles in allem war das eine gute Zusammenfassung dessen, was sich auf dem Land schon jetzt entwickelt. Die Produktion von Nahrungsmitteln steht in den meisten Dörfern – und in den Fantasien über sie – jedenfalls nicht mehr im Zentrum.

Ich ging in diesen Julitagen zu einigen im Dorf, die keine Bauern mehr waren oder es nie gewesen sind. Natürlich leben hier inzwischen mehr Nichtbauern als Bauern. Ein paar alte Niedersachsenhäuser sind schon seit Jahrzehnten umgebaut zu Ferien- und Sommerwohnungen – und in gewisser Weise ergänzten sich der südlichste Hof, auf dem Clarabel und Leevke zu Hause sind, und sein nördlichstes Gegenstück, der alte von-Seth-Hof geradezu idealtypisch. So wie auf dem einen hauptsächlich Strom hergestellt wird, so wird auf dem anderen schon jetzt Erholung praktiziert.

Aus dem höchst altertümlichen Niedersachsenhaus der von Seths – dem Gespensterhaus meiner Kindheit – war in dreißig Jahren unermüdlicher Wochenend- und Sommer-Arbeit das Sommerhaus einer Hamburger Familie geworden. Ihre Bau- und Gärtnerarbeiten waren für ein auskömmlich verdienendes, großstädtisches Paar, inzwischen halbwegs berentet, wohl eine höhere Form der Erholung gewesen. Sie kamen ins Dorf, als ich schon lange gegangen war. Anfangs eine Gruppe von vier Leuten, hatten sie bald gemerkt, dass sehr viel mehr Arbeit und Durchhaltevermögen, Zähigkeit und vielleicht auch Geld vonnöten waren, als einige aufbringen konnten oder wollten. So war die jetzige Familie übrig geblieben.

Anfangs hatten sie, wie sie mir erzählten, immer wieder in den Rissen der Wände dort hineingestopfte Lappen gefunden, die August als Renovierung für ausreichend gehalten hatte, hatten das sich senkende Dach und den Hausrahmen abenteuerlich abstützen und anheben müssen, Wände herausgenommen, Badezimmer und Heizung eingebaut – kurz, ein wirklich bewohnbares Haus aus der Beinaheruine gemacht. Der weite Blick über die Felder des Dorfs hatte sie jahrelang belohnt. Inzwischen ist der Weitblick ab Juli von hohen Maisfeldern begrenzt. Aber die Stille gibt es immer noch, die selbst von den großen Maschinen auf Nachbars Feld nur selten und nur kurz unterbrochen wird.

Jetzt hat die Hamburger Familie zu einem Spanferkelessen auf den Hof geladen, um die dreißig Jahre ihres Hierseins zu feiern. Gleich am Hofeingang treffe ich an jenem Tag auf eine alte Frau, die sich gleich erinnert, wie ich einmal mit der Strela bei ihnen geschwadet habe – vor fast fünfzig Jahren.

Gekommen ist auch die alte Gastwirtin Erika, deren Gastwirtschaft ein paar Hundert Meter weiter im nördlichen Nachbardorf gelegen hat. Sie selbst ist als Kind mit Eltern und Bruder erst 1950 aus dem Alten Land bei Hamburg zugezogen, dem Obstbaugebiet mit gutem Boden. Ihr Vater, eigentlich Tischler, hatte bei Dachdeckerarbeiten durch einen Unfall ein Auge verloren und schließlich das völlig heruntergekommene Wirtshaus in Bachenbruch übernommen.

»Ein einziges Rattenloch war das damals«, sagt sie. Aber sie lobt die Menschen.

»Im Alten Land bist du entweder reich oder gar nichts.« Hier sei dagegen jeder gleich angesehen. »Wo gab es das sonst, dass der Dorfschullehrer zur Hochzeit seines Dienstmädchens geht?«

Ich frage sie nach Berta von Seth. In diesem Haus, das ein Sommerhaus geworden ist, hatte die ihr Leben verbracht. Es war in den 1980ern endgültig frei geworden durch den Tod des letzten Bewohners, ihres Bruders August. Berta hatte ihm jahrzehntelang den Haushalt geführt, die Kühe gemolken – im langen Rock draußen in der Weide unter der Kuh hockend, ohne Melkschemel, wie einer sich noch erinnert. Sie war am Ende zu einer furchtsamen Frau geworden. So ging sie den ganzen langen Weg vom Kleiweg – dem Weg, der durch Kiebitzwiesen zur Kirche führt – zu Fuß hinter dem von ihr perfekt gepackten Heuwagen her und setzte sich nicht oben auf das Heu, weil sie Angst hatte herunterzufallen. Trotz ihres Könnens beim Spinnen und Weben, Melken und Kälber-Aufziehen,

Heuwenden und Geflügelschlachten war aus ihr eine verstörte Frau geworden. Dass August seine Schwester für all ihre Arbeit noch schikanierte und sogar hungern ließ, höre ich erst jetzt.

»Eine ganz arme alte Frau«, sagt Erika. Halb verhungert sei sie gewesen, als sie schließlich – weil August die Bettlägerige nicht mehr pflegen konnte – in ein Altenheim kam. Vorher hatte sich August bei ihnen in der Gastwirtschaft manchmal gegen Mittag eine Tafel Schokolade gekauft, dort herumgesessen und dabei Schokolade gekaut. Dann hatte er zur Uhr gesehen und gemeint, inzwischen habe Berta wohl auch die Pellkartoffeln fertig. Erst dann sei er nach Hause gegangen. Einmal hat der Arzt, so wurde erzählt, zu August gesagt: »Ihre Schwester ist so krank. Nun geben Sie ihr doch mal einen guten Kaffee mit fetter Milch«, aber August habe nur unwillig gebrummt.

So war aus dem reichsten Hof des Dorfs ein schmutziger Katen geworden, in dem der Bruder seine Schwester drangsalierte. Unsere Nachbarin Wine hat oft für die beiden gekocht, und es hieß, dass Onkel Edu, wenn er seinem zukünftigen Erbonkel das Essen brachte, so lange bei ihnen in der Küche sitzen blieb, bis auch Berta davon zu essen bekommen hatte.

»Die große Überraschung war«, sagt Erika jetzt, »dass Berta im Heim nicht etwa bald gestorben ist – sondern sie blühte auf und überlebte sogar ihren Bruder. Zu seiner Beerdigung kam sie in Begleitung zweier Pflegerinnen – gut gekleidet und lächelnd. Offenbar hatte ihr Leben erst begonnen, als sie als Pflegefall im Heim angekommen war. Die Pflegerinnen, die sie begleiteten, sagten, sie hätten noch nie eine so freundliche, dankbare Frau erlebt.

Vor den Hamburgern war in den 1980er-Jahren nur ein einziges anderes Haus des Dorfs von Nichtbauern gekauft worden, und zwar jenes Gebäude, das sich Lehrer Offermann 1926 hat bauen lassen; dort hat später die alte Minna gewohnt, seine Tochter, zweimalige Witwe, die – wir erinnern uns – ihre Jugendliebe heiratete, als der erste Mann gestorben und jener für sie aus Amerika zurückgekehrt war.

Dort jedenfalls zog das Ehepaar Schönbach aus Berlin ein. Während der Mann anfangs noch in Berlin Taxi fuhr, hatte seine Frau in einem hiesigen Krankenhaus als Krankenschwester Arbeit gefunden. Sobald genug Geld da war, wurde ein Scheunenneubau errichtet, ein Stall zum Schafstall umgebaut, dazu ein Melkstand und eine kleine Käserei. Am Ende melkten sie ein paar Dutzend Milchschafe, bereiteten Käse und Schafswurst und verkauften ihre Produkte auf den Märkten der Umgebung. Über zwanzig Jahre machten sie das so, zogen eine damals auch in Berlin lebende Französin nach, die mit ihrem Lebensgefährten bis heute auf dem Hof der ehemaligen Dorfgastwirtschaft Milchziegen hält, ebenfalls Käse zubereitet und auf Märkten verkauft.

Irgendwann aber sind die ersten Aussteiger und Pioniere aus Berlin ins Rentenalter gekommen, die Arbeit mit den Schafen wurde nicht weniger, und ihnen wurde bewusst, dass sie hier im Dorf weit von Ärzten entfernt wohnten und für ihr Alter sorgen mussten. Sie hatten weder Kinder noch Verwandtschaft in der Nähe – und so boten sie den Hof wieder zum Verkauf und zogen nach Otterndorf, in das alte Kreisstädtchen an der Elbe, in dem Johann Heinrich Voß ein paar Jahre Rektor der Lateinschule war und die »Odyssee« ins Deutsche gebracht hat.

Sie zeigten mir Fotos aus ihrer Neubachenbrucher Zeit und erzählten, dass sie dort sehr glücklich gewesen seien. Erst im Dorf haben sie verstanden, dass man Nachbarn nicht einfach hat, sondern dass Nachbarschaft eine Beziehung ist und ein Tun, das Vorteile mit sich bringt, aber auch Verantwortlichkeiten. Sie waren beeindruckt, wie selbstverständlich man sie als Zugezogene angenommen hatte, und erzählten als Beispiel, dass der Nachbar, der das Feld neben ihrem Garten besaß, eines Abends zu ihnen gekommen war und Bescheid gegeben habe, dass er am nächsten Tag Gülle fahren wolle und sie besser keine Wäsche raushängen sollten. Oder dass er sich auch um ihre Bienen gesorgt hat, als er den Mais gegen Unkraut spritzen wollte; da hatten sie sich auf einen Spritzdurchgang in der Dämmerung verständigt, wenn die Bienen ohnehin in den Stöcken sind.

Sie erinnerten sich auch gerne daran, wie frei sich die Kinder des Dorfs auf allen Höfen bewegten. Einmal hatten sie einen kleinen Trupp Kinder bei sich auf dem Hof entdeckt und gefragt, was sie denn vorhätten. Ganz ohne Verlegenheit hatten die zu ihnen aufgeblickt – darunter auch mein Neffe Hannes als kleiner Knirps – und geantwortet: »Wir sammeln Federn. Wir wollen Indianer spielen.« Auf jedem Hof fanden die Kinder etwas Besonderes, das sie gebrauchen konnten. Nachbar Schönbach hielt Hühner und hatte also Federn zu bieten.

Auch ihre Nachfolger haben wieder Federn zu bieten, sogar die eines Pfaus. Der Pfau heißt Napoleon, und seine Frau führt gerade ihre fünf Küken über den Hühnerhof, als ich zu Besuch komme. Elke und Tony Tranter mit Sohn Ben wohnen auf dem Land, weil sie die Natur lieben, sie halten ein paar exzentrische Tiere und seltene Rassen. Die Schweine Theo und Tilda beispielsweise sind Rotbunte Husumer, auch Dänische Protestschweine genannt – so geheißen wegen ihrer dänischen Farben, rot und weiß, aus der Zeit, als die nordfriesischen Dänen Mitte des 19. Jahrhunderts ihre Fahne nicht hissen durften; da hatte man sich auf seine Züchterqualitäten besonnen und ließ das Schwein Flagge zeigen.

Die zahme Dohle Squawky hüpfte an diesem warmen Sommertag auf dem Tisch herum, an den sie mich spontan gebeten hatten auf meine Frage nach einem Termin.

Elke stammt aus Grevenbroich, Tony aus Birmingham. Wie haben sie nach Neubachenbruch gefunden?

»Es war Liebe auf den ersten Blick«, sagt Elke. Der sanfte Tony stimmt zu, obwohl die Entfernung nach Hamburg als täglicher Arbeitsweg für ihn von Anfang an zu groß gewesen sei. Auf meine Frage nach dem Fahren rollt er nur die Augen. »Lieber gar nicht drüber reden«, sagt er mit seinem zarten englischen Akzent. Fünf Jahre hat das Haus leer gestanden. Sie schafften sich Hühner, Perlhühner und Enten an, deren Eier bei den Hamburger Kollegen von Tony sofort reißenden Absatz fanden. Mit den Nachbarn im Dorf kommen sie gut klar, sagen sie, und an den dörflichen Traditionen nähmen sie teil, soweit es in ihr Leben passt. Einmal jährlich versuchten sie, ein Gartenfest für die Nachbarn bei sich zu organisieren. Aber alles, was ihrem Freiheitsdrang Zügel anlegt, lehnen sie ab, gehen nur zu Zusammenkünften und Feiern, wenn es in ihr Leben passt. Sie wollen sich nicht mehr einschränken und festlegen lassen. Neun Jahre hat Tony bei den britischen Royal Engineers gedient, war Soldat in Nordirland und im Falklandkrieg. Dann ist er ausgestiegen, hat eine Deutsche geheiratet und eine Lehre als Werbefotograf gemacht. Elke hat fünf Kinder großgezogen und früher selbstständig als Stylistin gearbeitet. Jetzt sind sie Mitte und Ende fünfzig. Sie finden, dass das Dorf sie erdet.

54. KAPITEL

Nicht abgehängt, aber unter Druck. Ein bisschen Dorfstatistik und Ausgleichsflächen auf dem Land.

»MEIN BAUPLATZ IST GEGENÜBER«, sagt der zwölfjährige Finn-Thorge. Ein bisschen verlegen und doch auch selbstbewusst lächelt er mich an. Es ist seine Antwort auf meine Frage nach der Zukunft, und er zeigt auf das Grundstück über die Dorfstraße hinweg.

Damit sind wir mitten im Problem.

Sein Vater Alexander ist Erster Stellvertretender Bürgermeister des gesamten Dorfs, das sich aus drei ehemals selbstständigen Gemeinden zusammensetzt, darunter unserem Dorf. Er muss sich mit all jenen Problemen befassen, von denen die Menschen in dünn besiedelten Landstrichen umgetrieben werden. Und eines davon ist die Genehmigung von Neubauten.

Im Moment besteht die alte Moorkolonie, die 1783 mit neunzehn Höfen angesetzt wurde, aus achtundzwanzig Haushalten. Es existieren neunzehn Einfamilienhäuser, also Häuser ohne integrierten Viehstall, das älteste von ihnen stammt von 1937 und ist jene »kleine Villa«, die in der Schulchronik gelobt und kritisiert wurde als »das schönste Haus des Dorfes«, aber störend für das »Gesamtbild des Ortes«. Einige Einfamilienhäuser sind in den 1950er- und 1960er-Jahren hinzugebaut worden – eins nach einem Hausbrand, ein anderes, weil die Familie der nächsten Generation keinen Platz mehr im Niedersachsenhaus fand oder die Ansprüche ans Wohnen gestiegen waren. Inzwischen sind Neubauten von den Ämtern nicht mehr gern gesehen. Ein erst kürzlich bezogenes Haus durfte nur unter der Bedingung gebaut werden, dass das alte Niedersachsenhaus sofort nach Fertigstellung abgerissen wird. Außerdem konnte es eben nicht auf der Vorweide, also der gegenüberliegenden Straßenseite, errichtet werden, wie es vor einigen Jahren noch erlaubt gewesen ist. Und wie es auch Finn-Thorge wieder gerne möchte.

Sein Elternhaus ist 2002 gebaut worden.

Warum in Neubachenbruch?

Und wie kam es, dass es erlaubt wurde?

Finn-Thorges Mutter Tanja ist die jüngere Tochter von Manfred, meinem ›Elvis auf dem Dorfe‹. – Apropos Elvis: Manfred traf ich in diesem heißen Juli auch noch einmal und fragte ihn, ob er damals überhaupt Elvis gehört hat. Nein, hat er gar nicht, sagte er. Aber er kann sich entsinnen, wie in der Kneipe schräg gegenüber – in der heute die französische Ziegenbäuerin mit ihrem Partner lebt – die Jukebox lärmte. Der Schlager, der damals Tag und Nacht herübertönte: »Zwei kleine Italiener ...«

Ah, sagte ich, Rita Pavone.

Nein, sagte er, war doch Conny Froboess.

Manfreds Hof hatte Dirk einmal übernehmen sollen, Tanjas kleiner Bruder. Als Dirk in seinem Auto tödlich verunglückte, lebte sie noch zu Hause.

»Es hat uns den Boden weggezogen«, sagte sie. »Danach war alles anders.«

Ihr Elternhof ist seit der Dorfgründung nur durch Vererbung weitergegeben worden.

Seine Geschichte begann 1785 mit dem Mooranbauer Offermann aus Oberndorf; seine Frau Gesche war eine geborene von Seth, womöglich eine Großnichte des ersten von Seth hier. Schon nach fünf Jahren starb der erste Bauer mit nur achtundvierzig Jahren, der achtzehnjährige Sohn Dirk übernahm den Meyervertrag, führte den Hof weiter mit seiner Mutter Gesche, bis auch sie drei Jahre später starb. Da war Dirk Offermann einundzwanzig Jahre alt und frisch verheiratet. Aber seine Frau überlebte die Geburt ihres ersten Kindes nicht und auch der Säugling starb. Der junge Witwer heiratete wieder, aber sechs Jahre später, 1799, starben bei der Geburt auch wieder Mutter und Kind.

So heiratete Dirk Offermann ein drittes Mal, denn ein Bauer kann nicht gut alleine bleiben, damals noch weniger als heute. Mit der dritten Frau, Catharina Margarethe, bekam er drei Kinder, alle drei überlebten. Aber 1804 starb der Bauer selbst mit gerade einmal zweiunddreißig Jahren.

Drei Mal hat sich in der Folge der Hof über die verwitwete Bäuerin vererbt. Das zweite Mal war es Sophia, die in zweiter Ehe zur Mutter von Grot-Emma und Oma Mine wurde. Und Oma Mine war eine der Urgroßmütter von Finn-Thorges Mutter.

Tanja ist ein paar Jahre zur Ausbildung aus dem Dorf fort gewesen und hat geheiratet. Als ihnen die Heimatgemeinde ihres Mannes die Baugenehmigung versagte, stellten sie den nächsten Bauantrag in Neubachenbruch. Und weil neben dem Hof ihrer Eltern schon einmal ein Hof existiert hatte – eine jener ersten Siedlerstellen des Dorfs, verlassen und abgebrochen, als der letzte Erbe 1945 in Russland vermisst blieb –, wurde 2002 ihr Hausbau genehmigt. Beide Nachbarn waren damals noch Milchbauern, Tanja und Alex mussten der baugenehmigenden Behörde unterschreiben, dass sie sich in ihrem neuen Wohnhaus durch Viehhaltung und Silage nebenan nicht beeinträchtigt fühlen würden. Sie zögerten keine Sekunde.

»Heute«, sagt Alexander, »ist das nicht mehr möglich. Da kannst du so viele Unterschriften geben, wie du lustig bist: Die EU-Richtlinie zum Emissionsschutz besagt, dass im Umkreis eines Viehbetriebs soundso viele Meter oder Kilometer – je nach Viehbesatz – keine Wohnungen mehr gebaut werden dürfen.« Und auch Bauern dürfen im Umkreis von Wohnhäusern keine Erneuerungen oder Erweiterungen vornehmen.

Die EU-Richtlinien sollen die Nichtbauern und die Bauern voreinander schützen.

Aber wem ist am Ende gedient, wenn die Dörfer immer weiter schrumpfen oder gar sterben? Und das passiert dann, sagt Alexander, wenn die Höfe sich nicht entwickeln dürfen und junge Familien keine Häuser mehr bauen. Kindergärten und Schulbusse würden dann eingespart, Vereinen fehlte der Nachwuchs, die paar Beschwerden über fehlende Busse oder schlechte Breitbandversorgung können politisch jahrelang ignoriert werden, auf die wenigen Wählerstimmen kommt es für niemanden an.

Wer will dann noch auf dem Land leben? Vielleicht sind auch deshalb die Einheimischen so stark ehrenamtlich engagiert. Neben seiner Arbeit im Gemeinderat ist Alexander in mehreren Vereinen aktiv – im örtlichen Schützenverein und im Verein der Freiwilligen Feuerwehr, Tanja ist Vorstandsmitglied im Grundschulförderverein, der Geld sammelt für Extras wie Computerraum, Voltigiergruppe oder neue Fahrradständer. Gemeinsam mit anderen hat man außerdem im Kreis dafür gesorgt, dass für die kleinen Kinder während der Schulzeit täglich ein zusätzlicher Bus fährt, sodass ihnen keine so großen Wartezeiten entstehen; denn schon als sehr kleine Knirpse müssen die Dorfkinder weite Wege zur Schule fahren.

»Wir wollen nicht abgehängt werden«, sagt Tanja.

Aber die Eheleute wissen auch, wie gut es ihnen hier geht – mit dem eigenen Haus, dem vielen Platz, den sie haben, und der Nähe zu den Eltern. Man hilft einander mit Kinderbetreuung und Handreichungen in Haus und Garten. Dazu kommt das Leben in der Natur samt einer akzeptablen Fahrtzeit von 20 bis 30 Minuten zu den Arbeitsplätzen. Alexander ist als gelernter Elektriker nach einigen Zusatzausbildungen Berufssoldat geworden; sein Arbeitsplatz ist ein Militärflughafen an der Nordsee, er ist als Operator eingesetzt für die Sensorik der Überwachungsflüge gegen illegale Öl- und Chemikalienverklappung an Elbmündung, Ost- und Nordseeküste.

Tanja arbeitet einige Stunden pro Woche aushäusig als Steuerfachwirtin, fährt dafür etwa zwanzig Minuten zum Job, ansonsten kümmert sie sich um Haushalt und Kinder und unterstützt die Eltern nebenan.

Und dies ist tatsächlich im Dorf zum vorherrschenden Modell geworden. Von den achtundzwanzig Haushalten leben im Moment zehn junge Familien mit Kindern in Eigenheimen neben den Eltern oder gegenüber, der Arbeitsplatz ist bis zu einer Stunde Fahrtzeit entfernt.

Das lässt mich staunen.

Meine Generation der nicht-erbenden Geschwister war noch ganz selbstverständlich weggegangen. Aber inzwischen muss, wer etwa im Hafen von Bremerhaven oder in einer Verwaltungsstadt wie Cuxhaven oder Stade arbeitet, nicht mehr wegziehen. Die Straßen über Land sind bestens ausgebaut und jeder kann – und muss! – sich ein Auto leisten. Viele Männer und Frauen des Dorfs haben handwerkliche Berufe gelernt, arbeiten als Fahrer oder Facharbeiter in der Industrie, sind Techniker und Lackierer – ein Airbus-Werk liegt in der Nähe. Manche haben in Verkauf und Verwaltung Arbeit gefunden, andere im öffentlichen Dienst. So gibt es im Dorf neben einer Übersetzerin und einer Grafikerin noch eine Röntgenassistentin und einen Kriminalbeamten.

Ich frage Alexander, warum der Neubau in Dörfern wie diesem inzwischen nicht mehr gewollt sei. Aber er muss jetzt dringend losfahren zur Sitzung des Schützenvereins und kann mir deshalb nur noch schnell ein paar Stichworte mit auf den Weg geben: Flächenverbrauch, Naturschutz und Ausgleichsflächen.

Während ich die Dorfstraße zurückradele, sehe ich jetzt nicht nur die Preisschilder vor mir, die für Kauf und Pacht an den hiesigen Weiden und Feldern hängen. Mir ist auch das gigantische Regelwerk vor Augen, das aus Beschränkungen, Vorschriften und Verboten besteht und in das aller Grund und Boden eingesponnen ist.

Natürlich versiegelt auch der Neubau einer Familie auf dem Lande ein Stück Boden. Aber um die paar Quadratmeter geht es nicht. Es geht um Naturschutz- und Ausgleichsflächen für ganz andere Dimensionen der Versiegelung.

Naturschutz ist oft nur ein Alibi zum Ausgleich für Flughäfen, Autobahnen und ihre Zubringer, für Raststätten, Lagerhallen und Logistikzentren, Shoppingmalls und Factory-Outlets, Sportplätze und -hallen, Freizeitzentren und Erlebnisbäder, Parkplätze und Parkhäuser.

Und das meiste Land dafür gibt es – auf dem Land.

SCHLUSS

*Über Ferkel, Menschen und wohin
der Fortschritt führt.*

EIN KLUGES KLEINES YOUTUBE-VIDEO zeigt Ferkel, die in Strohbetten tobend auf Transport sind. Ein schneller Schnitt, und im folgenden Bild sind Menschen zu sehen, dicht gedrängt und schweigend in einem überfüllten U-Bahnwagen, sozusagen auch auf Transport. Der Video-Macher hat die Bilder mit dem Ton des jeweils anderen unterlegt, dem Film von den stummen, dicht gedrängt stehenden Menschen in der U-Bahn hat er das fröhliche Quieken der Ferkel als Ton untergeschoben, die Bilder der im Stroh umherspringenden Ferkel sind begleitet vom Rauschen der fahrenden U-Bahn, den Durchsagen an den Haltestellen und dem Fauchen der sich öffnenden und schließenden Türen.

Ich erzählte Krischan bei unserem letzten Treffen von diesem Video und wir fanden, dass neben dem offensichtlichen Witz damit auch eine verquere Vertauschung aufs Korn genommen wurde, die Vermenschlichung der Tiere nämlich, die geschieht, je weiter weg – und massenhafter – die meisten Menschen in Großstädten leben.

Krischan hatte mich gefragt, was ich bei meinen Besuchen auf dem Land Neues gelernt habe. Dazu war mir dieses Video eingefallen. Und dass die Frage von bio oder konventionell produzierten Lebensmitteln schon lange nicht mehr die Glaubensfrage ist, als die sie so oft verhandelt wird. Denn die Umweltauflagen für die klassischen Betriebe sind immer strenger geworden und die Biobetriebe durch die niedrigen Erzeugerpreise ebenso gezwungen worden, auf große Mengen zu setzen. Auch lassen sich Biobauern und klassische

Bauern inzwischen nicht mehr gerne auseinanderdividieren, wenn es um die Problematik der Erzeugerpreise für landwirtschaftliche Produkte geht.

»Müssen wir das gut finden?«, fragte Krischan mit gerunzelter Stirn.

»Ist es wichtig, wie wir das finden?«, fragte ich. Denn ich habe auch gelernt, dass das Besserwissen oft aus Nichtwissen stammt.

Als die ersten neunzehn Anbauer im Bachenbrucher Moor angesetzt wurden und durch ihre Arbeit langsam ein Dorf entstand, war das Teil der Aufklärung. Aus kurfürstlicher Hoffnung auf Steuereinnahmen und der Begleitmusik der Geschichte – Napoleon, Kanalbau und Schulpflicht – haben sich Besitz- und Bürgerrechte auch für Bauern entwickelt. Mit der Dampfmaschine entstand gleichzeitig die Möglichkeit, die Körperkraft von Mensch und Tier durch andere Energien zu ersetzen. Was folgte, waren Heizung, Licht und Beschleunigung.

»Sauberes Wasser und Impfung, Kunstdünger und Elektrizität.«

»Und also das Überleben der Kinder, sogar Schulbildung, sogar auf dem Lande.«

»Dem Anthropozän sei's gedankt.«

Inzwischen ernähren immer weniger Bauern immer mehr Menschen. Schon in den 1960er-Jahren hat eine gründliche Entvölkerung der Dörfer in ganz Europa eingesetzt. Bauernhäuser verfielen, und mancher gut situierte oder verbeamtete deutsche Intellektuelle leistete sich ein Haus in Südfrankreich oder der Toskana. Nur eine Ruine, hieß es gerne. Später waren verödete Gebiete der innerdeutschen Grenze an der Reihe, bald auch unsere Dörfer. Viele kamen als Aussteiger, versuchten etwas Neues in der Beziehung zueinander und zur Natur.

»Ja, da ist manch einer zu uns ins Moor gezogen, um die Welt zu retten«, sagt mein Bruder Waldemar.

Ich habe auch mit Bauern gesprochen, deren Betriebe anfangs noch mitgewachsen sind, die Laufställe bauten, moderne Melkanlagen für ihre Milchkühe installierten, helle, hygienische Boxen und Fütterungseinrichtungen zur Kälberzucht, während sich andere schon beschieden mit kleinen Nebenerwerbshöfen, auf denen sie Hühner und Gänse hielten und den Garten pflegten. Wer Anfang der 2000er-Jahre in Rente gingen, fragte sich, warum sie nicht schon viel früher aufgehört haben zu melken. Sie leben jetzt ganz gut von der Verpachtung ihrer Böden. Anfangs war es, als kein Vieh mehr im Stall stand, sehr seltsam, sagten sie, diese Stille auf dem Hof. Aber dass sie nicht mehr am Anfang und Ende jeden Tages zum Melken gehen mussten, nicht mehr die viele Arbeit hatten, daran haben sie sich dann schnell gewöhnt – und fühlen sich nur noch erleichtert. Inzwischen haben sie sich eingereiht in die Menge der Menschen, die auch einmal eine Flugreise nach Mallorca oder Kreta, Paris oder London machen können – und genießen die Ausweitung ihres Blickfelds.

Warum soll man überhaupt die Dörfer und die bäuerlichen Familienbetriebe retten, fragten Krischan und ich uns. Die viele Arbeit, der Druck auf die nächste Generation, die riesige Arbeitsleistung der Frauen, die oft so wenig gewürdigt wird ...
Wir haben die Köpfe gewogen und überlegt.
Wir haben einen Grund gefunden – und wissen nicht, ob er hinreicht.
Könnte nicht so ein Hof ein gutes Maß sein für Menschen, Tiere und Böden? Wenn die Erzeugerpreise hoch genug wären, dass z. B. 50 Hektar und 50 Kühe ausreichten – egal ob bio oder konventionell –, dann wäre die Arbeit zu schaffen. Sogar wenn die Frauen einem Beruf außerhalb der Landwirtschaft nachgingen. Weder Menschen noch Tiere, Pflanzen und Böden müssten ausgebeutet werden. Es gäbe wieder einen Kreislauf von Futteranbau für den eigenen Bedarf, der ausreicht für das Vieh, und den Dung der Tiere für den Pflanzenwuchs. Die Produkte – ob Milch oder Fleisch – würden

reichen als Familieneinkommen, und die Eltern hätten Zeit für Kinder und Enkel, zum Lesen und für Freunde.

»Glatte Katten geiht nich ünner de Oken«, sagte meine Schwägerin Anna. Da war sie noch sehr jung und wurde gehänselt, weil sie sich bei der Arbeit schmutzig gemacht hatte. Die ›Oken‹ sind die Abseiten, Räume zwischen Dachsparren und Dachböden voller Spinnweben und Dreck. Die ›glatten Katten‹ – das sind die hübschen Katzen, die sich nicht schmutzig machen, also nicht dort mausen, wo die Mäuse wohnen. Wer die Lebensmittel nicht dort herholen mag, wo sie wachsen, im Dreck, in der Erde, wo es stinkt, wer den Dung der Tiere nicht schätzt, soll getrost weiter glauben, dass Brot, Fleisch, Milch und Eier in Supermarktregalen wachsen.

Aber womöglich wird genau das eines Tages wahr – durch eine sogenannte klima- und tierfreundliche vertikale Landwirtschaft, in der in mehrstöckigen Gebäuden, Farmscraper genannt, auf mehreren Stockwerken ganzjährig Früchte, Gemüse, essbare Speisepilze und Algen wachsen. Auf ähnliche Weise könnte ›sauberes Fleisch‹ hergestellt werden, das so heißt, weil es aus Fleischzellkulturen in der Petrischale entsteht – Fleisch von Geflügel, Rind, Schwein und Fisch, »ohne dass ein Tier sterben muss«. So versprechen es im kalifornischen Silicon Valley bereits junge Gründer, die entsprechende Unternehmen betreiben und in deren Labore und Küchen Internet-Milliardäre investieren.

Wenn es so weit ist, werden ein paar Bio-Agrarier nur noch für eine gut verdienende Elite produzieren, die sich ›das Echte‹ leisten kann. Und die bäuerliche Kultur wird verschwunden sein, die aus den Abläufen zyklischer Wiederkehr lebt, von einem Tun, das auf die Natur gerichtet ist.

Naturliebe wäre dann endgültig nur noch eine Art regressive Utopie, ein Rückzug vor den Folgen einer Produktionsweise, deren Früchte eine immer weiter wachsende Bevölkerung ganz selbstverständlich genießt.

***

Van Gogh hat in einem Brief geschrieben: »Arbeiten – das tun die Figuren auf den alten Bildern nicht. Ich quäle mich dieser Tage mit einer Frau herum, die ich im vorigen Winter im Schnee Möhren herausreißen sah ... Sodass das Bild oder die Zeichnung wohl eine Figurenzeichnung um der Figur willen ist, um der unsagbar harmonischen Form des menschlichen Körpers willen, doch gleichzeitig ein Möhren-Herausziehen im Schnee.«

Tatsächlich ist es diese kleine Zeichnung von einer Frau, die im Schnee Möhren aus der Erde zieht, die mich plötzlich an unsere Rübenmiete erinnerte. Das Bild atmet Schnee und Kälte aus, die Mühsal winterlicher Feldarbeit.

Eigentlich fuhr ich gerne mit meinem Vater auf dem Trecker mit. Er saß auf dem Fahrersitz vor dem Lenkrad, ich seitwärts auf dem abgeplatteten Schutzblech über dem riesigen Hinterrad. Es gab für den Mitfahrer sogar ein kleines Geländer, eine mit einem Gummimantel umhüllte Eisenstange, die sich um die Taille eines Erwachsenen schwingen, einem Kind aber den Rücken stützen konnte. Im Sommer durfte ich während der mittäglichen Rückfahrt vom Heumachen manchmal das Lenkrad halten, während sich mein Vater eine Zigarette drehte und anzündete.

Im Winter war das anders. Man saß ungeschützt auf dem kalten Blech in der eisigen Kälte, im Fahrtwind, manchmal im Schneegestöber, und eigentlich sollten wir Kinder bei solchem Wetter überhaupt nicht mitfahren. Aber dann geschah es eben doch. Selbst nur ein Kind bei sich zu haben, war, denke ich, manchmal ein Trost. Dick angezogen, mit mehreren Pullovern, Jacken und Socken übereinander, fuhren wir los. Es schneite nicht mehr, aber die Erde war vom Schnee bedeckt, und dessen Helligkeit sorgte dafür, dass die Welt nicht ganz und gar in stockfinsterer Nacht verschwand. Sie glänzte hier und da sogar ein wenig silbrig auf. Wir fuhren los, um Rüben aus der Miete zu holen. Im Herbst wurden bei der Ernte solche Mieten angelegt, das heißt, eine flache Grube wurde gegraben, die Rüben dort hineingeschüttet und sorgsam hoch aufgestapelt, der Haufen mit Stroh bedeckt. Auf die erste Lage Stroh kam eine Lage Erde, dann wieder Stroh und noch eine Lage Erde. So waren die Rüben vor dem Frost geschützt und gleichzeitig doch schön kühl gelagert, bis man sie brauchte.

Eigentlich hätten wir schon am Vormittag fahren sollen, die Rübenmiete lag weit entfernt vom Hof, erst jenseits des Nachbardorfs. Aber aus irgendeinem Grunde war die Fahrt am Vormittag nicht zustande gekommen. Vielleicht hatte eine Kuh schwer gekalbt, oder man hatte auf einen Handwerker warten müssen, oder es war endlich einer gekommen, der die Tiere, eins nach dem anderen, mit einer Lösung gegen die Maden der Dasselfliegen einrieb, die gern im Rücken der Tiere überwinterten. Unvorhergesehenes passierte auf dem Hof ja ständig, und es gab immer einen Grund, Geplantes zu verschieben.

Im Winter Futter für die Kühe heranzuschaffen war allerdings nichts, was man verschieben konnte.

Wir fuhren los, als es schon dunkelte. Während dieser Fahrt konnte mein Vater nicht rauchen, er trug dick gefütterte Handschuhe, und ohne sie hätte er bald seine Finger vor Kälte nicht mehr bewegen können. Ich saß eingemummelt auf dem Mitfahrersitz und fror trotzdem und war doch ganz glücklich über so eine ungewöhnliche, beinahe nächtliche Treckerfahrt im Schnee. Wir fuhren ins nächste Dorf und durch es hindurch und weit in die Feldflur hinein. Dann bogen wir hinter einem allein liegenden Hof nach rechts ab und wunderbar ungerührt vorbei an dem dort wütend kläffenden, an seiner Kette reißenden Hund, vor dem ich im Sommer immer große Angst hatte, wenn ich alleine mit dem Fahrrad an ihm vorbeimusste.

Wir schwiegen den ganzen Weg über, die Ohren angefüllt mit dem brüllenden Motorenlärm des Treckers.

Schließlich lag rechts unser Feld, das ich unter dem Schnee, der alles gleich machte, kaum erkannte. Mein Vater rangierte zuerst den Wagen nahe an die Miete heran, dann löste er den Trecker vom Wagen ab und stellte ihn quer dazu auf, sodass seine Scheinwerfer uns genug Licht zum Arbeiten gaben. Denn zwischen vier und fünf Uhr am Spätnachmittag war es, vor allem hier draußen auf dem Feld, wo kein Haus oder Stall ein wenig Licht verbreitete, schon beinahe stockdunkle Nacht. Im Scheinwerferlicht sahen wir die Spuren von Vögeln, Hasen und Rehen im Schnee, um den beschneiten Hügel der Miete herum und über ihn hinweg. Die Miete hatte mein Vater schon ein paar Tage zuvor ein erstes Mal geöffnet, und so konnte man jetzt vom schon bereiteten Zugang einfach nur das Extrastroh wegnehmen. Darunter lagen die Rüben. Jede einzelne wurde mit der Forke aufgespießt und auf den Wagen geworfen. Ich benutzte meine Hände, die in dicken Handschuhen steckten, denn die Forke war noch zu lang für mich. So blieb ich in Bewegung und mir wurde langsam warm. Wir arbeiteten schweigend, mit weißen Atemwolken vor den Mündern im Lärm des laufenden Treckermotors, bis der Wagen mit Rüben gefüllt war. Dann wurde die Miete wieder gut verschlossen.

Inzwischen goss auch der Mond sein Licht über dem Land aus, und die Kruste der Schneedecke glitzerte stärker als vorher. Dann fuhren wir zurück zum Hof. Am frostklaren Himmel standen Millionen von Sternen, und ich sah auf dem langen Weg immer wieder zu ihnen hoch.

Van Gogh hat bäuerliche Arbeit gemalt. In vielen Zeichnungen und nicht selten in der winterlichen Einsamkeit des Felds sind seine Menschen tief zur Erde gebückt, gehen sie mit Holzschuhen und unter großen Lasten, halten mit groben Händen ihre Eimer, Spaten, Forken, schneiden das Getreide in einem schier endlosen Kornfeld, beugen sich mit der Sichel nieder zur Erde, binden Garben und drücken dabei das geschnittene Korn mit Armen, Beinen und Kinn gegen den Körper, säen die neue Saat im Abendlicht mit riesiger Hand unter giftig grünem Himmel in den frisch umbrochenen Acker, halten nahe am Körper den Sack mit dem Saatgut, oder ziehen Möhren aus der winterlichen Erde.

Alles geschieht zu seiner Zeit.

ANMERKUNGEN

3. KAPITEL

1. Bachenbruch, später Altbachenbruch genannt, war und ist ein Ortsteil des Kirchdorfs Steinau.

2. Im Torfabbau wurden oft Straf- und Kriegsgefangene eingesetzt, in der NS-Zeit auch KZ-Insassen; das Lied von den »Moorsoldaten« stammte von den politischen Häftlingen im KZ Börgermoor bei Papenburg im Emsland; es wurde 1933 von J. Esser und W. Langhoff geschrieben, die Melodie stammte von Rudi Goguel, später bearbeitet von Hanns Eisler.

5. KAPITEL

1. Albrecht Daniel Thaer (1752-1828), ursprünglich Arzt in Celle, wurde autodidaktisch Agronom und zum Begründer der Agrarwissenschaft, führte Mustergüter bei Celle und in Möglin, gründete die erste Lehranstalt für Landwirte, publizierte Tausende Artikel; grundlegendes Werk: *Grundsätze der rationellen Landwirthschaft (1809-12)*. Im 19. und 20. Jahrhundert wurden Institutionen, Straßen und Plätze nach ihm benannt.

6. KAPITEL

1. Hier das Original: »Nachdem auf vorgängige Communication mit Königlichem Minesterio und Königlicher Cammer nunmehro festgesetzet worden, daß die Iurisdiction über die neuen Anbauern im Bachenbrucher Mohr, vorerst auf 12 Jahre dem Amtschreiber Nanne zu Bremervörde Specialeter aufgetragen werden, und die Appellationes von dessen Erkenntnissen an die Königliche Regierung zu Ratzeburg gehen, dabey aber die Anbauer als würkliche Hadelsche Unterthanen nach dasigem Gesetzen gerichtet werden, die nemligen Immunitäten genießen, in Polizey-Angelegenheiten

nach dem dort üblichen Begriffen dieses Gegenstandes dem Kirchspiels Gerichte, zu dessen Bezirk sie gehören, unterworfen und zu den öffentlichen Landes-Abgaben, nach dem Maaße, wie es Herrschaftlichen Meyerleuten und Bebauern eines Domanial-Fundi nach Hadelscher Verfassung obliegt, beytragen, in e c c l e s i a s t i c i s, wie Hadelsche Unterthanen, dem Consistorio Landes Hadeln untergeben, und in Parochialibus der Hadelschen Pfarre zu Stenau eingepfarret sein sollen, und dem dieserwegen auch sowohl der nötige Auftrag der Iurisdiction dem Amtschreiber Nanne, als auch in Ansehung der zu verfügenden Einpfarrung eines neuen Dorfs nach Stenau dem Consistorio das nötige hieneben zugehet; so werden auch die Herren davon hiedurch benachrichtiget, um den Ständen Landes Hadeln, falls solches, wie ich glaube, erforderlich seyn sollte, davon in meinem Namen die nötige Eröfnung zu thun und wie solches geschehen zu berichten. Ich beharre mit aller Hochachtung Ew. Hochedelgebh. ergebener Diener ...«

2. Johann Christian Schubart (1734–1784) stammte aus Zeitz, war Landwirt, Agrarreformer und Freimaurer.

3. Justus Liebig (1803–1873), Chemiker, Professor in Gießen und München, umtriebiger Publizist; erforschte die Biochemie der Pflanzen, entwickelte neue labortechnische Methoden, begründete Mineraldüngung.

4. Henriette von Itzenplitz war die zweite ›Friedländerin‹, ihre Mutter die erste. 1754 war die Mutter als Helene von Lestwitz geboren, hatte 17-jährig einen preußischen Gesandten geheiratet, war ein Jahr später schwanger zu den Eltern zurückgekehrt. Sehr ungewöhnlich war, dass sie ein Jahr später schuldlos geschieden wurde und nie wieder heiratete. Sie bildete sich stattdessen als Autodidaktin in Geistes- und Naturwissenschaften aus und studierte gründlich Botanik und Landwirtschaft. Nach dem Tod ihrer Eltern wurde sie Gutsbesitzerin in Kunersdorf, erbte das Amt Friedland im Oderbruch und durfte den Namen ›von Friedland‹ annehmen. Ihre Tochter Henriette, die jüngere ›Friedländerin‹, beteiligte sie an ihren Studien von Anfang an, sodass auch die Tochter zu einer ungewöhnlich gebildeten und selbstständigen Landwirtin wurde. Henriette heiratete schließlich einen von Itzenplitz, mit dem sie 1792/3 eine Hochzeits- und landwirtschaftliche Studienreise nach England unternahm. Deshalb nahm das Paar nach der Lektüre des thaerschen Buches Kontakt mit dem Autor auf.

8. KAPITEL

1. Johann Heinrich Voß (1751-1826), bei Waren a. d. Müritz als Sohn eines leibeigenen Kammerherrn geboren, 75-jährig als Professor, Altphilologe und Übersetzer in Heidelberg gestorben, berühmt durch seine Übersetzung der Homerischen *Odyssee* aus dem Altgriechischen; 1778-1782 Rektor der Lateinschule im hadelnschen Otterndorf.

1. Im Original:»Waz abir im de wulfe nehmen adir die rouber blibet her ungevangen unde beschriet her sie nicht met dem geruchte, so daz herz gezug haben muge, her muz ez gelden.«

10. KAPITEL

1. Der Bauer Otto Heitmann befasste sich am Ende des letzten Jahrhunderts als Altenteiler mit der Geschichte des Dorfes und erforschte die Genealogie der Höfe.

ERSTES ZWISCHENSPIEL

1. Vergil (70 -19 v. Chr.), Sohn eines Töpfers, der auf einem Landgut arbeitete. Vergils bahnbrechende Werke in lateinischer Sprache waren die *Hirtengedichte (Bukolika*, 39 v. Chr.), *Vom Landbau, (Georgica*, 29 v. Chr.) und das Epos von der Gründung Roms *(Aeneis*, 19 v. Chr.).
2. 136-32 v. Chr. fand der erste Sklavenaufstand im Römischen Reich statt, ausgehend von den Feldsklaven sizilianischer Großbetriebe, angeführt von Eunus, einem syrischen Gefangenen; am Kampf gegen Rom nahmen bis zu 200.000 Sklaven teil; der Sieg über sie 132 v. Chr. wurde besiegelt mit der Kreuzigung, wie es hieß, von 20.000 Sklaven. Der zweite Sklavenkrieg fand 101 v. Chr. und ebenfalls in Sizilien statt.
3. Spartakus: Sklave und Gladiator, Kriegsgefangener vermutlich aus Thrakien (Balkan), floh 73 v. Chr., er wurde Anführer des dritten Sklavenkriegs (73-71 v. Chr.), gewann einige Schlachten gegen Rom, seine Einheiten wurden am Ende vernichtet.
4. Horaz, 65-8 v. Chr., bedeutender römischer Dichter, ein wenig jünger als Vergil; das kleine Landgut seines Vater wurde nach dem Ende der Römischen Republik 30 v.Chr. konfisziert; H.s Hauptwerk waren Fabeln, Oden und Episteln; später besaß er wieder ein Landgut.

5. Marcus Porcius Cato, genannt Cato der Ältere (234-149 v. Chr.), römischer Feldherr, Schriftsteller und Staatsmann.
6. Als Hauptstadt des karthagischen/phönizischen Reichs ging Karthago mit der römischen Eroberung 146 v. Chr. unter. Die Römer nannten die Phönizier Punier und führten dreimal Krieg gegen sie, überliefert als Punische Kriege: Das erste Mal von 264 bis 241, das zweite Mal 218 bis 201 v. Chr. (im europäischen Gedächtnis geblieben durch die Überquerung der Alpen - überraschenderweise von Nord nach Süd - mithilfe von Kriegselefanten durch die Truppen des karthagischen Feldherrn Hannibal; er zog durch Spanien und Frankreich und von dort über die Alpen gen Rom). Der dritte Krieg endete 146 v. Chr. mit der Zerstörung der Hauptstadt, deren Einwohner wurden versklavt und die Stadt als römische Kolonie wieder aufgebaut.
7. Tertullian: unklare Lebensdaten (ca. 150 -220 n. Chr.), gilt als früher christlicher und erster lateinischer Kirchenschriftsteller.

22. KAPITEL

1. Hoffmann von Fallersleben (1798-1874) hatte bei den sogenannten Freiheitskriegen gegen Napoleon mitgekämpft. Umso größer war seine Enttäuschung nach dem Ende der französischen Besatzung. In seinem Lebensbericht schrieb er 1894: »Der Adel trat mit der größten Anmaßung wieder auf und suchte alte Vorrechte und Bevorzugungen auf alle Weise wieder geltend zu machen.« Statt ›mein Herr‹, so schrieb er, musste die Anrede wieder lauten: Herr von, Herr Baron, Herr Graf, Ehrwürdige Gnaden, Hoch- u. Hochwohlgeboren.
2. Das ›von‹ im Namen zeigt hier keinen Adelstitel an, es bezeichnet, wie das holländische und friesische ›van‹, den Herkunftsort einer Familie; die von-Seths kamen ursprünglich vielleicht vom Ufer eines Sees oder von der anderen Seite, ›de anne Siet‹, oder einem noch niedriger liegenden Landesteil - ›von't siete Lann‹.
3. Als einer der Gründe für das langsame Absinken der Sterblichkeitsrate europaweit zwischen 1800-1850 wird auch die Trockenlegung von Sümpfen und Urbarmachung von Mooren angegeben, die insbesondere die Malaria zurückdrängte. In ganz Europa nahm die Bevölkerung zu - von 205 Millionen im Jahre 1800 auf 275 Millionen 1850. Die durchschnittliche Lebenserwartung betrug in Westeuropa 40 Lebensjahre.

4. Es war in dieser Zeit, dass das Bevölkerungswachstum sich stark beschleunigte. Insgesamt geht man von folgenden Zahlen der Erdbevölkerung aus: 1800 = 1 Milliarde; 1927 = 2 Milliarden; 1960 = 3 Milliarden; 1974 = 4 Milliarden; 1987 = 5 Milliarden; 1999 = 6 Milliarden; 2011 = 7 Milliarden. 2016 vergrößerte sich die Weltbevölkerung um mehr als 1,5 Millionen Menschen pro Woche; bei einer fast weltweit sinkenden Geburtenrate ist dieser Zuwachs seit 15 Jahren etwa gleich geblieben. (Jährliches Wachstum zurzeit = 80 Millionen, das sind pro Minute 150 Menschen.)

24. KAPITEL

1. Die »Gartenlaube« wurde 1853 in Leipzig als liberale Zeitschrift gegründet, der zitierte Artikel erschien 1863.
2. Carl Philipp Sprengel (1787–1859) war Agrarwissenschaftler, enger Begleiter und Schüler Thaers, Professor für Landwirtschaftslehre in Braunschweig. Sein dreibändiges Hauptwerk *Meine Erfahrungen im Gebiete der allgemeinen und speciellen Pflanzen-Cultur* (Leipzig 1847–52) gilt bis heute als außerordentliches Lehrbuch des Pflanzenbaus.

25. KAPITEL

1. Als 1982 erhöhte Nitratwerte im Grundwasser gemessen wurden, war dies der Anlass für eine Düngeverordnung. Heute (Stand 2020) besteht die immer wieder verschärfte Verordnung im Wesentlichen darin, dass erstens Gülle* zwischen dem 1. November und dem 1. Februar nicht ausgebracht werden darf, zweitens über die Düngung – auch mit Mineraldünger* – jeder Fläche von Landwirten und Gärtnereibetrieben Buch geführt werden muss, drittens dürfen max. 170 kg Stickstoff aus tierischem Dünger pro Hektar und Jahr ausgebracht werden (Stickstoffgehalt der betriebseigenen Gülle wird durch Laborproben ermittelt), und viertens sind in sogenannten ›Roten Gebieten‹ pauschal 20 Prozent weniger Düngung gestattet. – Es war besonders die ohne Konsultation mit der Landwirtschaft erstellte Karte der Roten Gebiete (hohe Gefährdung des Grundwassers durch Nitrateintrag), die 2019 zur Gründung einer Graswurzelbewegung von protestierenden Landwirten führte, genannt »Land schafft Verbindung«.

31. KAPITEL
1. Hermann Allmers (1821–1902), Sohn eines wohlhabenden Bauern in der Wesermarsch, Schriftsteller (*Marschenbuch*) und Kunstmäzen.

DRITTES ZWISCHENSPIEL
1. Adriaen Brouwer (1605–1638), flämischer Maler, bekannt für Bauern- und Wirtshausbilder.
2. Caspar David Friedrich (1774–1840), deutscher Maler der Frühromantik, stammte aus Greifswald.

33. KAPITEL
1. Pjotr Stolypin (1862–1911), zaristischer Landwirtschafts- und Premierminister (1906–1911); wurde 1911 in Kiew ermordet.
2. Sergej Semjonow (1868–1922), reformorientierter russischer Landwirt, wurde sowohl im zaristischen als auch im bolschewistischen Russland verfolgt, 1922 im russischen Bürgerkrieg in seinem Dorf ermordet.
3. Frank Norris (1870–1902) in: *Die goldene Fracht - Roman vom kalifornischen Weizen*, München 1960 (Original: *The Octopus*, New York 1901; in neuer Übersetzung unter dem Titel *Der Oktopus*, Reinbek 1993). 1909 nahm der Regisseur D. W. Griffith den 1902/1903 von Frank Norris erschienenen Roman *The Pit* (dtsch. *Die Getreidebörse*) als Grundlage für seinen Stummfilmklassiker *A Corner in Wheat* (*Der Weizenkönig*); er zeigt gegeneinander geschnitten die Welt eines ärmlichen Weizenbauern und die eines reichen Börsenspekulanten, der den Markt zu bestimmen sucht; hinzu kommen Szenen aus der Welt städtischer Armer, die sich durch die Verteuerung des Weizenmehls kein Brot mehr leisten können; auch der Bauer erhält für seinen Weizen keinen Preis mehr, der seine Familie ernähren könnte.

37. KAPITEL
1. Neue Ökonomische Politik, ihr Hauptmerkmal war eine Dezentralisierung und Liberalisierung von Landwirtschaft, Handel und Industrie, von 1921–1928 in Kraft.
2. Hans Fallada, eigentlich Rudolf Ditzen, hatte selbst Landwirtschaft gelernt und als Verwalter auf Gütern gearbeitet.

38. KAPITEL

1. »Ich habe ein freundliches Kompliment von der viel ehr- und achtbaren Braut Frau Stüven und dem viel ehr- und achtbaren Bräutigam Herrn Tiedemann. Diese beiden Personen laden Herrn Mangels, Frau und Kinder oder Eltern zu unserer am 1. Mai stattfindenden Hochzeitsfeier freundlichst ein. Und sie mögen so freundlich sein und stellen sich am genannten schönen Tage mit ein. Essen 19 Uhr.«

39. KAPITEL

1. Darré, Walther (1895-1953), veröffentlichte *Das Bauerntum als Lebensquell der nordischen Rasse* (1929) und *Neuadel aus Blut und Boden* (1930); er stieg schnell in der NSDAP auf, wurde Leiter des Rasse- und Siedlungshauptamts und war verantwortlich für die rassistische und koloniale Agrar- und Bevölkerungspolitik des NS; Landwirtschaftsminister von 1933-1942.

40. KAPITEL

1. Am Ende gelangte der Doppelname, der aus dem alten Dorfnamen gebildet wurde, Bergen-Belsen, zu trauriger Berühmtheit als Name eines Konzentrationslagers der SS.
2. Sondergerichte, seit 1933 ausgebauter Teil des NS-Rechtssystems, urteilten schnell und unter prinzipieller Entrechtung der Beschuldigten; sie verhängten zwischen 1941-1945 etwa 11.000 Todesurteile (in der Region zuständig war die hannoversche Zweigstelle Stade).

43. KAPITEL

1. Marshallplan, sicherte von 1948-1952 Wiederaufbauhilfe in Westeuropa - und den USA politischen und wirtschaftlichen Einfluss.

45. KAPITEL

1. Montanunion, Beginn der westeuropäischen Integration, Zusammenschluss von Niederlande, Belgien, Italien, Luxemburg, Frankreich und der BRD zur Zollunion für Kohle und Stahl ab 1952.
2. Die Römischen Verträge traten 1958 in Kraft, beinhalteten die ersten Schritte der europäischen Einigung über die Schlüsselindustrie der Energiewirt-

schaft und Stahlproduktion hinaus; zudem wurde die administrative Struktur beschlossen, die Schaffung von Gremien wie des Europarats und des Europäischen Parlaments. Durch mehrere Verträge (Maastricht 1993, Lissabon 2009) wurden schrittweise die alten Verabredungen von Rom (EWG) ausgeweitet bzw. durch neue Regelungen ersetzt (EU).

3. Zum Bevölkerungswachstum siehe Anmerkung 4 im 22. Kapitel

GLOSSAR

Alle erklärten Begriffe sind im Text mit einem * versehen.

ABLÖSUNG: Teil der Stein-/Hardenbergschen Reformen (Agrar- und Handelsreform 1807) in Preußen; dehnte sich seit 1811 auf andere deutsche Staaten aus; Gutsherrenland in Erbpacht wurde durch hohe Zahlungen der Bauern aus dem Eigentum der Herrenhäuser herausgelöst.

ANBAUER: So nannte man Neusiedler im ländlichen Raum; das von ihnen genutzte Land war nicht in ihrem Besitz, es gehörte der staatlichen oder herrschaftlichen Obrigkeit.

BAUERNLEGEN: Es gab mehreren Wellen der Enteignung und Verdrängung selbstständiger Bauern im Laufe der Jahrhunderte; als Bauernlegen bezeichnet wurde der Einzug der Höfe bei der Rückkehr der Ritter aufs Land im 14. Jahrhundert, des Weiteren die Verdrängung von Bauern nach dem Dreißigjährigen Krieg (1618–1648) insbesondere in Mecklenburg und Vorpommern.

BINDER: Mähbinder, anfangs von Pferden, später einem Traktor gezogene Getreidemähmaschine, die gleichzeitig eine Vorrichtung zum Binden der Garben hatte.

BLATTERN: Pocken (*variolae*), Infektionskrankheit mit hoher Ansteckungs- und Sterberate; gilt seit den späten 1970er-Jahren als weltweit ausgerottet.

BUNDSCHUH: Ritter trugen Stiefel, unfreie Bauern Schuhe, die vom Knöchel an aufwärts über Kreuz mit Riemen gebunden waren, genannt Bundschuhe.

DIEMEN: In Ost- und Westpreußen sagte man »Diemen«, in Nordwestdeutschland »Hocken« für luftig geschichtetes Erntegut wie Getreide oder Gras, das vor dem Einfahren in die Scheune auf dem Feld trocknete.

DITHMARSCHEN: Marschengebiet auf der schleswig-holsteinischen Seite der Elbmündung, ausgedehnte Poldergebiete, fetter Boden.

DRILLEN: Saatkörner werden in parallelen Reihen in einer bestimmten Tiefe durch Drillmaschinen in den Boden gelegt.

DUNG, DÜNGER: Frühe Düngemittel: Asche, Knochenspäne, Exkremente, Nährhumus, heute daneben auch Gülle* und Mineraldünger. (Siehe zu amtlichen Verordnungen in Sachen Düngung auch Anmerkung 1 im 25. Kapitel.

FISCHGRÄTENMELKSTAND: Um eine Melkergrube im Fischgrätenmuster positionierte Kühe – anfangs je vier auf beiden Seiten; vereinfachte und beschleunigte ab den 1970er Jahren das Melken.

GEEST: sandiger Boden in oft leicht gewellter Topografie.

GEFÄLLE: (alt) – Steuern.

GRUBBERN: Lockerung des Bodens, ohne ihn umzugraben.

GÜLLE: besteht aus einer Mischung von Jauche und Mist vom Vieh – hauptsächlich Schwein und Rind. Das Vieh wird auf Spaltenböden gehalten, sodass die Fäkalien in darunterliegende Keller abfließen und sich dort mischen können. Die Gülle ist für den Landwirt wertvoller Naturdünger. Er wird durch Pumpen in große Güllefässer gesaugt und auf die Acker- und Grünlandflächen ausgebracht. (Siehe auch Dung* und Schleppschuhtechnik*.)

GUANO: Exkremente von Seevögeln, die zur Düngung benutzt werden, Mischung von Phosphaten.

HADELN: alter Landkreis Hadeln, Kreisstadt Otterndorf, heute beides zum Kreis Cuxhaven gehörig; ähnlich wie Dithmarschen* ausgedehnte Marschen- und Poldergebiete.

HEKTAR: 1 H. sind 10.000 m^2 = 4 Morgen*

HÜFNER: ein Bauer, der eine Hufe Land bewirtschaftete; zu unterschiedlichen Zeiten und in verschiedenen Gegenden (engl., pommersche, wendische usw. Hufe) war dies eine Landfläche von 5–50 Hektar; zur Zeit der preußischen Landreform maß eine Hufe dort etwa 7,5 Hektar.

KLEI: muschelkalkhaltige Schicht im Marschboden.

KORRAL: Gehege für Vieh.

LANDWIRTSCHAFTSKAMMER: berufsständische Organisation der Land- und Forstwirte.

MARSCH: lehmiger Boden in Feuchtgebieten (besonders an der Nordsee)

MEIERHÖFE und MEIER- oder MEYERBAUERN: Höfe und ihre Bauern, ursprünglich im Mittelalter größere Höfe und ihre Verwalter; die Meierbauern sorgten auf ihren (Fron-)Höfen für die Sammlung der Abgaben von kleineren Wirtschaften. In der Neuzeit wurden Erbpächter Meyerbauern genannt.

MELKROBOTER: automatisches Melksystem, das Melkgeschirr wird ohne menschliches Eingreifen mithilfe von Erkennungssystemen auf Basis von Ultraschall, Laser und optischen Sensoren an das Euter der Kuh gebracht und der Melkvorgang so absolviert.

METZE: altes Hohlmaß, ca. 20 Liter, etwa ein mittelgroßer Eimer voll.

MINERALDÜNGER: aus Bergbau und dann zunehmend chemischer Produktion gewonnener Dünger, insbesondere Stickstoff, Phosphat und Kalium zur Steigerung der Ernteerträge; erste Mineralstoff-Theorie von Carl Phillip Sprengel (1787–1859); als »Vater der Agrarchemie« wurde erst Justus Liebig (1803–1873) gerühmt, der seine chemischen Entdeckungen auch kommerziell zu verwerten wusste.

MORGEN: altes Flächenmaß, auch Tagwerk genannt, preußisch = ein Viertel-Hektar*.

MULCHEN: Abdecken des Bodens mit organischem Material, verhindert Krautbildung – in diesem Fall besteht das organische Material aus Maisstrünken.

PACKER: Bodenwalze zur Zerkleinerung von Erdschollen und zur Wiederverdichtung des Bodens im Frühjahr nach dem Frost.

PANSEN: neben dem Pansen gibt es beim Rind noch den Netz-, Blätter- und Labmagen.

PROPIONSÄURE: Propansäure, wird als Konservierungsmittel verwendet.

RANDKANAL: Teil des in den 1960er-Jahren im Kreis Cuxhaven angelegten Kanalsystems, durch das Wasser, das aus der höher gelegenen Geest abläuft, aufgefangen wird, bevor es das niedrig gelegene Sietland erreichen kann.

REICHSNÄHRSTAND: Alle Unternehmer- und Arbeitnehmerorganisationen, die mit der Produktion, der Verarbeitung und dem Vertrieb von Nahrungsmitteln verbunden waren, wurden ab 1933 in dieser neuen NS-Organisation gebündelt. Dazu gehörten neben Landwirten auch Unternehmer wie Eigentümer von Landmaschinen-, Düngemittel- und Lebensmittelunternehmen – Molkereien, Schlachthöfe, Großmühlen – und ihre Beschäftigten. Die so geschaffene Wirtschaftsorganisation umfasste 17 Millionen Mitglieder.

SCHLEPPSCHUHTECHNIK: Ein an ein Güllefass montiertes Gestell, das eine Reihung von bis zu 60 Schläuchen trägt; deren schuhförmige Entlassungsklappen bringen die Gülle aus dem Fass nahe am Boden aus. Dabei wird die Geruchsbelästigung bzw. der Ammoniakverlust, wie er durch die alte Technik (Ausbringung über einen rotierenden Teller) geschah, fast vollständig vermieden.

SILAGE: durch luftdichten Abschluss gesäuertes Viehfutter aus Gras- und Mais.

SILAGEPLATTE: aus Beton gegossene Ebene, Barriere zwischen Silage* und Erdreich (inklusive Vorrichtung zum Sammeln des Silagesaftes).

STARKE, STERKE oder STÄRKE: junges trächtiges Rind, das noch nicht gekalbt hat; vor der Besamung Färse genannt, danach als Kuh bezeichnet.

TRIFT oder DRIFT: Weg, über den früher das Vieh getrieben (plattdeutsch: dreben, drift, drewen) wurde.

WEINKAUF: plattdeutsch Winköp, übersetzbar etwa als ›Kauf nach Zugewinn‹, eine Zahlung, die fällig wurde, wenn Meierrechte von Erben oder Neupächtern neu erworben wurden. Der W. war eine Summe, die vor der jährlichen Pachtzahlung lag und weit über sie hinausging. Ob tatsächlich eine Wertsteigerung stattgefunden hatte, wurde dabei nicht untersucht.

AUSGEWÄHLTE LITERATUR

AHRENDT, ROLAND, Die Entdeckung des Ahlenmoores – Aneignung einer Landschaft in der ersten Hälfte des 20. Jahrhunderts, Stade 2012

ALLMERS, HERMANN, Marschenbuch, Land- und Volksbilder aus den Marschen der Weser und Elbe, Gotha, 1858. [Das Buch liegt antiquarisch vor als Faksimile des Erstdrucks mit vielen Fehlern. Allmers hat das Exemplar seines Freundes, des jüdischen Schriftstellers Berthold Auerbach (1812 – 1882; von ihm stammen die ›Schwarzwälder Dorfgeschichten‹), eigenhändig korrigiert; mit diesen Korrekturen wurde es 1979 nachgedruckt.]

ANDRATSCHKE, THOMAS (Hrsg.), Mythos Heimat: Worpswede und die europäischen Künstlerkolonien, Dresden 2016

ARNDT, ERNST MORITZ, Meine Wanderungen und Wandelungen mit dem Reichsfreiherrn von Stein (Auf den Spuren der Großen Armee), Berlin 1858 (Digitalisat)

BEHRINGER, WOLFGANG, Tambora und das Jahr ohne Sommer – Wie ein Vulkan die Welt in die Krise stürzte, München 2018

BOURDIEU, PIERRE, Junggesellenball: Studien zum Niedergang der bäuerlichen Gesellschaft, Konstanz 2008

ders., Ein vergeudetes Leben, in: Das Elend der Welt: Zeugnisse und Diagnosen alltäglichen Leidens an der Gesellschaft, Pierre Bourdieu (Hrsg.) et al., Konstanz 1997

BÜCHNER, GEORG, Weidig, Friedrich Ludwig, Der hessische Landbote, Texte, Briefe, Prozessakten – Kommentiert von Hans Magnus Enzensberger, Frankfurt 1965

BURCKHARDT, LUCIUS, Warum ist Landschaft schön?, Berlin 2006

CATO, MARCUS PORCIUS DER ÄLTERE, De agri cultura, Über die Landwirtschaft, Stuttgart 2009

CARSON, RACHEL, Der stumme Frühling, München 1975

DE CRÈVECOUR, HECTOR ST. JOHN, Letters of an American Farmer, London 1782

DEE, TIM, Four Fields, London 2013

ECKERMANN, JOHANN PETER, Gespräche mit Goethe in den letzten Jahren seines Lebens, Leipzig 1836

ENGELS, FRIEDRICH, Die Bauernfrage in Frankreich und Deutschland, Berlin 1894

EVANS, RICHARD J., Das Europäische Jahrhundert: Ein Kontinent im Umbruch – 1815 – 1914, Stuttgart 2018

FALLADA, HANS, Bauern, Bonzen und Bomben, Hamburg 1931

FIGES, ORLANDO, Russland – Die Tragödie eines Volkes, Berlin 1996

FRIED, JOHANNES, Karl der Große, Gewalt und Glaube. Eine Biographie, München 2014

FRIELINGHAUS, MARTIN; DALCHOW, CLAUS (Hrsg.) Albrecht Daniel Thaer – Ein Leben für die Landwirtschaft, Frankfurt 2006

FONTANE, THEODOR, Wanderungen durch die Mark Brandenburg, Berlin 1862, Digitalisat

GIEDION, SIGFRIED, Die Herrschaft der Mechanisierung, Frankfurt 1982

GILLHOFF, JOHANNES, Jürnjakob Swehn, der Amerikafahrer, Berlin 1917

GOETHE, JOHANN WOLFGANG, Briefe, Kommentare und Register, Hamburger Ausgabe in 6 Bänden, München 1976

GRUHL, HERBERT, Ein Planet wird geplündert, Frankfurt 1975

HAUSCHILD, SÖNKE, https://www.bauern.sh

HEINE, HEINRICH, Reisebilder – Die Nordsee, Hamburg 1826/6

HEITMANN, OTTO, Neubachenbruch – Von der Moorkolonie zum modernen Agrardorf, Lamstedt 1986

HOFFMANN VON FALLERSLEBEN, Mein Leben, Hannover 1868

INHETVEEN, HEIDE; KLAAK, HEINRICH (Hrsg.), Ich ergreife mit vielen Vergnügen die Feder – Die landwirtschaftlichen Briefe der Henriette Charlotte von Itzenplitz an Albrecht Daniel Thaer, Werneuchen 2013

KLENCK, WILLY, Heimatkunde des ehemaligen Kreises Neuhaus an der Oste, Lamstedt 1957

KOPELEW, LEW, Und schuf mir einen Götzen: Lehrjahre eines Kommunisten, Göttingen 1996

LEMBKE, KATJA, Als die Royals aus Hannover kamen. Hannovers Herrscher auf Englands Thron 1714-1837, Dresden 2014

MANSHOLT, SICCO, Die Krise: Europa und die Grenzen des Wachstums, Reinbeck 1974

MEADOWS, DONELLA H.; MEADOWS, DENNIS L.; RANDERS, JØRGEN; BEHRENS, WILLIAM, Die Grenzen des Wachstums, Stuttgart 1972 (original: The Limits to Growth, 1972, Falls Church, Virginia)

MERRIENBOER, JOHAN VAN, Mansholt - A Biography, Brussels 2011

MUSEUMSPÄDAGOGISCHE SCHRIFTEN des Historischen Museums Hannover (Hrsg.), Landwirtschaft und Ökologie um 1800, Hannover 2003

MÜLLER-SCHEESSEL, KARSTEN, Jürgen Christian Findorff und die kurhannoversche Moorkolonisation im 18. Jahrhundert, Hildesheim 1975

MÜNKEL, DANIELA, Nationalsozialistische Agrarpolitik und Bauernalltag, Frankfurt 1996

dies., (Hrsg.), Der lange Abschied vom Agrarland: Agrarpolitik, Landwirtschaft und ländliche Gesellschaft zwischen Weimar und Bonn, Göttingen 2000

NONN, CHRISTOPH, Bismarck. Ein Preuße und sein Jahrhundert, München 2015

NORRIS, FRANK, Die goldene Fracht - Roman vom kalifornischen Weizen, München 1960

NURPEISSOW, ABDISHAMIL, Der sterbende See, Berlin 1988

POPPINGA, ONNO; SCHMIDT, GÖTZ, Die zwei Wege landwirtschaftlicher Reformen: umweltverträgliche Produktion in bäuerlichen Betrieben oder Ausgleichspolitik, Rheda-Wiesenbrück 1990

RAUPP, H-J., Bauernsatiren, Entstehung und Entwicklung des bäuerlichen Genres in der deutschen und niederländischen Kunst ca. 1470-1570, Niederzier 1986

RAABE, WILHELM, Pfisters Mühle (1894)

REUTER, FRITZ, Kein Hüsung, Rostock 1859

REICHHOLF, JOSEF H., Stabile Ungleichgewichte. Die Ökologie der Zukunft, Frankfurt a. M. 2008

RILKE, RAINER MARIA, Worpswede: Fritz Mackensen, Otto Modersohn, Fritz Overbeck, Haus am Ende, Heinrich Vogeler, Leipzig, 1903

RÖSENER, WERNER, Einführung in die Agrargeschichte, Darmstadt 1997

ders., Bauern im Mittelalter, München 1985

SARABJANOW, DIMITRI, Malewitsch in der Epoche des Großen Umbruchs, in: Malewitsch – Künstler und Theoretiker, Weingarten 1991

STAMMEL, H. J., Das waren noch Männer – Die Cowboys und ihre Welt, Düsseldorf/Wien 1970

STEINBECK, JOHN, Früchte des Zorns, Zürich, 1940

STUNDENBÜCHER, div., im Kalendarium Darstellungen bäuerlicher Arbeiten (13. bis 16. Jhdt.) – etwa »Flämischer Kalender des XVI. Jahrhunderts«, gemalt von Simon Bening, (Hrsg. Georg Leidinger), München 1936; Stundenbuch des Herzogs von Berry (Hrsg. Franz Hattinger), Bern 1960; The Luttrell-Psalter, a Facsimile (Hrsg. Michelle P. Browne), London 2006

STRUBE, WILHELM UND HELGA, Justus Liebig, Eine Biografie, Beucha 1998

THAER, ALBRECHT DANIEL, Grundsätze der Rationellen Landwirthschaft (1810 – 1812)

TOLSTOI, LEW, Gesammelte Werke, Braunschweig 2016 (besonders: Anna Karenina / Der Morgen eines Gutsbesitzers / Wie viel Erde braucht der Mensch)

VERGIL, Vom Landbau, in: Werke in einem Band, Berlin und Weimar 1983

VOSS, JOHANN HEINRICH, Ausgewählte Werke (Hrsg. Adrian Hummel) Göttingen 1996,

VAN GOGH, VINCENT, Sämtliche Briefe (6 Bände), Göttingen 1989

WEHLER, HANS-ULRICH, Deutsche Gesellschaftsgeschichte. 5 Bände, München, 1987-2008.

WESTERMANN, FRANK, Das Getreideparadies, Berlin 2009

ZAMOYSKI, ADAM, 1815 – Napoleons Feldzug in Russland, München 2004

ZIMMERMANN, WILHELM, Der große deutsche Bauernkrieg, Stuttgart 1841 – 1843

© Verlag Antje Kunstmann GmbH, München 2020
Typografie und Satz: frese-werkstatt.de
Cover: Maria Grimm unter Verwendung eines Bildes von gettyimages
Druck und Bindung: CPI - Clausen & Bosse, Leck
ISBN 978-3-95614-387-8